"十二五"规划教材

12th Five-Year Plan Textbooks of Software Engineering

Java EE 6 企业级应用开发教程

李树秋 ◎主编

王晓燕 姚志林 彭君 李兵 杨馥宁 ◎副主编

Tutorial on Enterprise Application Development with Java EE 6

北京

图书在版编目（CIP）数据

Java EE 6企业级应用开发教程 / 李树秋主编. -- 北京 : 人民邮电出版社, 2015.2（2019.1 重印）
普通高等教育软件工程“十二五”规划教材
ISBN 978-7-115-38346-4

Ⅰ. ①J… Ⅱ. ①李… Ⅲ. ①JAVA语言－程序设计－高等学校－教材 Ⅳ. ①TP312

中国版本图书馆CIP数据核字(2015)第015226号

内容提要

本书针对高校计算机应用和软件工程等本科专业中的应用型需求，根据Java EE 6规范，并参考Java EE 6在企业级开发中应用的特点编写而成。全书共分14章，包括Java EE概述，Servlet、JSP和JSF程序开发，JDBC、JNDI和EJB技术，会话Bean、JMS与消息驱动Bean，JPA、JPQL、Web Service，Java EE安全性，以及SSH框架开发。

本书注重知识体系结构的系统性和条理性，注重理论化知识体系结构与开发实践过程相结合，介绍Java EE 6.0中的重要技术，强调技术在实际项目开发中的操作和应用。本书结构紧凑，语言通俗，深入浅出，示例丰富，可读性强，便于教学，可作为高等学校计算机应用和软件工程类专业本、专科学生的教材或教学参考书，也可供计算机专业人士参考使用。

◆ 主　　编　李树秋
副 主 编　王晓燕　姚志林　彭　君　李　兵　杨馥宁
责任编辑　邹文波
执行编辑　税梦玲
责任印制　沈　蓉　彭志环

◆ 人民邮电出版社出版发行　　北京市丰台区成寿寺路11号
邮编　100164　　电子邮件　315@ptpress.com.cn
网址　http://www.ptpress.com.cn
北京中石油彩色印刷有限责任公司印刷

◆ 开本：787×1092　1/16
印张：20.5　　2015年2月第1版
字数：582千字　　2019年1月北京第3次印刷

定价：48.00元

读者服务热线：(010)81055256　印装质量热线：(010)81055316
反盗版热线：(010)81055315

前言

考虑当前软件开发普遍采用的前沿技术,结合计算机相关专业教学计划和课程设置，针对高等学校培养专业型、实用型软件开发人才的需求，根据 Java EE 6 规范，并参考 Java EE 6 在企业级开发应用中的实际特点来编写本书。

经过多个版本的更迭，Java EE 6.0 的实用性和便利性得到了极大的提高。Java EE 6.0 不仅是一种标准平台，更是一种软件架构的设计思想。目前它已成为各行业大型应用系统开发的首选开发平台。

本书在编写过程中，参考了近年来国内外出版的多本同类教材，在教材体系、内容安排和示例配置等方面取其优点；同时结合作者多年来在课程教学上的经验，以及使用 Java EE 6.0 进行实际项目开发的经验，通过将理论化知识体系结构与开发实践过程相结合，使本书具有如下主要特点。

（1）知识逻辑结构合理清晰、系统性强、连惯性好。本书对 Java EE 中所涉及的大部分重要技术进行了详细介绍，并且对各个技术之间的延续发展关系、结合方式及互操作方法等进行了深入剖析，具有很好的系统性和连贯性。

（2）理论概念与实践示例相结合，易于理解。本书对重点和难点的理论及概念都配以相关的代码示例进行解释说明，并且提供所有示例的源代码，便于读者理解知识点，也为读者提供了充足的动手实践材料。

（3）可操作性和实用性强。书中所选择的开发环境都是目前流行的、使用广泛的、稳定的开源产品，便于读者安装使用，也便于在学习的过程中开展实践练习。书中选择的大部分示例程序源自实际的工程项目，并非仅为教学需要而设计的简单例子，具有较强的典型性和实用性。

本书适合具有 Java 语言编程基础,想要学习基于 Java 的 Web 应用程序开发技术的读者进行阅读和学习。各章课时安排建议如下。

第 1 章	Java EE 概述	2 学时
第 2 章	Servlet 程序开发	2 学时
第 3 章	JSP 程序开发	2 学时
第 4 章	JSF 程序开发	4 学时
第 5 章	JDBC	2 学时
第 6 章	JNDI	2 学时
第 7 章	EJB	1 学时
第 8 章	会话 Bean	4 学时
第 9 章	JMS 与消息驱动 Bean	2 学时
第 10 章	JPA	4 学时
第 11 章	JPQL	2 学时

续表

第 12 章	Web Service	2 学时
第 13 章	Java EE 安全性	2 学时
第 14 章	SSH 框架开发	1 学时
合 计	32 学时	

本书由李树秋任主编，第 1、7、8、9 章由王晓燕编写，第 4、10、11、13 章由姚志林编写，第 2、3、14 章由彭君编写，第 5、6、12 章由李兵编写。同时，杨馥宁老师参与了书中大部分程序的调试工作和课后习题的编写。

虽然我们希望编写一本质量较高、适合当前教学的教材，但限于水平，书中仍可能有未尽人意之处，敬请读者批评指正。

编 者

2014 年 10 月

目 录

第 12 章 Web Service 250

第 13 章 Java EE 安全性 260

第 14 章 SSH 框架开发 272

第 1 章 Java EE 概述

1.1 Java EE 的产生与发展

Java EE 是 Java Enterprise Edition 的缩写，是建立在 Java 平台上的企业级应用的解决方案。Java EE 基于 Java SE 平台，提供了一组可移植的、健壮的、可伸缩的、可靠的和安全的、可用于开发和运行的服务器端应用程序的 API（Application Programming Interfaue，应用程序编程接口）。

Sun 公司在 1998 年发表 JDK1.2 版本的时候，开始使用名称 Java 2 Platform，即 Java 2 平台，修改后的 JDK 称为 Java 2 Platform Software Developing Kit，即 J2SDK，并分为标准版（Standard Edition, J2SE）、企业版（Enterprise Edition, J2EE）和微型版（Micro Edition，J2ME）。2006 年 5 月，Sun 公司推出 Java SE 5，此时 Java 的各种版本又进行了更名，J2EE 更名为 Java EE，J2SE 更名为 Java SE，J2ME 更名为 Java ME。

1998 年 Sun 发布了 EJB1.0 标准。EJB 为企业级应用中的数据封装、事物处理、交易控制等功能提供良好的技术基础。至此，J2EE 平台的三大核心技术 Servlet、JSP 和 EJB 都已先后问世。1999 年，Sun 正式发布了 J2EE 的第一个版本。紧接着，遵循 J2EE 标准、为企业级应用提供支撑平台的各类应用服务软件相继涌现出来。IBM 的 WebSphere、BEA 的 WebLogic 都是这一领域里成功的商业软件平台。随着开源运动的兴起，JBoss 等开源的应用服务器软件业吸引了许多用户的注意力。2003 年，Sun 的 J2EE 版本已经升级到 1.4 版本，其中 3 个关键组件的版本也升级到了 Servlet 2.4、JSP2.0 和 EJB 2.1。至此，J2EE 体系及相关的软件产品已经成为 Web 服务端开发的一个强有力的支撑环境。

但从 1999 年诞生的第一个 J2EE 版本一直到 J2EE1.4 版本，由于使用不方便而经常被人们抱怨。为了实现一个简单的 J2EE 程序，就需要大量的配置文件。2002 年，J2EE1.4 推出后，J2EE 的复杂程度达到了顶点。尤其是 EJB2.0，开发和调试的难度非常大。Sun 公司一直在试图改变这种状况，终于在 2006 年 5 月正式发布了 J2EE1.5 规范，并改名为 Java EE 5。Java EE 5 大大降低了开发难度。2009 年 12 月 Sun 公司正式发布了 Java EE 6 标准。EJB 3.1 随 Java EE 6 一起发布，进一步简化了使用，并改进了许多常见的使用模式。现如今，Java EE 不仅仅是指一种标准平台，它更多地表达着一种软件架构的设计思想。

1.2 Java EE 6 架构

Java EE 是 J2EE 版本的后续版本，是 J2EE 技术的新生和发展。Java EE 技术具有 J2SE 平台的所有功能，同时还提供对 EJB、Servlet、JSP、XML 等技术的全面支持。Java EE 的最终目标是成为一个支持企业级应用开发的体系结构，简化企业解决方案的开发、部署和管理等复杂问题。事实上，Java EE 已经成为企业级开发的工业标准和首先平台。

根据 Java EE 规范的定义，Java EE 平台是由一系列容器、应用组件和 API 服务所组成的。这些组件和 API 服务本身也是由 JCP 或其他组织所制定的规范而定义的。因为业务逻辑被组织成了可重用的组件，所以基于组件和平台独立的 Java EE 架构使得 Java EE 应用程序易于编写。另外，Java EE 服务器以容器的形式为每种组件类型都提供了基本的服务。由于不需要自行开发这些服务，使得开发人员能够关注于解决业务问题。Java EE 6 平台包含的元素以及它们之间的关系如图 1-1 所示。

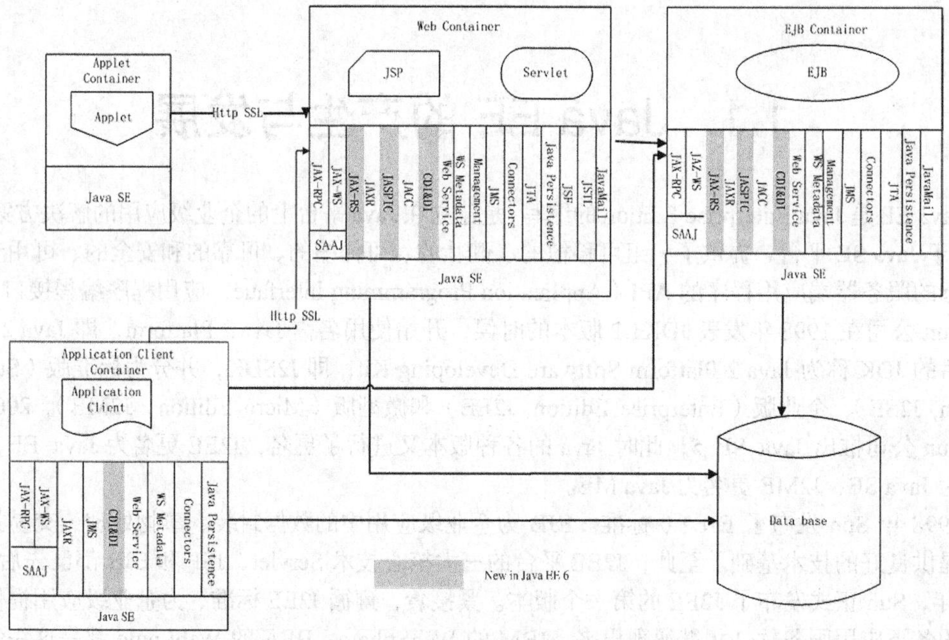

图 1-1　Java EE 6 平台

从图 1-1 中可以看出，Java EE 架构主要包含 4 种容器，分别为应用客户端容器（Application Client Container）、Web 容器（Web Container）、Applet 容器（Applet Container）和 EJB 容器（EJB Container）。容器是指为各种应用组件提供 API 服务的 Java EE 运行时环境，Web 组件（如 JSP、Servlet）、EJB 组件、Applet 组件和应用程序客户组件必须组装成 Java EE 模块并且发布到容器中才能够运行。在应用客户端容器中运行的应用组件主要是指各类桌面 Java 应用程序；在 Applet 容器中运行的应用组件主要是指各种浏览器 Applet。在 Web 容器中运行的应用组件包含可响应 HTTP 请求的 Servlet 和 JSP。EJB 容器中运行的是各种 EJB 组件。

另外容器可提供诸如目录服务、事务管理、安全性、资源缓冲池及容错性等各种可配置的公共服务。Java EE 安全模块允许我们配置一个 Web 组件或 EJB 组件使得只有授权的用户才可以访问系统资源。Java EE 事务模块使得我们可以指定组成一个事务的方法之间的关系，这样一个事务中的所有的方法被作为一个整体处理。JNDI 查找服务为企业中的多个命名和目录服务提供了统一的接口，这样应用程序组件可以很容易地访问这些服务。Java EE 远程连接模块管理客户和 EJB 组件之间的底层通信。当一个 EJB 组件被创建之后，客户端可以像调用同一个 JVM 中的对象一样调用它。

因为 Java EE 架构提供了可配置的服务，同一个 Java EE 应用程序中的不同的应用程序组件可以有不同的行为方式。例如，可以配置一个 EJB 组件，在一个产品环境中可以拥有某个层次的数据库访问权限，在另外一个产品环境中，可以配置其拥有另外层次的数据库访问权限。

容器同时还管理一些不可配置的服务，如 servlet 和 EJB 的生命周期、数据库连接资源池、数据持久化和访问 Java EE 平台的 API 等。

1.3　Java EE 6 常用技术

1. JDBC

JDBC（Java Database Connectivity，Java 数据库连接）是一种用于执行 SQL 语句的 Java API，可为访问不同的关系型数据库提供一种统一的途径。

2. JNDI

JNDI（Java Name and Directory Interface, Java 命名和目录接口）被用于执行名字和目录服务。它提供了一致的模型来存取和操作企业级的资源，如 DNS、LDAP、本地文件系统或应用服务器中的对象。

3. Servlet

Servlet 技术规范是 Java EE 技术规范中的一个重要组成部分。Servlet 是一种独立于平台和协议的服务器端的 Java 应用程序，可以生成动态的 Web 页面。

4. JSP

JSP（Java Server Pages，Java 服务器页面）是由 Sun 公司倡导、许多公司参与一起建立的一种动态网页技术标准。JSP 技术有点类似 ASP、PHP 等技术，它是在传统的网页 HTML 文件（*.htm,*.html）中插入 Java 程序段（Scriptlet）和 JSP 标记（tag），从而形成 JSP 文件（*.jsp）。运行 JSP，也是需要 Servlet 容器的，原因就是 JSP 在第一次被访问的时候，会被翻译为一个 Servlet。所以，JSP 是在 Servlet 的技术上构建出来的，相比传统的 ASP 脚本的解释方式，JSP 的运行速度快了许多。

5. JSF

JSF （Java Server Faces，Java 构建框架）是一种用于构建 Web 应用程序的 Java 框架，是 Java EE 表示层的技术，其主旨是为了使 Java 开发人员能够快速地开发基于 Java 的 Web 应用程序。它不同于其他 Java 表示层技术的最大优势是其采用的组件模型和事件驱动，确保了应用程序具有更高的可维护性。

6. EJB

EJB（Enterprise JavaBean，Java EE 服务器端组件模型）提供了一个框架来开发和实施分布式商务逻辑，由此显著地简化了具有可伸缩性和高度复杂的企业级应用开发。EJB 规范定义了 EJB 组件在何时如何与它们的容器进行交互作用。

7. JMS

JMS（Java Message Service，Java 消息服务）是用于和面向消息的中间件相互通信的应用程序接口（API）。它既支持点对点的消息模型，也支持发布/订阅的消息模型。

8. RMI

RMI（Remote Method Invoke，远程方法调用）定义了调用远程对象上的方法的标准接口。它是一种被 EJB 使用的更底层的协议，通过使用序列化方式在客户端和服务器端直接传递数据。

9. JTA

JTA（Java Transaction Architecture，Java 事物架构）定义了面向分布式事务服务的标准 API，

可支持事物范围的界定、事物的提交和回滚。

10. JavaMail

许多应用程序需要发送邮件的功能，因此 Java EE 平台包含了 JavaMail API 以及相应的 JavaMail 服务供应商 API，使应用程序组件可以发送邮件。JavaMail API 有两个部分：一个是应用程序组件用于发送邮件的应用程序级接口，另一个是 Java EE SPI 级的服务供应商接口。

11. Web Service

Web Service 是一种通过 WWW 的 HTTP 进行交互和交流的方式，使得运行在不同的平台和框架的软件应用程序之间可以进行互操作。Web Service 可以以松耦合的方式完成复杂的操作，具有强大的互操作能力和可扩展能力。

1.4 Java EE 6 特性

Java EE 6 平台的最主要的目的就是通过提供 Java EE 平台中的各个不同组件的通用的功能来简化开发。通过更多的标注（Anotation）、更少的 XML 配置、更多的 POJO 和简化的打包，使开发人员能够得到更高的生产效率。Java EE 6 平台包含了以下的新特性。

1. JAX-RS

RESTful Web服务是按照REST架构风格构建的Web服务，是比基于SOAP消息的Web Service简单的多的一种轻量级 Web 服务。JAX-RS（RESTful Web Services Java API）为在 Java 中构建 RESTful Web 服务提供了标准化 API，它包括一组标注，以及相关的类和接口。POJO 应用通过使用标注暴露 Web 资源，这个方法使得在 Java 中创建 RESTful Web 服务变得简单。JAX-RS 1.0 技术规范定稿于 2008 年 10 月，包括了一个参考实现 Jersey，Java EE 6 包括了这个技术规范的最新版本 JAX-RS 1.1，这个版本与 Java EE 6 中的新特性保持一致。

2. 托管 Bean

JSF 使用 JavaBean 来达到程序逻辑与视图分离的目的，称为托管 Bean，其作用是在真正的业务逻辑 Bean 及 UI 组件之间搭起桥梁，在托管 Bean 中会调用业务逻辑 Bean 处理使用者的请求，或者是将业务处理结果放置其中，等待 UI 组件取出当中的值并显示结果给使用者。

3. 上下文和依赖注入

上下文和依赖注入（CDI）是新的 Java EE 6 规范，它不仅定义了功能强大、类型安全的依赖注入，而且还引入“上下文”，添加了作用域的概念。CDI 是 Java EE 平台的 Web 层和企业层之间的一座桥梁，企业层通过如 EJB 和 JPA 等技术，对事务性资源提供了强有力的支持。例如，使用 EJB 和 JPA，你可以轻松地构建与数据库交互的应用程序，在数据上提交或回滚事务，以及持久化数据。相比之下，Web 层重点是展示。Web 技术，如 JSF 和 JSP，提供用户界面，显示它的内容，但 Web 技术没有集成处理事务资源的工具。通过 CDI 提供的服务，使 Web 层也支持事务，这样在 Web 应用程序中访问事务资源就更容易了。例如，CDI 使得构建一个用 JPA 提供的持久化访问数据库的 Java EE Web 应用程序变得更容易了。

4. Bean 验证规范

验证数据是应用程序生命周期中一个常见的任务，例如，在应用程序的表示层，你可能想验证用户在文本框中输入的字符数最多不超过 20 个，或者想验证用户在数字字段输入的字符只能是数字。开发人员在应用程序的各层中通常使用相同的验证逻辑，或者将验证逻辑放在数据模型中。Java EE 架构中 Bean 验证（JSR 303）提供了一个标准的验证框架，在框架中相同的验证集可以在应用程序的所有层之间共享，因此使验证变得更简单了，减少了重复、错误和凌乱的现象。

5. JASPIC

Java 容器认证服务提供者接口（Java Authentication Service Provider Interface for Containers，JASPIC）规范定义了服务提供者接口（Service Provider Interface，SPI），通过该接口实现消息认证机制的认证提供者可以集成到客户端或服务器端的容器或运行时刻库中。通过该接口集成的认证提供者对调用它们的容器发出的网络消息进行处理，对发出的消息进行变换以保证接收容器能对该消息通过其认证，同时为了保证接收方返回的回执也能被发送方认证，认证服务提供者除了对进入的消息进行认证以外，还要向发出方返回其身份以建立互信。容器认证服务提供者接口是 Java EE 6 平台新引入的功能，目前的版本为 JASPIC 1.0。

6. EJB 3.1

EJB3.0 本地客户端视图是基于普通旧式 Java 接口（POJI）调用本地业务接口的，本地接口定义了暴露给客户端的业务方法，并要求 Bean 类必须实现此接口。EJB3.1 通过让本地业务接口成为可选组件简化了这个方法，没有本地业务接口的 Bean 暴露的是无接口视图。现在你不用编写独立的业务接口就可以获得相同的企业 Bean 功能，同时添加了单例会话 Bean 以及会话 Bean 的异步调用。

7. Servlet 新特性

Servlet 3.0 作为 Java EE 6 规范体系中一员，随着 Java EE 6 规范一起发布。该版本在前一版本（Servlet 2.5）的基础上提供了若干新特性用于简化 Web 应用的开发和部署。

Servlet 3.0 提供了异步处理模式。在接收到请求之后，Servlet 线程可以将耗时的操作委派给另一个线程来完成，自己在不生成响应的情况下返回至容器。针对业务处理较耗时的情况，这将大大减少服务器资源的占用，并且提高并发处理速度。

Servlet 3.0 新增了若干标注，用于简化 Servlet、过滤器（Filter）和监听器（Listener）的声明，这使得 web.xml 部署描述文件从该版本开始不再是必选的了。另外，开发者可以通过插件的方式很方便地扩充已有 Web 应用的功能，而不需要修改原有的应用。

8. JavaServer Faces 组件新特性

Java EE 6 也使用了新的 JSF 2.0 标准。JavaServer Faces 技术提供了一个服务端组件框架，简化了 Java EE 应用程序用户界面的开发，其中最显著的改进是页面制作，通过使用标准的 JavaServer Faces 视图声明语言（JavaServer Faces View Declaration Language，俗称 Facelets）使得创建一个 JSF 页面更加容易。

1.5　Java EE 6 应用服务器介绍

实现了 Java EE 规范的服务器软件称为 Java EE 应用服务器软件，运行于 Java EE 应用服务器软件之上的应用软件称为 Java EE 应用软件。由于所有的厂商开发的 Java EE 应用服务器软件都支持统一的 Java EE 规范，因此在某个 Java EE 应用服务器软件上运行的 Java EE 应用软件可以不加修改地移植到另外一个 Java EE 应用服务器软件上，从而实现“一次开发，到处运行”的目标。

目前，市场上主流的 Java EE 应用服务器软件包括以下几种。

1. WAS

WAS 是 IBM WebSphere Application Server 的简称，它是 IBM WebSphere 软件平台的基础和面向服务的体系结构的关键构件。WebSphere Application Server 提供了一个丰富的应用程序部署环境，其中具有全套的应用程序服务，包括用于事务管理、安全性、群集、性能、可用性、连接性和可伸缩性的功能。它与 Java EE 兼容，并为可与数据库交互并提供动态 Web 内容的 Java 组件、XML 和 Web 服务提供可移植的 Web 部署平台。目前，IBM 推出的 WAS 版本是 8.5。

2. WebLogic

WebLogic 是美国 BEA 公司（现已被 Oracle 公司收购）出品的一个基于 Java EE 规范的应用服务器软件，后来 BEA 被 Oracle 收购，WebLogic 自然也就归到 Oracle 旗下了。目前最新版本为 Oracle WebLogic Server 12c，它是适用于云环境和传统环境的最佳应用服务器。它通过一个轻型开发平台提供最高的性能和可伸缩性，显著简化了部署和管理，并可加快上市速度。

3. JBoss

JBoss 是一个基于 Java EE 规范的开放源代码的应用服务器软件，它通过 LGPL 许可证进行发布，这使得 JBoss 广为流行。2006 年，JBoss 公司被 Redhat 公司收购。2011 年，JBoss 发布了新版本的 JBoss AS 6 应用服务器，该新版本提供了对 Java EE 6 的完整支持。

4. Tomcat

Tomcat 是 Apache 软件基金会的 Jakarta 项目中的一个核心项目，由 Apache、Sun 和其他一些公司及个人共同开发而成。由于有了 Sun 的参与和支持，最新的 Servlet 和 JSP 规范总是能在 Tomcat 中得到体现。因为 Tomcat 技术先进、性能稳定，而且免费，因而深受 Java 爱好者的喜爱并得到了部分软件开发商的认可，成为目前比较流行的 Web 应用服务器。2010 年 6 月 29 日，Apache 基金会发布了 Tomcat 7。Tomcat 7 最大的改进是其对 Servlet 3.0 和 Java EE 6 的支持。目前 Tomcat 最新版本是 8.0。

5. Apusic

金蝶 Apusic 应用服务器是金蝶中间件有限公司开发的基于 Java EE 规范并获得 Java EE 国际认证的 Java 应用服务器软件，是为数不多的国产 Java EE 应用服务器软件的优秀代表之一。Apusic 应用服务器基于各种现有的被广泛接受的工业标准，为企业应用提供了一个可靠、高效的开发、部署和维护的平台。

6. GlassFish

GlassFish 是用于构建 Java EE 应用服务器的开源开发项目的名称，是 Sun 官方提供的一款开源的应用服务器。在 2005 年 6 月，Sun 将 GlassFish 项目的 Web 站点向公众开放，从而发布了 GlassFish 项目。它基于 Sun Microsystems 提供的 Sun Java System Application Server PE 9 的源代码以及 Oracle 贡献的 TopLink 持久性代码。该项目提供了开发高质量应用服务器的结构化过程，以前所未有的速度提供新的功能。

1.6 Java EE 开发环境的配置

本文中 Java EE 开发环境的配置以 32 位 Windows XP 操作系统为例。

1.6.1 JDK 7 安装与配置

（1）在 Oracle 官方网站下载 JDK 7u45（网址为 http://www.oracle.com /technetwork/java/javase/ downloads/index.html），如图 1-2 所示。选择“Java Platform (JDK) 7u45”上面图标后，从弹出的列表选择 Windows x86 所对应的 jdk 文件 jdk-7u25-windows-i586.exe 下载，如图 1-3 所示。

图 1-2　下载 JDK 步骤 1

Java SE Development Kit 7u45

You must accept the Oracle Binary Code License Agreement for Java SE to download this software.

Accept License Agreement　　Decline License Agreement

Product / File Description	File Size	Download
Linux ARM v6/v7 Hard Float ABI	67.67 MB	jdk-7u45-linux-arm-vfp-hflt.tar.gz
Linux ARM v6/v7 Soft Float ABI	67.68 MB	jdk-7u45-linux-arm-vfp-sflt.tar.gz
Linux x86	115.62 MB	jdk-7u45-linux-i586.rpm
Linux x86	132.9 MB	jdk-7u45-linux-i586.tar.gz
Linux x64	116.91 MB	jdk-7u45-linux-x64.rpm
Linux x64	131.7 MB	jdk-7u45-linux-x64.tar.gz
Mac OS X x64	183.84 MB	jdk-7u45-macosx-x64.dmg
Solaris x86 (SVR4 package)	139.93 MB	jdk-7u45-solaris-i586.tar.Z
Solaris x86	95.02 MB	jdk-7u45-solaris-i586.tar.gz
Solaris x64 (SVR4 package)	24.6 MB	jdk-7u45-solaris-x64.tar.Z
Solaris x64	16.23 MB	jdk-7u45-solaris-x64.tar.gz
Solaris SPARC (SVR4 package)	139.38 MB	jdk-7u45-solaris-sparc.tar.Z
Solaris SPARC	98.17 MB	jdk-7u45-solaris-sparc.tar.gz
Solaris SPARC 64-bit (SVR4 package)	23.91 MB	jdk-7u45-solaris-sparcv9.tar.Z
Solaris SPARC 64-bit	18.26 MB	jdk-7u45-solaris-sparcv9.tar.gz
Windows x86	123.49 MB	jdk-7u45-windows-i586.exe
Windows x64	125.31 MB	jdk-7u45-windows-x64.exe

图 1-3　下载 JDK 步骤 2

（2）双击安装文件 jdk-7u45-windows-i586.exe，JDK 7 安装程序运行，单击“更改”选项转到“更改当前目标文件夹”窗口，把“文件夹名称”改为 D:\Java\jdk7，即把 JDK 7 安装在 D 盘上，如图 1-4 所示。单击“确定”按钮，返回再单击“下一步”开始安装 JDK。

安装 JDK 后，会跳出 “Java SE Runtime Environment 7 自定义安装”窗口，它将安装 JRE（Java 运行环境），和前一步类似，单击“更改”选项转到“更改当前目的地文件夹”窗口，把“文件夹名称”改为 D:\Java\jre7，如图 1-5 所示。单击“确定”按钮，返回再单击“下一步”后开始安装 JRE。安装完成后显示“安装完成”窗口，单击“完成”按钮，这样 JDK 和 JRE 都安装在 D 盘上了。

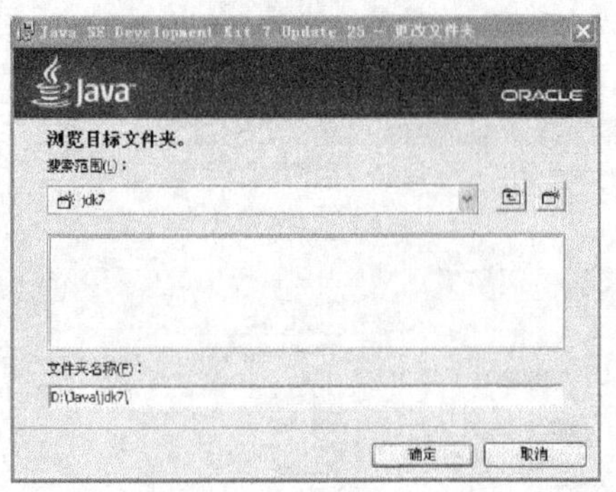

图 1-4　JDK 设置

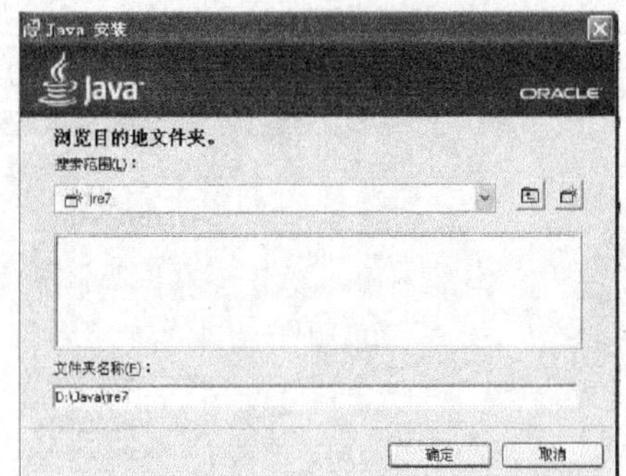

图 1-5　JRE 设置

（3）设置系统变量。右键单击“我的电脑”→“属性”→“高级”→“环境变量”，出现的界面如图 1-6 所示。

① 单击“系统变量”的“新建”，如图 1-7 所示。

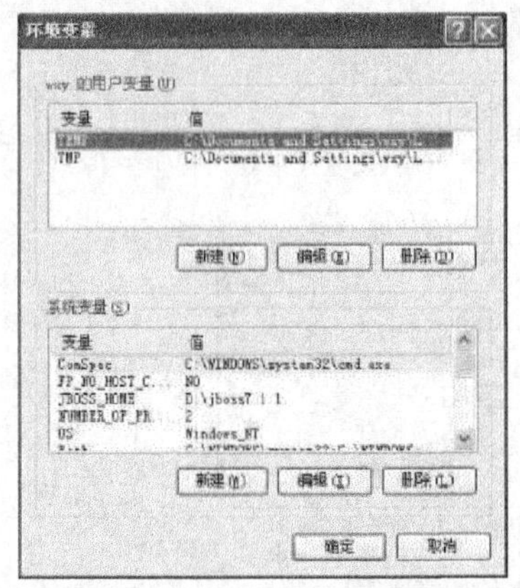

图 1-6　WinXP 设置环境变量界面

图 1-7　设置 JAVA_HOME 环境变量

在“变量名”中填入 JAVA_HOME，在“变量值”中填入 D:\Java\jdk7（JDK 安装的路径），然后单击“确定”按钮。

② 再单击“系统变量”下面的“新建”，在“变量名”中填入 CLASSPATH，在“变量值”中填入.;%JAVA_HOME%\lib;(注意：在 JAVA_HOME 前面有“.;”)，然后单击“确定”按钮，如图 1-8 所示。

③ 设置 PATH 变量，可以直接在“系统变量”中找到它后双击，没有的话就新建一个。如图 1-9 所示，将 D:\Java\jdk7\bin 目录添加到 PATH 变量中。

图 1-8　设置 CLASSPATH 环境变量

图 1-9　设置 PATH 环境变量

1.6.2　Eclipse IDE 安装

Eclipse 是一个免费的 Java 开发平台，Eclipse 以其代码开源、使用免费、界面美观、功能强大、插件丰富等特性成为 Java 开发中使用最为广泛的开发平台。Eclipse 是一个典型的绿色软件，不需要安装，直接解压到任意文件夹并启动 Eclipse.exe 文件就可以运行 Eclipse。本书中使用的是 Eclipse Jave EE Kepler 版本。下载网址为 http://www.eclipse.org/downloads/,在此页面上选择 Eclipse IDE for Java EE Developers 的 32 位版本下载，下载后文件名为 eclipse-jee-kepler-SR1-win32.zip，将其解压到路径 D:\Eclipse 中。

1.6.3　JBoss AS 7.1.1.Final 安装

JBoss 是目前 Java 市场上应用比较广泛、得到 Sun 认证的 JavaEE 服务器之一，它开源和免费的性质得倒了全球大批专业开发人员的青睐。本书使用的 JBoss 版本为 7.1.1 版本，它支持 Java EE 6 的全部功能。

（1）在 Red Hat 官网上下载 JBoss AS 7.1.1.Final，下载网址为 http://www.jboss.org/jbossas/downloads/，找到 JBoss AS 7.1.1.Final 版本下载，下载后的文件为 jboss-as-7.1.1.Final.zip。

（2）双击下载后的文件 jboss-as-7.1.1.Final.zip，将其解压到目录“D:\jboss7.1.1”，就完成了安装。

（3）设置 JBOSS_HOME 系统变量，如图 1-10 所示。

图 1-10　设置 JBOSS_HOME 环境变量

（4）测试 JBoss。运行脚本 D:\jboss7.1.1\bin\standalone.bat 完成启动。访问 http://127.0.0.1:8080/，出现 Welcome to AS 7 访问界面，说明 JBoss 启动成功，如图 1-11 所示。

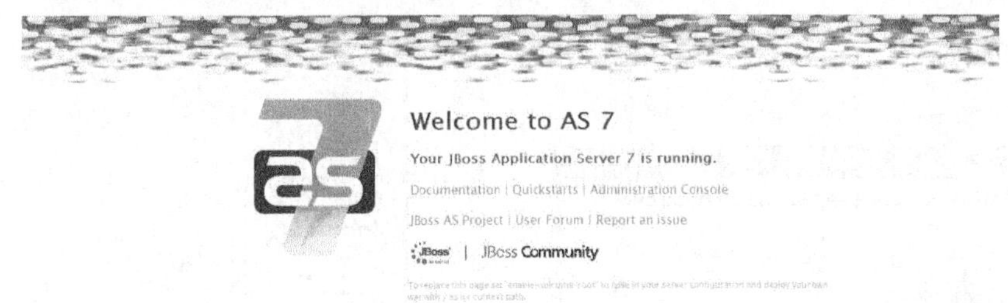

图 1-11　JBoss 启动界面

（5）设置外网访问。因为 JBoss 安装完成后，默认只能本地访问（即：只有 127.0.0.1/localhost 或 http://localhost:8080 能访问），如果想让其他人也可以访问你的网页，需要修改 JBoss 的配置文件，即修改 standalone.xml，增加本机 Web 地址的内容。

① 打开 D:\jboss7.1.1\standalone\configuration\standalone.xml。

② 在<interfaces>与</interfaces>之间增加一个 interface 节点，内容如下所示。

```
<interface name="any">
```

```
    <any-ipv4-address/>
  </interface>
```

接着，修改以下节点的 default-interface 属性为 any。

```
<socket-binding-group name="standard-sockets" default-interface="any"
                      port-offset="${jboss.socket.binding.port-offset:0}">
   <socket-binding name="management-native" interface="management"
                      port="${jboss.management.native.port:9999}"/>
      ......
</socket-binding-group>
```

修改完后，重启 JBoss7.1 就可以用外网的 IP 来访问了。

（6）添加用户。首次访问 JBoss 服务器时，提示新增用户，可在服务端执行 add-user.bat 来添加管理员用户。add-user.bat 在 JBoss 安装目录的 bin 目录下。

```
add-user.bat
What type of user do you wish to add?
 a) Management User (mgmt-users.properties)
 b) Application User (application-users.properties)
(a):a
回车后
Enter the details of the new user to add.
Realm (ManagementRealm) :                        //回车，选用默认
Username : admin                                 //填写管理员用户名 admin
Password : 123456                                //填写管理员密码 123456
Re-enter Password :
```

添加管理员后，重新启动 Jboss 后访问 http://127.0.0.1:9990/console，会弹出要求输入用户名和密码的页面，如图 1-12 所示。

（7）在 Eclipse 中配置 JBoss。为了实现在 Eclipse 中对 JBoss 的控制，可以将 JBoss 的启动和停止添加到 Eclipse 中。启动 Eclipse 后，进入菜单“Window-> Preferences-> Server -> Runtime Environments”，如图 1-13 所示。

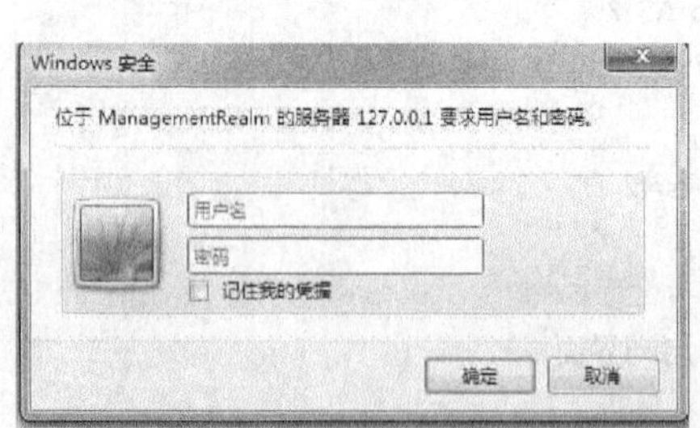

图 1-12 JBoss 中进入 Console 的用户名和密码页面

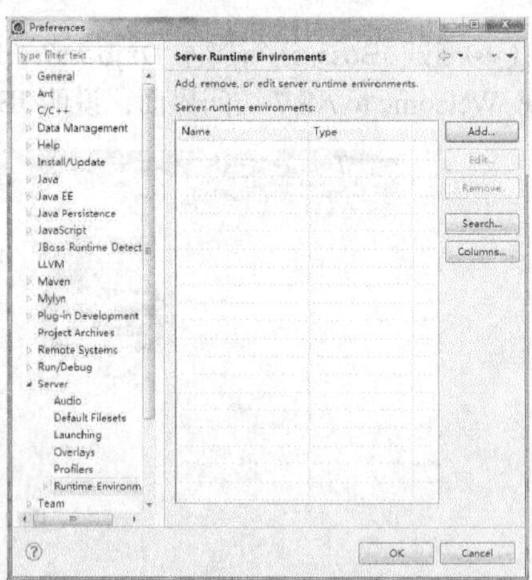

图 1-13 进入 JBoss 配置界面

单击“Add”按钮，添加一个新的应用服务器，如图 1-14 所示，选择 JBoss7.1，并将 jre 和 Application Server Directory 进行正确配置，然后单击“finish”按钮。

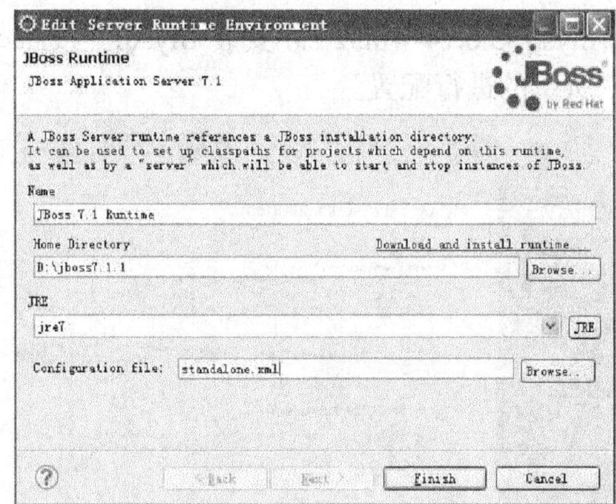

图 1-14　JBoss 配置界面

以上步骤完毕后，在 Eclipse 的 Servers 视图内会有 JBoss 服务器出现，如图 1-15 所示。选中 JBoss7.1Runtime Server，在右键菜单中单击“Start”按钮，JBoss 服务器开始启动。若浏览器可以访问 http://127.0.0.1:8080/，则配置成功。

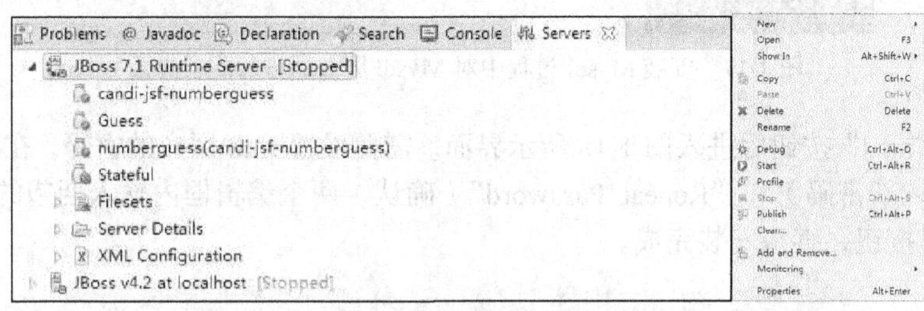

图 1-15　Eclipse 中添加 JBoss 控制

1.6.4　Mysql 安装与配置

（1）在官网上下载 Mysql，下载网址为 http://dev.mysql.com/downloads/，选择“MySQL Community Server (GPL)”下面的 download，进入下载页面如图 1-16 所示，现在 Mysql 的版本是 5.6。默认选择是 Windows 平台，然后选择“Windows (x86, 32-bit), ZIP Archive”。

图 1-16　MySQL 下载页面

（2）双击下载后的文件 mysql-5.6.14-win32.zip 安装 Mysql。按照提示进行安装时，会进入服务器配置页面，按照图 1-17 所示的进行配置。

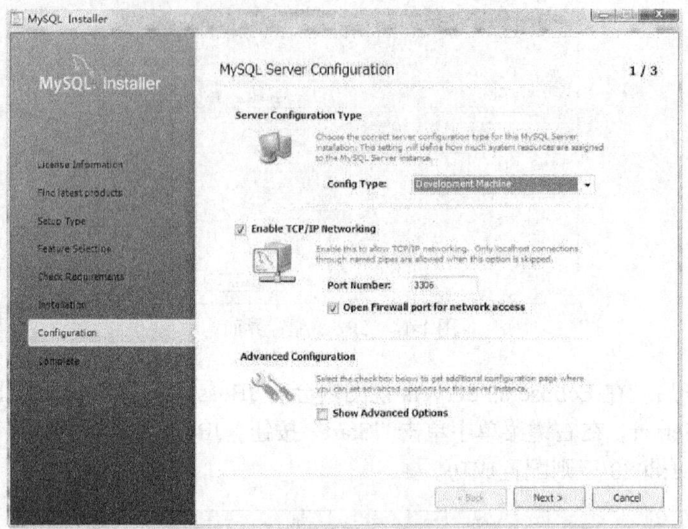

图 1-17　安装 Mysql 过程中对 Mysql 服务器进行配置界面

（3）单击"next"按钮后进入图 1-18 所示界面。需要设置 root 用户的密码，在"MySQL Root password"（输入新密码）和"Repeat Password"（确认）两个编辑框内输入期望的密码，然后一直单击"next"按钮，直至安装完成。

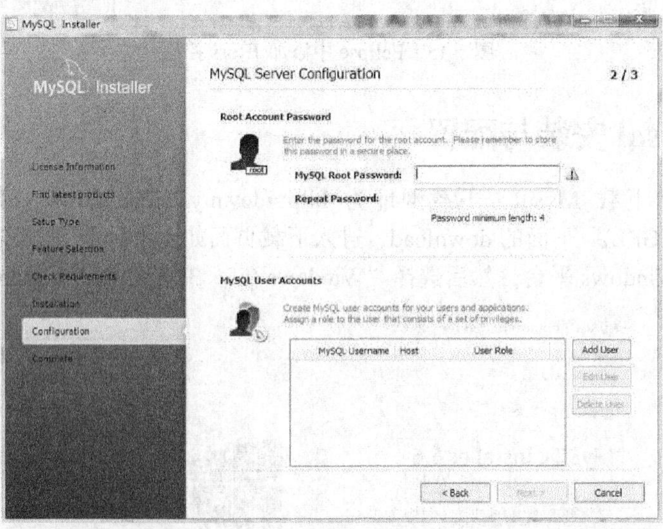

图 1-18　安装 Mysql 过程中对 Mysql 服务器 root 用户进行配置界面

（4）在 JBoss 中配置 mysql 数据库连接池。

① 在 D:\jboss-as-7.1.1.Final\modules\com 路径下，新建文件夹 mysql\main，并将 mysql-connector-java-5.1.26-bin.jar 复制到 main 文件夹下，同时新建 module.xml 文件，内容如配置文件 1-1 所示。

配置文件 1-1　module.xml

```
<?xml version="1.0" encoding="UTF-8"?>
<module xmlns="urn:jboss:module:1.0" name="com.mysql">
  <resources>
```

```
    <resource-root path="mysql-connector-java-5.1.26-bin.jar"/>
  </resources>
  <dependencies>
    <module name="javax.api"/>
  </dependencies>
</module>
```

② 修改 standalone.xml 配置文件，其路径为 D:\jboss-as-7.1.1.Final\standalone\configuration。打开 standalone.xml 文件，找到 <datasources>标签，里面应该已经有一个默认的 datasource：ExampleDS，现在加入我们的 mysql 的 datasource，如配置文件 1-2 所示。

配置文件 1-2　standalone.xml 中的 datasource 标签

```
<datasource  jndi-name="java:Jboss/datasources/MySqlDS"
             pool-name="MySqlDS"  enabled="true" use-java-context="true">
<connection-url>jdbc:mysql://localhost:3306/jbossdb</connection-url>
<driver>mysql</driver>
<security>
<user-name>root</user-name>
<password>123</password>
</security>
</datasource>
```

接下来，在 <datasource>...<drivers>...</drivers>...</datasource>的 drivers 标签中进行配置，如配置文件 1-3 所示。

配置文件 1-3　standalone.xml 中的 driver 标签

```
<drivers>
  <driver name="mysql" module="com.mysql ">
        <driver-class>com.mysql.jdbc.Driver</driver-class>
        <xa-datasource-class>
            com.mysql.jdbc.jdbc2.optional.MysqlXADataSource
        </xa-datasource-class>
  </driver>
</drivers>
```

注意黑色字体部分要与 module.xml 和 standalone.xml 中 datasource 里面的黑色字体的名字一致。

1.7 小结

本章首先介绍了 JavaEE 的产生与发展过程，以及 Java EE 架构及常用技术，然后对本书将要使用的开发环境（包括 JDK、服务器、IDE、数据库）的安装进行了详细的介绍，为后续章节的基于 Java EE 架构的软件开发打下了良好的基础。

习　题

1．Java EE 架构中的容器有哪些？请简要进行介绍。
2．Java EE 架构中的常用技术有哪些？请简要进行介绍。
3．Java EE 6 架构中的新特性有哪些？请简要进行介绍。
4．支持 Java EE 架构的服务器有哪些？请简要进行介绍。

第 2 章 Servlet 程序开发

2.1 Servlet 概述

Servlet=Server + let，表示小的服务程序，它是运行在 Web 服务器上的 Java 应用程序，与传统的从命令行启动的 Java 应用程序不同，Servlet 被 Web 服务器加载和调用。该 Web 服务器必须包含支持 Servlet 的 Java 虚拟机。

Servlet 接收客户端浏览器发送过来的请求，并为这些请求完成相应的处理、产生相应的响应结果送回到客户端的浏览器上进行显示。

在 Java EE 中，Servlet 有着完备的规范，开发一个 Servlet 就是说开发一个遵守规范中各项规定、满足各种特征的 Java 类，该类接收用户 Web 形式的输入，进行相关的处理，并以 Web 的形式给出响应结果。

2.2 一个简单的 Servlet 例子

首先我们以一个输出 Hello World 的简单 Servlet 例子来直观地展示一下什么是 Servlet。下边程序清单 2-1 所示的就是一个简单的 Servlet。在浏览器中输入 http://localhost:8080/ServletTrain/HelloWorld 就可以向服务器请求访问这个 Servlet，服务器接收到这个请求之后调用这个 Servlet 的 doGet 方法，执行 doGet 方法输出“Hello World”，服务器将这个输出返回给请求的客户端，客户端再将其显示在页面上。http://localhost:8080 是 Web 服务器的路径，/ServletTrain 是 Servlet 所在的工程项目的路径，/HelloWorld 是 Servlet 的路径。

程序清单 2-1 HelloWorldServlet.java

```
/*一个简单的 Servlet 类*/
package javaee.servlet;

import java.io.*;
import javax.servlet.*;
import javax.servlet.annotation.*;
import javax.servlet.http.*;

//设置访问或者调用这个 Servlet 的路径
@WebServlet("/HelloWorld")
```

```
public class HelloWorldServlet extends HttpServlet {

    //处理 HTTP GET 类型的请求
    protected void doGet(HttpServletRequest request, HttpServletResponse response)
throws ServletException, IOException {
    //让输出的页面支持中文
    response.setContentType("text/html; charset=UTF-8");
    //获得输出对象
    PrintWriter out = response.getWriter();
    //向请求端输出信息
    out.println("Hello World. It is HelloWorldServlet." + "<br>");
  }
}
```

我们不难发现，这其实就是一个名为 HelloWorldServlet 的 Java 类，该类继承了 HttpServlet 类，并且实现了一个名为 doGet 的方法。

doGet 方法中定义了这个 Servlet 完成的功能，在本例中就是向 Web 页面输出“Hello World”。该方法有两个参数，分别为 request 和 response，request 中包含了调用这个 Servlet 时的输入信息，response 则是用来存放输出信息，例如，本例中输出的“Hello World”就是写入到了 response 的 out 属性中。

另外值得注意的一点是，这个 Servlet 相比普通的 Java 类，在类的声明之前多出了一行标注描述：“@WebServlet("/HelloWorld")”。@WebServlet 是这个标注的名称，括号中的是这个标注的属性说明。这行标注的作用有两个，第一说明这个类是一个 Servlet，第二说明了这个 Servlet 的访问路径。

该 Servlet 类的调用结果如图 2-1 所示。

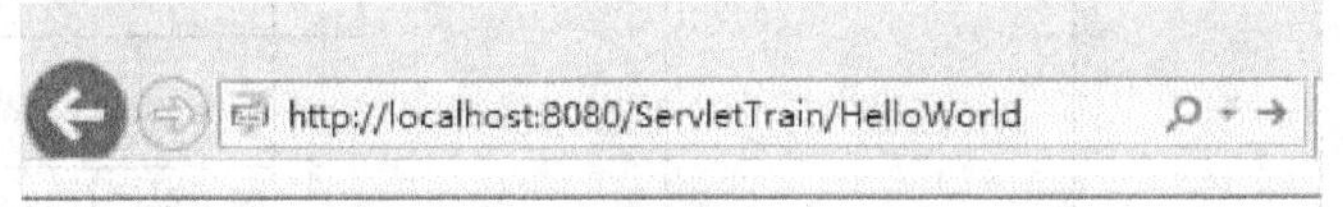

图 2-1　HelloWorldServlet 访问结果

从这个简单的例子我们可以看出 Servlet 接收 Web 形式的请求，使用 Java 代码完成请求的功能处理，最后使用 Java 代码打印出 Web 形式的输出结果。其优点在于可以使用 Java 语言的所有特性，能够灵活、方便地完成客户端的各种功能请求，处理能力强大，极大地提升了 Web 应用的处理能力。同时它的缺点也很明显，使用 Java 代码打印出 Web 形式的输出结果太过繁琐复杂，阅读困难，难以修改。

2.3　Servlet 工作原理

2.3.1　Servlet 的调用过程

Servlet 是运行在服务器端的 Java 应用程序，我们可以在客户端的浏览器中像访问 Web 页面一样对 Servlet 进行访问。

Servlet 的运行需要 Servlet 容器的支持，Servlet 容器即 Servlet 运行时所需的运行环境。Servlet

容器接收客户的 Servlet 调用请求，调用相应的 Servlet 执行，并把执行结果返回给客户。Servlet 容器一般由 Java Web Server 进行实现，市面上常见的 Java Web Server，如 Tomcat、Resin、Weblogic、WebSphere 等都提供了对 Servlet 的支持，可以作为 Servlet 容器。

其具体的 Servlet 调用过程如图 2-2 所示。首先 Web 服务器在启动时会启动 Servlet 容器。用户通过浏览器向 Web 服务器发送 Servlet 访问请求，Web 服务器接到访问请求之后判断该请求如果为 Servlet 访问请求就将该请求发送给 Servlet 容器进行处理，Servlet 容器首先判断是否是第一次访问该 Servlet，如果是第一次访问就对 Servlet 进行加载、实例化和初始化等操作并将 Servlet 实例添加到 Servlet 容器中，如果不是第一次访问那么直接根据 Servlet 请求的方式调用 Servlet 实例的 doGet 或者 doPost 方法完成 Servlet 功能，并将返回结果保存到 response 参数中交给 Servlet 容器进行处理。Servlet 容器将返回结果从 response 参数中提取出来交给 Web 服务器，Web 服务器将返回结果通过 HTTP 协议发回给请求访问的浏览器，最后浏览器将返回结果进行显示。

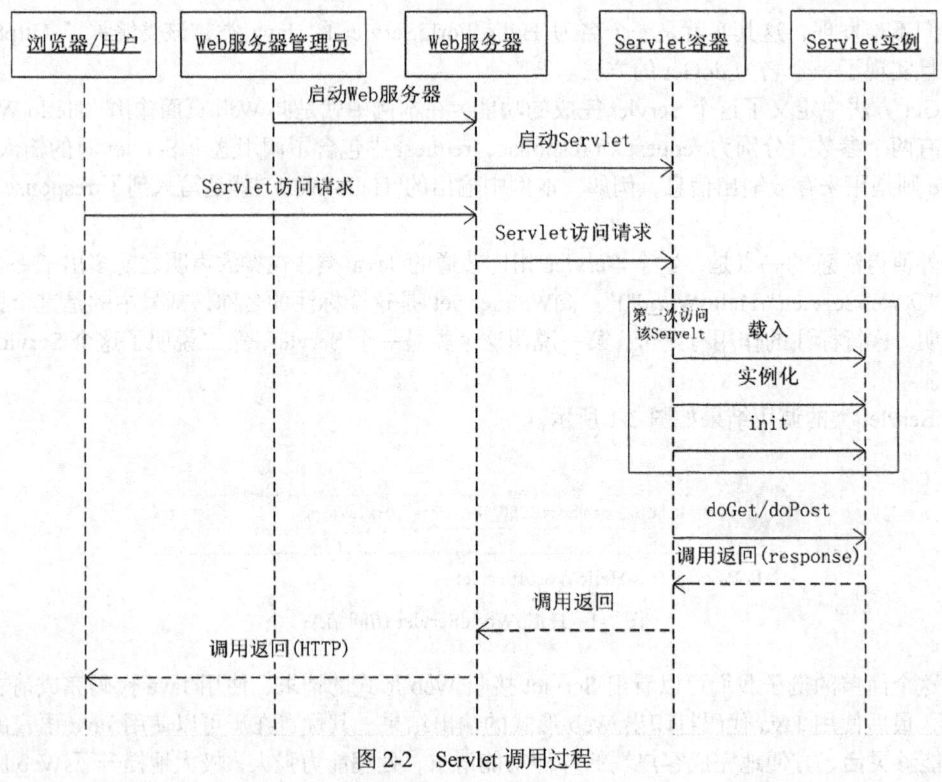

图 2-2　Servlet 调用过程

2.3.2　Servlet 的生命周期

Servlet 的运行状态完全由 Servlet 容器维护和管理，一个 Servlet 的生命周期一般有初始化、提供服务和销毁三个阶段。当 Servlet 容器接收到客户的 Servlet 调用请求时，容器首先判断 Servlet 是否是第一次被访问，如果是第一次被访问，容器创建 Servlet 对象并调用 Servlet 的 init()方法对 Servlet 进行初始化，而后调用 service()方法为客户提供服务。Servlet 实质上是以单例的形式被实现的，它在被初始化之后将一直在内存中活动，后续的客户请求 Servlet 服务时将不再创建该 Servlet 的新的对象，只是新建一个线程调用 service()方法提供服务。当服务器重新启动时，所有已经创建的 Servlet 对象需要被销毁，这时候容器会调用 Servlet 的 destroy()方法，然后把内存中的 Servlet 对象销毁。

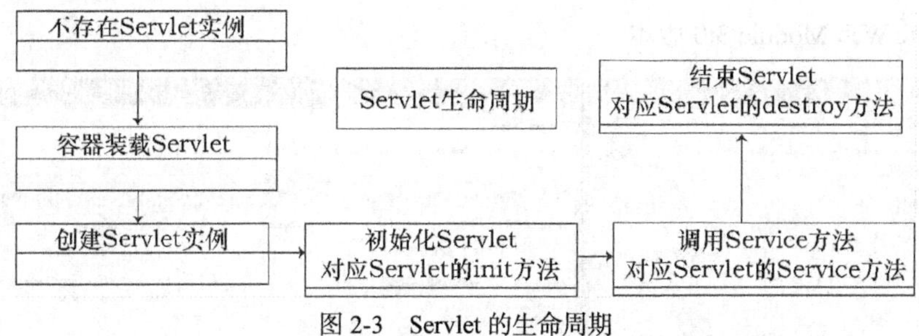

图 2-3 Servlet 的生命周期

2.4 Servlet 开发过程

Servlet 的开发过程可以分为创建工程、创建 Servlet 类、配置 Servlet 类、发布 Servlet 和调用 Servlet 类 5 个步骤，下面分别对其进行说明。

2.4.1 创建工程

采用 Servlet 进行 Web 应用开发时，通常都使用 Eclipse 来创建动态 Web 工程，然后再在该工程中完成各种具体的开发工作。

在 Eclipse 的菜单栏中依次单击“File->New->Project”打开创建工程对话框，然后选择 Web 文件夹下的 Dynamic Web Project，单击“Next”按钮，如图 2-4 所示。

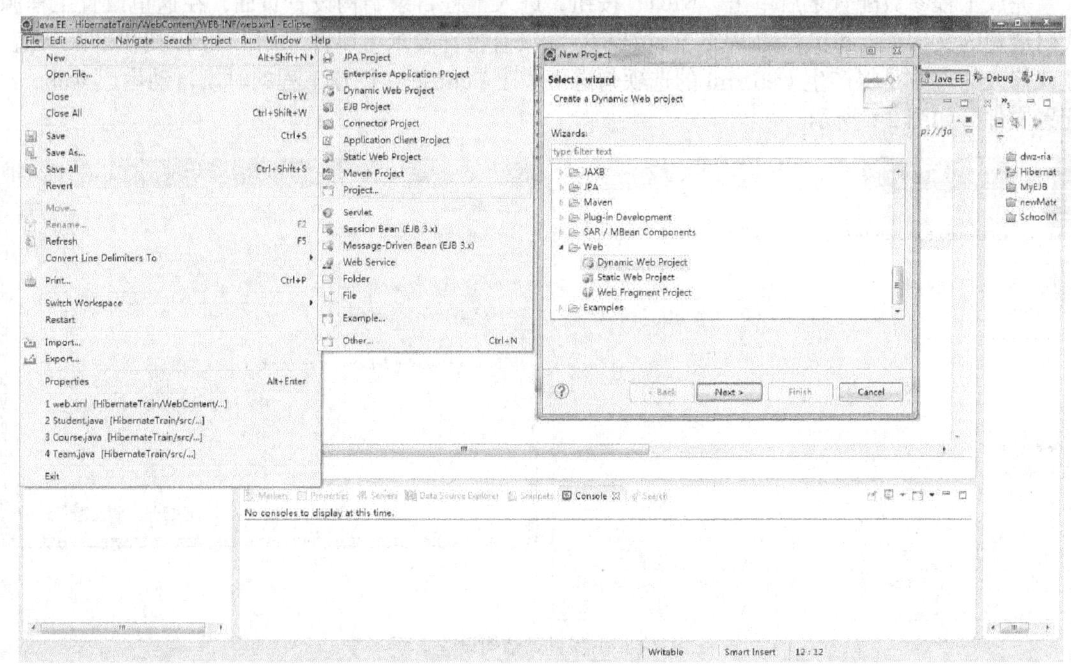

图 2-4 工程类型选择页面

接下来对工程参数进行配置，包括工程名称设置（Project name）、选择工程放置位置（Project location）、工程运行环境（Target runtime 和 Configuration）等。如图 2-5 所示，将工程名设为 ServletTrain，工程的存放路径使用默认的位置，默认位置是在 Eclipse 的 workspace 中创建一个与工程名相同的文件夹用来存放工程代码，工程的运行环境设置为 JBoss7.1，并且设置工程采用 java

1.7 和 Dynamic Web Module 3.0 版本。

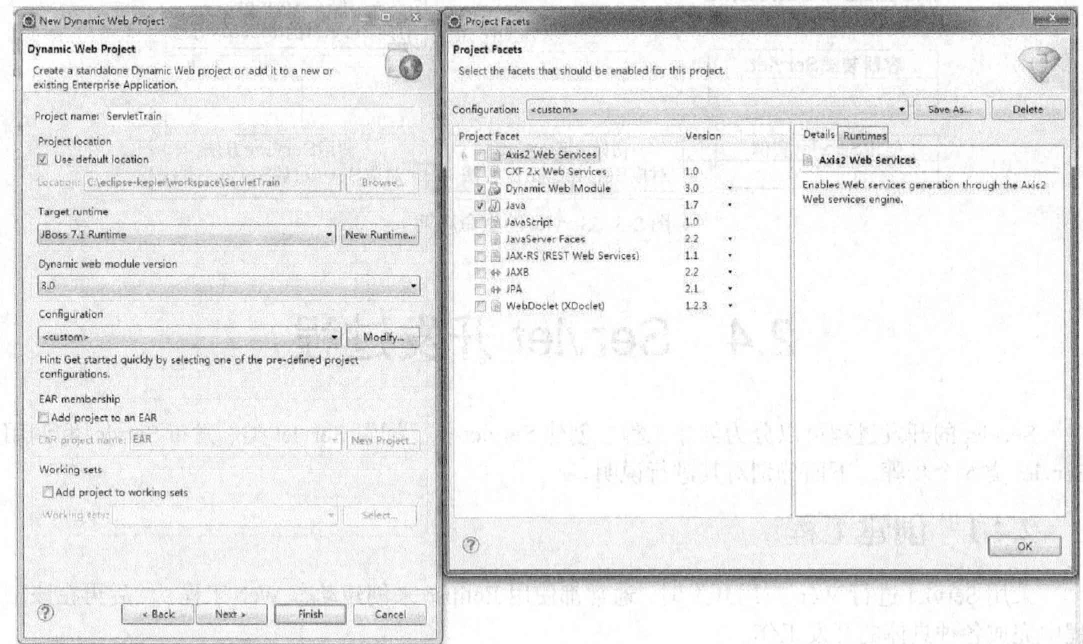

图 2-5　工程参数配置页面

完成工程参数配置之后单击“Next”按钮，进入工程目录结构设置页面，在这里设置工程源代码放置的文件夹，和工程的 Web 文件结构。如没有特殊要求可以都采用 Eclipse 提供的默认值，建议修改的地方是将产生 web.xml 的选项勾选上，让 Eclipse 在创建工程的时候自动生成 web.xml 配置文件，如图 2-6 所示。

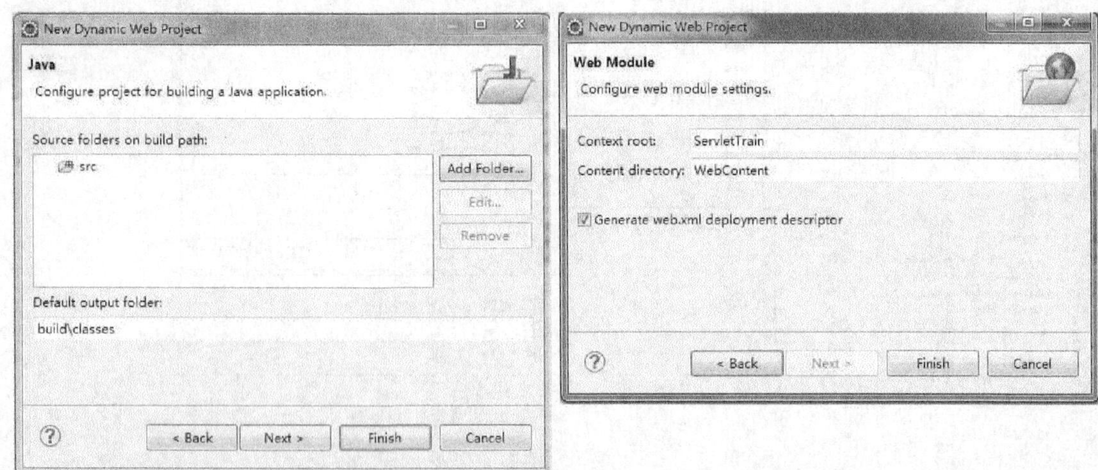

图 2-6　工程目录结构设置页面

最后单击“Finish”按钮，Eclipse 将创建工程，我们可以在 Project Explorer 视图中看到创建好的工程的文件及其组织结构。如图 2-7 所示，Java Resources 目录下存放的是 Java 源代码（src 文件夹中）以及在编译 Java 源码是需要用到的类库的引用说明（Libraries 目录下），WebContent 文件夹中存放的是 Web 工程的所有配置文件、页面文件及资源文件。

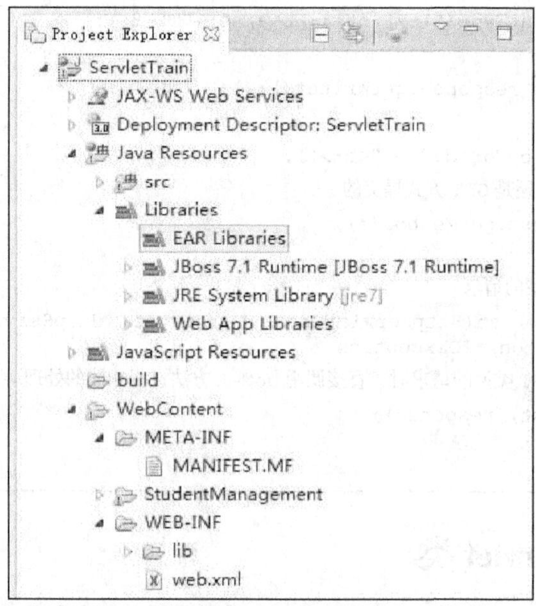

图 2-7　工程文件组织结构图

2.4.2　创建 Servlet 类

在 Web 应用中如果没有特殊需要，一般开发者定义的 Servlet 类都扩展 HttpServlet。HttpServlet 中最为常用的是 doGet 和 doPost 方法，它们都有一个 HttpServletRequest 类型和一个 HttpServlet Response 类型的参数，前者封装客户端提交的请求，后者将处理结果进行封装，用来返回客户端的响应。doGet 方法用于处理 GET 类型的请求，这类请求一般在使用 Web 浏览器通过 HTML、JSP 直接访问 Servlet 的 URL 时出现。doPost 方法用于处理 POST 类型的请求，这类请求通常发生在提交表单的情况。

从 HttpServlet 派生的 Servlet 类需要在 doGet 或 doPost 方法中加入对客户端请求的响应处理逻辑，并将处理结果封装到 response 中返回给客户端进行显示。通常是在 src 目录中创建实现 Servlet 类的 Java 文件。下边程序清单 2-2 所示的是一个简单的 Servlet 类的示例。

程序清单 2-2　HelloWorldServlet.java

```
/*一个简单的 Servlet 类*/
package javaee.servlet

import java.io.*;
import javax.servlet.*;
import javax.servlet.annotation.*;
import javax.servlet.http.*;

public class HelloWorldServlet extends HttpServlet {
    private static final long serialVersionUID = 1L;
     public HelloWorldServlet() {
         super();
     }
   //处理 HTTP GET 类型的请求
   protected void doGet(HttpServletRequest request, HttpServletResponse response)
throws ServletException, IOException {
    //让输出的页面支持中文
```

```
    response.setContentType("text/html; charset=UTF-8");
    //获得输出对象
    PrintWriter out = response.getWriter();
    //向请求端输出信息
    out.println("Hello World." + "<br>");
    //显示请求是以 POST 还是 GET 方式提交的
    out.println(request.getMethod());
  }
  //处理 HTTP POST 类型的请求
    protected void doPost(HttpServletRequest request, HttpServletResponse response)
throws ServletException, IOException {
    //当接收到 HTTP POST 类型的请求时，直接调用 doGet 方法进行相同的处理
    this.doGet(request, response);
    }
}
```

2.4.3 配置 Servlet 类

定义了 Servlet 类之后，还需要对其进行配置才能使 Servlet 容器发现找到 Servlet 类，从而使其发挥作用。配置 Servlet 的方法有两种，一种是使用 xml 文件进行配置，另一种是使用标注的方式进行配置。

1. 使用 web.xml 文件配置 Servlet 类

传统的配置方法是使用 Web 应用中 WEB-INF 文件夹下的 web.xml 部署描述文件来进行。配置 Servlet 类需要在 web.xml 文件的<webapp></webapp>元素之间添加如配置文件 2-1 所示的代码。

配置文件 2-1 web.xml

```
<webapp>
  <!--说明 Servlet 类-->
  <servlet>
    <!--Servlet 类的别名-->
    <servlet-name>servletname</servlet-name>
    <!--Servlet 类的全名-->
    <servlet-class>servletclass</servlet-class>
  </servlet>
  <!--说明 Servlet 类与访问地址的映射-->
  <servlet-mapping>
    <!--Servlet 类的别名，该别名是在<servlet>元素中定义某个 Servlet 类的别名-->
    <servlet-name> servletname </servlet-name>
    <!--访问 Servlet 类的地址-->
    <url-pattern>url-pattern</url-pattern>
  </servlet-mapping>
</webapp>
```

<servlet></servlet>元素中定义了 Servlet 别名与 Servlet 类的对应关系，<servlet-name>元素中描述的是为 Servlet 类取的一个别名，<servlet-class>元素中则是指定了与这个别名对应的 Servlet 类的全名(含包名)。<servlet-mapping></servlet-mapping>元素中定义了 servlet 别名与 Servlet 访问地址或模式之间的映射关系，<url-pattern>是在访问 Servlet 类时采用的地址格式或模式。

当客户端向服务器发送请求时，Web 容器接收到请求之后会检查请求的地址是否能够与

<servlet-mapping>中定义的 Servlet 访问地址或模式相匹配，如果存在匹配的项则通过地址对应的别名去<servlet>中查找别名对应的 Servlet 类对该请求进行处理。

2. 标注方式配置 Servlet

Servlet3.0 中加入了新增的标注支持，用于简化 Servlet、过滤器（Filter）和监听器（Listener）的声明，这使得 web.xml 部署描述文件从该版本开始不再是必选的了。

Servlet3.0 的部署描述文件 web.xml 的顶层标签<web-app>有一个 metadata-complete 属性，该属性指定当前的部署描述文件是否是完全的。如果设置为 true，则容器在部署时将只依赖部署描述文件，忽略所有的标注；如果不配置该属性，或者将其设置为 false，则表示启用标注支持。

采用标注方式配置 Servelt 类是通过在 Servlet 类文件中类定义之前的位置添加标注信息来实现的，类的其他部分不变。如程序清单 2-3 所示，黑体显示的代码就是为 HelloWorldServlet 类添加的标注，说明该类是一个 Servlet 类，并且说明了使用/SayHello 来对其进行访问，也就是说如果在浏览器中输入 http：//localhost:8080/ServletTrain/SayHello 就能够调用 Servlet 类。

程序清单 2-3　加入标注的 HelloWorldServlet.java

```
/*使用标注方式进行配置的 Servlet 类*/
package javaee.servlet;

import java.io.*;
import javax.servlet.*;
import javax.servlet.annotation.*;
import javax.servlet.http.*
//说明该类是一个 Servlet
@WebServlet(
   urlPatterns = { "/SayHello" }, //Servlet 的路径
   initParams = { //初始化参数，以名-值对的形式定义
         @WebInitParam(name = "language", value = "english")
   })
public class HelloWorldServlet extends HttpServlet {
   private static final long serialVersionUID = 1L;
   public HelloWorldServlet() {
      super();
   }
//处理 HTTP GET 类型的请求
protected void doGet(HttpServletRequest request, HttpServletResponse response) throws
ServletException, IOException {
//让输出的页面支持中文
response.setContentType("text/html; charset=UTF-8");
//获得输出对象
PrintWriter out = response.getWriter();
//获得初始化参数
String language = this.getInitParameter("language");
//向请求端输出信息
    if( language != null)
    {
       if(language.equals("chinese"))
          out.println("世界你好. HelloWorldServlet 输出." + "<br>");
       else
          out.println("Hello World. It is HelloWorldServlet." + "<br>");
    }
```

```
    else
    {
            out.println("Did not get the language !" + "<br>");
    }
//显示请求是以 POST 还是 GET 方式提交的
out.println(request.getMethod());
}
//处理 HTTP POST 类型的请求
protected void doPost(HttpServletRequest request, HttpServletResponse response) throws
ServletException, IOException {
//当接收到 HTTP POST 类型的请求时，直接调用 doGet 方法进行相同的处理
this.doGet(request, response);
}
}
```

黑体部分就是使用标注对 Servlet 类进行的配置。@WebServlet 用于将一个类声明为 Servlet，该标注将会在部署时被容器处理，容器将根据具体的属性配置将相应的类部署为 Servlet。该标注具有下表给出的一些常用属性（以下所有属性均为可选属性，但是 vlaue 或 urlPatterns 通常是必需的，且二者不能共存，如果同时指定，通常是忽略 value 的取值）。

表 2-1 @WebServlet 标注属性说明表

属性名	类 型	描 述
name	String	指定 Servlet 的 name 属性，等价于 <servlet-name>。如果没有显式指定，则取值即为该 Servlet 类的全限定名
value	String[]	该属性等价于 urlPatterns 属性，两个属性不能同时使用
urlPatterns	String[]	指定一组 Servlet 的 URL 匹配模式，等价于 <url-pattern> 标签
loadOnStartup	int	指定 Servlet 的加载顺序，等价于<load-on-startup>标签
initParams	WebInitParam[]	指定一组 Servlet 初始化参数，等价于<init-param>标签
asyncSupported	boolean	声明 Servlet 是否支持异步操作模式，等价于<async-supported>标签
description	String	该 Servlet 的描述信息，等价于<description>标签
displayName	String	该 Servlet 的显示名，通常配合工具使用，等价于<display-name>标签

@WebInitParam 可以用来为该 Servlet 类指定初始化参数，该标注通常不单独使用，而是配合@WebServlet 或者@WebFilter 使用。它等价于 web.xml 中<servlet> 和 <filter>的<init-param>子标签。在 Servlet 类中可以使用 getInitParameter (String name)函数来获得这些初始化参数的值。@WebInitParam 具有一些常用属性，如表 2-2 所示。

表 2-2 @ WebInitParam 标注属性说明表

属性名	类 型	是否可选	描 述
name	String	否	指定参数的名字，等价于 <param-name>
value	String	否	指定参数的值，等价于 <param-value>
description	String	是	关于参数的描述，等价于 <description>

2.4.4 发布 Servlet 类

Servlet 类编写和配置完成之后还需要将其发布到 Web 服务器上，Servlet 类的发布是与该

Servlet 类所在的 Web 应用一起进行的。其具体步骤如下。

（1）在 Eclipse 开发界面的工程视图中，右键单击 Servle 类所在的工程名，选择“Run As -> Run on Server”，如图 2-8 所示。

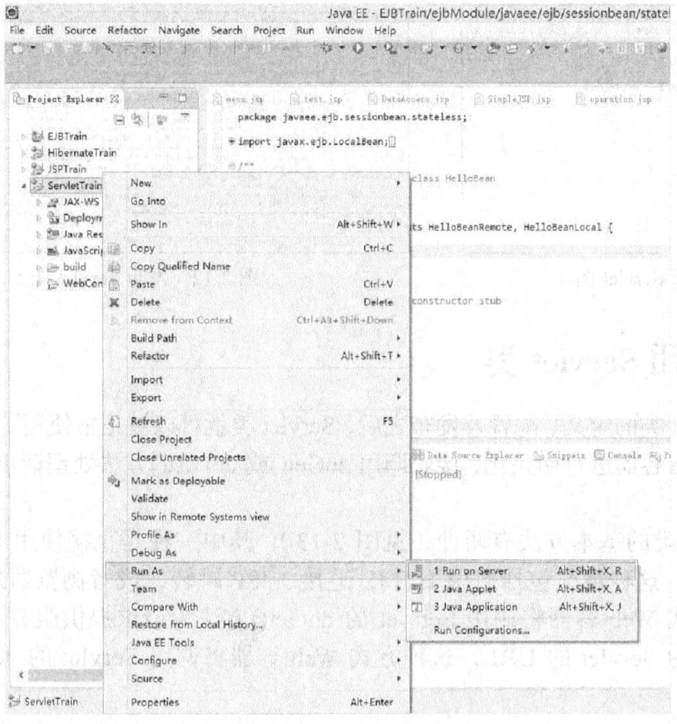

图 2-8　发布 Servlet 图 1

（2）在弹出的 Run On Server 对话框中选择已配置的 JBoss-as-7.1.1 服务器（该服务器的添加与配置见 1.5.3 小节），然后单击“Next”按钮，将 Servlet 类所在的工程添加到右侧的列表框中，最后单击“Finish”按钮。如图 2-9 和图 2-10 所示。

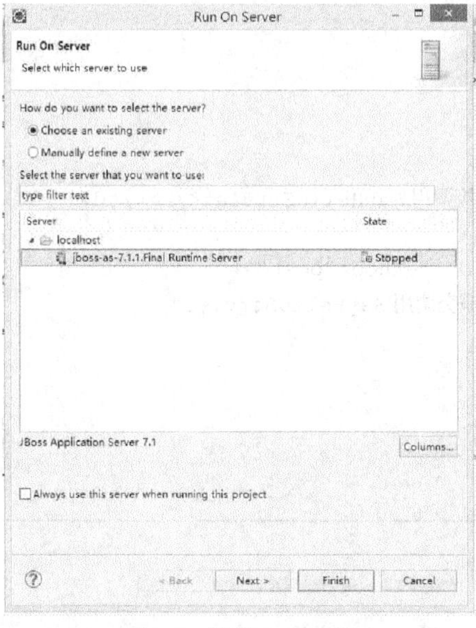

图 2-9　发布 Servlet 图 2

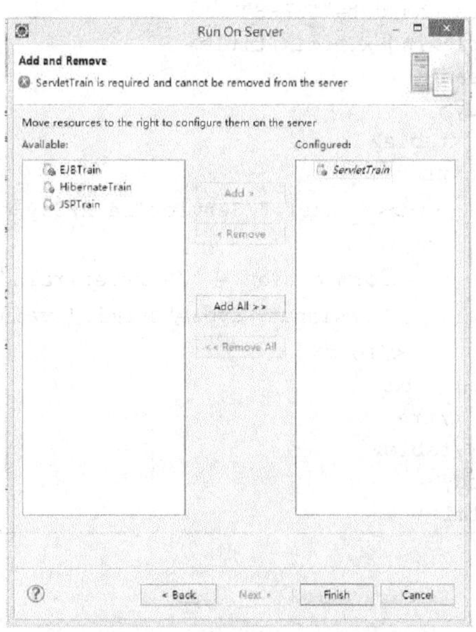

图 2-10　发布 Servlet 图 3

（3）经过上边两个步骤 Servlet 工程和 Servlet 类就会被发布到选定的服务器上，等待用户的访问。发布完成之后，能够在 Servers 视图和 console 视图上看到发布成功的信息，如图 2-11 和图 2-12 所示。

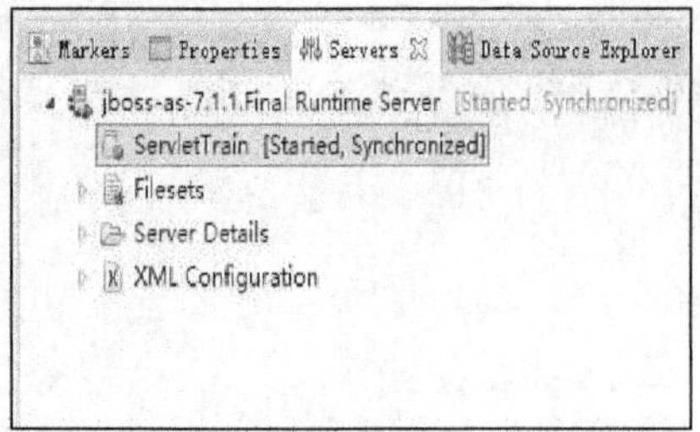

图 2-11　发布 Servlet 图 4

图 2-12　发布 Servlet 图 5

2.4.5　调用 Servlet 类

完成了 Servlet 类的定义、配置及发布之后，Servlet 类就可以被正常使用了。Servlet 类在第一次被请求时由 Web 容器进行初始化，接着调用 doGet()或 doPost()方法处理请求，最后将处理结果返回给请求端。

调用 Servlet 类的基本方法有两种（见图 2-13），其中一种是直接使用 Servlet 的 URL 对 Servlet 进行访问，这种情况包括使用 HTML 链接、JSP 跳转，或者浏览器地址栏中输入地址等方式。这种方式 Web 容器将调用 Servlet 的 doGet()方法为请求提供服务。另一种是在表单中设置提交目标为 Servlet 的 URL，这种方式 Web 容器将调用 Servlet 的 doPost()方法为请求提供服务。

程序清单 2-4　index.html

```
<!--调用 Servlet 类的页面>
<!DOCTYPE html>
<html>
<head>
<meta charset="UTF-8">
<title>index.html</title>
</head>
<body>
     <table>
     <tr>
       <td><a  href="/ServletTrain/SayHello">链接调用 SayHelloServlet</a></td>
       <td>
          <form action = "/ServletTrain/SayHello" method="post">
                <input  type="submit"  value="表单提交调用 SayHelloServlet" >
          </form>
       </td>
     </tr>
   </table>
</body>
</html>
```

图 2-13　不同方式调用 Servlet 结果

2.5　Servlet 主要接口和类

Java Servlet 包括两个基本的包，即 javax.servlet 和 javax.servlet.http。它们提供了创建 Servlet 所需的接口和类。

2.5.1　Servlet 接口

Servlet 接口定义在 javax.servlet 包中，所有的 Servlet 类必须实现 Servlet 接口。该接口中定义了 Servlet 生命周期的相关方法。Servlet 接口中定义的主要方法包括 init 方法、service 方法、destroy 方法、getServletConfig 方法和 getServletInfo 方法等。其接口方法说明，如表 2-3 所示。

表 2-3　　Servlet 接口方法说明表

方法	说明
void init(ServletConfig config)	在 Servlet 的生命周期中 init 方法仅执行一次。它是在服务器装入 Servlet 时执行的。Servlet 引擎会在 Servlet 实例化之后、置入服务之前调用 init 方法。在调用 service 方法之前，init 方法必须成功退出 如果 init 方法抛出一个 ServletException，则不能将这个 Servlet 置入服务中；如果 init 方法在超时范围内没完成，则可以假定这个 Servlet 是不具备功能的，也不能置入服务中
void service (ServletRequest request, ServletResponse response)	service 方法是 Servlet 的核心，当客户端请求发送时，Servlet 容器将会调用此方法，以提供服务；而且传递给这个方法一个“请求”(ServletRequest)对象和一个“响应”(ServletResponse)对象作为参数
void destroy()	在 Servlet 的生命周期中 destroy 方法仅执行一次。当 Servlet 容器判断某个 Servlet 不再提供服务时，将调用其 destroy()方法，来让 Servlet 释放它正在使用的所有资源，并保存所有持久化的状态，如容器想保存内存资源或者自身被关闭时可以这样做 当服务器卸载 Servlet 时，将在所有 service 方法调用完成后或在指定的时间间隔过后调用 destroy 方法。一个 Servlet 在运行 service 方法时可能会产生其他的线程，因此请确定在调用 destroy()方法时这些线程已终止或完成
ServletConfig getServletConfig()	方法返回一个 ServletConfig 对象，该对象用来返回初始化参数和 ServletContext。ServletContext 接口提供有关 Servlet 的环境信息
String getServletInfo()	getServletInfo 方法是一个可选的方法，它提供一个有关 Servlet 的信息字符串，如作者、版本、版权

2.5.2 ServletRequest 接口

java.servlet.ServletRequest 接口定义一个 Servlet 引擎产生的对象，通过这个对象 Servlet 可以获得客户端请求的数据，ServletRequest 接口方法说明如表 2-4 所示。这个对象通过读取请求体的数据提供包括参数的名称、值、属性以及输入流的所有数据。

表 2-4　ServletRequest 接口方法说明表

Object getAttribute (String name)	方法返回请求中指定属性的值，如果这个属性不存在就返回一个空值。
Enumeration getAttributeNames()	方法返回包含在这个请求中的所有属性名的列表
String getCharacterEncoding ()	方法返回请求中输入内容的字符编码类型，如果没有定义字符编码类型就返回空值
String getContentType ()	方法返回请求数据体的 MIME 类型，如果类型未知则返回空值
int getContentLength ()	方法返回请求内容的长度，如果长度未知则返回-1
ServletInputStream getInputStream ()	方法返回一个输入流用来从请求中读取二进制数据。如果在此之前已经通过 getReader()方法获得了要读取的结果，则这个方法抛出一个 IllegalStateException
String getParameter (String name)	方法通过一个 String 返回指定的参数值，如果这个参数不存在则返回空值，例如在一个 HttpServlet 中这个方法会返回一个被提交的表单中的参数值。如果一个参数名对应着几个参数值，则这个方法只能返回通过 getParameterValues()方法返回的数组中的第一个值。因此如果这个参数有（或者可能有）多个值，则只能使用 getParameterValues()方法
Enumeration getParameterNames ()	方法返回所有参数名的 String 对象列表，如果没有输入参数，则该方法返回一个空值
String[] getParameterValues (String name)	方法通过一个 String 对象的数组返回指定参数的值，如果这个参数不存在，则该方法返回一个空值
BufferReader getReader ()	方法返回一个 BufferReader 用来读取请求的实体，其编码方式依照请求数据的编码方式。如果这个请求的输入流已经被 getInputStream 调动获得，则这个方法将抛出一个 IllegalStateException
String getProtocol ()	方法返回这个请求所采用的协议，其形式是“协议/主版本号.此版本号”，例如对于一个 HTTP1.0 的请求，该方法返回 HTTP/1.0
String getRemoteAddr ()	方法返回发送请求者的 IP 地址
String getRemoteHost ()	方法返回发送请求者的主机名称。如果引擎不能或者选择不解析主机名(为了改善性能)，则这个方法直接返回 IP 地址
String getServerName ()	方法返回接收请求的服务器主机名
int getServerPort ()	方法返回接收请求的端口号
void setAttribute (String name，Object object)	方法在请求中添加一个属性，这个属性可以被其他可以访问这个请求对象的对象(例如一个嵌套的 Servlet)使用
void removeAttribute (String name)	方法在请求中删除指定的属性
String getScheme ()	方法返回请求所使用的 URL 模式，例如对于一个 HTTP 请求，这个模式就是 http

2.5.3　ServletResponse 接口

java.servlet. ServletResponse 接口定义的也是一个由 Servlet 引擎产生的对象，这个对象来用来存储 Servlet 向用户页面返回的内容，接口方法说明如表 2-5 所示。

表 2-5　　ServletResponse 接口方法说明表

String getCharacterEncoding()	方法返回 MIME 实体的字符编码。这个字符编码可以是指定的类型，也可以是与请求头域反映的客户端所能接收的字符编码最匹配的类型。在 HTTP 协议中，这个信息通过 Accept-Charset 传送到 Servlet 引擎
ServletOutputStream getOutputStream ()	方法返回一个记录二进制响应数据的输出流。如果这个响应对象已经调用 getWriter 将会抛出 IllegalStateException
PrintWriter getWriter ()	方法返回一个 PrintWriter 对象用来记录格式化的响应实体。如果要反映使用的字符编码，必须修改响应的 MIME 类型。在调用这个方法之前必须设定响应的 content 类型。如果没有提供这样的编码类型，会抛出一个 UnsupportedEncodingException，如果这个响应对象已调用 getOutputStream，则会抛出一个 IOException
void setContentLength (int length)	方法用于设置响应的内容长度，这个方法会覆盖以前对内容长度的设定。为了保证成功地设定响应头的内容长度，在响应被提交到输出流之前必须调用这个方法
void setContentType (String type)	方法用于设定响应的 Content 类型。这个类型以后可能会在另外的一些情况下被隐式地修改，这里所说的另外的情况是指当服务器发现有必要的情况下对 MIME 的字符设置。为了保证成功地设定响应头的 Content 类型，在响应被提交到输出流之前必须调用这个方法

2.5.4　GenericServlet 抽象类

GenericServlet 是个抽象类，不能直接被实例化，必须派生出实现类才能使用。它是通用的 Servlet 基类，定义了 Servlet 的骨架，包括 Servlet 生命周期，还有一些得到名字、配置、初始化参数的方法，其设计是和应用层协议无关的，也就是说通过继承该类开发者可以实现非 HTTP 协议的 Servlet 类。

GenericServlet 是处理一般的 Servlet 请求，除了 HTTP 请求还有其他的请求，比如说 ftp 等。对于 HTTP 协议来说，HttpServlet 比 GenericServlet 更专业。在基于 HTTP 的 Web 应用中一般很少从 GenericServlet 直接派生 Servlet 类进行使用。

2.5.5　HttpServlet 抽象类

Java.servlet.http.HttpServlet 是 GenericServlet 的子类，和 GenericServlet 一样也是一个抽象类，不能直接实例化。该类是使用 Http 协议的 Servlet 类的基类，大多数的 Servlet 类都是由该类派生的。该类定义一个由 Servlet 引擎进行实例化的类，这样的类能够对客户端的请求做出响应。这个响应应该是一个 MIME 实体，也可能是一个 HTML 页、图像数据或其他 MIME 的格式。HttpServlet 类是 GenericServlet 的子类。HttpServlet 接口中定义的主要方法如表 2-6 所示。

表 2-6　　HttpServlet 抽象类方法说明表

void doDelete (HttpServletRequest request , HttpServletResponse response)	方法被这个类的 service 方法调用，用来处理一个 HTTP DELETE 操作。这个操作允许客户端请求从服务器上删除 URL。这一方法的默认执行结果是返回一个 HTTP BAD_REQUEST 错误。当要处理 DELETE 请求时必须重载这一方法

续表

void doGet (HttpServletRequest request , HttpServletResponse response)	方法被这个类的 service 方法调用，用来处理一个 HTTP GET 操作。这个操作允许客户端简单地从一个 HTTP 服务器获得资源。对这个方法的重载将自动支持 HEAD 方法。GET 操作应该是安全而且没有负面影响的，且可以安全地重复。这一方法的默认执行结果是返回一个 HTTP BAD_REQUEST 错误
void doPost (HttpServletRequest request , HttpServletResponse response)	方法被这个类的 service 方法调用，用来处理一个 HTTP POST 操作。这个操作包含请求体的数据，Servlet 应该按照它行事。这一方法的默认执行结果是返回一个 HTTP BAD_REQUEST 错误。当要处理 POST 操作时必须在 HttpServlet 的子类中重载这一方法
void doPut (HttpServletRequest request , HttpServletResponse response)	方法被这个类的 service 方法调用，用来处理一个 HTTP PUT 操作。这个操作类似于通过 FTP 发送文件。这一方法的默认执行结果是返回一个 HTTP BAD_REQUEST 错误。当要处理 PUT 操作时必须在 HttpServlet 的子类中重载这一方法
void doHead (HttpServletRequest request , HttpServletResponse response)	方法被这个类的 service 方法调用，用来处理一个 HTTP HEAD 操作。默认情况是：这个操作会按照一个无条件的 GET 方法来执行，该操作不向客户端返回任何数据，而仅仅是返回包含内容长度的头信息。这个方法的默认执行结果是自动处理 HTTP HEAD 操作，这个方法不需要被一个子类执行
void doOptions (HttpServletRequest request , HttpServletResponse response)	方法被这个类的 service 方法调用，用来处理一个 HTTP OPTION 操作。这个操作自动决定支持哪一种 HTTP 方法，例如一个 Servlet 写了一个 HttpServlet 的子类并重载了 doGet 方法，doOptions 会返回下面的头。 Allow：GET，HEAD，TRACE，OPTIONS 一般不需要重载这个方法
void doTrace (HttpServletRequest request , HttpServletResponse response)	方法被这个类的 service 方法调用，用来处理一个 HTTP TRACE 操作。这个操作的默认执行结果是产生一个响应，这个响应包含一个反映 trace 请求中发送的所有头域的信息。当开发 Servlet 时在多数情况下需要重载这个方法
long getLastModified (HttpServletRequest request)	方法返回这个请求实体的最后修改时间。为了支持 GET 操作，必须重载这一方法，以精确地反映最后修改的时间。这将有助于浏览器和代理服务器减少装载服务器和网络资源，从而更加有效地工作。返回的数值是自 1970-1-1(GMT)以来的毫秒数。默认的执行结果是返回一个负数，这标志着最后修改时间未知，它也不能被一个有条件的 GET 操作使用
void service (HttpServletRequest request , HttpServletResponse response)	方法是一个 Servlet 的 HTTP-specific 方案，当开发 Servlet 时在多数情况下不必重载这个方法

2.5.6 HttpServlettRequest 接口

java.servlet.http.HttpServletRequest 接口用来处理一个对 Servlet 的 HTTP 格式的请求信息。HttpServlettRequest 接口中定义的主要方法如表 2-7 所示。

表 2-7　　HttpServlettRequest 接口方法说明表

Cookie[] getCookies()	方法返回一个数组，该数组包含这个请求中当前的所有 Cookie。如果这个请求中没有 Cookie，则返回一个空数组

续表

String getHeader (String name)	方法返回一个请求头域的值。如果这个请求头域不存在，则这个方法返回-1
String getQueryString ()	方法返回这个请求 URL 所包含的查询字符串。一个查询字符串在一个 URL 中由"？"引出。如果没有查询字符串，则这个方法返回空值
String getRequestURI ()	通过 HTTP 请求的第一行返回 URL 中，定义被请求的资源部分。如果有一个查询字符串存在，则这个查询字符串将不包含在返回之中，例如一个请求通过"/catalog/books?id=1"这样的 URL 路径访问，则这个方法将返回/catalog/books。这个方法的返回值包括了 Servlet 路径和路径信息 如果这个 URL 路径中的一部分经过了 URL 编码，则这个方法的返回值在返回之前必须经过解码
HttpSession getSession (boolean create)	方法返回与这个请求关联的当前有效的 session。如果调用这个方法没有带参数，那么在没有 session 与这个请求关联的情况下将会新建一个 session。如果调用这个方法时带入了一个布尔型的参数，只有当这个参数为真时 session 才会被建立。为了确保 session 能够被完全维持，Servlet 开发者必须在响应被提交之前调用该方法。如果带入的参数为假而且没有 session 与这个请求关联，则这个方法会返回空值

2.5.7　HttpServletResponse 接口

java.servlet.http.HttpServletResponse 接口描述一个返回到客户端的 HTTP 响应。这个接口允许 Servlet 程序员利用 HTTP 协议规定头信息。HttpServletResponse 接口中定义的主要方法如表 2-8 所示。

表 2-8　　HttpServletResponse 接口方法说明表

void addCookie (Cookie cookie)	方法在响应中增加一个指定的 Cookie。可多次调用该方法以定义多个 Cookie。为了设置适当的头域，该方法应该在响应被提交之前调用
void sendRedirect (String location)	方法使用给定的路径，给客户端发出一个临时转向的响应(SC_MOVED_TEMPORARILY)。给定的路径必须是绝对 URL。相对 URL 将不能被接收，会抛出一个 IllegalArgumentException。这个方法必须在响应被提交之前调用。调用这个方法后响应立即被提交。在调用这个方法后，Servlet 不会再有更多输出
void setHeader (String name，String value)	方法使用一个给定的名称和域设置响应头。如果响应头已经被设置，则新的值将覆盖当前值
void setStatus (int statusCode)	方法设置了响应的状态码，如果状态码已被设置，新的值将覆盖当前值
String encodeRedirectURL(String url)	方法对 sendRedirect 方法使用的指定 URL 进行编码。如果不需要编码直接返回这个 URL。之所以提供这个附加的编码方法是因为在 redirect 的情况下，决定是否对 URL 进行编码的规则和一般情况有所不同。所给的 URL 必须是一个绝对 URL。相对 URL 不能被接收，会抛出一个 IllegalArgumentException。所以提供给 sendRedirect 方法的 URL 都应通过这个方法运行，这样才能确保会话跟踪能够在所有浏览器中正常运行
String encodeURL (String url)	方法对包含 session ID 的 URL 进行编码。如果不需要编码，就直接返回这个 URL。Servlet 引擎必须提供 URL 编码方法，因为在有些情况下将不得不重写 URL，例如在响应对应的请求中包含一个有效的 session，但是这个 session 不能被非 URL 的（例如 Cookie）手段来维持。所有提供给 Servlet 的 URL 都应通过这个方法运行，这样才能确保会话跟踪能够在所有浏览器中正常运行

2.5.8 HttpSession 接口

java.servlet.htto.HttpSession 接口被 Servlet 引擎用来实现在 HTTP 客户端和 HTTP 会话之间的关联。这种关联可能在多处连接和请求中持续一段给定的时间。HttpSession 接口中定义的主要方法如表 2-9 所示。

表 2-9 HttpSession 接口方法说明表

long getCreationTime()	方法返回建立 session 的时间，这个时间表示为自 1970-1-1(GMT)以来的毫秒数
String getId()	方法返回分配给这个 session 的标识符。一个 HTTP session 的标识符是一个由服务器来建立和维持的惟一的字符串
long getLastAccessedTime ()	方法返回客户端最后一次发出与这个 session 有关的请求时间，如果这个 session 是新建立的，则返回-1。这个时间表示为自 1970-1-1(GMT)以来的毫秒数
int getMaxInactiveInterval ()	方法返回一个秒数，这个秒数表示客户端在不发出请求时，session 被 Servlet 引擎维持的最长时间。在这个时间之后 session 可能被 Servlet 引擎终止。如果这个 session 不会被终止，则这个方法返回-1。当 session 无效后再调用这个方法会抛出一个 IllegalStateException
int setMaxInactiveInterval (int interval)	方法设置一个秒数，这个秒数表示客户端在不发出请求时，session 被 Servlet 引擎维持的最长时间
Object getAttribute (String name)	方法返回一个以给定的名字绑定到 session 上的对象。如果不存在这样的绑定则返回空值。当 session 无效以后再调用这个方法会抛出一个 IllegalStateException
void setAttribute (String name，Object value)	方法以给定的名字绑定给定的对象到 session 中。已存在的同名绑定会被重置。这时会调用 HttpSessionBindingListener 接口的 valueBound 方法。当 session 无效后再调用这个方法会抛出一个 IllegalStateException
Void removeAttribute (String name)	方法取消给定名字的对象在 session 上的绑定。如果未找到给定名字的绑定对象，则这个方法什么也不做。这时会调用 HttpSessionBindingListener 接口的 valueUnbound 方法。当 session 无效后再调用这个方法会抛出一个 IllegalStateException
void invalidate()	方法会终止这个 session，所有绑定在这个 session 上的数据都会被清除，并通过 HttpSessionBindingListener 接口的 valudeUnbound 方法发出通告
boolean isNew ()	方法返回一个布尔值以判断这个 session 是不是新的。如果一个 session 已经被服务器建立但是还没有收到相应的客户端请求，则这个 session 将被认为是新的。这意味着，这个客户端还没有加入会话或没有被会话公认，在客户发出下一个请求时还不能返回适当的 session 认证信息。当 session 无效后再调用这个方法会抛出一个 IllegalStateException

2.6 Servlet 共享变量

在 Servlet 中进行变量的共享可以通过 Servlet 容器中存在的 ServletContext、HttpSession 和 HttpServletRequest 的实例来实现。这几种方式共享变量和获得变量的方法都是一致的，只是在变量的作用域，也就是共享的范围上有所不同。

这三种方式共享变量的方法是使用 Context、Session 或 Request 类型的实例调用 setAttribu te(“varName”,obj)方法将需要共享的变量存储到对象当中。然后在需要使用该共享变量的地方，再通过实例的 getAttribute(“varName”)方法来获得变量。

ServletContext 范围最大，应用程序级别的，整个应用程序都能访问。HttpSession 次之，会话级别的，在当前的浏览器中都能访问。HttpServletRequest 范围最小，请求级别，请求结束，变量的作用域也结束。ServletContext、HttpSession 和 HttpServletRequest 的作用域如图 2-14 所示。

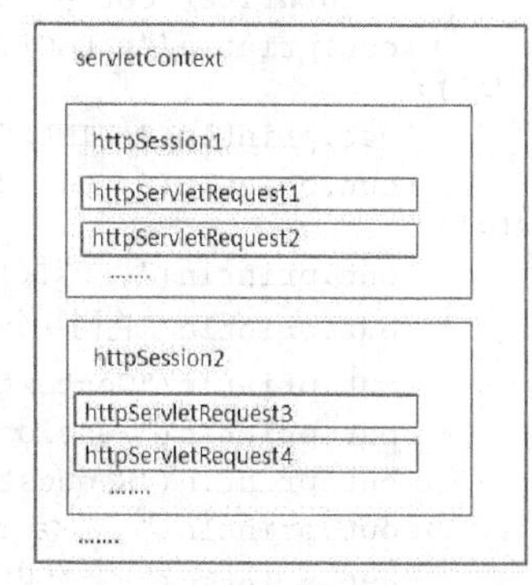

图 2-14　ServletContext、HttpSession 和 HttpServletRequest 的作用域

下面以一个简单例子对采用 ServletContext、HttpSession 和 HttpServletRequest 实现变量共享进行说明如程序清单 2-5～程序清单 2-8 所示。例子首先在一个页面中分别将 3 个共享变量存入 ServletContext、HttpSession 和 HttpServletRequest 的实例中，然后在不同的情况下获取这 3 个共享变量。

程序清单 2-5　ShareSharingVars.java

```
/*提供共享变量的 Servelt 类：*/
package javaee.servlet;
import ……
//设置该 Servlet 类的访问路径为"/Share"
@WebServlet("/Share")
public class ShareSharingVars extends HttpServlet {
    private static final long serialVersionUID = 1L;

    public ShareSharingVars() {
        super();
}

    protected void doGet(HttpServletRequest request, HttpServletResponse response)
throws ServletException, IOException {
    this.doPost(request, response);
    }

    protected void doPost(HttpServletRequest request, HttpServletResponse response)
throws ServletException, IOException {
      // 1    使用 ServletContext 共享变量
      ServletContext sc = this.getServletContext();
      sc.setAttribute("sharingvar_sc", "context");
      // 2    使用 HttpSession 共享变量
      HttpSession session = request.getSession();
      session.setAttribute("sharingvar_se", "session");
      // 3    使用 HttpServletRequest 共享变量
      request.setAttribute("sharingvar_req", "request");

      //4    在同一个页面中读取共享变量
      String sc_value = (String) sc.getAttribute("sharingvar_sc");
      String session_value = (String) session.getAttribute("sharingvar_se");
      String request_value = (String) request.getAttribute("sharingvar_req");

      //5    在对客户端的响应中显示读取的共享变量值
      response.setContentType("text/html;charset=UTF-8");
```

```
        PrintWriter out = response.getWriter();
        out.println("<!DOCTYPE HTML PUBLIC \"-//W3C//DTD HTML 4.01 Transitional//EN
\">");
        out.println("<HTML>");
        out.println("    <HEAD><meta charset=\"UTF-8\"><TITLE>A Servlet</TITLE></HE
AD>");
        out.println("    <BODY>");
        out.println("在同一个页面中读取共享变量<br>");
        out.println("Context:" + sc_value + "<br>");
        out.println("Session:" + session_value + "<br>");
        out.println("Request:" + request_value + "<br>");
        out.println("    <a href=/ServletTrain/GetSharingVars>");
        out.println("    使用超链接跳转到使用共享变量页面");
        out.println("    </a>");
        out.println("    </BODY>");
        out.println("</HTML>");
        out.flush();
        out.close();
    }
}
```

程序清单 2-6 GetSharingVars.java

```
/*使用共享变量的 Servelt 类*/
package javaee.servlet;
import ……
//设置该 Servlet 类的访问路径为 GetSharingVars
@WebServlet("/GetSharingVars")
public class GetSharingVars extends HttpServlet {
    private static final long serialVersionUID = 1L;
    //构造函数
   public GetSharingVars() {
       super();
    }

    protected void doGet(HttpServletRequest request, HttpServletResponse response)
throws ServletException, IOException {
    this.doPost(request, response);
    }

    protected void doPost(HttpServletRequest request, HttpServletResponse response)
throws ServletException, IOException {
        //1    读取共享变量的值
        ServletContext sc = this.getServletContext();
        HttpSession session = request.getSession();
        String sc_value = (String) sc.getAttribute("sharingvar_sc");
        String session_value = (String) session.getAttribute("sharingvar_se");
        String request_value = (String) request.getAttribute("sharingvar_req");
        //2    在对客户端的响应中显示读取的共享变量值
        response.setContentType("text/html;charset=UTF-8");
        PrintWriter out = response.getWriter();
        out.println("<!DOCTYPE HTML PUBLIC \"-//W3C//DTD HTML 4.01 Transitional//
EN\">");
        out.println("<HTML>");
        out.println("    <HEAD><meta charset=\"UTF-8\"><TITLE>A Servlet</TITLE></HE
```

```
AD>");
        out.println("   <BODY>");
        out.println("GetSharingVars 输出页面<br>");
        out.println("在不同页面读取共享变量值如下：<br>");
        out.println("Context:" + sc_value + "<br>");
        out.println("Session:" + session_value + "<br>");
        out.println("Request:" + request_value + "<br>");
        out.println("   </BODY>");
        out.println("</HTML>");
        out.flush();
        out.close();
    }
}
```

程序清单 2-7　ShareSharingVarsDispatch.java

```
/*使用共享变量并转发跳转处理的 Servelt 类的 Servelt 类*/
package javaee.servlet;
……
@WebServlet("/ShareAndDispatch")
public class ShareSharingVarsAndDispatch extends HttpServlet {
    ……
    protected void doGet(HttpServletRequest request, HttpServletResponse response)
throws ServletException, IOException {
    // TODO Auto-generated method stub
    this.doPost(request, response);
    }

    protected void doPost(HttpServletRequest request, HttpServletResponse response)
throws ServletException, IOException {
    // TODO Auto-generated method stub
        // 1    使用 ServletContext 共享变量
        ServletContext sc = this.getServletContext();
        sc.setAttribute("sharingvar_sc", "context");
        // 2    使用 HttpSession 共享变量
        HttpSession session = request.getSession();
        session.setAttribute("sharingvar_se", "session");
        // 3    使用 HttpServletRequest 共享变量
        request.setAttribute("sharingvar_req", "request");
        // 4    使用转发跳转处理
       request.getRequestDispatcher("/GetSharingVars").forward(request, response);
    }
}
```

程序清单 2-8　ShareSharingVarsAndRedirect.java

```
/*提供共享变量并重定向跳转处理的 Servelt 类*/
package javaee.servlet;
  ……
@WebServlet("/ShareAndRedirect")
public class ShareSharingVarsAndRedirect extends HttpServlet {
    ……
    protected void doGet(HttpServletRequest request, HttpServletResponse response)
```

```
throws ServletException, IOException {
    // TODO Auto-generated method stub
    this.doPost(request, response);
    }

    protected void doPost(HttpServletRequest request, HttpServletResponse response)
throws ServletException, IOException {
    // TODO Auto-generated method stub
        // 1    使用 ServletContext 共享变量
        ServletContext sc = this.getServletContext();
        sc.setAttribute("sharingvar_sc", "context");
        // 2    使用 HttpSession 共享变量
        HttpSession session = request.getSession();
        session.setAttribute("sharingvar_se", "session");
        // 3    使用 HttpServletRequest 共享变量
        request.setAttribute("sharingvar_req", "request");
        // 4    使用重定向跳转处理
        response.sendRedirect("/ServletTrain/GetSharingVars");
    }
}
```

在浏览器中输入 http://localhost:8080/ServletTrain/Share，访问提供共享变量的 Servlet 类，设置共享变量，并在同一个页面中使用共享变量，访问结果如图 2-15 所示。在这种情况下，存储共享变量时使用的 ServletContext、HttpSession 和 HttpServletRequest 实例与读取共享变量时使用的 ServletContext、HttpSession 和 HttpServletRequest 实例是同一个，所以能够获得存储的共享变量的值。

在浏览器中输入 http://localhost:8080/ServletTrain/ShareAndDispatch，通过转发机制跳转到新的页面，在新页面中读取共享变量的结果，如图 2-16 所示。在这种情况下，由于采用转发机制进行处理，在转发时 HttpServletRequest 实例也同时被转发到新的页面，因此 ServletContext、HttpSession 和 HttpServletRequest 实例都不会发生改变，能够获得存储的共享变量的值。

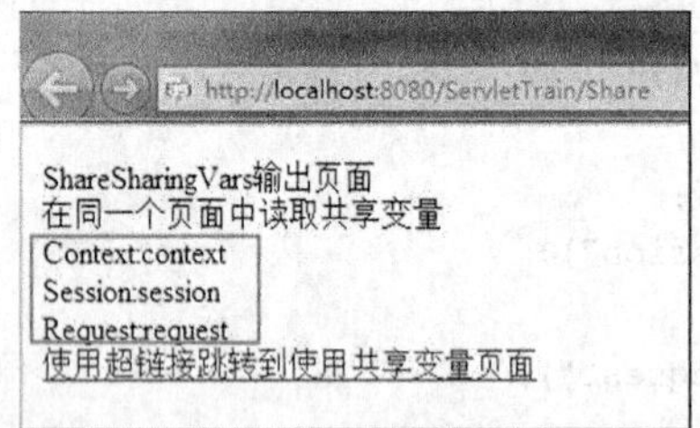

图 2-15　在同一个页面中读取共享变量结果

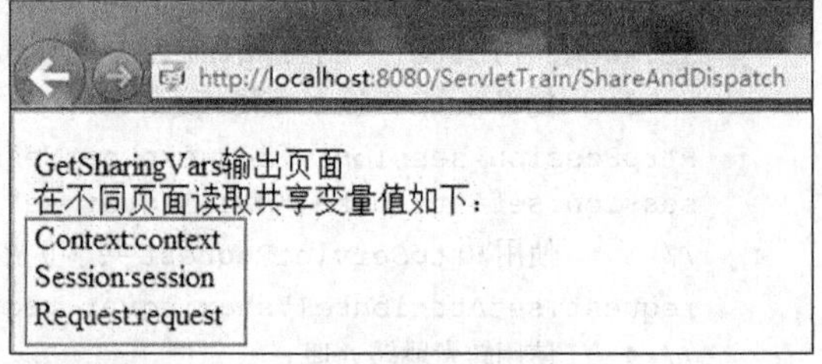

图 2-16　转发到新的页面读取共享变量结果

通过重定向函数、超链接或者在浏览器中输入页面地址的方式跳转到新的页面，在新页面中读取共享变量的结果，如图 2-17 所示。在这种情况下，存储共享变量时使用的 ServletContext、HttpSession 实例与读取共享变量时使用的 ServletContext、HttpSession 实例是同一个，所以能够获得存储的共享变量的值。但是由于新的页面具有新的请求，HttpServletRequest 实例发生了变化，所以无法获得存储在 HttpServletRequest 中的共享变量。

关闭刚才的浏览器后再重新打开，在新打开的浏览器地址栏中输入 http://localhost:8080/ServletTrain/GetSharingVars，打开新页面读取共享变量的结果，如图 2-18 所示。在这种情况下，不仅 HttpServletRequest 实例发生了改变，由于重新启动了浏览器，将会启用一个新的会话，HttpSession 实例随之发生了改变，因此也无法获得存储在 HttpSession 实例中的共享变量。

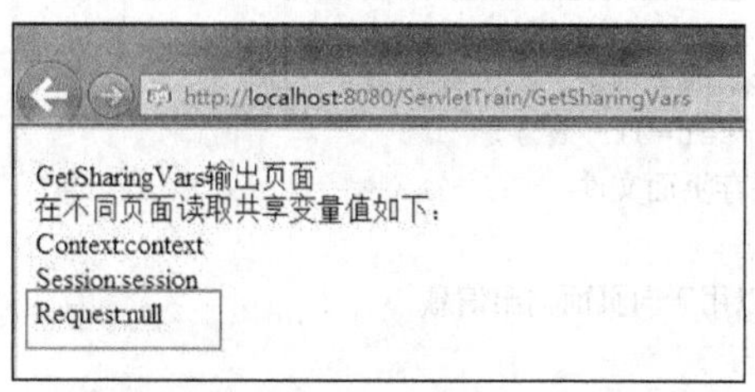

图 2-17　跳转到新页面读取共享变量结果

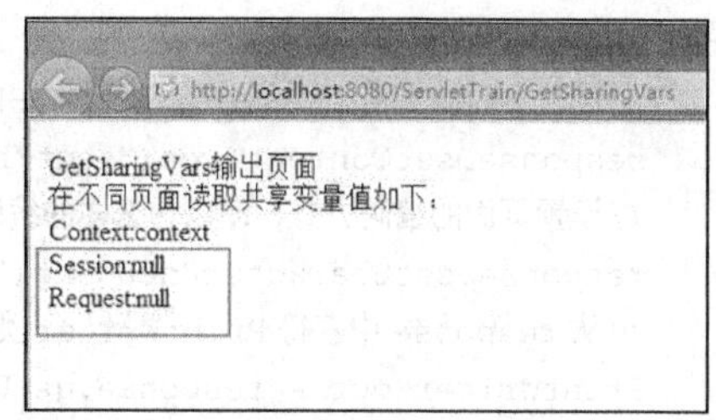

图 2-18　重启浏览器后跳转到新页面读取共享变量结果

2.7　用 Servlet 读写文件

Servlet 类实质上就是一个继承了 HttpServlet 的 Java 类。该类由 Web 容器进行实例化，运行在服务器上。在 Servlet 类中可以使用 Java 提供的输入/输出流来完成对服务器上文件的读取和写入。

2.7.1　读文件

用来读取文件的 Servlet 类和其他普通 Servlet 类没有区别，客户端的请求会被 doPost()或者 doGet()方法响应，在请求中一般会包含读取文件的文件路径。Servlet 类在 doPost()或者 doGet() 中获得客户端请求的信息，然后根据这些信息完成读文件的操作。在 Servlet 中读取文件的操作和步骤与在普通 Java 程序中读取文件相同，一般利用 File、FileReader 和 BufferedReader 类的组合来完成。下面以一个简单的例子加以说明，如程序清单 2-9 所示。该示例将服务器上当前运行项目中的/WEB-INF/web.xml 文件读取出来，并输出到页面中进行显示。

程序清单 2-9　ReadFile.java

```
/*一个简单的读文件的 Servlet 类*/
package javaee.servlet;

import java.io.*;
import javax.servlet.*;
import javax.servlet.annotation.*;
import javax.servlet.http.*;

//设置访问或者调用这个 Servlet 的路径
@WebServlet("/ReadFile")
public class ReadFile extends HttpServlet {
    private static final long serialVersionUID = 1L;
    //构造函数
    public ReadFile() {
        super();
    }

    protected void doGet(HttpServletRequest request, HttpServletResponse response)
throws ServletException, IOException {
    // TODO Auto-generated method stub
    this.doPost(request, response);
    }

    protected void doPost(HttpServletRequest request, HttpServletResponse response)
```

```
throws ServletException, IOException {
    //设置页面的文档类型和字符集，页面中的字符所采用的字符集
    response.setContentType("text/html;charset=UTF-8");
    //设置页面的编码方式，即以什么样的编码方式来保存页面文件
    response.setCharacterEncoding("UTF-8");
    //从 response 中获得 PrintWriter 类的对象，以用于向页面输出信息
    PrintWriter out = response.getWriter();
    //向页面输出信息
    out.println("<!DOCTYPE HTML PUBLIC \"-//W3C//DTD HTML 4.01 Transitional// EN\">");
    out.println("<HTML>");
    out.println("      <HEAD><meta  charset=\"UTF-8\"><TITLE>A  Servlet</TITLE>
</HEAD>");
    out.println("   <BODY>");
    out.println("   <XMP>");
    String fileName =  "/WEB-INF/web.xml";////文件相对路径
    String filePath = this.getServletContext().getRealPath(fileName);//文件绝对路径
    out.println("要读取的文件: " + filePath);
    out.println("内容如下: ");
   //使用文件的绝对路径打开文件
    File file = new File(filePath);
    if(file.exists())
    {
      //使用打开的文件对象，创建 FileReader 类的实例
      FileReader  reader = new FileReader (file);
      //使用打开文件对应的 reader 对象，创建 BufferedReader 类的实例
      BufferedReader  bufferReader = new BufferedReader (reader);
      String line = null;
      //逐行读取文件，并输出到页面上
      while((line = bufferReader.readLine())!=null)
      {
            out.println(line);
      }
      bufferReader.close();
     }else
     {
            out.print("未找到文件! ");
     }
      out.println("   </XMP>");
      out.println("   </BODY>");
      out.println("</HTML>");
      out.flush();
      out.close();
   }
}
```

2.7.2 写文件

在 Servlet 中写文件的方法和步骤和普通的 Java 程序一致，通常使用 File、FileWriter 和 BufferedWriter 的组合来完成。下面通过一个简单实例进行说明，如程序清单 2-10 所示。该示例在服务器上运行的当前项目的根目录下创建一个名为 temp.txt 的文件，并向其中写入信息。

程序清单 2-10　WriteFile.java

```
/*一个简单的写文件的 Servlet 类*/
package javaee.servlet;
import java.io.*;
import javax.servlet.*;
import javax.servlet.annotation.*;
import javax.servlet.http.*;
//设置访问或者调用这个 Servlet 的路径
@WebServlet("/WriteFile")
public class WriteFile extends HttpServlet {
    private static final long serialVersionUID = 1L;

    public WriteFile() {
        super();
        // TODO Auto-generated constructor stub
    }
    protected void doGet(HttpServletRequest request, HttpServletResponse response)
throws ServletException, IOException {
    // TODO Auto-generated method stub
    this.doPost(request, response);
    }
    protected void doPost(HttpServletRequest request, HttpServletResponse response)
throws ServletException, IOException {
        //设置页面的文档类型和字符集，页面中的字符所采用的字符集
        response.setContentType("text/html;charset=UTF-8");
        //设置页面的编码方式，即以什么样的编码方式来保存页面文件
        response.setCharacterEncoding("UTF-8");
        //从 response 中获得 PrintWriter 类的对象，以用于向页面输出信息
        PrintWriter out = response.getWriter();
        String fileName =  "temp.txt";//文件相对路径
        String filePath = this.getServletContext().getRealPath(fileName);//文件绝对路径
        //使用文件的绝对路经打开文件，如果文件不存在则创建文件
        File file = new File(filePath);
        //使用打开的文件对象，创建 FileWriter 类的实例
        FileWriter writer = new FileWriter(file);
        //使用打开文件对应的 writer 对象，创建 BufferedWriter 类的实例
        BufferedWriter bufferWriter = new BufferedWriter(writer);
        //通过 BufferedReader 类的实例，向文件中写入信息
        bufferWriter.write("J2EE 课程");
        bufferWriter.newLine();
        bufferWriter.write("Servlet 写文件");
        //刷新缓存，将缓存中的内容写入到文件中
        bufferWriter.flush();
        bufferWriter.close();
        writer.close();
        out.print("<font size='2'>文件写入完毕，路径:"+file.getAbsolutePath()+"</font>");
    }
}
```

2.7.3 文件上传

在 Servlet3.0 之前，对于处理上传文件的操作一直是让开发者头疼的问题，因为 Servlet 本身没有对此提供直接的支持，需要使用第三方框架来实现，而且使用起来也不够简单。Servlet 3.0 提供了对文件上传的支持，通过@MultipartConfig 标注和 HttpServletRequest 的两个新方法 getPart() 和 getParts()，开发者能够很容易地实现文件上传操作。

@MultipartConfig 标注主要是为了辅助 Servlet 3.0 中 HttpServletRequest 提供的对上传文件的支持。该标注写在 Servlet 类的声明之前，以表示该 Servlet 希望处理的请求是 multipart/form-data 类型的。另外，该标注还提供了若干属性用于简化对上传文件的处理。其具体说明如表 2-10 所示。

表 2-10　　@MultipartConfig 标注属性说明表

属性名	类　型	是否可选	描　述
fileSizeThreshold	int	是	当数据量大于该值时，内容将被写入文件
location	String	是	存放生成的文件地址
maxFileSize	long	是	允许上传的文件最大值。默认值为-1，表示没有限制
maxRequestSize	long	是	针对该 multipart/form-data 请求的最大数量，默认值为-1，表示没有限制

HttpServletRequest 提供的两个新方法如下所示，它们用于从请求中解析出上传的文件。

```
Part getPart(String name)
Collection<Part> getParts()
```

前者用于获取请求中给定 name 的文件，后者用于获取所有的文件。每一个文件用一个 javax.servlet.http.Part 对象来表示。该接口提供了处理文件的简易方法，比如 write()、delete() 等。至此，结合 HttpServletRequest 和 Part 来保存上传的文件变得非常简单，如下所示。

```
Part file = request.getPart("file");
file.write("filename");
```

需要注意的是，如果请求的 MIME 类型不是 multipart/form-data，则不能使用上面的两个方法，否则将抛异常。

在 index.html 中，文件上传部分代码如下所示。

```
<form action = "/ServletTrain/UpLoad" method="post" enctype="multipart/form-data">
    <input type="file" name="file">
    <input type="submit" name="upload" value="上传">
</form>
```

在 HTML 中将<input>元素的 type 属性设置为"file"，能够为页面插入一个文件上传控件，该控件包含一个文件选择器和一个上传按钮。

<form>元素的 enctype 属性决定了表单在提交时的数据封装方式，取值可以是"text/plain"、"application/x-www-form-urlencoded"和"multipart/form-data"3 种，如表 2-11 所示。

表 2-11　　表单在提交时的 3 种数据封装方式

text/plain	以文本方式发送数据，适合直接使用表单发送电子邮件
application/x-www-form-urlencoded	默认编码方式。只处理表单域的 value 属性值，并将表单域的值按照 URL 编码方式处理
multipart/form-data	以二进制的方式来处理表单中的数据，会把文件域所指定的文件内容也封装在请求中。包含文件上传空间的表单必须使用这种编码方式，否则不能将上传文件的内容发送到服务器

程序清单 2-11 UpLoad.java

```
/*文件上传的 Servlet 类*/
package javaee.servlet;
……
//设置访问或者调用这个 Servlet 的路径
@WebServlet("/UpLoad")
//说明该 Servlet 处理的是 multipart/form-data 类型的请求
@MultipartConfig
public class UpLoad extends HttpServlet {
    private static final long serialVersionUID = 1L;

    public UpLoad() {
        super();
        // TODO Auto-generated constructor stub
    }
    protected void doGet(HttpServletRequest request, HttpServletResponse response) 
throws ServletException, IOException {
        // TODO Auto-generated method stub
       this.doPost(request, response);
    }
    protected void doPost(HttpServletRequest request, HttpServletResponse response) 
throws ServletException, IOException {
        //说明输入的请求信息采用 UTF-8 编码方式
        request.setCharacterEncoding("utf-8");
        //Servlet3.0 中新引入的方法，用来处理 multipart/form-data 类型编码的表单
        Part part = request.getPart("file");
        //获取 HTTP 头信息
        String headerInfo = part.getHeader("content-disposition");
        //从 HTTP 头信息中获取文件名
        String fileName = headerInfo.substring(headerInfo.lastIndexOf("\\") + 1,
                                                   headerInfo.length() - 1);
        //获得存储上传文件的文件夹路径
        String fileSavingFolder = this.getServletContext().getRealPath("/UpLoad");
        //获得存储上传文件的完整路径（文件夹路径+文件名）
        //文件夹位置固定，文件名采用与上传文件的原始名字相同）
        String fileSavingPath = fileSavingFolder  + File.separator +fileName;
        //如果存储上传文件的文件夹不存在，则创建文件夹
        File f = new File(fileSavingFolder + File.separator);
        if (!f.exists()) {
           f.mkdirs();
        }
        part.write(fileSavingPath);                       //将上传的文件内容写入服务器文件中
        PrintWriter out = response.getWriter();  //输出上传成功信息
        out.println("文件上传成功！");
    }
}
```

2.7.4 文件下载

Servlet 类也可以用来响应客户端的文件下载请求。Servlet 实现文件下载是通过对响应对象

response 进行配置来完成的，首先需要对文件类型、头信息、文件长度等信息进行设置，然后还必须将文件内容写入到 response 的输出流中。

程序清单 2-12 DownLoad.java

```
/*文件下载的 Servlet 类*/
package javaee.servlet;
......
//设置访问或者调用这个 Servlet 的路径
@WebServlet("/DownLoad")
public class DownLoad extends HttpServlet {
......
    protected void doPost(HttpServletRequest request, HttpServletResponse response)
throws ServletException, IOException {
    try {

            //  服务器相对路径
            String filepath = "/WEB-INF/web.xml";
            //  服务器绝对路径
            String fullFilePath = getServletContext().getRealPath(filepath);
            System.out.println(fullFilePath);
            /*打开文件，创建 File 类型的文件对象*/
            File file = new File(fullFilePath);
            /*如果文件存在*/
            if (file.exists()) {
                  System.out.println("文件存在");
                  //获得文件名，并采用 UTF-8 编码方式进行编码，以解决中文问题
                  String filename = URLEncoder.encode(file.getName(), "UTF-8");
                  //重置 response 对象
                  response.reset();
                  //设置文件的类型，xml 文件采用 text/xml 类型，详见 MIME 类型说明
                  response.setContentType("text/xml");
                  //设置 HTTP 头信息中内容
                  response.addHeader("Content-Disposition", "attachment; filename=\""
                                                         + filename + "\"");
                  //设置文件长度
                  int fileLength = (int) file.length();
                  System.out.println(fileLength);
                  response.setContentLength(fileLength);
                  /*如果文件长度大于 0*/
                  if (fileLength != 0) {
                       /*创建输入流*/
                       InputStream inStream = new FileInputStream(file);
                       byte[] buf = new byte[4096];
                       /*创建输出流*/
                       ServletOutputStream servletOS = response.getOutputStream();
                       int readLength;
                       //读取文件内容并写入到 response 的输出流当中
                       while (((readLength = inStream.read(buf)) != -1)) {
                            servletOS.write(buf, 0, readLength);
                       }
```

```
                    //关闭输入流
                    inStream.close();
                    //刷新输出缓冲
                    servletOS.flush();
                    //关闭输出流
                    servletOS.close();
                }
            }
            else
            {
            System.out.println("文件不存在");
            PrintWriter out = response.getWriter();
            out.println("文件 \"" +fullFilePath+"\" 不存在");
            }
    }catch (Exception e) {
        System.out.println(e);
    }   }
}
```

2.8　用 Servlet 访问数据库

使用 Servlet 访问数据库也和普通的 Java 程序访问数据库的方法相同，都是利用 JDBC 提供的接口来完成数据库的连接及数据库的相关操作。

访问数据库首先需要建立与数据库的连接，这步工作由数据库驱动类（com.mysql.jdbc.Driver）和数据库驱动管理类（java.sql.DriverManager）来完成。在进行编程开发之前，开发者必须下载所用数据库的数据驱动 Jar 包，并将其放到项目的 WEB-INF/lib 目录下。而后需要根据数据库驱动的名字创建数据库驱动类的对象，并配置好数据库的地址、用户名和密码。最后使用 DriverManager 的 getConnection 方法建立并获得数据库连接。由于建立数据库连接的开销较大，因此一般会将获得的数据库连接保存起来，或者构建数据库连接池，以减少反复建立数据库连接的开销。数据库能够提供的数据库连接个数是有限的，数据库连接在使用完毕之后需要进行关闭。

在获得数据连接之后，开发者就能通过 JDBC 提供的接口来完成数据库的存取操作了。其中常用到的类是 Connection 类、Statement 类和 ResultSet 类。Connection 类表示的是一个数据库连接，在应用程序成功与数据库建立连接之后，能够获得该类的一个对象。Statement 类封装了使用 SQL 语句访问数据库的方法，该类的对象是通过调用 Connection 类的 createStatement()获得的，该类提供的 3 个执行 SQL 语句的方法：executeQuery()、executeUpdate()和 execute()。ResultSet 类用来保存 SQL 查询返回的结果集，并提供了迭代访问的相关接口。

Servlet 访问数据库的具体情况，我们通过以下示例加以说明，运行结果如图 2-19 所示。该示例将获得数据库连接的操作封装到 init()函数中，将关闭数据库连接的操作封装到 destroy()函数中，这样数据库连接的建立与关闭就与 Servlet 的初始化和销毁相一致。示例在访问数据库的 Servlet 类中定义了一个 Connection 类型的属性用来保存建立的数据库连接，并提供了一个 getConnect()函数来获得数据库连接。数据库基本的增删改查操作分别封装在 insert()、delete()、update()和 search()4 个公共方法中。

程序清单 2-13 DataAccess.java

```
/*数据读取 Servlet 类*/
package javaee.servlet;

import java.io.*;
import java.sql.*;
import java.util.*;
import javax.servlet.*;
import javax.servlet.http.*;
import javax.servlet.annotation.WebServlet;

@WebServlet("/DataAccess")
public class DataAccess extends HttpServlet {
    private static final long serialVersionUID = 1L;

    public DataAccess() {
      super();
      // TODO Auto-generated constructor stub
    }

    protected void doGet(HttpServletRequest request, HttpServletResponse response)
throws ServletException, IOException {
    this.doPost(request, response);
    }

    protected void doPost(HttpServletRequest request, HttpServletResponse response)
throws ServletException, IOException {
    //设置输出信息的编码方式为 UTF-8
    response.setCharacterEncoding("UTF-8");
    //获得操作类型参数：0—插入；1—删除；2—更新；3—查询；4—编辑
    String op=request.getParameter("op");
    //将类型参数从字符串型转换为整型
    int method=Integer.parseInt(op);
    try {
    switch(method)
        {
      case 0://添加学生
          insert(request,response);
          break;
      case 1://删除学生
          delete(request,response);
      break;
      case 2://更新学生信息
          update(request,response);
          break;
      case 3://学生查询
          search(request,response);
          break;
      case 4://编辑更改学生信息
          edit(request,response);
          break;
        }
```

```
    } catch (ClassNotFoundException e) {
        // TODO Auto-generated catch block
        e.printStackTrace();
    } catch (SQLException e) {
        // TODO Auto-generated catch block
        e.printStackTrace();
    }
    }

    //插入方法
    public void insert(HttpServletRequest request, HttpServletResponse response) {
    try {
            //获得输入的学生信息
            String id=request.getParameter("id");
            String name=request.getParameter("name");
            String age=request.getParameter("age");
            String gender=request.getParameter("gender");
            String major=request.getParameter("major");
            //创建学生对象，并使用获得的学生信息初始化这个对象
            Student st = new Student();
            st.setId(Integer.parseInt(id));
            st.setName(name);
            t.setAge(Integer.parseInt(age));
            st.setGender(gender);
            st.setMajor(major);
            //将这个学生的信息添加到数据库中
            DataBaseOperator.getInstance().insert(st);
            //学生添加完毕之后，页面重定向到结果页面
            //此处通过重新查询所有学生，看到出现新添加的学生信息，来展示添加结果
            response.sendRedirect("/ServletTrain/DataAccess?op=3");

    } catch (IOException e) {
        // TODO Auto-generated catch block
        e.printStackTrace();
    }
    }

    //信息删除方法
    public void delete(HttpServletRequest request, HttpServletResponse response) throws
ClassNotFoundException, SQLException, ServletException, IOException{
        //获得要删除的学生的学号
        String id=request.getParameter("id");
        //通过学号，从数据库中删除学号对应的学生
        DataBaseOperator.getInstance().delete(id);
        //学生删除完毕之后，页面重定向到结果页面。
        //此处通过重新查询所有学生，看到未出现删除的学生信息，来展示删除结果
        response.sendRedirect("/ServletTrain/DataAccess?op=3");
    }
    //信息修改方法
    public void update(HttpServletRequest request, HttpServletResponse response) throws
ClassNotFoundException, SQLException, ServletException, IOException{
        //获得修改后的学生信息
```

```
        String id=request.getParameter("id");
        String name=request.getParameter("name");
        String age=request.getParameter("age");
        String gender=request.getParameter("gender");
        String major=request.getParameter("major");
        //创建学生对象，并使用修改后的学生信息初始化这个对象
        Student st = new Student();
        st.setId(Integer.parseInt(id));
        st.setName(name);
        st.setAge(Integer.parseInt(age));
        st.setGender(gender);
        st.setMajor(major);
        //使用修改后的学生信息，更新数据库中原始的学生信息
        DataBaseOperator.getInstance().update(st);
        //学生信息修改完毕之后，页面重定向到结果页面。
        //此处通过重新查询所有学生，看到修改后的学生信息，来展示修改结果
        response.sendRedirect("/ServletTrain/DataAccess?op=3");
    }

    //查询方法
    public void search(HttpServletRequest request, HttpServletResponse response) throws ClassNotFoundException, SQLException, IOException{

        List<String> result=new ArrayList<String>();
        //获得查询条件
        String id = request.getParameter("id");
        String name = request.getParameter("name");
        if(id==null) id ="";
        if(name==null) name ="";
        //根据查询条件查询数据库，并将查询结果保存在一个 Student 类型的 Set 集合中
        Set<Student> sts = DataBaseOperator.getInstance().search(id,name);
        //将查询结果以表格的形式输出，
        //通过拼接字符串的方式来将数据按照表格的形式进行组织
        String str = "";
        //组织表头
        str= "<table frame=\"border\" bordercolor=\"black\" style=\"width: 600px; \" >";
        result.add(str);
        str = "<tr><td style=\"border:1px solid black;\">学号</td><td style=\"border:1px solid black;\">姓名</td><td style=\"border:1px solid black;\">年龄</td><td style=\"border:1px solid black;\">性别</td><td style=\"border:1px solid black;\">研究方向</td><td style=\"border:1px solid black;\">操作</td></tr>";
        result.add(str);

        //通过迭代器遍历查询结果，依次读取每个学生的信息，并将其组织到表中
        Iterator<Student> it = sts.iterator();
        while(it.hasNext())
        {
          Student st = it.next();
          str = "<tr>";
          str = str + "<td style=\"border:1px solid black;\">" + st.getId() + "</td>";
          str = str + "<td style=\"border:1px solid black;\">" + st.getName() + "</td>";
          str = str + "<td style=\"border:1px solid black;\">" + st.getAge() + "</td>";
          str = str + "<td style=\"border:1px solid black;\">" + st.getGender() + "</td>";
```

```
            str = str + "<td style=\"border:1px solid black;\">" + st.getMajor() + "</td>";
            str = str + "<td style=\"border:1px solid black;\">"
                +"<a href='DataAccess?op=1&id=" + st.getId() + "'> 删除</a>"
                + "    "
                + "<a href='DataAccess?op=4&id=" + st.getId() + "'> 修改</a>" + "</td>";
            str = str + "</tr>";
            result.add(str);
        }
        str="</table>";
        result.add(str);

        //将组织好的表格输出到 Web 页面
        OutPut.outputToClient(result,response);
    }

    //编辑方法
    public void edit(HttpServletRequest request, HttpServletResponse response) throws
ClassNotFoundException, SQLException, IOException{

        List<String> result=new ArrayList<String>();
        //获得需要修改信息的学生的学号
        String id = request.getParameter("id");
        //根据学号查询当前该学生的各种信息
        Set<Student> sts = DataBaseOperator.getInstance().search(id,"");
        Iterator<Student> it = sts.iterator();
        //根据查询到的该学生的当前信息，组织编辑修改界面。
        //在该界面中将当前学生的信息分别放入文本编辑框中，等待用户进行修改
        String str ="<form action = '/ServletTrain/DataAccess?op=2' method='post'
target='workspace'>";
        result.add(str);
        while(it.hasNext())
        {
            Student st = it.next();
        str = "学号：<input type='text' name='id' value='"+ st.getId() + "'><br>"
             + "姓名：<input type='text' name='name' value='"+ st.getName() +"'><br>"
             + "年龄：<input type='text' name='age' value='"+ st.getAge() +"'><br>"
             + "性别：<input type='text' name='gender' value='"+ st.getGender() +"'><br>"
             + "专业：<input type='text' name='major' value='"+ st.getMajor() + "'><br>";

                result.add(str);
        }
        str = "<input type='submit' name='modify' value='修改'> <br>"
            + "<a  href=\"/ServletTrain/DataAccess?op=3\"  target=\"workspace\">返回查
询结果页面</a>"
            + "</form>";

        result.add(str);
        //将组织好的页面内容输出到 Web 页面
        OutPut.outputToClient(result,response);
    }
}
```

程序清单 2-14 DataBaseOperator.java

```
/*数据库访问类*/
/*由于建立数据库连接的开销较大，一般采用数据库连接池的方式来处理数据库连接*/
/*鉴于本示例中数据库访问量较小，在这里采用单例模式来构建数据库访问类*/
/*即为该实例中的所有数据库访问只建立一个数据库连接*/
package javaee.servlet;

import java.sql.*;
import java.util.*;

public class DataBaseOperator {
    //数据库连接变量，用来存储建立的数据库连接
    Connection conn = null;
    //实例变量，用来存储产生的唯一实例
    static DataBaseOperator instance = null;
    //构造函数，为实现单例模式，将构造函数定义为private类型的
    DataBaseOperator()
    {
    init();
    }
    //初始化方法，在其中建立数据库连接，详见 JDBC 相关内容
    void init()
    {
    try {
        //数据库驱动
        Class.forName("com.mysql.jdbc.Driver");
        //数据库路径
        String url="jdbc:mysql://localhost:3306/servlet";
           String user="root"; //数据库用户名
        String password="123456"; //数据库密码
        //建立并获得数据库连接
        conn=DriverManager.getConnection(url,user,password);
    } catch (SQLException | ClassNotFoundException e) {
        // TODO Auto-generated catch block
        e.printStackTrace();
    }
    }
    //获得该单例类实例的方法
    public static DataBaseOperator getInstance()
    {
    //如果不存在该类的实例则调用构造函数创建一个，并保存在instance变量中
    if(instance == null)
        instance = new DataBaseOperator();
   //如果已存在该类的实例，则直接返回该实例
    return instance;
    }
    //数据库插入方法，输入参数为学生对象，对象属性包含了所有需要的学生信息
    public void insert(Student st)
    {
    try {
```

```
            //从 Student 类的实例中获得各个学生信息
            int id=st.getId();
            String name=st.getName();
            int age=st.getAge();
            String gender=st.getGender();
            String major=st.getMajor();
            //创建插入数据库的 SQL 语句
            String sql = "insert into student(id,name,age,gender,major) values("+id+",
'"+name+"',"+age+",'"+gender+"','"+major+"');";
            System.out.println(sql);
            //执行数据库操作
            Statement stat=null;
            stat=conn.createStatement();
            stat.executeUpdate(sql);
            if(stat!=null){
                stat.close();
            }
        } catch (SQLException e) {
            // TODO Auto-generated catch block
            e.printStackTrace();
        }
    }
    //数据库删除方法，输入参数为需删除的学生的学号
    public void delete(String id)
    {
    try {
            Statement stat=null;
            stat=conn.createStatement();
            stat.executeUpdate("delete from student where id="+id+"");
            if(stat!=null){
                stat.close();
            }
        } catch (SQLException e) {
            // TODO Auto-generated catch block
            e.printStackTrace();
        }
    }
    //数据库更新操作，输入参数为更新信息之后的学生对象
    public void update(Student st)
    {
    try {

            //从 Student 类的实例中获得各个学生信息
            int id=st.getId();
            String name=st.getName();
            int age=st.getAge();
            String gender=st.getGender();
            String major=st.getMajor();
            //创建更新数据库的 SQL 语句
            String sql = "update student set id="+id+",name='"+name+"',age="+age
                    +",gender='"+gender+"',major='"+major+"' where id="+id+"";
            System.out.println(sql);
            //执行数据库操作
```

```
            Statement stat=null;
            stat=conn.createStatement();
            stat.executeUpdate(sql);
            if(stat!=null){
                stat.close();
            }
        } catch (SQLException e) {
            // TODO Auto-generated catch block
            e.printStackTrace();
        }
    }
    //数据库查询操作
    //输入查询条件为学号和姓名
    //输出查询结果为查询到的所有学生对象的集合
    public Set<Student> search(String id, String name)
    {
    try {
            Statement stat=null;
            ResultSet rs=null;
            stat=conn.createStatement();
            Set<Student> sts= new HashSet<Student>();
            if(id==null) id ="";
            if(name==null) name ="";
            if(id==""&&name==""){//如果学号和姓名都为空，查询所有学生
                rs=stat.executeQuery("select * from student");
            }
            if(id!=""&&name==""){//如果学号不为空并且姓名为空，按学号查询学生
                rs=stat.executeQuery("select * from student where id="+id+"");
            }
            if(id==""&&name!=""){ //如果学号为空并且姓名不为空，按姓名查询学生
                rs=stat.executeQuery("select * from student where name='"+name+"'");
            }
            if(id!=""&&name!=""){ //如果学号和姓名都不为空，按学号和姓名同时匹配查询
                rs=stat.executeQuery("select * from student where id="
                  +id+" and name='"+name+"'");
            }
        //遍历查询结果，依次读取每个学生的信息，创建Student类型的对象
        //并将这些学生对象添加的集合中
        while(rs.next())
            {
            Student st = new Student();
            st.setId(rs.getInt("id"));
            st.setName(rs.getString("name"));
            st.setAge(rs.getInt("age"));
            st.setGender(rs.getString("gender"));
            st.setMajor(rs.getString("major"));
            sts.add(st);
            }
        if(rs!=null){
                rs.close();
            }
            if(stat!=null){
                stat.close();
```

```
            }
            //返回查询到的所有学生的集合
            return sts ;
        } catch (SQLException e) {
            // TODO Auto-generated catch block
            e.printStackTrace();
        }
        return null;
        }
}
```

程序清单 2-15　Student.java

```
/*学生实体类*/
package javaee.servlet;

public class Student {
    int id;//学好
    String name;//姓名
    int age;//年龄
    String gender;//性别
    String major;//研究方向
    public int getId() {
        return id;
    }
    public void setId(int id) {
        this.id = id;
    }
    public String getName() {
        return name;
    }
    public void setName(String name) {
        this.name = name;
    }
    public int getAge() {
        return age;
    }
    public void setAge(int age) {
        this.age = age;
    }
    public String getGender() {
        return gender;
    }
    public void setGender(String gender) {
        this.gender = gender;
    }
    public String getMajor() {
        return major;
    }
    public void setMajor(String major) {
        this.major = major;
    }
}
```

访问数据库:

查询操作:
学号:
姓名:
查询

添加操作:
学号: 姓名:
年龄: 性别:
专业:
添加

学号	姓名	年龄	性别	研究方向	操作
2013001	张大可	31	男	计算机安全	删除 修改
2013003	王三旺	29	男	并行计算	删除 修改
2013002	牛小花	28	女	数据挖掘	删除 修改

图 2-19 数据库访问运行界面

2.9 小结

本章首先通过一个输出“Hello World”的简单例子，对 Servlet 程序进行展示，说明了 Servlet 程序的基本构成和形式，即继承 HttpServlet 类，实现 doGet 或 doPost 方法，设置访问路径。接着通过对 Servlet 的调用过程和 Servlet 的生命周期的描述，揭示了 Servlet 的工作原理。而后详细地介绍了使用 Eclipse 开发工具开发 Servlet 应用的过程。最后给出了 Servlet 主要接口和类的说明以及使用 Servlet 完成数据共享、读写文件和数据库访问的实例。

习 题

1．Servlet 程序的基本构成是什么?

2．Servlet 的调用时涉及哪些模块或类，他们之间的调用关系是怎么样的?

3. 客户端访问某个 Servlet 时，服务器端是如何找到对应的 Servlet 实例来为客户端提供服务的?

4．Servlet 类的实例由谁创建和销毁? 创建和销毁的时机是什么时候?

5．在同一个服务器的同一个应用中，同一个 Servlet 类存在多个实例吗?

6．GenericServlet 类与 HttpServlet 的关系是什么? 它们的作用分别是什么?

7．HttpServlettRequest 接口和 HttpServletResponse 接口的作用分别是什么?

8．使用 Servlet 编写一个登录验证的 Web 应用程序。

9．使用 Servlet 编写一个在页面上输出正弦函数的度数与函数值对应表，通过表格的形式输出 0~360 度之间每 30 度的正弦函数值，要求奇数列与偶数列的颜色不同。

	0	30	60	…	…	360
sin(*x*)						

第 3 章 JSP 程序开发

3.1 JSP 概述

JSP 是 Java Server Page 的缩写，是 Sun Microsystems 公司倡导、许多公司参与一起建立的一种动态网页技术标准。在传统的网页 HTML 文件（*.htm，*.html）中加入 Java 程序段和 JSP 标签等，就构成了 JSP 网页。JSP 与 Servlet 一样，是在服务器端执行的，通常返回给客户端的就是一个 HTML 文本。Web 服务器在遇到访问 JSP 网页的请求时，首先执行其中的程序段，然后将执行结果连同 JSP 文件中的 HTML 代码一起返回给客户端。插入的 Java 程序段可以操作数据库、重新定向网页等，以实现建立动态网页所需要的功能。

JSP 在众多的动态网页开发技术中凭借其独特优势得到开发者的青睐。其主要特点如下。

JSP 支持在 HTML 中嵌入 Java 代码，使得 JSP 继承了 Java 的特性，Java 语言能够实现很多的功能并且具有丰富的类库资源，大大地扩展了 JSP 的能力。

JSP 能够与 JavaBean 很好地集成在一起，通过 JavaBean 进行逻辑封装，实现逻辑功能代码的重用，从而提高系统的开发效率和系统的可重用性。

JSP 是 HTML 与 Java 的结合，只要具有 HTML 和 Java 的基本知识就可以开始 JSP 的开发，上手简单不需要学习太多的新知识。

3.2 一个简单的 JSP 例子

在 Web 应用的开发中，早期的 HTML 语言书写的 Web 页面只能实现静态的网页，无法实现动态可变的页面要求，并且处理能力弱，无法完成复杂的功能。Servlet 具有强大的处理能力，但是在页面的组织上繁琐、复杂，给 Web 页面的开发带来了极大的不便。

JSP 正是结合了 HTML 页面设计方便和 Servlet 强大处理能力而产生的一种动态网页设计技术。下面我们首先以一个简单 JSP 例子来直观地展示一下 JSP 页面是什么样子的。如下边程序清单 3-1 所示的就是一个简单的 JSP 页面代码。该示例显示正弦函数的一些数值列表，结果如图 3-1 所示。在示例代码中使用 HTML 语言构建了一个表，表有两行，分别是表头和 sin 值。在构建每行的列值时除了第一列作为列头单独处理之外，其他的列都使用循环控制来生成。sin 值的计算在 JSP 表达式中使用 Java 语言的数学函数完成，并通过 Java 语言提供的字符串处理函数进行了格式处理。

程序清单 3-1　SimpleJSP.jsp

```
<%@ page language="java" contentType="text/html; charset=UTF-8" pageEncoding="UTF-8"%>
<!DOCTYPE html PUBLIC "-//W3C//DTD HTML 4.01 Transitional//EN" "http://www.w3.org/TR/
html4/loose.dtd">
<html>
<head>
<meta http-equiv="Content-Type" content="text/html; charset=UTF-8">
<title>一个简单的 JSP</title>
</head>
<body>
    <table frame="border" bordercolor="black" ><!-- 设置表有黑色边框  -->
    <!-- 第一行 表头  -->
    <tr>
            <!-- 第一列  列头  -->
            <td style="border:1px solid black;"></td><!-- 设置列有黑色边框  -->
            <!-- 通过循环产生余下的列 -->
            <%
            for(int i = 0 ; i <= 360 ; i=i+30)
            {
            %>
            <td style="border:1px solid black;"><%= i%></td>
            <%
            }
            %>
        </tr>
        <!-- 第二行 正弦函数值  -->
        <tr>
            <!-- 第一列  列头  -->
            <td style="border:1px solid black;">sin</td>
            <!-- 通过循环产生余下的列 -->
            <%
            for(int i = 0 ; i <= 360 ; i=i+30)
            {
            %>
            <td style="border:1px solid black;"><!-- 设置列有黑色边框  -->
                <!-- 计算正弦值，并保留三位小数在对应的列中进行显示 -->
                <%= String.format("%.3f",Math.sin(i/180.0*Math.PI)) %>
            </td>
            <%
            }
            %>
            </tr>
  </table>
 </body>
</html>
```

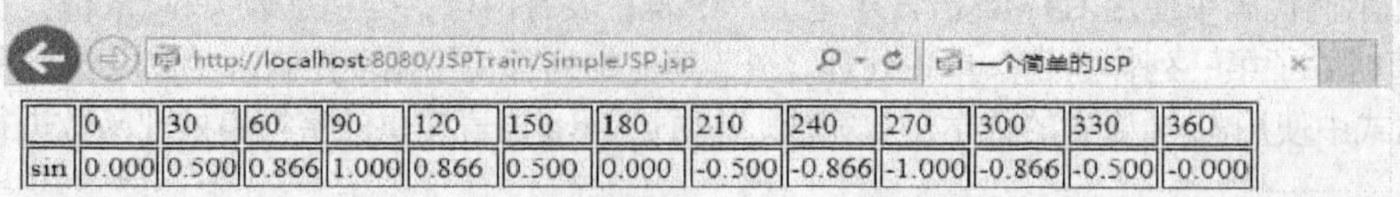

	0	30	60	90	120	150	180	210	240	270	300	330	360
sin	0.000	0.500	0.866	1.000	0.866	0.500	0.000	-0.500	-0.866	-1.000	-0.866	-0.500	-0.000

图 3-1　简单 JSP 页面运行结果

通过该示例我们能够看到，JSP 页面就是将 java 代码和一些 JSP 元素嵌入到 HTML 中构成的页面编码。这样既能够方便快捷地进行页面格式的设计，又能够提升页面的处理能力，增强页面功能。这就是 JSP 的优势所在。

3.3　JSP 运行原理

JSP 与 Servlet 一样，是在服务器端执行的程序，从本质上讲 JSP 可以说是更易于书写和理解的 Servlet 程序，实际上 JSP 在执行之前也是首先被转换成 Servlet，JSP 中的页面显示内容即 HTML 部分都会用 out 对象进行打印输出。这个转换工作在 JSP 页面第一次被请求执行时由服务器的 JSP 引擎自动完成，转换成的 Java 源代码被编译成.class 文件。而后 JSP 引擎加载运行对应的.class 文件生成相应的结果页面，并将输出结果发送到浏览器端进行显示。JSP 运行原理如图 3-2 所示。

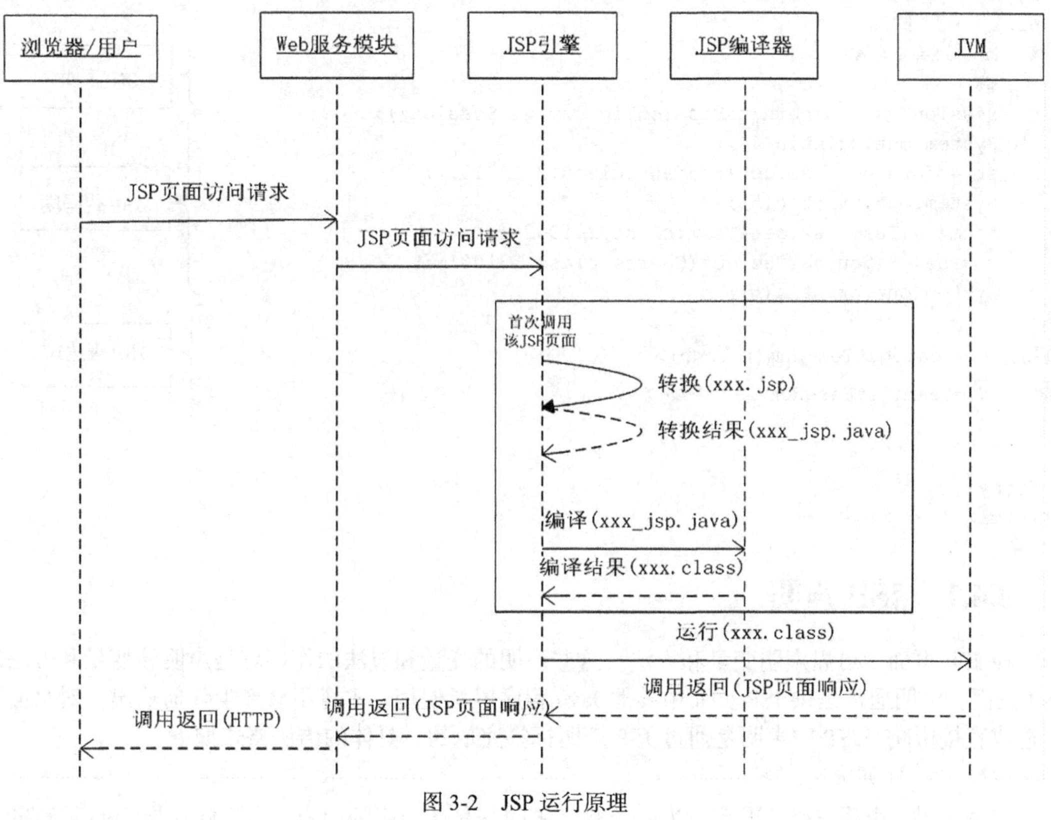

图 3-2　JSP 运行原理

3.4　JSP 基本构成

JSP 是在 HTML 中嵌入 Java 代码和 JSP 元素的动态网页技术。JSP 页面的基本构成可以看作是在 HTML 页面中插入 Java 代码段、JSP 指令、JSP 动作、JSP 声明、JSP 表达式及 JSP 标签等构成的。其具体例子如下。

```
<%@ page language="java" contentType="text/html; charset=gb2312"%>
<%@ page import="java.util.*,org.hibernate.*,org.hibernate.cfg.*"  %>      JSP 指令
<%@ page import="javaee.hibernate.*"  %>
```

```
<jsp:useBean id="st" scope="page " class= " javaee.hibernate.Student"/>
<jsp:useBean id=" team " scope="page " class= "javaee.hibernate.Team"/>
<jsp:useBean id=" course " scope="page " class="javaee.hibernate.Course"/>
```

JSP 动作

```
<!DOCTYPE html PUBLIC "-//W3C//DTD HTML 4.01 Transitional//EN" "http://www.w3.org
/TR/html4/loose.dtd">
<html>
<head>
<meta http-equiv="Content-Type" content="text/html; charset=gb2312">
<title>Insert title here</title>
</head>
<body>
<a href="operation.jsp">操作</a>
<br>
<hr>
<%! int i = 1; %>
    <%
    Session se = HibernateSessionFactory.getSession();
    System.out.println(4);
    st = (Student) se.get(Student.class,20130101);
    System.out.println(5);
    team = (Team) se.get(Team.class,201302);
    course = (Course) se.get(Course.class,531001);
    System.out.println(6);
%>
班级：<%=team.getTeamNum() %><br>
教室：<%=team.getBaseRoom() %><br>


</body>
</html>
```

JSP 声明

JSP 代码段

JSP 表达式

3.4.1 JSP 声明

在 JSP 页面中可以声明变量和方法。这些声明的变量和方法的作用域是声明该变量和方法的 JSP 页面。声明通常是供 JSP 页面中其他 Java 程序段所使用，本身不会产生任何输出，对页面不会造成直接影响。JSP 中声明是通过 JSP 声明标签完成的，具体的语法格式如下。

```
<%! 声明 1; 声明 2;  %>
```

具体来讲，声明以<%!开始，以%>结束。中间是具体声明的内容，语法格式与 Java 语言的声明格式一致。在其中可以包含多条声明语句，用分号隔开。例如

```
<%! int i = 1; %>
<%!
    int j = 0;
    String str = new String("Hello world");
%>
```

在 JSP 页面被转换成 Servlet 时，<%! ... %>中的声明代码将作为 Servlet 类的属性和方法被放到生成 Servlet 类中。

3.4.2 JSP 程序块

JSP 中可以通过插入 Java 代码来实现所需的功能，这一能力大大增强了 JSP 的灵活性。JSP 页面中以<%为起始，以%>为结束，在其中允许插入任何合法的 Java 代码。

<%...%>可以出现在 JSP 页面的任何地方，可以出现任意多次。每个<%...%>中可以包含多条 Java 语句，每条语句必须使用;号结尾。每个<%...%>中的代码可以是不完整的，但是一个 JSP 页面中所有<%...%>中的语句组合在一起必须是完整的。

在 JSP 页面被转换成 Servlet 时，<%...%>中的代码被默认放到生成 Servlet 的 service 方法中。

3.4.3 JSP 表达式

在 JSP 中可以通过表达式标签简单快捷地将 Java 变量或 Java 表达式的值输出到 HTML 页面中相应的位置。JSP 表达式的语法格式为：<%= Java 变量或表达式%>。

JSP 表达式以<%=开头，以%>结尾，中间是符合 Java 语言语法的变量或者表达式，此处的变量或者表达式中包含的变量必须是已声明的。结尾不能有“;”号。变量或表达式的值会被转换成字符串，并按照先后顺序依次将结果输出到页面上 JSP 表达式所在的位置。

在 JSP 页面被转换成 Servlet 时，<%= ... %>中的代码转换为 print 方法的参数加入到 Servlet 类中。

```
<%@ page language="java" pageEncoding="GB2312"%>
<html>
    <head>
        <title>JSP 表达式</title>
    </head>
    <body>当前时间为：<%= new java.util.Date()%></body>
</html>
```

被转换之后的代码：`out.print(new java.util.Date());`。

3.4.4 JSP 指令

JSP 指令用来设置 JSP 页面的相关信息，如页面的各种属性、文件包含及标签信息等。它将决定 Servlet 引擎如何来处理该 JSP 页面。JSP 指令同样会被 JSP 引擎转换为 Java 代码，它对应的 Java 代码是 Servlet 中的引用部分（如 import 语句）和一些设置方法的调用。这些代码不会向客户端发送任何信息。JSP 指令的格式如下。

```
<%@ 指令名 {属性名="属性值"}%>
```

在 JSP 规范中定义了 3 种指令：page、include 和 taglib。每种指令都定义了若干属性。根据具体的编程需要，开发人员可以选择一个或多个属性进行设置。属性的设置可以放到一条 JSP 指令中，也可以放到多条 JSP 指令中。

```
<%@ page language="java" %>
<%@ page import="java.util.* " %>
<%@ page contentType="text/html"  pageEncoding="UTF-8" %>
```

JSP 指令的名称和属性名称都是大小写敏感的，指令名的所有字母都是小写的，属性名则符合 Java 的命名规范，第一个单词的首字母小写，其余单词的首字母大写。

1. page 指令

page 指令用来对 JSP 页面的各种属性进行设置，它将作用于整个页面，一般放在 JSP 页面的起始位置。page 指令在 JSP 规范中的定义如下。其属性如表 3-1 所示。

```
<%@ page
    [ language="java" ]        [ extends="package.class" ]
    [ import="{package.class | package.*}, ... " ]
    [ session="true|false" ]
    [ buffer="none|8kb|sizekb" ]        [ autoFlush="true|false" ]
    [ isThreadSafe="true|false" ]       [ info="text" ]
    [ erroPage="erroPageURL"]      [ isErroPage=" true|false"]
    [ contentType="{mimeType [; charset=characterSet] | text/html ; charset=ISO-8859-1 }"]
    [ pageEncoding="{characterSet | ISO-8859-1}"]
    [ isELIgnored="true|false"]
%>
```

表 3-1 page 指令属性表

属 性	取 值	描 述
language	java	该 JSP 程序块中使用的语言，默认为 Java
extends	类的全名	该 JSP 页面在转换为 Servlet 时，对应 Servlet 类的父类。如果父类为普通类，则必须实现 Servlet 的 init、destroy 等方法。一般不需要指定，JSP 引擎会自动选择
import	包名|类名	引入该 JSP 页面中需要用到的包和类等。import 是 page 指令中唯一可以出现多次的属性
session	true|false	指明该 JSP 页面是否内置 session 对象，默认为 true
buffer	none|size + kb	指定该 JSP 页面缓冲区大小。none 表示不使用缓冲区，默认为 8KB
autoFlush	true|false	执行缓冲区内容满时是否自动刷新。仅当 buffer 不为 none 时有效。true，当缓冲区满时，缓冲区内容自动输出；false，抛出异常。默认为 true
isThreadSafe	true|false	指明 JSP 页面是否线程安全。true，该 JSP 页面可以被多个浏览器同时访问。默认为 true
info	字符串	设置该 JSP 页面的描述信息
erroPage	页面的相对路径	指定该 JSP 页面的错误处理页面。当 JSP 页面中的代码抛出未捕获的异常时，则转到这个指定的错误处理页面
isErroPage	true|false	指定该 JSP 页面是否为错误处理页面。默认为 false
contentType	文档类型	指定 JSP 页面的 MIME 类型和字符编码。常见的 MIME 类型包括：text/palin：纯文本文件 text/html：纯文本的 HTML 页面 image/jpeg：JPG 图篇 image/gif：GIF 图片 application/msword：Word 文档 application/x-msexel：Excel 文档 字符编码的默认值为 ISO-8859-1
pageEncoding	字符集	指定该 JSP 页面使用的字符编码。默认为 ISO-8859-1
isELIgnored	true|false	指定该 JSP 页面是否允许执行 EL 表达式。默认为 false

2. include 指令

JSP 通过 include 指令来包含其他文件，包含文件将在 JSP 页面转换成 Servlet 之前被插入到

include 指令出现的位置，这些文件可以是文本文件、HTML 文件或 JSP 文件。其语法格式如下。

```
<%@ include file="Relative Url"%>
```

在进行实际开发时，可能有许多 JSP 页面都包含同样的内容，如分页、logo、时间日期显示等，把这样的内容提取出来放到独立的文件当中，然后使用 include 指令将其包含在所需页面中，不仅能够方便代码重用、减少代码量、提高开发效率，而且能够便于修改，有效地提高可维护性。

3. taglib 指令

JSP 允许开发人员自己定义 JSP 标签，并在 JSP 页面中进行使用。taglib 指令在 JSP 页面中指明需要使用的自定义标签库并定义其标签前缀。其语法格式如下。

```
<%@ taglib uri="URIToTagLibrary" prefix="tagPrefix" %>
```

uri 指明标签库描述符的位置；Uniform Resource Identifier (URI)根据标签的前缀对自定义的标签进行唯一的命名，URI 可以是 Uniform Resource Locator (URL)、Uniform Resource Name (URN)或者一个相对或绝对的路径。

prefix 指定自定义标签的前缀。该前缀是自定义的字符串，但是不能使用 jsp、jspx、java、javax、servlet、sun 和 sunw。

3.4.5 JSP 动作

JSP 动作利用 XML 语法格式的标记来控制 Servlet 引擎的行为，为请求处理阶段提供信息。它们影响 JSP 运行时的行为和对客户端请求的响应。动作元素由 JSP 引擎实现，利用 JSP 动作可以动态地插入文件、重用 JavaBean 组件、把用户重定向到另外的页面、为 Java 插件生成 HTML 代码。

JSP2.0 规范中定义了 20 个标准的动作元素，可以分为五大类。

第一类是与使用 JavaBean 有关的，包括：<jsp:useBean>、<jsp:setProperty> 、<jsp:getProperty>。

第二类是 JSP1.2 开始有的基本元素，包括 6 个动作元素，即<jsp:include>、<jsp:forward>、<jsp:param>、<jsp:plugin>、<jsp:params>、<jsp:fallback>。

第三类是 JSP2.0 新增加的元素，主要与 JSP Document 有关，包括 6 个元素，即<jsp:root>、<jsp:declaration>、<jsp:scriptlet>、<jsp:expression>、<jsp:text>、<jsp:output>。

第四类是 JSP2.0 新增的动作元素，主要是用来动态生成 XML 元素标签的值，包括 3 个动作，即<jsp:attribute>、<jsp:body>、<jsp:element>。

第五类是 JSP2.0 新增的动作元素，主要是用在 Tag File 中，有 2 个元素，即<jsp:invoke>、<jsp:dobody>。

常用的有 7 个元素，下面分别对其进行具体介绍。

1. jsp:include 动作

该指令能够把指定文件插入到正在生成的页面中。其语法如下。

```
<jsp:include page="path" flush="true" />或者
<jsp:include page="path" flush="true">
    <jsp:param name="paramName" value="paramValue" />
</jsp:include>
```

page="path" 设置需要包含的文件，path 表示文件的相对路径，或者代表相对路径的表达式。flush="true" 设置被包含必须页面是否使用缓冲，必须设置为 true。 <jsp:param>子句能传递一个或多个参数给动态文件，也可在一个页面中使用多个<jsp:param>来传递多个参数给动态文件。

该动作的作用与 include 指令类似，但不同的是 include 指令所包含的文件在 JSP 文件被转换成 Servlet 的时候被引入，而该动作所包含的文件在该 JSP 页面被请求的时候才被插入。这使得该指令的执行效率要稍微差一点，但是它的灵活性却要好得多。

2. jsp:param 动作

该动作能够以“名-值”对的方式为其他动作提供附加信息。该动作常与<jsp:include>、<jsp:forward>、 <jsp:plugin>动作一起使用，为它们提供所需要传递的参数信息。该动作的语法格式如下。

```
<jsp:param  name="参数名"  value="参数值">
```

它有两个必须的属性参数，name 表示参数的名称，value 表示参数的取值，取值可以以表达式的形式出现。

```
<jsp:include page="包含页面的url" >
        <jsp:param  name="参数名1" value="参数值1">
        <jsp:param  name="参数名2" value="参数值2">
        ......
</jsp:include>
<jsp:forward page="转向页面的url" >
        <jsp:param  name="参数名1" value="参数值1">
        <jsp:param  name="参数名2" value="参数值2">
        ......
</jsp:forward>
```

在目标页面，可以通过 request.getParameter(“参数名”)方式取出对应值。

3. jsp:forward 动作

该动作把请求转到另外的页面。其语法格式如下。

```
<jsp:forward page="path" /> 或者
<jsp:forward page="path" >
<jsp:param name="paramName" value="paramValue" />......
</jsp:forward>
```

该动作只有一个属性 page。page 属性的值可以是目的页面的相对路径，也可以是一个表示目的页面相对路径的表达式。

在转到别的页面时，还可以通过<jsp:param>子句向目的页面传递一个或多个参数给动态文件，也可在一个页面中使用多个<jsp:param>来传递多个参数给目的页面。

4. jsp:useBean 动作

该动作用来加载一个将在 JSP 页面中使用的 JavaBean。该动作会创建一个 Bean 实例并指定它的名字以及作用范围。这个功能非常有用，因为它使得我们既可以发挥 Java 组件重用的优势，同时也避免了损失 JSP 区别于 Servlet 的方便性。该动作的语法如下。

```
<jsp:useBean id="name" scope="page | request | session | application" typeSpec />
```

其中，typeSpec 可以是以下几种形式。

```
class="className" | class="className" type="typeName" | beanName="beanName" type=
"typeName" | type="typeName"
```

id 表示 Bean 对象的引用名，scope 表示 Bean 对象的作用域，默认为 page，class 和 beanName 都是 Bean 类的名字，并且必须为全名即包含包名，type 指定引用该对象的变量的类型，它必须是 Bean 类的名字、超类名字、该类所实现的接口名字之一。假如使用 class，JSP 引擎先判断是否存在该 Bean 类的实例，如果不存在就使用 new 关键字实例化一个，而使用的是 type 时，它只是查找指定的范围中是否存在该 Bean 类的对象，如果不存在并且又没使用 class 或 beanName，就会抛出异常。

5. jsp:setProperty 动作

该动作用来设置 Bean 中的属性值。其语法如下。

```
<jsp:setProperty name="beanName" prop_expr />
```

其中，prop_expr 有以下几种可能的情形。

```
property="*" | property="propertyName" | property="propertyName" param="parameterName" | property="propertyName" value="propertyValue"
```

name 属性是必需的。它表示要设置属性的是哪个 Bean。name 值应当和<jsp:useBean>中的 id 值相同。

property 属性也是必需的。它表示要设置哪个属性。有一个特殊用法：如果 property 的值是“*”，表示所有名字和 Bean 属性名字匹配的请求参数都将被传递给相应的属性 set 方法。

value 属性是可选的。该属性用来指定 Bean 属性的值。字符串数据会在目标类中通过标准的 valueOf 方法自动转换成数字、boolean、Boolean、byte、Byte、char、Character。例如，boolean 和 Boolean 类型的属性值（比如“true”）通过 Boolean.valueOf 转换，int 和 Integer 类型的属性值（比如“42”）通过 Integer.valueOf 转换。

param 是可选的。它指定用哪个请求参数作为 Bean 属性的值。如果当前请求没有参数，则什么事情也不做，系统不会把 null 传递给 Bean 属性的 set 方法。因此，你可以让 Bean 自己提供默认属性值，只有当请求参数明确指定了新值时才修改默认属性值。

value 和 param 不能同时使用，但可以使用其中任意一个。

使用 jsp:setProperty 来为一个 Bean 的属性赋值，可以使用两种方式来实现。

（1）在 jsp:useBean 后使用 jsp:setProperty

```
<jsp:useBean id="myUser" … />
…

<jsp:setProperty name=" myUser " property="user" … />
```

在这种方式中，不管 jsp:useBean 是找到了一个现有的 Bean，还是新创建了一个 Bean 实例，jsp:setProperty 都会执行。

（2）jsp:setProperty 出现在 jsp:useBean 标签内

```
<jsp:useBean id="myUser" … >
…

<jsp:setProperty name=" myUser " property="user" … />
</jsp:useBean>
```

在这种方式中，jsp:setProperty 只会在新的对象被实例化时才将被执行。

6. jsp:getProperty 动作

该动作提取指定 Bean 属性的值，并转换成字符串，然后输出。jsp:getProperty 有两个必需的属性，即：name，表示 Bean 的名字；property，表示要提取哪个属性的值。其语法如下。

```
<jsp:getProperty name="name" property="propertyName" />
```

在使用<jsp:getProperty>之前，必须用<jsp:useBean>来创建它。不能使用<jsp:getProperty>来检索一个已经被索引了的属性。它能够和 JavaBeans 组件一起使用<jsp:getProperty>，但是不能与 Enterprise Java Bean 一起使用。

7. jsp:plugin 动作

该动作用来执行一个 applet 或 Bean，如果需要的话还要下载一个 Java 插件用于执行它。其语法如下。

```
<jsp:plugin
type="bean | applet"
code="classFileName"
codebase="classFileDirectoryName"
[ name="instanceName" ]
[ archive="URIToArchive, ..." ]
[ align="bottom | top | middle | left | right" ]
[ height="displayPixels" ]
```

```
[ width="displayPixels" ]
[ hspace="leftRightPixels" ]
[ vspace="topBottomPixels" ]
[ jreversion="JREVersionNumber | 1.1" ]
[ nspluginurl="URLToPlugin" ]
[ iepluginurl="URLToPlugin" ] >
[ <jsp:params>
[ <jsp:param name="parameterName" value="{parameterValue | <%= expression %>}" /> ]
</jsp:params> ]
[ <jsp:fallback> text message for user </jsp:fallback> ]
</jsp:plugin>
```

3.4.6 JSP 注释

在 JSP 页面中可以包含 3 种类型的注释：HTML 注释、JSP 代码注释和 Java 代码注释。

1．HTML 注释

HTML 注释出现在 JSP 页面的 HTML 代码部分，它是 HTML 语言语法规定的原版注释，遵循 HTML 的语法规则，语法格式为：<!-- 注释内容 -->。

以<!--开始，以-->结束，中间是注释的内容。在使用浏览器浏览 JSP 页面时，HTML 注释的内容不会在页面上显示，但是通过浏览器查看页面源代码时能够看到，也就是说 HTML 注释实质上是被发送到客户端，但是在呈现时被客户端屏蔽过滤了。

```
<!-- Hello World -->
```

2．JSP 代码注释

JSP 代码注释是在 JSP 页面中使用 JSP 注释标记描述的注释，语法格式为：<%-- 注释内容 --%>。这种注释不会被 JSP 编译器转换到 JSP 页面对应的 Java 源代码中，因此也不可能发送到客户端，所以在使用浏览器浏览 JSP 页面以及通过浏览器查看页面源代码时都不能看到这种注释。

```
<%-- Hello World --%>
```

3．Java 代码注释

Java 代码注释出现在 JSP 页面的 Java 代码段中，也就是<% 与 %>之间的区域，遵循 Java 语言的注释规则，语法格式如下。

```
<%
    ......
    //单行注释内容
    /*
        多行注释内容
    */
    ......
%>
```

这种注释能够被 JSP 编译器转换到 JSP 页面对应的 Java 源代码中，但是同样不会被发送到客户端，因此在使用浏览器浏览 JSP 页面以及通过浏览器查看页面源代码时都不能看到这种注释。

3.5 JSP 内置对象

内置对象是 JSP 规范所定义的，由 Web 容器实现和管理的一些在 JSP 页面中都能使用的公共对象。这些对象只能在 JSP 页面的表达式或代码段中才可使用，在使用时不需要编写者进行实例化。

常见的内置对象包括以下几点。

（1）输出输入对象：request、response、out。

（2）通信控制对象：pageContext、session、application。

（3）Servlet 对象：page、config。

（4）错误处理对象：exception。

1. out 对象

out 对象是 javax.servlet.jsp.jspWriter 类型的一个实例，它是一个输出流对象，作用域是 page，即当前 JSP 页面，用来向客户端输出数据。out 对象的方法说明如表 3-2 所示。

表 3-2 out 对象的方法说明表

方法名	说 明
print 或 println	输出数据
newLine	输出换行字符
flush	输出缓冲区数据
close	关闭输出流
clear	清除缓冲区中数据，但不输出到客户端
clearBuffer	清除缓冲区中数据，输出到客户端
getBufferSize	获得缓冲区大小
getRemaining	获得缓冲区中没有被占用的空间
isAutoFlush	是否为自动输出

2. request 对象

request 对象是 javax.servlet.http.HttpServletrequest 类型的一个实例，它是一个用来表示请求信息的对象，作用域为 request。该对象封装了用户提交的信息，通过调用该对象相应的方法可以获取封装的信息，即使用该对象可以获取用户提交信息，request 对象的方法说明如表 3-3 所示。

表 3-3 request 对象的方法说明表

方法名	说 明
isUserInRole	判断认证后的用户是否属于某一成员组
getAttribute	获取指定属性的值，如该属性值不存在，返回 Null
getAttributeNames	获取所有属性名的集合
getCookies	获取所有 Cookie 对象
getCharacterEncoding	获取请求的字符编码方式
getContentLength	返回请求正文的长度，如不确定，返回-1
getHeader	获取指定名字报头值
getHeaders	获取指定名字报头的所有值，一个枚举
getHeaderNames	获取所有报头的名字，一个枚举
getInputStream	返回请求输入流,获取请求中的数据
getMethod	获取客户端向服务器端传送数据的方法
getParameter	获取指定名字参数值

续表

方法名	说　明
getParameterNames	获取所有参数的名字,一个枚举
getParameterValues	获取指定名字参数的所有值
getProtocol	获取客户端向服务器端传送数据的协议名称
getQueryString	获取以 get 方法向服务器传送的查询字符串
getRequestURI	获取发出请求字符串的客户端地址
getRemoteAddr	获取客户端的 IP 地址
getRemoteHost	获取客户端的名字
getSession	获取和请求相关的会话
getServerName	获取服务器的名字
getServerPath	获取客户端请求文件的路径
getServerPort	获取服务器的端口号
removeAttribute	删除请求中的一个属性
setAttribute	设置指定名字的属性值

3. response 对象

response 对象是 javax.servlet.http.HttpServletResponse 类型的一个实例，它是一个用来表示对客户端响应的对象，作用域是 page。此对象封装了返回到 HTTP 客户端的输出，向页面作者提供设置响应头标和状态码的方式。其经常被用来设置 HTTP 标题，添加 cookie，设置响应内容的类型和状态，发送 HTTP 重定向和编码 URL。Response 对象的方法说明如表 3-4 所示。

表 3-4　　response 对象的方法说明表

方法名	说　明
addCookie	添加一个 Cookie 对象
addHeader	添加 Http 文件指定名字头信息
containsHeader	判断指定名字 Http 文件头信息是否存在
encodeURL	使用 sessionid 封装 URL
flushBuffer	强制把当前缓冲区内容发送到客户端
getBufferSize	返回缓冲区大小
getOutputStream	返回到客户端的输出流对象
sendError	向客户端发送错误信息
sendRedirect	把响应发送到另一个位置进行处理
setContentType	设置响应的 MIME 类型
setHeader	设置指定名字的 Http 文件头信息

4. session 对象

session 对象是 javax.servlet.http.HttpSession 类型的一个实例，它是代表一个会话的对象，作用域是 session。此对象用来跟踪会话，它存在于 HTTP 请求之间，可以存储任何类型的命名对象。

从一个客户打开浏览器并连接到服务器开始，到客户关闭浏览器离开这个服务器结束，被称为一个会话。当一个客户访问一个服务器时，可能会在这个服务器的几个页面之间反复连接，反复刷新一个页面，服务器应当通过某种办法知道这是同一个客户，这就需要 session 对象。

session 对象的 ID：当一个客户首次访问服务器上的一个 JSP 页面时，JSP 引擎产生一个 session 对象，同时分配一个 String 类型的 ID 号，JSP 引擎同时将这个 ID 号发送到客户端，存放在 Cookie 中，这样 session 对象和客户之间就建立了一一对应的关系。当客户再访问连接该服务器的其他页面时，不再分配给客户新的 session 对象，直到客户关闭浏览器后，在服务器端该客户的 session 对象才取消，并且和客户的会话对应关系消失。当客户重新打开浏览器再连接到该服务器时，服务器为该客户再创建一个新的 session 对象。

如果不需要在请求之间跟踪会话对象，可以通过在 page 指令中指定 session="false"。Session 对象的方法说明如表 3-5 所示。

表 3-5　session 对象的方法说明表

方法名	说　明
getAttribute	获取指定名字的属性
getAttributeNames	获取 session 中全部属性名字，一个枚举
getCreationTime	返回 session 的创建时间
getId	获取会话标识符
getLastAccessedTime	返回最后发送请求的时间
getMaxInactiveInterval	返回 session 对象的生存时间单位千分之一秒
invalidate	销毁 session 对象
isNew	每个请求是否会产生新的 session 对象
removeAttribute	删除指定名字的属性
setAttribute	设定指定名字的属性值

5. pageContext 对象

pageContext 对象是 javax.servlet.jsp.PageContext 类型的一个实例，它代表的是页面上下文，作用域是 page。使用该对象可以访问页面中的共享数据。pageContext 对象的方法说明如表 3-6 所示。

表 3-6　pageContext 对象的方法说明表

方法名	说　明
forward	重定向到另一页面或 Servlet 组件
getAttribute	获取某范围中指定名字的属性值
findAttribute	按范围搜索指定名字的属性
removeAttribute	删除某范围中指定名字的属性
setAttribute	设定某范围中指定名字的属性值
getException	返回当前异常对象
getRequest	返回当前请求对象
getResponse	返回当前响应对象
getServletConfig	返回当前页面的 ServletConfig 对象
getServletContext	返回所有页面共享的 ServletContext 对象
getSession	返回当前页面的会话对象

6. application 对象

application 对象是 javax.servlet.ServletContext 类型的一个实例，它表示的是该 JSP 页面所在应用的上下文环境信息，作用域是 application。通过该对象能够获得应用在服务器中运行时的一些全局信息。

服务器启动后就产生了这个 application 对象，当客户在所访问的网站的各个页面之间浏览时，这个 application 对象都是同一个，直到服务器关闭。与 session 不同的是，所有客户的 application 对象都是同一个，即所有客户共享这个内置的 application 对象。application 对象的方法说明如表 3-7 所示。

表 3-7　　application 对象的方法说明表

方法名	说　明
getAttribute	获取应用对象中指定名字的属性值
getAttributeNames	获取应用对象中所有属性的名字,一个枚举
getInitParameter	返回应用对象中指定名字的初始参数值
getServletInfo	返回 Servlet 编译器中当前版本信息
setAttribute	设置应用对象中指定名字的属性值

7. config 对象(Servlet 的配置信息 javax.servlet.ServletConfig)

config 对象是 javax.servlet.ServletConfig 类型的一个实例,它表示的是该 JSP 页面的配置信息,作用域是 page。config 对象的方法说明如表 3-8 所示。

事实上，JSP 页面通常无须配置，也就不存在配置信息。因此，该对象更多地在 Servlet 中有效。

表 3-8　　config 对象的方法说明表

方法名	说　明
getServletContext	返回所执行的 Servlet 的环境对象
getServletName	返回所执行的 Servlet 的名字
getInitParameter	返回指定名字的初始参数值
getInitParameterNames	返回该 JSP 中所有的初始参数名,一个枚举

8. page 对象

page 对象是 java.lang.object 类型的一个实例，它代表该 JSP 页面被编译成 Servlet 类的实例对象，作用域是 page。它与 Servlet 类中的 this 关键字相对应，可以使用它来调用 Servlet 类中所定义的方法，但是一般很少使用。

9. exception 对象

exception 对象是 java.lang.Throwable 类型的一个实例，它代表其他页面中的异常和错误，作用域是 page。只有当页面是错误处理页面，即编译指令 page 的 isErrorPage 属性为 true 时，该对象才可以使用。

3.6 JSP 页面调用 Servlet

从 JSP 页面调用 Servlet 可以通过 Form 表单的提交、jsp:include 动作、jsp:forward 动作，以及使用 anchor 标记的 href 属性等方法来实现。

（1）通过 Form 的 Action 属性

示例：<form method="POST" action=" /servlet/DataServlet" >。

（2）通过 jsp:include 动作

示例：<jsp:include page="/servlet/DataServlet" />。

（3）通过 jsp:forward 动作

示例：<jsp:forward page="/servlet/DataServlet" />。

（4）使用 anchor 标记的 href 属性

示例：<a href="/servlet/DataServlet" >。

3.7 JSP 页面调用 JavaBean

用户可以使用 JavaBean 将功能、处理、值、数据库访问和其他任何可以用 Java 代码创造的对象进行打包，并且其他的开发者可以通过内部的 JSP 页面、Servlet、其他 JavaBean、applet 程序或者应用来使用这些对象。

一个 JavaBean 和一个 applet 相似，是一个非常简单的遵循某种严格协议的 Java 类。每个 JavaBean 的功能都可能不一样，但它们都必须支持以下特征。

（1）如果类的成员变量的名字是 xxx，那么为了更改或获取成员变量的值，即更改或获取属性，在类中可以使用两个方法。

getXxx()：用来获取属性 xxx。

setXxx()：用来修改属性 xxx。

（2）对于 boolean 类型的成员变量，即布尔逻辑类型的属性，允许使用"is"代替上面的"get"和"set"。

（3）类中方法的访问属性都必须是 public 的。

（4）类中如果有构造方法，那么这个构造方法也是 public 的，并且没有参数。

```
public class SimpleBean {
    SimpleBean (){}                    //无参构造方法
    private String name;               //定义 String 类型的简单属性 name
    private boolean info;
    public String getName() {          //简单属性的 getXxx()方法
      return name;
    }
    public void setName(String name) { //简单属性的 setXxx()方法
      this.name = name;
    }
    public boolean isInfo() {          //布尔类型的取值方法
      return info;
    }
    public void setInfo(boolean info) {      //布尔类型的 setXxx 方法
      this.info = info;
    }
}
```

在 JSP 中可以使用<jsp:useBean>、<jsp:setProperty>、<jsp:getProperty>这 3 个动作来完成对 JavaBean 的调用。

<jsp:useBean>动作用来将一个 JavaBean 的实例引入到 JSP 中，并且使得这个实例具有一定生存范围，在这个范围内还具有一个唯一的 id。这样 JSP 通过 id 来识别 JavaBean，并通过 id.method

类似的语句来调用 JavaBean 中的公共方法。在执行过程中，<jsp:useBean>首先会尝试寻找已经存在的具有相同 id 和 scope 值的 JavaBean 实例，如果没有就会自动创建一个新的实例。

<jsp:setProperty>动作主要用于设置 Bean 的属性值。

<jsp:getProperty>动作用来获得 JavaBean 实例的属性值，并将他们转换为 java.lang.String，最后放置在隐含的 out 对象中。JavaBean 的实例必须在<jsp:getProperty>前面定义。

3.8 JSP 开发实例

JSP 的开发过程与 Servlet 的开发过程类似，首先使用 Eclipse 来创建动态 Web 工程，接着在创建的工程中添加需要的 JSP 文件，而后在指定的 Web 服务器上发布这个 Web 工程，最后通过客户端浏览器访问 JSP 页面。与 Servlet 开发不同的是 JSP 页面在编写完成之后不需要再进行额外的配置工作。其具体的操作过程描述见 2.3 节。

下面给出一个使用 JSP 开发学生信息管理页面的实例。该实例完成学生信息查询、修改、添加、删除的工作。相比采用 Servlet 的实现方式，更加简洁易懂。

该实例的主要文件包括 menu.jsp 文件、DataAccess.jsp 文件和 DataBaseOperator.java 文件这 3 个文件。menu.jsp 文件实现了添加学生和查询学生信息的用户输入和操作界面，如图 3-4 所示；DataAccess.jsp 文件中完成了学生信息的添加、删除、修改和查询的逻辑实现，并提供了查询结果输出界面、学生信息修改界面以及学生删除和学生信息修改的操作接口，如图 3-5 所示，上边部分是查询结果输出界面以及学生删除和学生信息修改的操作接口，下边部分则是学生信息修改界面，这两个界面并不是同时显示的，而是根据操作类型的不同来进行选择判断的。DataBaseOperator.java 文件则提供了数据库访问接口。这 3 个文件的关系如图 3-3 所示。

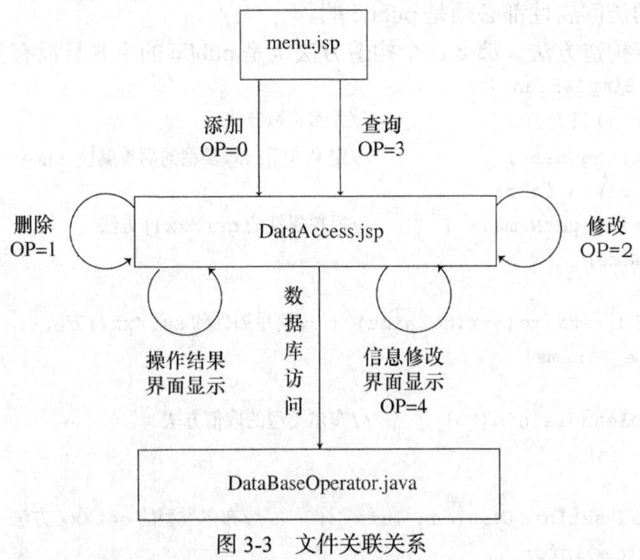

图 3-3 文件关联关系

程序清单 3-2 menu.jsp

```
<!--操作菜单的 JSP 页面-->
<%@ page language="java" contentType="text/html; charset=UTF-8"
   pageEncoding="UTF-8"%>
<%@ page import="javaee.jsp.*"%>
<%@ page import="java.util.*"%>
<!DOCTYPE  html  PUBLIC  "-//W3C//DTD  HTML  4.01  Transitional//EN"  "http://www.
```

```
w3.org/TR/html4/loose.dtd">
<html>
<head>
<meta http-equiv="Content-Type" content="text/html; charset=UTF-8">
<title>Insert title here</title>
</head>
<%
    Map<Integer,String> teams = DataBaseOperator.getInstance().searchTeams("", "");
    Set<Integer> keys = teams.keySet();
    Iterator<Integer> it1 = keys.iterator();
    Iterator<Integer> it2 = keys.iterator();
%>
<body>
    访问数据库:<br>
    <table frame="border" bordercolor="black" style="width: 650px; ">
    <tr valign="top">
        <td style="border:1px solid black;">
            <form action = "/JSPTrain/DataAccess.jsp?op=3" method="post" target="work
space">
            查询操作:<br>
                学号: <input type="text" name="id"><br>
                姓名: <input type="text" name="name"><br>
                班级: <select name="team">
                    <option value="">全部</option>
                <% while(it1.hasNext()){ int value = it1.next().intValue();%>
                    <option value=<%= value%>> <%= value%> </option>
                <%}%>
                 </select>
                <input type="submit" name="search" value="查询" align="middle" >
            </form>
        </td>
        <td style="width: 431px; border:1px solid black;">
            <form action = "/JSPTrain/DataAccess.jsp?op=0" method="post" target="work
space">
            添加操作:<br>
                学号: <input type="text" name="id">
                姓名: <input type="text" name="name"><br>
                年龄: <input type="text" name="age">
                性别: <input type="text" name="gender"><br>
                班级: <select name="team">
                <% while(it2.hasNext()){  int value = it2.next().intValue();%>
                    <option value=<%= value%>> <%= value%> </option>
                <%}%>
                </select>
                专业: <input type="text" name="major"><br>
                     <input type="submit" name="add" value="添加">
            </form>
        </td>
    </tr>
   </table>
  </body>
  </html>
```

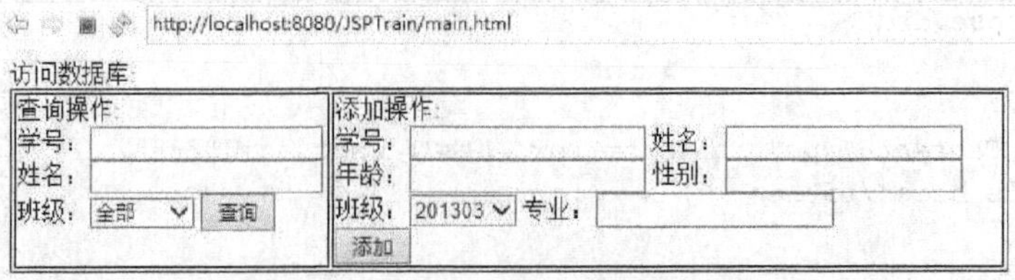

图 3-4　数据操作界面

程序清单 3-3　DataAccess.jsp

```
<!--  进行数据操作并显示操作结果的 JSP 页面-->
<!-- jsp 文件的存储格式。Eclipse 会根据这个编码格式保存文件。并编译 jsp 文件，包括里面的汉字。 -->
<%@ page language="java" pageEncoding="UTF-8"%>
<!-- jsp 文件的解码格式。必须与上边设置的 jsp 文件的存储格式一致 -->
<%@ page contentType="text/html; charset=UTF-8" %>
<%@ page import="javaee.jsp.*"%>
<%@ page import="java.io.*"%>
<%@ page import="java.util.*"%>
<%--处理编码问题，与位置有关，必须放在最前边 --%>
    <%request.setCharacterEncoding("UTF-8"); %>
    <%--使用 javaBean --%>
    <jsp:useBean id="student" scope="page"  class= "javaee.jsp.Student"/>
    <jsp:setProperty name="student" property="*"/>

<!DOCTYPE html PUBLIC "-//W3C//DTD HTML 4.01 Transitional//EN" "http://www.w3.org
/TR/html4/loose.dtd">
<html>
<head>
<!-- 浏览器显示当前页面所采用的解码方式 -->
<meta http-equiv="Content-Type" content="text/html; charset=charset=UTF-8">
<title>Insert title here</title>
</head>
<body>
    <%
    String name = "";
    String id = "";
    String team = "";
    //获得操作类型参数：0—插入；1—删除；2—更新；3—查询；4—编辑
    String op=request.getParameter("op");
    //将类型参数从字符串型型转换为整型
    int method=Integer.parseInt(op);
    switch(method)
      {
          case 0://添加学生
          DataBaseOperator.getInstance().insert(student);
          break;
          case 1://删除学生
          DataBaseOperator.getInstance().delete(request.getParameter("id"));
          break;
          case 2://更新学生信息
          DataBaseOperator.getInstance().update(student);
          break;
```

```
            default://当操作类型为查询和编辑时，获得用户输入的学生姓名、学号和班级信息
              name = request.getParameter("name");
              id = request.getParameter("id");
              team = request.getParameter("team");

        }
        //根据学生姓名、学号和班级信息查询学生
    Set<Student> sts = DataBaseOperator.getInstance().searchStudents(id,name,team);
    Iterator<Student> it = sts.iterator();

    if(method == 4)//当选择修改学生信息时，进入修改界面，修改界面将查询到的学生信息填入文本框中，
以便用户修改
    {
    %>
    <!--在修改学生信息的页面上修改完信息之后，向 DataAccess.jsp 页面提交，并将操作类型设置为更新学
生信息-->
    <form action = '/JSPTrain/DataAccess.jsp?op=2' method='post' target='workspace'>
    <%
    //遍历查询结果，从中取出学生信息
    //并将这些信息放入可编辑文本框中，待用户进行修改
        while(it.hasNext())
        {
            Student st = it.next();
            //查询所有的班级，将查询解雇返回在 teams 中
            Map<Integer,String> teams = DataBaseOperator.getInstance().searchTeams("", "");
        Set<Integer> keys = teams.keySet();
            Iterator<Integer> it1 = keys.iterator();
%>
        <!-向页面中添加可编辑文本框，并将查询到的原始学生信息放入其中-->
          学号: <input type='text' name='id' value='<%=st.getId() %>'><br>
          姓名: <input type='text' name='name' value='<%=st.getName() %>'><br>
        年龄: <input type='text' name='age' value='<%=st.getAge() %>'><br>
          性别: <input type='text' name='gender' value='<%=st.getGender() %>'><br>
          <!-班级信息采用下拉框的方式显示，根据上边查询的所有班级信息，下拉框中显示所有班级的列表，
并根据当前该学生所属的班级信息，设置该下拉框的默认值-->
            班级: <select name="team">
                <%
                  //设置下拉框中的选项
                while(it1.hasNext()){
                    int value = it1.next().intValue();
                    String selected = "";
                    //根据学生所属班级，设定下拉框的默认值
                    if(value == st.getTeam())
                        selected = " selected='selected'";
                %>
                    <option value=<%= value%> <%= selected%>> <%= value%> </option>
                <%}%>
            </select>
                    专业: <input type='text' name='major' value='<%=st.getMajor() %>'><br>
<%
```

```
	}//end of while
%>
		<input type='submit' name='modify' value='修改'> <br>
		<a  href="/JSPTrain/DataAccess.jsp?op=3"  target="workspace">返回查询结果
页面</a>
	</form>
<%
	}//end of if
	else//当选择为增加、删除、更新和查询时，显示操作后的结果
	{
%>
	<table frame="border" bordercolor="black" style="width: 600px; " >
		<! -- 表头-->
		<tr>
		<td style="border:1px solid black;">学号</td>
		<td style="border:1px solid black;">姓名</td>
		<td style="border:1px solid black;">年龄</td>
		<td style="border:1px solid black;">性别</td>
		<td style="border:1px solid black;">班级</td>
		<td style="border:1px solid black;">研究方向</td>
		<td style="border:1px solid black;">操作</td>
		</tr>
	<%
	//通过迭代器遍历查询结果，依次读取每个学生的信息，并将其组织到表中
	while(it.hasNext())
	{
	Student st = it.next();
	%>
		<tr>
			<td style="border:1px solid black;"><%=st.getId() %></td>
			<td style="border:1px solid black;"><%=st.getName() %></td>
			<td style="border:1px solid black;"><%=st.getAge() %></td>
			<td style="border:1px solid black;"><%=st.getGender() %></td>
			<td style="border:1px solid black;"><%=st.getTeam() %></td>
			<td style="border:1px solid black;"><%=st.getMajor() %></td>
			<td style="border:1px solid black;">
				<a href="DataAccess.jsp?op=1&id=<%=st.getId()%>">  删除</a>
				    
				<a href="DataAccess.jsp?op=4&id=<%=st.getId()%>">  修改</a>
		</td>
		</tr>
	<%
	}//end of while
	%>
	</table>

	<%
	}//end of else
	%>
	</body>
	</html>
```

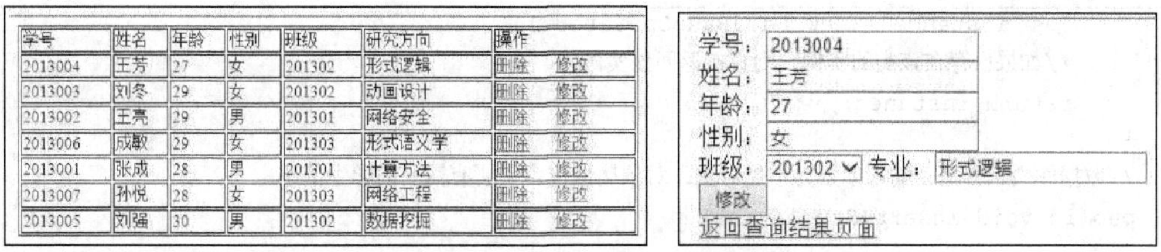

学号	姓名	年龄	性别	班级	研究方向	操作
2013004	王芳	27	女	201302	形式逻辑	删除 修改
2013003	刘冬	29	女	201302	动画设计	删除 修改
2013002	王亮	29	男	201301	网络安全	删除 修改
2013006	成敏	29	女	201303	形式语义学	删除 修改
2013001	张成	28	男	201301	计算方法	删除 修改
2013007	孙悦	28	女	201303	网络工程	删除 修改
2013005	刘强	30	男	201302	数据挖掘	删除 修改

学号：2013004
姓名：王芳
年龄：27
性别：女
班级：201302 专业：形式逻辑
修改
返回查询结果页面

图 3-5 操作结果及学生信息修改界面

程序清单 3-4 DataBaseOperator.java

```
/*数据库访问类*/
/*由于建立数据库连接的开销较大，一般采用数据库连接池的方式来处理数据库连接*/
/*鉴于本示例中数据库访问量较小，在这里采用单例模式来构建数据库访问类*/
/*即为该实例中的所有数据库访问只建立一个数据库连接*/
    package javaee.jsp;

    import java.sql.*;
    import java.util.*;

    public class DataBaseOperator {
       //数据库连接变量，用来存储建立的数据库连接
    Connection conn = null;
       //实例变量，用来存储产生的唯一实例
    static DataBaseOperator instance = null;
    //构造函数，为实现单例模式，将构造函数定义为private类型的
    DataBaseOperator()
    {
        init();
    }
    //初始化方法，在其中建立数据库连接，详见JDBC相关内容
    void init()
    {
        try {
        //数据库驱动
        Class.forName("com.mysql.jdbc.Driver");
        //数据库路径
        String url="jdbc:mysql://localhost:3306/servlet";
        String user="root"; //数据库用户名
        String password="123456"; //数据库密码
        //建立并获得数据库连接
            conn=DriverManager.getConnection(url,user,password);
        }catch (SQLException | ClassNotFoundException e) {
            // TODO Auto-generated catch block
            e.printStackTrace();
        }
    }
    //获得该单例类实例的方法
    public static DataBaseOperator getInstance()
    {
        //如果不存在该类的实例则调用构造函数创建一个，并保存在instance变量中
        if(instance == null)
```

```
            instance = new DataBaseOperator();
        //如果已存在该类的实例，则直接返回该实例
        return instance;
    }
    //数据库插入方法，输入参数为学生对象，对象属性包含了所有需要的学生信息
    public void insert(Student st)
    {

        try {
            //从 Student 类的实例中获得各个学生信息
            int id=st.getId();
            String name=st.getName();
            int age=st.getAge();
            String gender=st.getGender();
            int teamNum = st.getTeam();
            String major=st.getMajor();
        //创建插入数据库的 SQL 语句
            String sql = "insert into students(studentNum,studentName,teamNum,age,gen
der,major) values("+id+",'"+name+"',"+teamNum+","+age+",'"+gender+"','"+major+"');";
            System.out.println(sql);
            //执行数据库操作
            Statement stat=null;
            stat=conn.createStatement();
        stat.executeUpdate(sql);
        if(stat!=null){
                stat.close();
            }
    } catch (SQLException e) {
            // TODO Auto-generated catch block
            e.printStackTrace();
        }

    }
    //数据库删除方法，输入参数为需删除的学生的学号
    public void delete(String id)
    {
        try {
            Statement stat=null;
            stat=conn.createStatement();
            stat.executeUpdate("delete from students where studentNum="+id+"");
        if(stat!=null){
            stat.close();
        }
    } catch (SQLException e) {
            // TODO Auto-generated catch block
            e.printStackTrace();
        }
    }
    //数据库更新操作，输入参数为更新信息之后的学生对象
    public void update(Student st)
    {
        try {
            //从 Student 类的实例中获得各个学生信息
```

```
            int id=st.getId();
            String name=st.getName();
            int age=st.getAge();
            String gender=st.getGender();
            int teamNum = st.getTeam();
            String major=st.getMajor();
        //创建更新数据库的 SQL 语句
            String sql = "update students set studentNum="+id+",studentName='"+name+"',
age="+age+",teamNum="+teamNum+",gender='"+gender+"',major='"+major+"' where studentNum
="+id+"";
            System.out.println(sql);
            //执行数据库操作
        Statement stat=null;
        stat=conn.createStatement();
        stat.executeUpdate(sql);
        if(stat!=null){
                stat.close();
            }
        } catch (SQLException e) {
            // TODO Auto-generated catch block
            e.printStackTrace();
        }
    }
    //数据库查询操作，学生查询
    //输入查询条件为学号和姓名
    //输出查询结果为查询到的所有学生对象的集合
    public Set<User> searchUsers(String username, String password)
    {
        try {
        Statement stat=null;
        ResultSet rs=null;
        String sql = "select * from users ";
            stat=conn.createStatement();
            Set<User> users= new HashSet<User>();
            //根据查询条件，构造查询的 SQL 语句
            if(username==null) username ="";
            if(password==null) password ="";
            if(username == "")//如果名字为空，则查询的学生的名字可以为任意字符串
                sql = sql + " where username like '%'";
            else//如果名字不为空，则查询的学生的名字必须与输入的学生名相同
                sql = sql + " where username = '"+ username + "'";

            if(password == "")//如果学号为空，则查询的学生的学号可以为任意字符串
                sql = sql + " and password like '%'";
            else//如果学号不为空，则查询的学生的学号必须与输入的学号相同
                sql = sql + " and password = '" + password + "'";
            //执行 SQL 查询
            rs = stat.executeQuery(sql);
            //遍历查询结果，依次为查找到的每个学生创建学生类的对象
            //并将这些学生对象添加到集合中
            while(rs.next())
            {
```

```
            User user = new User();
            user.setId(rs.getInt("id"));
        user.setUsername(rs.getString("username"));
        user.setPassword(rs.getString("password"));
        user.setRole(rs.getString("role"));
        users.add(user);
    }
        if(rs!=null){
                rs.close();
         }
          if(stat!=null){
                  stat.close();
          }
        //返回包含查询到的所有学生对象的集合
        return users ;
    }catch (SQLException e) {
        // TODO Auto-generated catch block
        e.printStackTrace();
    }
    return null;
}
//数据库查询操作，学生查询
//输入查询条件为学号、姓名和班级
//输出查询结果为查询到的所有学生对象的集合
public Set<Student> searchStudents(String id, String name,String teamNum)
{
try {
        Statement stat=null;
        ResultSet rs=null;
        //根据查询条件，构造查询的 SQL 语句
        String sql = "select * from students ";
        stat=conn.createStatement();
    Set<Student> sts= new HashSet<Student>();
    if(id==null) id ="";
    if(name==null) name ="";
    if(teamNum==null) teamNum ="";
    if(id == "")
         sql = sql + " where studentNum like '%'";
    else
         sql = sql + " where studentNum = "+ id;

    if(name == "")
         sql = sql + " and studentName like '%'";
    else
         sql = sql + " and studentName = '" + name + "'";

    if(teamNum == "")
         sql = sql + " and teamNum like '%'";
         else
               sql = sql + " and teamNum = " + teamNum;
         //执行 SQL 查询
         rs = stat.executeQuery(sql);
    //遍历查询结果，依次为查找到的每个学生创建学生类的对象
```

```
        //并将这些学生对象添加到集合中
            while(rs.next())
            {
                Student st = new Student();
            st.setId(rs.getInt("studentNum"));
            st.setName(rs.getString("studentName"));
            st.setAge(rs.getInt("age"));
            st.setGender(rs.getString("gender"));
            st.setTeam(rs.getInt("teamNum"));
            st.setMajor(rs.getString("major"));
            sts.add(st);
            }
        if(rs!=null){
            rs.close();
          }
          if(stat!=null){
                    stat.close();
          }
          //返回包含查询到的所有学生对象的集合
          return sts ;
        }catch (SQLException e) {
            // TODO Auto-generated catch block
            e.printStackTrace();
        }
        return null;
    }
    //数据库查询操作，班级查询
    //输入查询条件为班级编号和班级所在的教室
    //输出查询结果为查询到的班级的班级编号和所在教室二元组构成的 Map 集合
    public Map<Integer,String> searchTeams(String teamNum,String baseRoom)
    {
    try {
        Statement stat=null;
        ResultSet rs=null;
        stat=conn.createStatement();
        Map<Integer,String> teams= new HashMap<Integer,String>();
            if(teamNum==null) teamNum ="";
            if(baseRoom==null) baseRoom ="";
            //班级编号和教室都为空时，查询所有班级
            if(teamNum==""&&baseRoom==""){
                  rs=stat.executeQuery("select * from Teams");
            }
        //班级编号不为空且教室为空时，按班级编号查询班级
            if(teamNum!=""&&baseRoom==""){
                  rs=stat.executeQuery("select * from Teams where teamNum="+teamNum+"");
            }
        //班级编号为空且教室不为空时，按教室查询班级
            if(teamNum==""&&baseRoom!=""){
                  rs=stat.executeQuery("select * from Teams where baseRoom='"+baseRoom+"'");
            }
        //班级编号和教室都不为空时，按班级编号和教室同时匹配查询班级
            if(teamNum!=""&&baseRoom!=""){
                  rs=stat.executeQuery("select * from Teams where teamNum="+teamNum+"
```

```
and baseRoom='"+baseRoom+"'");
            }
        //遍历查询结果，将查询到的班级的班级编号和所在教室以二元组的形式添加到
        一//个Map集合中
            while(rs.next())
            {
                teams.put(rs.getInt("teamNum"), rs.getString("baseRoom"));
            }
            if(rs!=null){
              rs.close();
            }
            if(stat!=null){
                        stat.close();
            }
            //返回查询结果集合
            return teams ;
      } catch (SQLException e) {
        // TODO Auto-generated catch block
        e.printStackTrace();
    }
    return null;
    }
    }
```

3.9 小结

本章从一个简单的 JSP 例子入手向读者展示了 JSP 程序的样貌，即在 HTML 中插入 Java 程序段和 JSP 标签构成的页面文件，同时也说明了相对于 HTML 和 Servlet 开发 JSP 的优势所在。而后对 JSP 的运行原理进行了阐述，给出了 JSP 页面访问中涉及的模块以及这些模块之间的交互关系。接着对 JSP 的基本构成、JSP 各种组成元素进行了介绍，说明了这些 JSP 基本元素的使用方法。然后对 JSP 调用 servlet 和 JavaBean 方法等进行了归纳总结。最后给出了一个使用 JSP 开发学生信息管理页面的实例，包括了使用 JSP 开发交互界面、访问数据库等功能的实现。

习 题

1．JSP 的组成元素有哪几种？

2．JSP 与 Servlet 的关系是什么？

3．对照比较 JSP 文件和该 JSP 文件转换成的 Java 文件。

4．在 JSP 页面中如何调用 Servlet，通过编程进行展示？JSP 调用 Servlet 时的流程跳转关系是怎么样的？

5．什么是 JavaBean，它的作用是什么？在 JSP 页面中如何调用 JavaBean，通过编程进行展示？

6．使用 JSP 编写一个包含图书录入、图书查询、借书、还书功能的图书管理系统。

第 4 章 JSF 程序开发

4.1 JSF 概述

Web 应用开发是 Java EE 的重要组成部分。Web 应用程序的开发与传统的单机程序开发在本质上存在着很大的差异，有时 Web 应用程序开发人员不得不处理 HTTP 的细节，而 HTTP 无状态的（stateless）本质，与传统应用程序必须维持程序运行过程中的信息有明显的不同。很多较早的动态 Web 开发语言，如 JSP，将 HTML 和程序脚本语言混合在一起来编程，其结果往往容易导致程序结构混乱，各种不同类型的语言来回穿插，可读性非常差。

Java Server Faces(JSF)技术有效地克服了这些缺点，它是服务器端的组件框架，例如，如果想要显示一个带有行和列的表格，就不必在循环结构中为行和单元格生成 HTML 标签，只须将表格组件添加到页面中即可，因此可将 JSF 看做是 “用于服务器端应用程序的 Swing”。通过使用组件，开发人员能够在超越原始 HTML 的更高级别设计用户界面，也能够重用自己的应用程序组件并使用第三方组件集，还可以使用可视化开发环境，能够将组件拖放到表单上。无论是网页设计人员还是应用程序设计人员，都可以使用自己熟悉的方式来使用 JSF。

4.2 一个简单的 JSF 例子

在 Web 应用中，我们经常要对用户进行验证，以确认用户的身份是否合法，进而决定是否允许其访问应用，这一过程称为身份验证。本节例子 JSFLogin 使用 JSF 实现简单的身份验证功能，具体要求实现功能如下所示。

（1）首先显示一个“登录页面”。

（2）要求用户输入用户名和密码。

（3）验证用户名和密码是否正确。

（4）如果用户名和密码正确，给用户显示一个“欢迎页面”。

（5）如果用户名或者密码错误，给用户显示一个“登录失败”页面。

JSFLogin 例子的运行结果分别如图 4-1~图 4-3 所示。

图 4-1　登录页面

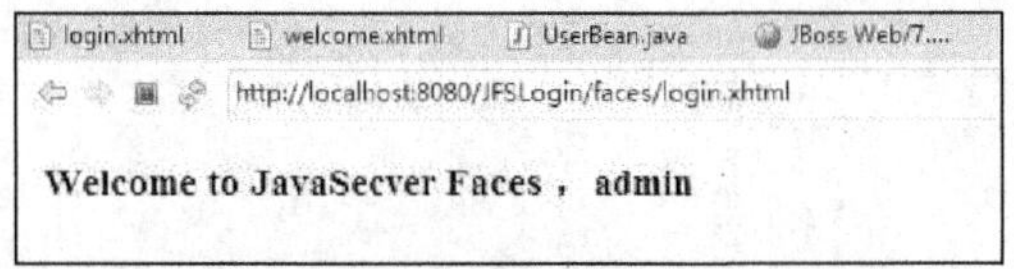

图 4-2　登录成功页面

图 4-3　登录失败页面

4.2.1　创建 JSF 工程

首先在 Eclipse 中创建一个 JSF 工程，选择菜单中的“File->New->Dynamic Web Project”，如图 4-4 所示。

在接下来的配置页中，首先在“Project name”处输入项目的名称，如“JSFLogin”，“Target runtime”选取已经配置好的服务器“Jboss 7.1 runtime”，“Dynamice web module version”选择“3.0”，在“Configuration”处，因为我们还希望加入 JSF 类库，所以选择“custom”，如图 4-5 所示。

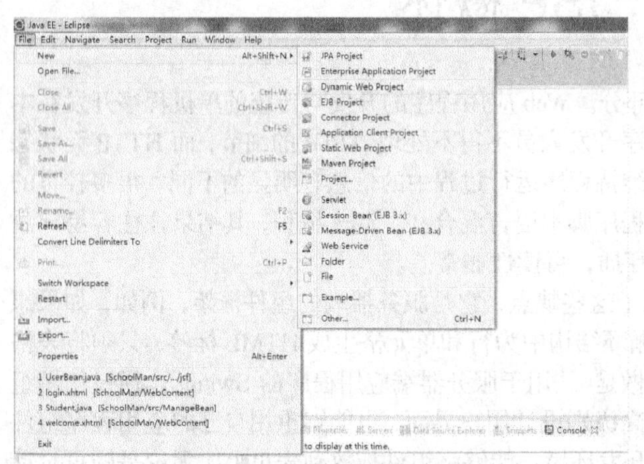

图 4-4　创建一个 JSF 工程

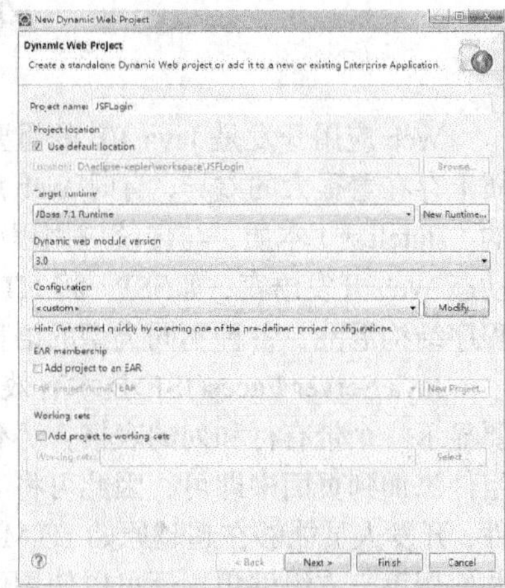

图 4-5　JSF 示例项目配置页

然后单击“Configuration”后的“Modify...”，出现“Project facets”页面，在“Project facet”中确保勾选“Dynamice Web Module 3.0”、“Java 1.7”、“JavaServer Faces 2.2”，如图 4-6 所示。

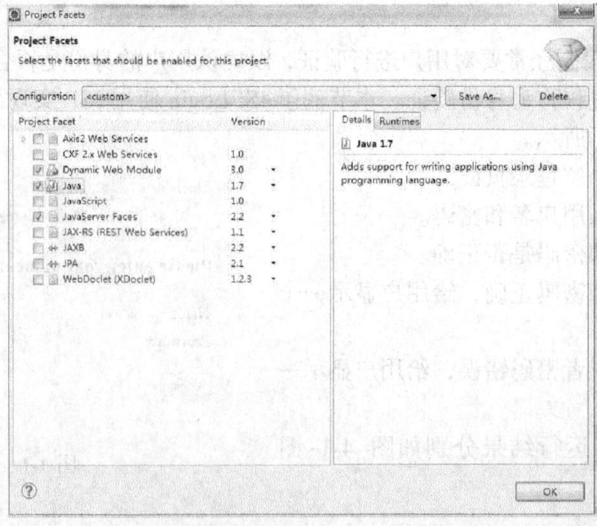

图 4-6　Project faces 配置页

完成后，单击“OK”按钮返回上一页。返回动态 Web 配置页后，单击“Next”按钮继续，转到“Java 配置页”，如图 4-7 所示。

可以选择默认值，然后单击“Next”按钮继续，到“Web Module”页，如图 4-8 所示。

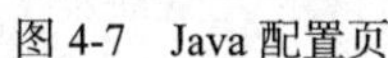
图 4-7　Java 配置页

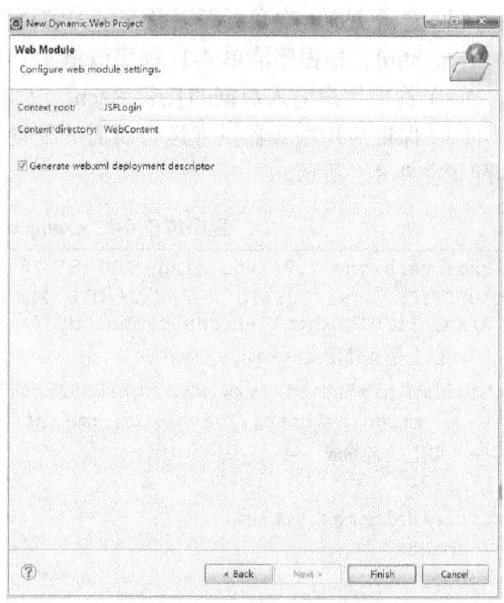

图 4-8　Web Module 配置页

选择默认值继续，转到“JSF Capability 配置页”，在此处的“JSF Implementation Library”中，选择“User Library”，同样在首次配置时，需要下载类库，选择下载“JSF 2.0 (Mojarra 2.0.3-FCS)”，如图 4-9 所示。

然后单击 “Next”按钮，等待下载结束。如果已经存在 JSF2.2 类库，直接选中该选项，如图 4-10 所示，完成后单击“Finish”按钮即可。

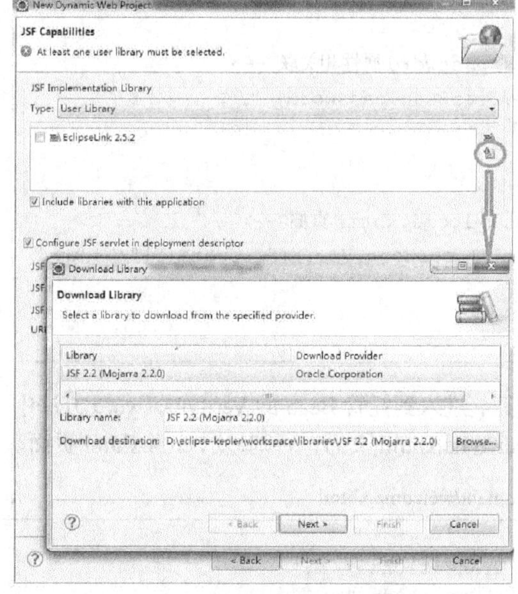

图 4-9　Download Library 配置页

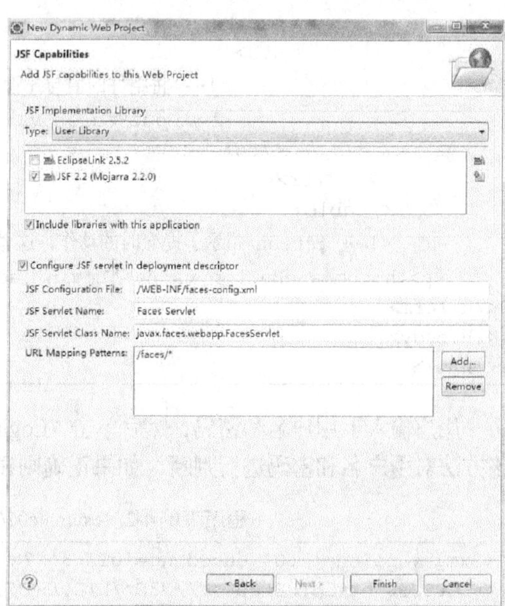

图 4-10　JSF Capability 配置页

4.2.2 例子分析

JSFLogin 程序的组成如下所示。

（1）登录页面、欢迎页面以及登录失败页面的定义文件，分别为 index.xhtml、welcome.xhtml 和 error.xhtml，如程序清单 4-1~程序清单 4-3 所示。

（2）管理用户输入数据的托管 Bean，文件名为 UserBean.java，如程序清单 4-4 所示。

（3）保证应用服务器正常运行所需的配置文件：web.xml 和 faces-config.xml，如配置文件 4-1 和配置文件 4-2 所示。

程序清单 4-1　example/WebContent/index.xhtml

```
<?xml version='1.0' encoding='UTF-8' ?>
<!DOCTYPE html PUBLIC "-//W3C//DTD XHTML 1.0 Transitional//EN" "http://www.w3.org/
TR/xhtml1/DTD/xhtml1-transitional.dtd">
<!-- 以上是文档定义 -->
<html xmlns="http://www.w3.org/1999/xhtml"
     xmlns:h="http://java.sun.com/jsf/html">
<!-- 以上是名称域 -->
<h:head>
<title>Welcome</title>
</h:head>
<h:body>
<h:form>
    <h3>Please enter your name and password.</h3>
        <table>
            <tr>
                <td>Name:</td>
                <!-- 将组件的值与托管 bean 的 name 属性相关联 -->
                <td><h:inputText value=" #{userBean.name}"/></td>
            </tr>
            <tr>
                <td>Password:</td>
                <td>
                    <!-- 将组件的值与托管 bean 的 password 属性相关联 -->
                    <h:inputSecret value="#{userBean.password} "/ >
                </td>
            </tr>
        </table>
        <!-- action 指示了提交时的动作，这里是转到 welcome.xhtml 页面 -->
    <p><h:commandButton value="Login" action="#{userBean.VerifyPassword()}"/></p>
</h:form>
</h:body>
</html>
```

用户输入了用户名和密码，然后单击“Login”按钮，进入到托管 Bean 的 VerifyPassword 方法中，该方法对用户名和密码进行判断，如果正确则显示 welcome.xhtml 页面，否则显示 error.xhtml 页面。

程序清单 4-2　example01/WebContent/welcome.xhtml

```
<?xml version='1.0' encoding='UTF-8' ?>
<!DOCTYPE html PUBLIC "-//W3C//DTD XHTML 1.0 Transitional//EN"
 "http://www.w3.org/TR/xhtml1/DTD/xhtml1-transitional.dtd">
<html xmlns="http://www.w3.org/1999/xhtml"
```

```
    xmlns:h="http://java.sun.com/jsf/html">
    <h:head>
    <title>Welcome</title>
    </h:head>
    <h:body>
        <!--从后台 Bean 中读出用户输入的姓名回显 -->
    <h3>Welcome to JavaServer Faces , #{userBean.name}</h3>
    </h:body>
</html>
```

程序清单 4-3　example01/WebContent/error.xhtml

```
<?xml version="1.0" encoding="UTF-8" ?>
<!DOCTYPE html PUBLIC "-//W3C//DTD XHTML 1.0 Transitional//EN" "http://www.w3.org
/TR/xhtml1/DTD/xhtml1-transitional.dtd">
<html xmlns="http://www.w3.org/1999/xhtml">
<head>
<meta http-equiv="Content-Type" content="text/html; charset=UTF-8" />
<title>Insert title here</title>
</head>
<body>
    Password Error!
</body>
</html>
```

程序清单 4-4　example01/src/javaee/jsf/UserBean.java

```
package javaee.jsf;
import javax.faces.bean.ManagedBean;
import javax.faces.bean.SessionScoped;

@ManagedBean
@SessionScoped
public class UserBean {
    private String name ;
    private String password;

    public UserBean(){
     this.name="admin";
    }

    public String getName() {return name; }
    public void setName(String newValue) {name=newValue; }
    public String getPassword() { return password; }
    public void setPassword(String newValue) { password = newValue; }

    public String VerifyPassword(){
     if (this.password.equals("12345")&&this.name.equals("admin"))
            return "success";
     else
            return "failure";
    }
}
```

配置文件 4-1　web.xml

```
<?xml version= " 1.0" encoding = "UTF-8" ? >
<web-app xmlns:xsi="http://www.w3.org/2001/XMLSchema-instance"
xmlns="http://java.sun.com/ xml/ns/javaee"
xmlns:web='' http://java.sun.com/xml/ns/javaee/web-ap_2_5.xsd"
xsi:sc hemaLocation=''http://java.sun.com/xml/ns/javaee
http://java.sun.com/ xml/ns/javaee/web-app_2_5.xsd"
version= "2.5">
    <!-- 定义处理 JSF 的 Servlet -->
<servlet>
    <servlet-name>Faces Servlet</servlet-name >
    <servlet-class>
        javax.faces.webapp.FacesServlet
    </servlet-class >
</servlet>
<servIet-mapping>
    <servlet-name> Faces Servlet </servlet- name>
    <url-pattern>/faces/*</url_pattern>
</servlet-mapping>
<welcome-file-list>
    <welcome-file>faces/index.xhtml</welcome-file>
</welcome-file-list>
</web-app>
```

所有 JSF 应用必须在 Web.xml 文件中配置 javax.faces.webapp.FacesServlet 实例。这个实例的作用是：初始化 JSF 应用的一些必要资源，拦截用户的 JSF 请求，启动 JSF 的生命周期去处理用户的请求。当请求 JSF 页面时，为了确保激活正确的 Servlet，JSF URL 必须要使用一个特殊格式。在这个配置中，所有的 URL 都有一个前缀/faces。servlet-mapping 元素确保了所有带有该前缀的 URL 都由 Faces Servlet 来处理。例如，用户不能只在浏览器地址栏中输入 http://localhost:8080/login/index.xhtml，正确的 URL 是 http://localhost:8080/login/faces/index.xhtml。映射规则激活作为 JSF 实现入口点的 Faces servlet。JSF 实现去掉.faces 扩展名，并加载 index.xhtml 页面，处理标签，然后显示结果。如果用户查看一个不带/faces 前缀的 JSF 页面，浏览器将在页面中显示 HTML 标签，但会忽略 JSF 标签。

配置文件 4-2　faces-config.xml

```
<?xml version="1.0" encoding="UTF-8"?>
<faces-config
    xmlns="http://java.sun.com/xml/ns/javaee"
    xmlns:xsi="http://www.w3.org/2001/XMLSchema-instance"
    xsi:schemaLocation="http://java.sun.com/xml/ns/javaee
http://java.sun.com/xml/ns/javaee/web-facesconfig_2_0.xsd"
    version="2.0">
    <navigation-rule>
     <display-name>login.xhtml</display-name>
     <from-view-id>/login.xhtml</from-view-id>
     <navigation-case>
        <from-outcome>success</from-outcome>
        <to-view-id>/welcome.xhtml</to-view-id>
        </navigation-case>
    </navigation-rule>
    <navigation-rule>
     <display-name>login.xhtml</display-name>
```

```
    <from-view-id>/login.xhtml</from-view-id>
    <navigation-case>
      <from-outcome>failure</from-outcome>
      <to-view-id>/error.xhtml</to-view-id>
   </navigation-case>
   </navigation-rule>
   <navigation-rule>
    <display-name>sections/content.xhtml</display-name>
    <from-view-id>/sections/content.xhtml</from-view-id>
    <navigation-case>
      <from-outcome>editStudent</from-outcome>
      <to-view-id>/editStudent.xhtml</to-view-id>
   </navigation-case>
   </navigation-rule>

</faces-config>
```

在 faces-config.xml 文件中，定义了 2 个导航规则，分别说明了来自什么页面（from-view-id），当结果字符串符合要求时（from-outcome），将导航到目的页面（to-view-id）。

4.3 JSF 请求处理生命周期

当一个含有 JSF 组件的 Web 页面产生请求时，应当如何进行处理及响应呢？图 4-11 展示了 JSF 处理来自于客户端的请求时发生的事情，我们称这一过程为 JSF 请求处理生命周期。其实请求处理生命周期担当着使 JSF 运行起来的“幕后”引擎的角色，即过去必须自行编写代码才能处理的必要的后端处理，现在全由请求处理生命周期执行。除了处理进入的请求参数，它还管理服务器端的用户界面组件集，并把它们与用户在客户端浏览器中看到的组件同步。

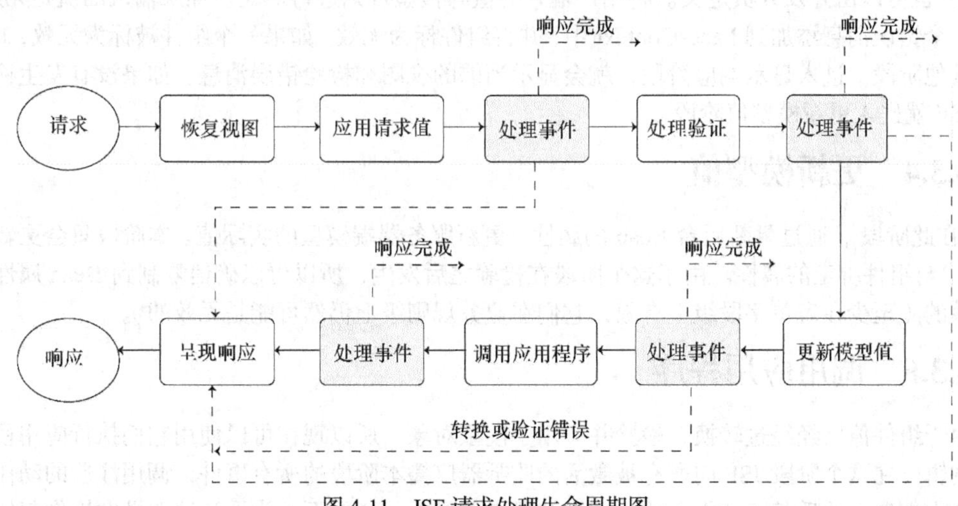

图 4-11 JSF 请求处理生命周期图

生命周期的 6 个阶段，具体解释如下。

（1）恢复视图：在内存中创建或恢复代表客户端用户界面信息的服务器端组件树（视图）。

（2）应用请求值：用来自客户端的最新数据更新对应的服务器端组件的值。

（3）处理验证：每个组件对新数据执行验证和数据类型转换。

（4）更新模型值：用组件的新数据更新与组件相关的服务器端模型的实际值。

（5）调用应用程序：调用注册的动作监听器和动作方法，在动作方法中可以执行应用程序的业务逻辑。

（6）呈现响应：把响应呈现给请求客户端。

4.3.1 恢复视图

当 JSF 应用接收到一个请求时，JSF 的 FacesServlet 提取出视图的 ID（由 JSP 页面的名字来确定），并用这个视图 ID 来查找视图。如果 JSF 页面是第一次访问，也即是视图 ID 在内存中不存在，那么 JSF 会在内存中构建 JSF 组件树，并将事件处理程序以及注册的转换器、验证器绑定到相应组件上。如果视图已经存在，JSF 控制器就使用它。一旦视图被创建或获得，它便被存储在当前的 FacesContext 中。

4.3.2 应用请求值

应用请求值阶段的目标是获取每个组件的当前状态。首先，必须从 FacesContext 对象获取或创建组件，然后获取它们的值。组件值常常取自请求参数，但是也可以取自 cookie 或请求头。对于许多组件，来自请求参数的值存储在组件的 submittedValue 中。如果组件的直接事件处理属性是 true，那么值被转换为正确的类型并被检验（在下一阶段中进一步进行转换）。然后，将转换后的值存储在组件中。如果值转换或值检验失败，那么生成一个错误消息并放在 FacesContext 中，在显示响应阶段，这个错误消息与任何其他检验错误一起显示。

4.3.3 处理验证

转换和检验一般发生在处理验证阶段。在应用请求值阶段之后，发生生命周期的第一次事件处理。在这个阶段，根据应用程序的检验规则检验每个组件的值。检验规则可以是预定义的（JSF 附带的），也可以由开发人员定义。将用户输入的值与检验规则进行对比。如果输入的值是无效的，就将一个错误消息添加到 FacesContext 中，并将组件标为无效。如果一个组件被标为无效，JSF 就跳过其他阶段，进入显示响应阶段，就会显示当前的视图和检验错误消息。如果没有发生检验错误，JSF 就进入更新模型值阶段。

4.3.4 更新模型值

在此阶段，通过更新后台 Bean 的属性，更新服务器端模型的实际值。本阶段只会更新后台 Bean 中与组件绑定的属性。由于这个阶段在检验之后发生，所以可以确信复制到 Bean 属性的值是有效的（至少在表单字段级上有效，它们在业务规则级上仍然可能是无效的）。

4.3.5 调用应用程序

由于组件值已经经过转换、检验并应用于模型对象，所以现在可以使用它们执行应用程序的业务逻辑。在这个阶段 JSF 向所有被激活的监听器广播本阶段的所有事件，调用注册的动作监听器和动作方法，然后基于动作方法的逻辑结果来选择下一个页面。为了让这个导航操作起作用，必须在 faces-config.xml 文件中以导航规则的形式为成功的结果创建一个映射。

4.3.6 显示响应

这是 JSF 请求处理生命周期的最后阶段，在此阶段，显示视图和它的所有组件，另外本阶段也会保存视图的状态，以便用户再次请求时可以在恢复视图阶段恢复该视图。

4.4　JSF 组件

JSF 的主要优势之一就是它既是 Java Web 用户界面标准，又是严格遵循模型-视图-控制器（MVC）设计模式的框架。为了方便、快捷地开发基于 JSF 的 Web 应用程序，JSF 提供了一组丰富的、可重用的服务器端用户界面组件，它们包括用于文本显示、文本输入、下拉列表等功能的部件。

为了将 JSF 组件添加至网页，JSF 2.0 提供了 6 个标签库，包含的标签数超过 100 个，参见表 4-1。

表 4-1　　JSF 标签库

标签库	名称空间标识符	常用前缀	标签数量
核心	http://javae.sun.com/jsf/core	f:	27
HTML	http://javae.sun.com/jsf/html	h:	31
Facelets	http://javae.sun.com/jsf/facelets	ui:	11
复合组件	http://javae.sun.com/jsf/composite	composite:	12
JSTL 核心	http://javae.sun.com/jstl/core	c:	7
JSTL 函数	http://javae.sun.com/jstl/functions	fn:	16

4.4.1　JSF 核心标签

核心库包含独立于 HTML 呈现技术的标签，如表 4-2 所示。

表 4-2　　JSF 核心标签

标　签	说　明
attribute	在父组件中设置特性(键/值)
param	向父组件添加参数子组件
facet	向组件添 facet
actionListener	向组件添加动作监听器
setPropertyActionListener	添加设置属性的动作监听器
valueChangeListener	向组件添加值改变监听器
phaseListener	向父视图添加阶段监听器
event	添加组件系统事件监听器
converter	向组件添加强制转换器
convertDateTimc	向组件添加日期时间转换器
convertNumber	向组件添加数字转换器
validator	向组件添加验证器
validateDoubleRange	验证组件值的双精度范围
validateLength	验证组件值的长度
validateLongRange	验证组件值的长整型范围

续表

标 签	说 明
validateRequired	检查值是否存在
validateRegex	对照规则表达式验证值
validateBean	使用 Bean 验证 API
loadBundle	加载资源包，存储属性为 Map
selectitems	为选定的一个或多个组件指定项
selectitem	为选定的一个或多个组件指定一个项
verbatim	将包含标记的文本转换为组件
viewParam	定义一个可使用请求参数进行初始化的“视图参数”
metadata	保存视图参数，可能在以后保存其他元数据
ajax	支持组件的 Ajax 行为
view	用于指定页面区域或者阶段监听器

f:attribute、f:param 等标签是将信息添加到组件的常用标签。任何组件都可以在特性映射(map)中存储任意的“名/值”对。在页面中设置特性，然后通过程序读取该特性。例如，为信用卡数字组设置的分隔符如下。

```
<h:outputText value = "#{payment.card}">
    <f:attribute name = "separator" value="-" />
</h:outputText>
```

f:param 标签也允许定义“名/值”对，将值放在一个独立的子组件中，这是一个容量更大的存储机制。但是，子组件形成的是列表，而不是映射。如果需要使用同一名称（或者根本没有名称）提供多个值，则使用 f:param。

4.4.2 JSF HTML 标签

表 4-3 中是 HTML 标签，可以分为以下几种类别。

输入(input...)

输出(output...graphiclmage)

命令(commandButton 和 command Link)

GET 请求(button、link、outputLink)

选择(checkbox、listbox、menu、radio)

HTML 页面(head, body, form, outputStylesheet、outputScript)

布局(panelGrid、panelGroup)

数据表(dataTable 和 column)

错误和消息(messag、messages)

JSF HTML 标签共享公共特性、HTML 传递特性以及支持动态 HTML 特性。

表 4-3 JSF HTML 标签

标 签	说 明
head	呈现页面标题
body	呈现页面正文

续表

标 签	说 明
form	呈现 HTML 表单
outputStylesheet	向页面中添加一个样式表
outputScript	向页面中添加一个脚本
inputText	单行文本输入控件
inputTextarea	多行文本输入控件
inputSecret	密码输入控件
inputHidden	隐藏字段
outputLabel	便于访问其他组件的标签
outputLink	到其他 Web 站点的链接
outputFormat	类似于 outputText，但是格式化复合消息
outputText	单行文本输出
commandButton	按钮：提交、重置或下压按钮
commandLink	作用类似于下压按钮的链接
button	用于发布 GET 请求的按钮
link	用于发布 GET 请求的链接
message	显示一个组件最近的消息
messages	显示所有消息
graphicImage	显示图像
selectOneListbox	单选列表框
selectOneMenu	单选菜单
selectOneRadio	单选按钮集
selectBooleanCheckbox	复选框
selectManyCheckbox	复选框集
selectManyListbox	多选列表框
selectManyMenu	多选菜单
panelGrid	表格布局
panelGroup	将两个或多个组件布置成一个组件
dataTable	功能丰富的表格控件
column	dataTable 中的列

这里介绍一些常用的标签。

1. 标题、正文和表单标签

h:form 标签不需要 action 特性，因为 JSF 表单提交总是发送到当前页面，到新页面的导航是发生在表单数据被发送之后。

JSF 生成的所有表单控件都采用 formName:componentName 格式命名。这里 formName 代表控件表单的名称，componentName 代表控件的名称。如果不指定 id 特性，JSF 会实现自动创建标识符。因此，要访问 form 中的字段，在 JavaScript 脚本中必须使用下列表达式。

```
form[form.id+":componentName"]
```

例如，对于 form：

```
<h:form>
    <h:inputSecret id="password"/>
    <h:inputSecret id="passwordConfirm" />
    <h:commandButton type="button" onclick="checkPassword(this.form)"/>
</h:form>
```

相应的 JavaScript 如下。

```
function checkPassword(form) {
    var password = form[form.id+":password"].value;
    var passwordConfirm = form[form.id+":passwordConfirm"].value;
    if (password == passwordConfirm)
        form.submit();
    else
        alert("Password and password confirm fields don't match");
}
```

2. 文本字段和文本区域

文本输入是多数 Web 应用程序的基石。JSF 支持以下 3 种标签表示的文本输入。

```
h:inputText
h:inputSecret
h:inputTextarea
```

这 3 种标签使用类似的特性，表 4-4 列出了 3 种标签的主要特性。

表 4-4　　h:inputText、h:inputSecret、h;inputTextarea 和 h:inputHidden

特　性	说　明
cols	仅用于 h:inputTextarea 列数
redisplay	仅用于 h:inputSecret，当为 true 时，重加载网页时，重新显示输入字段值
required	当提交表单时，必须在组件中输入内容
rows	仅用于 h:inputTextarea 行数
valueChangeListener	监听值变化的特殊监听器
label	在错误消息中使用的组件描述信息，不能用于 h:inputHidden

redisplay 特性如果是 true，则文本字段在请求之间存储该特性的值。因此，当重加载页面时，会重新显示该值。如果 redisplay 是 false，则丢弃该值，并且不会重新显示。

size 特性指定文本字段中可见字符的数目。但因为多数字体是可变宽度的字体，所以 size 特性不准确，maxlength 特性指定文本字段显示字符的最大数目，这个特性是精确的。

h:inputTextarea 使用 cols 和 rows 特性分别指定文本区域中的列数和行数。cols 特性与 h:inputText 的 size 特性类似，也是不精确的。

JSF 为隐藏字段提供了 h:inputHidden 标签。隐藏字段通常与 JavaScript 动作结合使用以便将数据返回到服务器。除了不支持标准的 HTML 和 DHTML 标签外，h:inputHidden 标签拥有与其他输入标签相同的特性。

3. 显示文本和图像

JSF 程序使用下面的标签显示文本和图像。

```
h:outputText
h:outputFormat
h:graphicImage
h:outputText
```

JSF 2.0 通常不需要 h:outputText 标签，因为用户可以直接将值表达式（比如#{msgs.Prompt}）插入到页面中。在以下情况下使用 h:oufputText，即

① 为了生成样式化的输出。

② 在面板网格中要确保文本被认为是网格的一个单元格。

③ 为了生成 HTML 标记。

h:graphicImage 标签生成一个 HTML img 元素，可以使用 url 或者 value 特性作为上下文相关路径（即相对于 Web 应用程序上下文根的路径）来指定图像的位置。对 JSF 2 .0 来说，用户可将图像放入 resources 目录中，并指定库和名称。

```
<h:graphicImage library = "images" name= "flag.gif" />
```

这里，图像位于 resources/images/flag.gif 中。此外，还可以使用

```
<h:graphicImage url= "/resources/images/flag.gif" />
```

也可以使用资源映射：

```
<h:graphicImage value ="#{resource['Images:flag.gif'] }" />
```

4. 按钮和链接

按钮和链接在 Web 应用程序中随处可见，JSF 提供了以下标签来支持它们。其特性如表 4-5 所示。

```
h:commandButton
h:commandLink
h:button
h:link
h:outputLink
```

h:commandButton 和 h:commandLink 是在 JSF 应用程序中进行导航的重要组件。当按钮或链接被激活时，POST 请求会将表单数据发回服务器。JSF 2.0 引入了 h:button 和 h:link 组件。这些组件也会呈现按钮和链接，单击它们会发布一个 GET 请求。

h:outputLink 标签生成一个 HTML anchor 元素，它指向一个资源，例如图像或网页。单击生成的链接，将跳转到指定的资源而不需要涉及 JSF 框架。这些链接最适于导航到一个不同的 Web 站点。

表 4-5　　h:commandButton、h:commandLink、h:button 和 h:link 的特性

特　性	说　明
action(仅用于 h:commandButton 和 h:commandLink)	如果指定为一个字符串:直接指定导航处理程序使用的结果来确定在激活按钮和链接后接着要加载的 JSF 页面
outcome(仅用于 h:button 和 h:link)	当呈现组件时，导航处理程序用于确定目标视图的结果
fragment(仅用于 h:button 和 h:link)	要添加到目标 URL 的片段。#分隔符会被自动采用，并且不应当包含在分段中
actionListener	使用签名 void methodName(Action-event)引用方法表达式
image(仅用于 h:commandButton 和 h:commandLink)	在按钮上显示图像的路径.如果指定这个特性，HTML input 的类型将是 Image。如果路径以/开头，则将应用程序的上下文根作为前缀
immediate	布尔值。如果是 false(默认)，动作和动作监听器在请求生命周期结束时被调用；如为 true，动作和动作监听器在生命周期的开始时被调用
type	用于 h:commandButton 时，生成的 input 元素的类型：button、submit 或 reset。除非指定 image 特性，默认是 submit。用于 h:commandLink 和 h:link 时，即链接资源的内容类型，例如：text/html、image/gif 或 audio/basic
value	按钮或链接显示的标签。它可以指定一个字符串或值表达式

h:commandButton 和 h:button 标签生成一个 HTML input 元素，它的类型是 button、image、submit 或 reset，具体取决于指定的特性。

5. 选择标签

JSF 有 7 个选择标签，即

```
h:selectBooleanCheckbox
h:selectManyCheckbox
h:selectOneRadio
h:selectOnelistbox
h:selectManyListbox
h:selectOneMenu
h:selectManyMenu
```

h:selectBooleanCheckbox 是最简单的选择标签，它显示一个能连接到布尔 bean 属性的复选框，也可以用 h:selectManyCheckbox 显示一组复选框。

名称以 selectOne 开头的标签使你能够从一个集合中选择一个项。selectOne 标签显示一组单选按钮、单选菜单或列表框。selectMany 标签显示一组复选框、多选菜单或列表框。

所有选择标签共享几乎相同的特性集合，如表 4-6 所示。

表 4-6　　选择标签特性

特　性	说　明
enabledClass, disabledClass	已启用或禁用元素的 CSS 类，仅用于 h:selectOneRadio 和 h:selectManyChebox
selectedClass, unselectedClass	被选择或者未被选择元素的 CSS 类，仅用于 h:selectMany Checkbox
layout	元素布局规范：lineDirection(水平）或 pageDirection（垂直），仅用于 h:selectOneRadio 和 h:selectManyCheckbox
label	在错误消息中使用的组件描述信息
collectionType	仅用于 selectMany 标签，一个字符串或者值表达式值表达式的结果是完全限定的集合类名
hideNoSelectionOption	隐藏标记为“没有选项”的任何项目
binding、converter、converterMessage、id、rendered、required 、 requireMessage 、 value 、 validator 、 validatorMessage	基本特性

6. 选择的项目

用 f:selectItem 指定单选项，例如：

```
<h:selectOneMenu value="#{form.seasons}">
    <f:selectltem itemValue="Spring" itemLabel="Spring"/>
    <f:selectltem itemValue="Summer" itemLabel="Summer"/>
    <f:selectltem itemValue="Autumn" itemLabel="Autumn"/>
    <f:selectltem itemValue="Winter" itemLabel="Winter"/>
</h:selectOneMenu>
```

当从菜单中进行了选择，然后提交菜单表单时，值（Spring 和 Summer 等）都被作为请求参数值进行传递。itemLabel 值是用于菜单项的标签。有时，要为请求参数值和项目标签指定不同的值。f:selectltem 的特征如表 4-7 所示。

```
<h:selectOneMenu value="#{form.seasons}">
    <f:selectltem itemValue="1" itemLabel="Spring"/>
    <f:selectltem itemValue="2" itemLabel="Summer"/>
```

```
    <f:selectItem itemValue="3" itemLabel="Autumn"/>
    <f:selectItem itemValue="4" itemLabel="Winter"/>
</h:selectOneMenu>
```

表 4-7　　f:selectItem 的特性

特　性	说　明
binding、id	基本特性
itemDescription	只用于工具的描述信息
itemDisabled	布尔值，它设置项目的 disabled HTML 特性
itemLable	项目显示的文字
itemValue	项目值，它作为请求参数发送到服务器
value	值表达式，它指向一个 SelectItem 实例
escape	如果值中的特殊字符应该转换为字符实体（默认），则为 true，如果值原样显示，值为 false
NoSelectionOption	如果此项用于导航目的，不应该被选择，则为 true

7. 数据表

经典 Web 应用程序一般都需要处理表格数据，以前，HTML 表格用作页面布局管理器，同时也是处理表格数据的首选方法。现在大多数情况下，页面布局由 CSS 来完成。JSF 使用 h:dataTable 来进行表格管理。

h:dataTable 标签通过迭代数据来创建 HTML 表格。下面的代码片段演示了它的用法。

```
<!-- 通过 item 作为变量对对象 items 进行遍历 -->
<h:dataTable value="#{items}" var="item">
    <h:column>
        <!-- 第一列属性 -->
            #{item.PropertyName1}
    </h:column>
    <h:column>
        <!-- 第二列属性 -->
        <h:commandLink value="#{item.PropertyName2}" action="..."/>
    </h:column>
        <!-- 可加入多个属性 -->
</h:dataTable>
```

其中，value 特性表示 h:dataTable 迭代的数据，这些数据必须是下列类型之一。

① 一个 Java 对象。

② 一个数组。

③ java.util.List 的一个实例。

④ java.sql.ResultSet 的一个实例。

⑤ javax.servlet.jsp.jstl.sql.Result 的一个实例。

⑥ javax.faces.model.DataModel 的一个实例。

当 h:dataTable 迭代时，它迭代数组、列表和结果集等中的每一项。项的名称由 h:dataTable 的 var 特性指定。在上面的代码段中，当 h:dataTable 在集合中迭代时，集合（Items）中的每个项（Item）都依次可用。使用当前项的属性来填充当前行的、列的值。

h:dataTable 标签的主体仅包含 h:column 标签，h:dataTable 忽略所有其他组件标签。每个列可以包含任意多个组件，以及可选的表头和表尾 facet。

h:dataTable 将一个 UIData 组件和一个 Table 呈现器配对。这种结合提供了可靠的表格生成能力，包括支持 CSS 样式、数据库访问、自定义表模型及其他特性。

一个简单的表例子如下所示。

```
<?xml version-"1.0" encoding-"UTF-8"?>
<!DOCTYPE html PUBLIC "-//W3C//DTD XHTML 1.0 Transitional//EN"
"http://www.w3.org/TR/xhtml1/DTD/xhtml1-transitional.dtd">
<html xmlns="http://www.w3.org/1999/xhtml"
xmlns:h="http://Java.sun.com/jsf/html">
<h:head>
    <title>#{msgs,windowTitle}</title>
</h:head>
<h:body>
    #{msgs.pageTitle}
    <h:form>
     <h:dataTable value="#{tableData.names)" var="name">
     <h:column>
        #{name.last},
    </h:column>
    <h:column>
        #{name.first}
    </h:column>
    </h:dataTable>
</h:form>
</h:body>
</html>
```

这里在我们使用 h:dataTable 来迭代姓名数组。姓后面是逗号，它们位于左列，名则放在右列。h:dataTable 标签的特性如表 4-8 所示。

表 4-8 h:dataTable 的特性

特 性	说 明
bgcolor	表的背景色
border	表边框的宽度
captionClass	表标题的 CSS 类
captionStyle	表标题的 CSS 样式
cellpadding	表格单元格之间的边距
cellspacing	表格单元格之间的间隔
columnClasses	用于列，逗号分隔的 CSS 类列表
dir	文本方向，有效值为 LTR（从左到右），RTL（从右到左）
first	表中显示的第一行的索引（相对于 0）
footerClass	表尾的 CSS 类
frame	表周围框架的边的说明：有效值：none, above, below,hsides, vsides, lhs, rhs, box, border
headerClass	表头的 CSS 类
rowClasses	行的 CSS 类列表，由逗号分隔
rows	表中显示的行数，以 first 特性指定的行开始，如果将该值设置为 0，将显示所有表行

续表

特 性	说 明
rules	单元格间绘制的线的说明，有效值：groups, rows, columns,all
summary	表格用途及结构的概述，用于非可视反馈设备
var	由数据表创建的变量名称，它表示 Value 中的当前项
binding 、 id 、 rendered 、 styleClass 、value	基本特性

数据表的各列用 h:colunm 标签创建，h:column 特性如表 4-9 所示。

表 4-9　　h:column 特性

特 性	说 明
footerClass	列尾的 CSS 类
headerClass	列头的 CSS 类
binding、id、rendered、styleClass 、value	基本特性

如果像上例中做的那样显示一个姓名列表，最好将姓与名区别开来。可添加列头来完成这项任务，除列头外，还可包含列尾，以说明相应的数据类型，如下所示。

```
<h:dataTable>
    <h:column headerClass="columnHeader"
              footerClass="columnFooter">
        <f:facet name="header">
            <!-- header 定义 -->
        </f:facet>
        <!-- 各列的定义 -->
        <f:facet name-"footer">
            <!-- footer 定义 -->
        </f:facet>
    </h:column>
</h:dataTable>
```

则上例可修改为

```
<?xml version-"1.0" encoding-"UTF-8"?>
<!DOCTYPE html PUBLIC "-//W3C//DTD XHTML 1.0 Transitional//EN'
    "http://www.w3.orq/TR/xhtml1/DTD/xhtml1-transitional.dtd">
<html xmJns="http://www.w3.org/1999/xhtml"
    xmlns:h="http://Java.sun.com/jsf/html">
<h:head>
    <title># {msgs,windowTitle}</title>
</h:head>
<h:body>
    <h:form>
        <!--  定义数据表 -->
        <h:dataTable value="#{tableData.names}" var="name"
            captionStyle="font-size: .95em; font-style:italic"
            style="width: 250px;">
          <!--  定义表头 -->
          <f:facet name="caption">An Array of Names</f:facet>
          <!--  定义数据列 -->
```

```
            <h:column headerClass="columnHeader"
                      footerClass="columnFooter">
                <!-- 定义列头 -->
                <f:facet name="header">
                    #{msgs.lastnameColumn}
                </f:facet>
                    <!-- 定义列数据 -->
                    #{name.last},
                <!-- 定义列尾 -->
                <f:facet name="footer">
                    #{msgs.alphanumeric}
                </f:facet>
            </h:column>
            <h:column headerClass="columnHeader"
                      footerClass="columnFooter">
                <f:facet name="header">
                    #(msgs.firstnameColumn}
                </f:facet>
                    #{name.first}
                <f:facet name="footer">
                    #{msgs.alphanumeric}
                </f:facet>
            </h:column>
        </h:dataTable>
    </h:form>
</h:body>
</html>
```

4.5 Facelet

Facelet 是用来建立 JSF 应用程序时的一个可供选择的表现层技术。Facelet 提供了一个强有力的模板化系统，让开发人员使用 HTML 样式的模板来定义 JSF 的表现层，减少了把 JSF 用户界面整合到表现层时的大量冗余代码。

大多数 Web 应用程序使用相同的模式，其中所有页面都有共同的布局和样式。例如，页面通常具有相同的页眉、页脚和侧边栏。Facelets 使用户能够在模板中封装共同的布局和样式，因此可以通过改变模板（而不是单个页面）来更新站点的外观。Facelets 模板封装了由多个页面共享的功能，因此用户不需要为每个页面指定相应的功能。Facelets 标签如表 4-10 所示。

表 4-10　　Facelets 标签

标　签	说　明
ui:include	包含来自另一个 XML 文件的内容
ui:composition	如果不使用 template 特性，组合是一连串可插入到其他地方的元素。组合可以具有可变部分（使用 ui:insert 子标签指定）。如果使用 template 特性，则加载该模板。该标签的子标签确定模板的可变部分。模板内容替换该标签

续表

标　签	说　明
ui:decorate	如果不使用 template 特性，ui:decorate 指定可以插入部分的页面。使用 ui:insert 子标签指定变量部分。如果使用 template 特性，则加载该模板。该标签的子标签确定了模板的可变部分
ui:define	定义了使用匹配 ui:insert 插入到模板中的内容
ui:insert	将内容插入到模板中。在加载了该模板的标签中定义该内容
ui:param	指定一个传入到所含文件或者模板的参数
ui:component	类似于 ui:composition，唯一不同的是它创建了一个添加到组件树的组件
ui:fragment	类似于 ui:decorate，不同之处在于它创建了一个添加到组件树的组件
ui:debug	使用户通过键盘键显示调试窗口，其中显示了当前页面的组件层次结构和应用程序作用域内的变量
ui:remove	JSF 移除 ui:remove 标签中的所有内容
ui:repeat	迭代列表、数组、结果集合或单个对象

4.5.1　模板例子

首先给出一个使用模板定义的页面，对应的文件名为 student.xhtml。

```
<?xml version="1.0" encoding="UTF-8" ?>
<!DOCTYPE html PUBLIC "-//W3C//DTD XHTML 1.0 Transitional//EN" "http://www.w3.org/
TR/xhtml1/DTD/xhtml1-transitional.dtd">
<html xmlns="http://www.w3.org/1999/xhtml"
        xmlns:ui="http://java.sun.com/jsf/facelets"
        xmlns:h="http://java.sun.com/jsf/html">
<head>
<meta http-equiv="Content-Type" content="text/html; charset=UTF-8" />
<title>学生信息</title>
</head>
<body>
    <!-- student.xhtml 可以看做是 layout.xhtml 页面布局的一个实现 -->
    <ui:composition template ="/sections/layout.xhtml">
        <!-- 分别指定 layout 中的各个部分用哪个页面来实现 -->
        <ui:define name="top">
            <ui:include src="/sections/top.xhtml" />
        </ui:define>
        <ui:define name="middle_left">
            <ui:include src="/sections/middle_left.xhtml" />
        </ui:define>
        <ui:define name="middle_right">
            <ui:include src="/sections/middle_right.xhtml" />
        </ui:define>
        <ui:define name="content">
            <ui:include src="/sections/content.xhtml" />
        </ui:define>
    </ui:composition>
</body>
</html>
```

从代码可以看出，该页面被划分为 4 个区域：头部区域（Top）、左中区域（Middle_left）、右中区域（Middle_right）和内容区域（Content），而这些区域有自己的样式表。下面只给出 top.xhtml 的代码。

```
<?xml version="1.0" encoding="UTF-8" ?>
<!DOCTYPE html PUBLIC "-//W3C//DTD XHTML 1.0 Transitional//EN" "http://www.w3.org/
TR/xhtml1/DTD/xhtml1-transitional.dtd">
<html xmlns="http://www.w3.org/1999/xhtml"
        xmlns:ui="http://java.sun.com/jsf/facelets"
        xmlns:h="http://java.sun.com/jsf/html">
<head>
<meta http-equiv="Content-Type" content="text/html; charset=UTF-8" />
<title>Default Left sidebar</title>
</head>
<!-- 页面布局中 top 部分的实现  -->
<body>
    <!-- ui:composition 用来指出哪些是用来填充布局模板的  -->
    <ui:composition>
            访问数据库:
    </ui:composition>
</body>
</html>
```

创建模板页面的过程如下所示。

（1）创建模板页面。首先创建 一个 xhtml 页面来作为模板页面。

（2）定义 Facelet 命名空间。为了使用 Facelets 标签，需要在用户的 JSF 页面中添加以下名称空间声明。

```
xmlns:ui = "http://java.sun.corn/jsf/facelets"
```

（3）用<ui:insert>和<ui:include>标签定义页面的逻辑区域。

```
<ui:define name="top">
            <ui:include src="/sections/top.xhtml" />
</ui:define>
```

从根本上讲，模板将视图分成两个 XHTML 页面，其中一个页面定义通用功能（一个模板），另一个页面定义用于区分视图的功能（组合，即 composition）。利用这种简单的模板化技术，可创建扩展性极强的用户界面。

当用户改变视图时，定义各自文件的单个内容段使查找代码变得很容易。例如，如果想要更改登录视图的侧边栏中的内容，只须编辑相应的侧边栏文件，而不需要在一个长文件中搜索该侧边栏定义。分离各部分使读取、理解和修改页面变得容易，因为每个文件都只包含少量标记。

4.5.2 复合组件

在 JSF2.0 开发中，通常我们会遇到某个标签无法满足要求，或者某些代码老是重复的写，为了减轻这样的“症状”，可以利用复合组件来简化这些操作。

本节以一个分页的代码为例，说明在 JSF2.0 中使用复合组件的步骤。

1．建立分页组件页面

建立一个分页组件页面，取名为 page.xhtml，代码如下所示。

```
<?xml version='1.0' encoding='UTF-8' ?>
<!DOCTYPE html PUBLIC "-//W3C//DTD XHTML 1.0 Transitional//EN" "http://www.w3.org
/TR/xhtml1/DTD/xhtml1-transitional.dtd">
<html xmlns="http://www.w3.org/1999/xhtml"
      xmlns:h="http://java.sun.com/jsf/html"
```

```
        xmlns:ui="http://java.sun.com/jsf/facelets"
        xmlns:c="http://java.sun.com/jsp/jstl/core">
    <ui:composition>
        <c:if test="${not empty backBean}">
                <h:inputHidden value="#{backBean.pageNo}" />
                <h:inputHidden value="#{backBean.pageSize}" />
                <h:commandLink action="#{backBean.first}">
                    <h:graphicImage value="/resources/firstpage.gif" />
                </h:commandLink>
                <h:commandLink action="#{backBean.preview}">
                    <h:graphicImage value="/resources/prevpage.gif" />
                </h:commandLink>
                <h:commandLink action="#{backBean.next}">
                    <h:graphicImage value="/resources/nextpage.gif" />
                </h:commandLink>
                <h:commandLink action="#{backBean.last}">
                    <h:graphicImage value="/resources/lastpage.gif" />
                </h:commandLink>
            </c:if>
        </ui:composition>
</html>
```

JSF 中使用<ui:composition>表示一个复合组件，里面的代码是普通的 JSF 标签+JSTL 的标签。

2. 编写自定义组件的描述文件

建立好分页组件页面后，必须要注册此组件，而这个任务交给一个叫自定义组件描述文件来完成，它是一个 xml 文件，本文将其命名为为 pageTag.xml，内容如下。

```
<?xml version="1.0"?>
<!DOCTYPE facelet-taglib PUBLIC
    "-//Sun Microsystems, Inc.//DTD Facelet Taglib 1.0//EN"
    "facelet-taglib_1_0.dtd">
<facelet-taglib>
    <namespace>http://mytag/jsf</namespace>
    <tag>
        <tag-name>page</tag-name>
        <source>page.xhtml</source>
    </tag>
</facelet-taglib>
```

3. 加载自定义组件

在自定义组件完成后我们就必须让容器加载它，打开 WEB-INF 目录下的 web.xml 文件，加入一个初始化参数，代码如下。

```
<context-param>
    <param-name>javax.faces.FACELETS_LIBRARIES</param-name>
    <param-value>
        /WEB-INF/tags/pageTag.xml
    </param-value>
</context-param>
```

javax.faces.FACELETS_LIBRARIES 是一个 JSF Servlet 的初始化搜索变量，如果此值存在的话，就会加载指定值的内容，也就是加载我们自定义组件的描述文件。

4.6 托管 Bean

JSF 使用 JavaBean 来达到程序逻辑与视图分离的目的，称为托管 Bean 或 BackingBean，其作用是在真正的业务逻辑 Bean 及 UI 组件之间搭起桥梁，在托管中会呼叫业务逻辑 Bean 处理使用者的请求，或者是将业务处理结果放置其中，等待 UI 组件取出当中的值并显示结果给使用者。

托管 Bean 是一个 Java 类，它包含一个无参数的构造函数、一组属性及一组为组件提供功能的方法，托管 Bean 的每个属性可以归类以下之一。

① 一个组件的值。

② 一个组件实例。

③ 一个转换器实例。

④ 一个监听器实例。

⑤ 一个校验器实例。

托管 Bean 方法最常用的功能是执行以下操作。

① 校验组件的数据。

② 处理组件激发的事件。

③ 执行处理来决定应用应当跳转到那一页面。

JSF 主要通过页面中的 EL 表达式建立与托管 Bean 的属性和方法的映射关系来与托管 Bean 相联系。例如在 4.2 节例子中，程序清单 4-1 中语句<h:inputSecret value="#{userBean.password} "/>将组件的值与托管 Bean 的 name 属性相关联。

4.6.1 Bean 作用域

为方便编写 Web 应用程序，JSF 容器提供了独立的作用域，每个作用域都管理一个“名/值”绑定表。

通常情况下，这些作用域保存 Bean 和 Web 应用程序中不同组件可用的其他对象。当用户定义 Bean 时，需要指定其作用域。对于 JSF 和 CDI Bean 来说，有 3 个作用域是共有的。

① 会话作用域。

② 请求作用域。

③ 应用程序作用域。

在 JSF 2.0 中增加了视图作用域和自定义作用域。

在 JSF 2.0 中，用户可以使用标注来定义这些作用域，例如：

```
@SessionScoped
@RequestScoped
@ApplicationScoped
```

1. 会话作用域

我们知道，HTTP 协议是无状态的。浏览器将请求发送到服务器，服务器返回响应，然后浏览器和服务器都不负责保存事务的任何信息。这个简单的方式适合于检索基本信息，但对于服务器端应用程序来说则不能令人满意。例如，在购物应用程序中，需要服务器记住购物车的内容。

会话作用域从会话建立到会话终止都始终存在。如果超时，或 Web 应用程序调用 HttpSession 对象上的 invalidate 方法，会话将终止。

例如，UserBean 可以包含在整个会话中用户都能访问的信息。会话的多个请求逐步填充 Bean 中的内容。

2. 请求作用域

请求作用域的生命周期短。它开始于提交 HTTP 请求，终止于响应返回到客户端。如果在请求作用域中放置一个托管 Bean，则为每个请求创建一个新实例。只有在用户关心会话作用域的存储开销时，才值得考虑请求作用域。

当所有 Bean 的数据被存储到页面中时，请求作用域就会生效。例如，可将 UserBean 放置到请求作用域中，当提交登录页面时，就会创建一个新的 UserBean。Bean 可以用于呈现欢迎页面，用户名也将正确显示。但是，在多数实际的应用程序中，用户名可能需要被用于多个页面，而请求作用域将不足以满足要求。

错误和状态消息数据通常放在请求作用域中。当客户提交表单数据时会对其进行计算，并在呈现响应时显示这些数据。如果用户具有复杂数据，例如表的内容，那么请求作用域并不合适，因为那样的话用户需要为每个请求都重新生成数据。

3. 应用程序作用域

应用程序作用域在 Web 应用程序存在期间一直存在。这个作用域被所有请求和会话共享。

如果一个 Bean 需要在一个 Web 应用程序的所有实例中共享，就需要在应用程序作用域中放置托管 Bean。当应用程序的任何用户第一次请求 Bean 时，将创建它并使其一直保持活动，直到从应用服务器中移除 Web 应用程序为止。

但是，如果应用程序作用域范围内的 Bean 被标记为 eager，就必须在应用程序的第一个页面显示之前创建它，使用标注：

```
@ManagedBean (eager=true)
```

4. 视图作用域

JSF 2.0 中增加了视图作用域（View Scope）。当重新显示同一 JSF 页面时，视图作用域中的 Bean 持续存在（JSF 规范使用术语“视图"来指代 JSF 页面）。只要用户导航到一个不同的页面，Bean 就会离开作用域。

如果用户的页面一直在重新显示，就可以使保存有该页面数据的 Bean 进入视图作用域中，从而减少了会话作用域的大小。这一点对于 Ajax 应用程序来说尤其有用。

4.6.2 使用 XML 配置 Bean

在 JSF 2.0 之前，所有 Bean 都需要使用 XML 进行配置。JSF2.0 之后，可以不需要在 XML 文件中配置，用户可以在标注和 XML 配置之间进行选择。XML 配置过程相当详细，如果用户想在部署期间配置 Bean 时，也是非常有用的。可将 XML 配置信息放入 WEB-INF/faces-config.xml 文件中，在 XML 配置文件中使用 managed-bean 元素来定义托管 Bean，如配置文件 4-3 所示。

配置文件 4-3　WEB-INF/faces-config.xml

```
<faces-config>
<managed-bean>
    <managed-bean-name>user</managed-bean-name>
    <managed-bean-class>
        javaee.jsf.UserBean
    </managed-bean-class>
    <managed-bean-scope>
        session
    </managed-bean-scope>
</manacgd-bean>
</faces-config>
```

作用域可以是请求、会话、应用程序、视图等的值表达式。

4.7 EL 表达式

JSF 提供了一种在 Web 应用程序页面中使用的表达式语言（JSF EL），用来访问位于页面 Bean 以及其他与 Web 应用程序关联的 Bean（如会话 Bean 和应用程序 Bean）中的属性或者方法。EL 的主要用途是使你可以引用和更新 Bean 的属性，或者执行简单的语句，而不用写完整的 Java 代码。

JSF EL 是以“#”开始，将变量或运算式放置在“{”与“}”之间，例如：#{sessionBean.name}，表示使用 sessionBean 中的 name 属性。JSF EL 表达式在运行时求解（通常是视图被显示时），而不是在应用被编译时。

4.7.1 值表达式

就像在 JavaScript 中一样，可使用方括号替代点符号。也就是说，下面的 3 个表达式含义相同。

```
a.b
a["b"]
a['b']
```

例如：user.password、user[“password’]、user[‘password’]都是等效的表达式。

对于 Map 类型对象，我们可以使用“.”运算符指定 key 值来取出对应的 value，也可以使用“[”与“]”来指定。

在“[”与“]”之间，也可以放置其他的变量值，例如：

```
<h:form >
    <h:outputText value="#{someBean.someMap[user.name]}"/>
</h:form>
```

如果变量是 List 类型或阵列的话，则可以在 [ ] 中指定索引，例如：

```
<h:form >
    <h:outputText value="#{someBean.someList[0]}"/>
    <h:outputText value="#{someBean.someArray[1]}"/>
    <h:outputText value="#{someBean.someListOrArray[user.age]}"/>
</h:form>
```

也可以指定字面常数，对于 true、false、字符串、数字，JSF EL 会尝试进行转换，例如：

```
<h:outputText value="#{true}"/>
<h:outputText value="#{'This is a test'}"/>
```

如果要输出字符串，必须以单引号“'”或双引号“"”括住，如此才不会被认为是变量名称。

在声明变量名称时，要留意不可与 JSF 的保留字或关键字同名，例如不可取以下这些名称。

```
true false null div mod and or not eq ne lt gt le ge instanceof empty
```

4.7.2 复合表达式

使用 EL 表达式，可以直接执行一些算术运算、逻辑运算与关系运算，其使用就如同在一般常见的程序语言中的运算一样。

算术运算符有：加法 (+)、减法 (-)、乘法 (*)、除法(/ or div) 与余除 (% or mod)。表 4-1 所示是算术运算的一些例子。

表 4-11　　EL 表达式算术运算的例子

运算式	结　果
#{1}	1
#{1 + 2}	3
#{1.2 + 2.3}	3.5
#{1.2E4 + 1.4}	12001.4
#{-4 - 2}	-6
#{21 * 2}	42
#{3/4}	0.75
#{3 div 4}	0.75，除法
#{3/0}	Infinity
#{10%4}	2
#{10 mod 4}	2，也是余除
#{(1==2) ? 3 : 4}	4

如同 Java 语法一样（ expression ？ result1 ： result2 ）是个三元运算，expression 为 true 显示 result1，false 显示 result2。

逻辑运算有：and(或&&)、or(或 11 not(或!)。一些例子如表 4-12 所示。

表 4-12　　EL 表达式逻辑运算的例子

运算式	结　果
#{true and false}	false
#{true or false}	true
#{not true}	false

关系运算有：小于 Less-than (< or lt)、大于 Greater-than (> or gt)、小于或等于 Less-than-or-equal (<= or le)、大于或等于 Greater-than-or-equal (>= or ge)、等于 Equal (== or eq)、不等于 Not Equal (!= or ne)，由英文名称可以得到 lt、gt 等运算符之缩写词，如表 4-13 所示。

表 4-13　　EL 表达式关系运算的例子

运算式	结　果
#{1 < 2}	true
#{1 lt 2}	true
#{1 > (4/2)}	false
#{1 > (4/2)}	false
#{4.0 >= 3}	true
#{4.0 ge 3}	true
#{4 <= 3}	false
#{4 le 3}	false
#{100.0 == 100}	true
#{100.0 eq 100}	true
#{(10*10) != 100}	false
#{(10*10) ne 100}	false

EL 运算符的执行优先顺序与 Java 运算符对应，也可以使用括号()来自行决定先后顺序。

4.7.3 方法表达式

方法表达式表示一个对象及可应用于该对象的方法，例如，下面是方法表达式的典型用法。我们假设 user 是 UserBean 类型的值，checkPassword 是这个类的方法。方法表达式是描述需要在未来某时执行的方法调用的简捷形式。当对表达式求值时，方法将应用到该对象。

在本例中，命令按钮组件将调用 user.checkPassword()，并将返回的字符串传递给导航处理程序。

方法表达式的语法规则与值表达式的类似，几乎都使用最后的组件来确定对象。最后的组件必须是可以应用到该对象的方法的名称。

从 2.0 开始，用户可以在方法表达式中提供参数值。这项功能对于向按钮和链接动作提供参数来说是很有用的。例如。

```
<h:commandButton value = "Previous" action = "#{formBean.move(-1)} "/>
<h:commandButton value = "next" action = "#{formBean.move(1)} "/>
```

相对应的 Bean:

```
Public class FormBean{
  …
   Public String move(int amount) {…}
  …
}
```

4.7.4 隐含变量

隐含变量是一些特殊的 EL 标识符，它们是一些特定的、常用的对象。它们使得对 Web 开发所需的典型元素的存取十分方便，比如请求参数、HTTP 首部值、cookie 等。表 4-14 列出了所有 JSF EL 支持的隐含变量。

表 4-14　JSF EL 支持访问常用对象的隐含变量

隐含变量	说　明	实　例
applicationScope	应用作用域变量的 Map，以名称作为关键字	#{application-Scope.myVariable}
cookie	一个当前请求的 cookie 值的 Map，以 cookie 名称作为关键字	#{cookie.myCookie}
facesContext	当前请求的 FacesContext 实例	#{facesContext}
header	当前请求的 HTTP 首部值的 Map，以 header 名称作为关键字。如果给定的 header 名称有多个值，仅返回第 1 个值	#{header['User-Agent']}
headerValues	当前请求的 HTTP 首部值的 Map，以 header 名称作为关键字。对每个关键字，返回一个 String 数组（以便所有的值都能访问）	#{headerValues ['Accept-Encoding'][3]}
initParam	应用初始化参数的 Map，以参数名称为关键字。（也称为 servlet 上下文初始化参数，在部署描述符中设置）	#{initParam.adminEmail}
param	请求参数的 Map，以 header 名称作为关键字。如果对给定的参数名称有多个值，仅返回第 1 个值	#{param.address}
paramValues	请求参数的 Map，以 header 名称作为关键字。对每个关键字，返回一个 String 数组（以便可以访问所有的值）	#{param.address[2]}
requestScope	请求范围内的变量的 Map，以名称作为关键字	#{requestScope.user-Preferences}
sessionScope	会话范围内的变量的 Map，以名称作为关键字	#{sessionScope['user']}
view	当前视图	#{view.locale}

4.8　导航

导航设定 JSF 页面之间的跳转关系，可以分为静态导航与动态导航两类。

4.8.1　静态导航

当用户单击按钮提交表单数据时，往往会转向某个页面，JSF 将用户填写的表单内容传输到服务器。同时，Web 应用程序分析用户输入，确定使用哪个 JSF 页面来呈现响应。导航处理程序负责选择下一个 JSF 页面。

在简单 Web 应用程序中，网页导航是静态的。也就是说，单击特定按钮总是选择固定的 JSF 页面来呈现响应。这时只需为每个桉钮赋予一个 action 特性，例如

```
<h:commandButton  label="Login" action="welcome"/>
```

4.8.2　动态导航

在大多数 Web 应用程序中，导航不是静态的。页面流不仅取决于用户单击了哪个按钮, 也取决于用户的输入。例如，提交一个登录页面可能有两个结果：成功或失败。结果取决于计算，也就是说，用户名和密码是否合法。

要实现动态导航，提交按钮必须有一个方法表达式，例如

```
<h:commandButton  label="Login" action="#{loginChecker.verifyUser}"/>
```

这里，loginChecker 引用了一个 Bean 类，该类必须有一个名为 VerifyUser 的方法。在 action 特性中，方法表达式不带参数。它可以具有任何的返回类型。返回值通过调用 toString 被转换为一个字符串，如

```
public String verifyUser(){
     If(…)
          return "success";
     else
          return "failure";
}
```

该方法返回一个结果字符串，如 success 或 failure，用于确定下一个视图。

总之，如果用户单击命令按钮，而命令的 action 特性是方法表达式，则执行以下步骤。

（1）获取指定的 Bean。

（2）调用引用的方法并返回结果字符串。

（3）结果字符串被转变为一个视图 ID。

（4）显示与视图 ID 对应的页面。

因此，要实现分支行为，需要在适当的 Bean 类中提供一个方法引用。可在很多位置放置该方法，最好找到一个具有决策所需全部数据的类。

JSF 的一个重要目标是分离表示逻辑和业务逻辑。当动态做出导航决策时，计算结果的代码并非一定要知道 Web 页面的确切名称。JSF 提供了一种机制，用于将逻辑结果（如 success 和 failure）映射到实际页面。

通过将 navigation-rule 条目添加到 faces-config.xml 中来实现该机制。下面是一个典型示例。

```
<navigation-rule>
    <from-view-id>/index.xhtml</from-view-id>
    <navigation-case>
        <from-outcome>success</from-outcome>
```

```
        <to-view-id>/welcome.xhtml</to-view-id>
    </navigation-case>
</navigation-rule>
```

该规则规定，如果 success 结果在/index.xhtml 中出现，就将其导航到/welcome.xhtml。如果不指定 from-view-id 元素，该规则将适用于所有页面。

4.8.3 重定向

你可以要求实现重定向到一个新视图。JSF 会将一个 HTTP 重定向发送到客户端。重定向响应告诉客户端下一页面使用哪个 URL。客户端然后生成到该 URL 的 GET 请求。

如果不使用重定向，那么当从页面/index.xhtml 移到/success.xhtml 页面时，原始的 URL 保持不变。如果使用重定向，浏览器会显示新 URL。

如果不使用导航规则，可以将字符串 faces-redirect=true 添加到结果字符串，例如

```
<h:commandButton label="Login" action="welcome?faces-redirect=true">
```

在导航规则中，在 to-view-id 之后添加 redirect 元素，如下代码所示。

```
<navigation-case>
    <from-outcome>success</from-outcome>
  <to-view-id>/success.xhtml</to-view-id>
 <redirect/>
</navigation-case>
```

4.9 转换和验证

用户在 Web 表单字段中填写内容。用户单击提交按钮后，浏览器使用 HTTP 请求将值发送到服务器。我们称该值为“请求值”。

在“应用请求值”阶段，JSF 实现将请求值存储在组件对象中（JSF 页的每个输入标签都有一个对应的组件对象）。存储在组件对象中的值称为“提交值”。

所有请求值都是字符串，客户端浏览器发送用户提供的字符串。而 Web 应用程序处理任意数据类型，例如 int、Date 或更复杂的类型。转换过程就是将输入的字符串转换成这些类型。

转换后的值并非立刻传给构成业务逻辑的 Bean，而是首先进行验证，如果验证成功，就作为本地值存储在组件对象中。应用程序设计人员可以指定验证条件，例如某些字段应该具有最小或最大长度。在转换和验证了所有已提交的值后，将进入“更新模型值”阶段，并且本地值被存储到 Bean（由其值引用指定）中。

JSF 通过两个步骤来保证模型的完整性。JSF 首先转换和验证所有用户输入。如果发现错误，该页面会重新显示用户输入的值，以使用户重新输入。只有当所有转换和验证成功后，才会进入“更新模型值”阶段。

下图 4-12 显示了字段值从浏览器到服务器端组件对象，最后到模型 Bean 的过程。

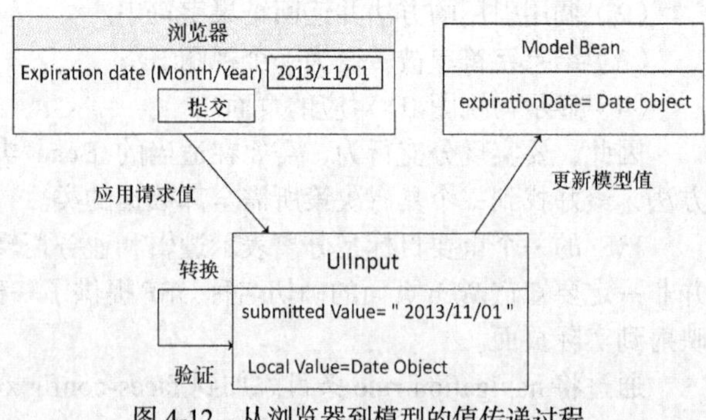

图 4-12 从浏览器到模型的值传递过程

4.9.1 使用标准转换器

1. 数字和日期的转换

Web 应用程序存储许多类型的数据，但是，Web 用户界面仅处理字符串。例如，假设用户需要编辑一个存储在业务逻辑中的 Date 对象。首先，将 Date 对象转换成字符串，发送到客户端浏览器以显示在文本字段内。然后，用户编辑该文本字段。最终字符串将返回到服务器，并且必须重新转换为 Date 对象。

对于基本类型（例如 int、double 或布尔类型），处理过程都是相同的。Web 应用程序的用户编辑字符串。JSF 容器需将字符串转换为应用程序所需的类型。

例如

```
<h:inputText value="#{payment.amount} " >
    <f:convertNumber minFractionDigits="2" />
</h:inputText>
```

f:convertNumber 转换器是 JSF 实现提供的标准转换器之一，其属性如表 4-15 所示。

表 4-15　f:convertNumber 标签的属性

特 性	类 型	值
type	String	number(默认)，currentcy 或 percent
pattern	String	像 java.text.DecimalFormat 定义的一样，格式化模式
maxFractionDigits	int	小数部分的最大位数
minFractionDigits	int	小数部分的最小位数
maxIntegerDigits	int	整数部分的的最大位数
minIntegerDigits	int	整数部分的的最小位数
intgerOnly	boolean	如果仅解析整数部分则为 true(默认为 false)
groupingUsed	boolean	如果使用分组分隔符则为 true(默认为 true)
locale	java.util.Locale 或 String	区域值，它的首选项用于解析和格式化
currencyCode	String	当选择货币转换器时，使用 ISO4217 货币代码，如 USD 或 EURope
currencySymbol	String	当字符串被传入 DecimalFormat.setDecimalFormatSymbols，替代基于区域设置的符号

表 4-16　f:convertDateTime 标签的特性

特 性	类 型	值
type	String	date(默认)，time 或 both
dateStyle	String	default, short, medium, long 或 full
timeStyle	String	default, short, medium, long 或 full
pattern	String	像 java.text.SimpleDateFormat 定义的一样，格式化模式
locale	java.util.Locale 或 String	区域设置，它的首选项用于解析和格式化
timeZone	java.util.TimeZone	用于解析和格式化时区。如果用户不提供时区，默认值是 GMT

将转换器关联到组件的另一种语法是将 converter 特性添加到组件标签。可采用如下方式指定转换器的 ID。

```
<h:outputText value="#{register.date}" converter="javax.faces.DateTime" />
```

这与使用特性的 f:convertDateTime 相同。

```
< h:outputText value="#{register.date} ">
    <f:convertDateTime/>
</h:outputText>
```

指定转换器的第 3 种方法如下。

```
<h:outputText value="#{register.date}">
    <f:converter converterld="javax.faces.DateTime"/>
</h:outputText>
```

所有 JSF 实现必须定义一组带有预定义 ID 的转换器。

① javax.faces DateTime（由 f:convertDateTime 使用）。

② javax.faces.Number（由 f:convertNumber 使用）。

③ javax.faces.Boolean、javax.faces.Byte、javax.faces.Character、javax.faces.Double、javax.faces.Float、javax.faces.Integer、javax.faces.Long、javax.faces.Short（自动用于基本类型及其包装类)。

④ javax.faces.BigDecimal、javax.faccs.BigInteger（自动用于 BigDecimaL/BigInteger）。

2. 转换错误

当发生转换错误时，JSF 实现会执行以下动作。

① 转换失败的组件发送一个消息，并声明自己是无效的。

② JSF 实现在“过程验证”阶段完成后，立即重新显示当前页面。重新显示的页面包含用户提供的所有值，用户输入的值不会丢失。

4.9.2 使用标准验证器

1. 验证字符串长度和值范围

在 JSF 页面中使用 JSF 验证器是非常简便的，只需将验证器标签添加到组件标签体中即可，如下所示。

```
<h:inputText id="card" value="#{register.card}">
    <f:validateLength minimum="13"/>
</h:inputText>
```

JavaServer Faces 具有能够执行以下验证的内建机制。

（1）检查字符串的长度。

（2）检查数字值的上下限（例如，>0 或≤100）。

（3）检查正则表达式。

（4）检查给定的一个值。

下表 4-17 列出了 JSF 提供的标准验证器。

表 4-17 标准验证器

JSF 标签	验证器类	特 性	验 证
f:validateDoubleRange	DoubleRangeValidator	minimum、maximum	可选范围内的 double 值
f:validateLongRange	LongRangeValidalor	minimum、maximum	可选范围内的 long 值
f:validateLength	LengthValidator	minimum、maximum	字符数最少和取最多的字符串
f:validateRequired	RequiredValidator		不为空
f:validateRegex	RegexValidator	pattern	正则表达式的字符串
f:validateBean	BeanValidator	Validation-Groups	为 Bean 验证器指定验证组

2. 检查必需值

为了检查给定的值，可在输入组件标签中嵌套一个验证器。

```
<h:inputText id="date" value="#{register.date}">
    <f:validateRequired>
</h:inputText>
```

此外，还可在输入组件中使用特性 required="true"，例如：

```
<h: inputText id="date" value="#{register.date}" required="true"/>
```

另一种将验证器添加到组件的语法是使用 f:validator 标签。如下所示，指定验证器的 ID 和验证器参数。

```
<h:inputText id="card" value="#{register.card}">
    <f:validator validatorId="javax.faces.validator.LengthValidator">
        <f:attribute name="minimum" value="13"/>
    </f:validator>
</h:inputText>
```

指定验证器的另一个办法是将 validator 特性添加到组件标签。

3. 跳过验证

正如在上例中看到的，验证错误（和转换错误）迫使当前页面重新显示。该行为对于某些导航动作可能会有问题。假设在页面上添加了一个 Cancel 按钮，该页面包含必需的字段。如果用户单击“Cancel”，将必需的字段保留为空，那么验证机制开始运行，并且强迫当前页面重新显示。

强制用户在填写必需字段之后才能取消输入是毫无道理的。幸运的是，可以使用跳过机制。如果一个命令具有 immediate 特性集，那么将在“应用请求值”阶段执行该命令。

可以像下面这样实现 Cancel 按钮。

```
<h:commandButton value="Cancel" action="cancel" immediate="true" />
```

4. Bean 验证

JSF 2.0 集成了 Bean Validation Framework(JSR 303)，它是一个指定验证约束的常规框架。验证器被绑定到 Java 类的字段或者属性设置器，如下所示。

```
public class RegisterBean {
    @Size(min=13) private String card;
    @Future Public Date getDate()  { ... }
}
```

下表 4-18 显示了可用的标注。

表 4-18　　Bean Validation Framework 中的标注

标　注	特　性	作　用
@Null, @NotNull	None	检查值是空还是非空
@Min, @Max	限定为 long	检查值是否在给定的上下范围之内。类型必须是 int, long, short,byte 及其包装类 BigInteger, BigDecimal 中的一个
@DecimalMin, @DecimalMax	限定为 String	如上，如适用于 String
@Digits	Integer, fraction	检查值至多具有给定的整数或者小数位数。其适用于 int, long, short,byte 及其包装类 BigInteger, BigDecimal 和 String
@AssertTrue, @AssertFalse	None	检查布尔值为 true 还是 false
@Past, @Future	None	检查日期是过去还是未来
@Size	min, max	检查字符串、数组、集合或者映射的大小是否在给定的上下限范围之内
@Pattern	regexp, flags	正则表达式和可选的编译标记

Bean Validation Framework 相对于页面级验证具有明显的优势。假定你的 Web 应用程序在多个页面更新 Bean，不需要将验证规则添加到每个页面中，就可以确保验证处理的一致性。

4.9.3 使用自定义转换器

除了使用标准的转换器之外，还可以自行定制转换器，可以实现 javax.faces.convert. Converter 接口，这个接口有两个要实现的方法。

```
public Object getAsObject(FacesContext context, UIComponent component, String str);
public String getAsString(FacesContext context, UIComponent component, Object obj);
```

简单地说，第一个方法会接收从客户端经由 HTTP 传来的字符串数据，在第一个方法中将之转换为自定义对象，这个自定义对象将会自动设定给指定的 Bean 对象；第二个方法就是将从 Bean 对象得到的对象转换为字符串，如此才能藉由 HTTP 传回给客户端。

直接以一个简单的例子来作说明，假设有一个 User 类，如程序清单 4-5 所示。

程序清单 4-5　User.java

```
package javaee.jsf;
public class User {
    private String firstName;
    private String lastName;
    public String getFirstName() {
        return firstName;
    }
    public void setFirstName(String firstName) {
        this.firstName = firstName;
    }
    public String getLastName() {
        return lastName;
    }
    public void setLastName(String lastName) {
        this.lastName = lastName;
    }
}
```

这个 User 类是转换器的目标对象，还需要有一个 GuestBean 类，如程序清单 4-6 所示。

程序清单 4-6　GuestBean.java

```
package javaee.jsf;
public class GuestBean {
    private User user;
    public void setUser(User user) {
        this.user = user;
    }
    public User getUser() {
        return user;
    }
}
```

这个 Bean 上的属性直接传回或接受 User 类型的参数，然后再实现一个简单的转换器，为 HTTP 字符串与 User 对象进行转换，如程序清单 4-7 所示。

程序清单 4-7 UserConverter.java

```
package javaee.jsf;
import javax.faces.component.UIComponent;
import javax.faces.context.FacesContext;
import javax.faces.convert.Converter;
import javax.faces.convert.ConverterException;
@FacesConverter("javaee.jsf.User")
public class UserConverter implements Converter {
    public Object getAsObject(FacesContext context,
                              UIComponent component,
                              String str)throws ConverterException {
    String[] strs = str.split(",");
    User user = new User();
    try {
        user.setFirstName(strs[0]);
        user.setLastName(strs[1]);
    }
    catch(Exception e) {
            // 转换错误，简单的丢出例外
            throw new ConverterException();
        }
        return user;
    }
    public String getAsString(FacesContext context,
                                UIComponent component,
                                Object obj)throws ConverterException {
        String firstName = ((User) obj).getFirstName();
        String lastName = ((User) obj).getLastName();
        return firstName + "," + lastName;
    }
}
```

其中的标注@FacesConverter("javaee.jsf.User")实现转换器的注册，如不使用标注，也可以在 faces-config.xml 中完成注册，见配置文件 4-4。

配置文件 4-4 faces-config.xml

```
<?xml version="1.0"?>
<!DOCTYPE faces-config PUBLIC
"-//Sun Microsystems, Inc.//DTD JavaServer Faces Config 1.0//EN"
"http://java.sun.com/dtd/web-facesconfig_1_0.dtd">
<faces-config>
    ……
    <converter>
        <converter-id> javaee.jsf.User</converter-id>
        <converter-class>
            javaee.jsf.UserConverter
        </converter-class>
    </converter>
    ……
</faces-config>
```

注册转换器时，需提供转换器标识（Converter ID）与转换器类，接下来要在 JSF 页面中使用转换器的，就是指定所要使用的转换器标识，例如：

……

```
<h:form>
    <h:inputText id="userField" value="#{guest.user}" converter=" javaee.jsf.User"/>
</h:form>
```

也可以用<f:converter>标签并使用 converterId 属性来指定转换器，例如：

```
<h:inputText id="userField" value="#{guest.user}">
    <f:converter converterId="javaee.jsf.User"/>
</h:inputText>
```

4.9.4 使用自定义验证器

您可以自定义自己的验证器，所需要的是实现 javax.faces.validator.Validator 接口，例如我们实现一个简单的密码验证器，检查字符长度，以及密码中是否包括字符与数字，如程序清单 4-8 所示。

程序清单 4-8 PasswordValidator.java

```
package javaee.jsf;
import javax.faces.application.FacesMessage;
import javax.faces.component.UIComponent;
import javax.faces.context.FacesContext;
import javax.faces.validator.Validator;
import javax.faces.validator.ValidatorException;
@FacesValidator("javaee.jsf.Password")
public class PasswordValidator implements Validator {
public void validate(FacesContext context,
                    UIComponent component,
                    Object obj) throws ValidatorException {
        String password = (String) obj;
        if(password.length() < 6) {
            FacesMessage message = new FacesMessage(
                FacesMessage.SEVERITY_ERROR,
                "字符长度小于 6",
                "字符长度不得小于 6");
            throw new ValidatorException(message);
        }
        if(!password.matches(".+[0-9]+")) {
        FacesMessage message = new FacesMessage(
            FacesMessage.SEVERITY_ERROR,
            "密码必须包括字符与数字",
            "密码必须是字符加数字所组成");
        throw new ValidatorException(message);
    }
  }
}
```

要实现 javax.faces.validator.Validator 接口中的 validate()方法，如果验证错误，则丢出一个 ValidatorException，它接受一个 FacesMessage 对象，这个对象接受三个参数，分别表示信息的严重程度（INFO、WARN、ERROR、FATAL）、信息概述与详细信息内容，这些信息将可以使用<h:messages>或<h:message>标签显示在页面上。

其中，@FacesValidator("javaee.jsf.Password")用于注册验证器，也可以在 faces-config.xml 中注册验证器的标识（Validater ID），加入以下的内容（见配置文件 4-5）。

配置文件 4-5　faces-config.xml

```
<?xml version="1.0"?>
<!DOCTYPE faces-config PUBLIC
"-//Sun Microsystems, Inc.//DTD JavaServer Faces Config 1.0//EN"
"http://java.sun.com/dtd/web-facesconfig_1_0.dtd">
<faces-config>
   <validator>
       <validator-id>
           javaee.jsf.Password
       </validator-id>
       <validator-class>
           javaee.jsf.PasswordValidator
       </validator-class>
   </validator>
</faces-config>
```

要使用自定义的验证器，我们可以使用<f:validator>标签并设定 validatorId 属性，例如：

```
<h:inputSecret value="#{user.password}" required="true">
   <f:validator validatorId="javaee.jsf.Password"/>
</h:inputSecret><p>
```

也可以让 Bean 自行负责验证的工作，可以在 Bean 上提供一个验证方法，这个方法没有传回值，并可以接收 FacesContext、UIComponent、Object 三个参数，如程序清单 4-9 所示。

程序清单 4-9　UserBean.java

```
package javaee.jsf;
import javax.faces.application.FacesMessage;
import javax.faces.component.UIComponent;
import javax.faces.context.FacesContext;
import javax.faces.validator.ValidatorException;
public class UserBean {
    public void validate(FacesContext context,
            UIComponent component,
            Object obj)throws ValidatorException {
        String password = (String) obj;
        if(password.length() < 6) {
            FacesMessage message = new FacesMessage(
            FacesMessage.SEVERITY_ERROR,
            "字符长度小于 6",
            "字符长度不得小于 6");
            throw new ValidatorException(message);
        }
        if(!password.matches(".+[0-9]+")) {
            FacesMessage message = new FacesMessage(
                FacesMessage.SEVERITY_ERROR,
                "密码必须包括字符与数字",
                "密码必须是字符加数字所组成");
            throw new ValidatorException(message);
        }
    }
}
```

接着可以在页面中，以如下方式使用验证器。

```
<h:inputSecret value="#{userBean.password}"
```

```
        required="true"
      validator="#{userBean.validate}"/>
```

4.10 事件处理

Web 应用程序经常需要响应用户事件，比如选择菜单项或者单击按钮。通常，可以在组件中注册事件处理程序，例如，可在 JSF 页面的菜单组件注册一个值更改监听器，如下所示。

```
<h:selectOneMenu  valueChange.Listener="{form.collegeChanged } " >
    ……
</h : selectOneMenu>
```

在上述代码中，方法绑定#{form.collegeChanged }引用 form bean 的 collegeChanged 方法。在用户选择菜单项后，JSF 实现调用该方法。

JSF 支持以下 4 种类型的事件。

① 值更改事件。

② 动作事件。

③ 阶段事件。

④ 系统事件。

4.10.1 动作事件

JSF 支持事件处理模型，虽然由于 HTTP 本身无状态（Stateless）的特性，使得 JSF 模型与常规的 GUI 组件式开发不太相同，但 JSF 所提供的事件处理模型已可以让 WEB 设计人员用类似的模型来开发程序。

在简单的导航中，根据动作方法（Action）的结果来决定要导向的网页，一个按钮绑定一个方法，这样的做法实际上即是 JSF 所提供的简化的事件处理程序，在按钮上使用 action 绑定一个动作方法，实际上 JSF 会为其自动产生一个预定义的 ActionListener 来处理事件，并根据其传回值来决定导向的页面。

如果需要使用同一个方法来应付多种事件来源，并想要取得事件来源的相关信息，可以让处理事件的方法接收一个 javax.faces.event.ActionEvent 事件参数，如程序清单 4-10 所示。

程序清单 4-10 UserBean.java

```
package javaee.jsf;
import javax.faces.event.ActionEvent;
public class UserBean {
    private String name;
    private String password;
    private String errMessage;
    private String outcome;
    public void setName(String name) {
        this.name = name;
    }
    public String getName() {
        return name;
    }
    public void setPassword(String password) {
        this.password = password;
    }
    public String getPassword() {
        return password;
```

```
    }
    public void setErrMessage(String errMessage) {
        this.errMessage = errMessage;
    }
    public String getErrMessage() {
        return errMessage;
    }
    public void verify(ActionEvent e) {
        if(!name.equals("zhang") ||!password.equals("123456")) {
            errMessage = "名称或密码错误" + e.getSource();
            outcome = "failure";
        }
        else {
            outcome = "success";
        }
    }
    public String outcome() {
        return outcome;
    }
}
```

在上例中，用 verify 方法接收一个 ActionEvent 对象，当使用者按下按钮，会自动产生 ActionEvent 对象代表事件来源，我们在错误信息之后加上事件来源的字符串描述，这样就可以在显示错误信息时一并显示事件来源描述。

为了提供 ActionEvent 的存取能力，相应的片段如下。

```
<h:form>
    <h:outputText value="#{user.errMessage}"/>
    名称: <h:inputText value="#{user.name}"/>
    密码: <h:inputSecret value="#{user.password}"/>
    <h:commandButton value="提交"
        actionListener="#{user.verify}"
        action="#{user.outcome}"/>
</h:form>
```

在按钮上使用了 actionListener 属性，JSF 会先检查是否有指定的 actionListener，然后再检查是否指定了动作方法并产生预定义的 ActionListener，并根据其传回值导航页面。

如果要注册多个 ActionListener，例如当使用者按下按钮时，顺便在记录文件中增加一些记录信息，可以实现 javax.faces.event.ActionListener，如程序清单 4-11 和程序清单 4-12 所示。

程序清单 4-11　LogHandler.java

```
package javaee.jsf;
import javax.faces.event.ActionListener;
....
public class LogHandler implements ActionListener {
    public void processAction(ActionEvent e) {
        // 处理 Log
    }
}
```

程序清单 4-12　VerifyHandler.java

```
package javaee.jsf;
import javax.faces.event.ActionListener;
```

```
....
public class VerifyHandler implements ActionListener {
    public void processAction(ActionEvent e) {
        // 处理验证
    }
}
```

这样，就可以使用<f:actionListener>标签向组件注册事件，例如：

```
<h:commandButton value="提交" action="#{user.outcome}">
    <f:actionListener type="javaee.jsf.LogHandler"/>
    <f:actionListener type="javaee.jsf.VerifyHandler"/>
</h:commandButton>
```

<f:actionListener>会自动产生 type 所指定的对象，并呼叫组件的 addActionListener()方法注册 Listener。

4.10.2 值更改事件

如果使用者改变了 JSF 输入组件的值后提交表单，就会发生值更改事件（Value Change Event），这会产生一个 javax.faces.event.ValueChangeEvent 对象，如果要处理这个事件，有两种方式，一是直接设定 JSF 输入组件的 valueChangeListener 属性，例如：

```
<h:selectOneMenu value="#{user.locale}"
        onchange="this.form.submit();"
        valueChangeListener="#{user.changeLocale}">
    <f:selectItem itemValue="zh_CN" itemLabel="Chinese"/>
   <f:selectItem itemValue="en" itemLabel="English"/>
</h:selectOneMenu>
```

在 onchange 属性中使用了 JavaScript，其作用是在选项项目发生改变之后，立即提交表单，而不用按下提交按钮；而 valueChangeListener 属性所绑定的 user.changeLocale 方法必须接受 ValueChangeEvent 对象，如程序清单 4-13 所示。

程序清单 4-13 UserBean.java

```
package javaee.jsf;
import javax.faces.event.ValueChangeEvent;
public class UserBean {
    private String locale = "en";
    private String name;
    private String password;
    private String errMessage;
    public void changeLocale(ValueChangeEvent event) {
        if(locale.equals("en"))
            locale = "zh_CN";
        else
            locale = "en";
    }
    public void setLocale(String locale) {
        this.locale = locale;
    }
    public String getLocale() {
        if (locale == null) {
            locale = "en";
        }
        return locale;
```

```
    }
    public void setName(String name) {
        this.name = name;
    }
    public String getName() {
        return name;
    }
    public void setPassword(String password) {
        this.password = password;
    }
    public String getPassword() {
        return password;
    }
    public void setErrMessage(String errMessage) {
        this.errMessage = errMessage;
    }
    public String getErrMessage() {
        return errMessage;
    }
    public String verify() {
        if(!name.equals("admin") ||!password.equals("123456")) {
            errMessage = "名称或密码错误";
            return "failure";
        }
        else {
            return "success";
        }
    }
}
```

在 JSF 页面中使用的方法如下。

```
<h:form>
    <h:selectOneMenu value="#{user.locale}"
            immediate="true"
            onchange="this.form.submit();"
            valueChangeListener="#{user.changeLocale}">
        <f:selectItem itemValue="zh_CN"
                      itemLabel="Chinese"/>
        <f:selectItem itemValue="en"
                      itemLabel="English"/>
    </h:selectOneMenu>
    用户名: <h:inputText value="#{user.name}"/>
    密码: <h:commandButton value="#{msgs.commandText}"
            action="#{user.verify}"/>
</h:form>
```

另一个方法是实现 javax.faces.event.ValueChangeListener 接口，并定义其 processValueChange() 方法，例如

```
package javaee.jsf;
....
public class SomeListener implements ValueChangeListener {
    public void processValueChange(ValueChangeEvent event) {
        ....
    }
```

```
    ....
}
```

然后在 JSF 页面上使用<f:valueChangeListener>标签，并设定其 type 属性，例如

```
<h:selectOneMenu value="#{user.locale}"
        onchange="this.form.submit();">
    <f:valueChangeListener
        type="javaee.jsf.SomeListener"/>
    <f:selectItem itemValue="zh_CN" itemLabel="Chinese"/>
    <f:selectItem itemValue="en" itemLabel="English"/>
</h:selectOneMenu>
```

4.10.3 阶段事件

JSF 的请求执行到响应，完整的过程会经过 6 个阶段。

（1）重建视图（Restore View）。依据客户端传来的 session 数据或服务器端上的 session 数据，重建 JSF 视图组件。

（2）应用请求值（Apply Request Values）。JSF 视图组件各自获得请求中的属于自己的值，包括旧的值与新的值。

（3）执行验证（Process Validations）。转换为对象并进行验证。

（4）更新模型值（Update Model Values）。更新 Bean 或相关的模型值。

（5）唤起应用程序（Invoke Application）。执行应用程序相关逻辑。

（6）绘制响应页面（Render Response）。对先前的请求处理完之后，产生页面以反映客户端执行结果。

在每个阶段的前后会引发 javax.faces.event.PhaseEvent，如果您想尝试在每个阶段的前后捕捉这个事件，以进行一些处理，则可以实现 javax.faces.event.PhaseListener，并向 javax.faces.lifecycle.Lifecycle 登记这个 Listener，以在适当的时候通知事件的发生。

PhaseListener 有 3 个必须实现的方法 getPhaseId()、beforePhase()与 afterPhase()，其中 getPhaseId()传回一个 PhaseId 对象，代表 Listener 想要被通知的时机，可以设定的时机有：

```
PhaseId.RESTORE_VIEW
PhaseId.APPLY_REQUEST_VALUES
PhaseId.PROCESS_VALIDATIONS
PhaseId.UPDATE_MODEL_VALUES
PhaseId.INVOKE_APPLICATION
PhaseId.RENDER_RESPONSE
PhaseId.ANY_PHASE
```

其中 PhaseId.ANY_PHASE 指的是任何的阶段转换时，就进行通知；您可以在 beforePhase()与 afterPhase()中编写阶段前后编写分别想要处理的动作，例如程序清单 4-14 所示，这个简单的类会列出每个阶段的名称。

程序清单 4-14　ShowPhaseListener.java

```
package javaee.jsf;
import javax.faces.event.PhaseEvent;
import javax.faces.event.PhaseId;
import javax.faces.event.PhaseListener;
public class ShowPhaseListener implements PhaseListener {
    public void beforePhase(PhaseEvent event) {
        String phaseName = event.getPhaseId().toString();
        System.out.println("Before " + phaseName);
```

```
    }
    public void afterPhase(PhaseEvent event) {
        String phaseName = event.getPhaseId().toString();
        System.out.println("After " + phaseName);
    }
    public PhaseId getPhaseId() {
        return PhaseId.ANY_PHASE;
    }
}
```

编写好 PhaseListener 后，我们可以在 faces-config.xml 中向 Lifecycle 进行注册（见配置文件 4-6）。

配置文件 4-6　faces-config.xml

```
<?xml version="1.0"?>
<!DOCTYPE faces-config PUBLIC
"-//Sun Microsystems, Inc.//DTD JavaServer Faces Config 1.0//EN"
"http://java.sun.com/dtd/web-facesconfig_1_0.dtd">
<faces-config>
  <lifecycle>
      <phase-listener>
      javaee.jsf.ShowPhaseListener
      </phase-listener>
  </lifecycle>
  ......
</faces-config>
```

4.11　上下文和依赖注入

4.11.1　概述

上下文和依赖注入（CDI），是一个由指定的 Java EE 6 的组成部分，以允许 Java EE 组件（例如 Servlet、企业 Bean 和 JavaBeans）在具有明确定义范围的应用程序生命周期内存在。此外，CDI 服务允许 Java EE 组件（例如 EJB 会话 Bean 和 JavaServer Faces（JSF）受管 Bean）注入并通过触发和观察事件以松散耦合的方式进行交互。

在 Java EE 5 中，依赖注入的基本形式是资源注入（Resource Injection）。具体来说，开发者可以借助@Resource、@PersistenceContext、@PersistenceUnit 和@EJB 等标注把 JMS 连接工厂、数据源、队列、JPA 实体管理器、实体管理器工厂和 EJB 一类的容器资源注入到 Servlet、JSF 后台 bean（JSF backing bean）和其他的 EJB 中。这种模型适用于包含了被写成 EJB 和 JSF 的 JPA 领域对象、服务和 DAO 的应用。然而 Java EE 5 平台不能把 EJB 注入到 JUnit 测试中，不能注入因为不需要事务而没有被编写成 EJB 的 DAO 或者助手（Helper）类中；另外，很难整合第三方/内部的 API。在 Java EE 6 平台中，CDI 可以被应用在一个组件所需要的所有的资源上，从而有效地从应用程序代码中隐藏了创建和查找资源的代码。

Java EE 6 架构中 CDI 和各种组件间的关系如图 4-13 所示。

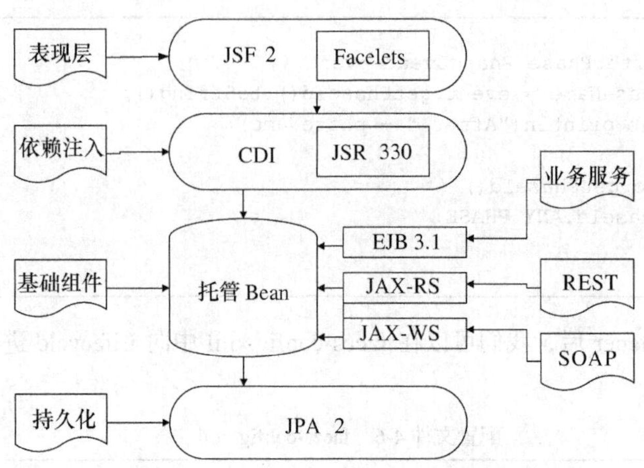

图 4-13　Java EE 6 架构中 CDI 和各种组件间的关系

从图 4-13 中可以看出，CDI 是构建在 Java EE 6 引入的新概念托管 Bean 之上的，其目的是统一 Java EE 6 中所有类型的 Beans。CDI 可以为各种类型的托管 Bean 提供依赖注入服务，可通过 Facelet 和 JSP 这一类视图技术的 EL bean 名称解析以及自动化的作用域管理来集成 JSF。CDI 与 JPA 的集成除了把@EJB 和@Resource 包括进来之外，还支持使用@PersistenceContext 和@PersistenceUnit 注入标注。但是 CDI 并不直接支持诸如事务、安全、远程、消息，以及其他类似的 EJB 规范范围内的业务组件服务。

CDI 只是一个标准，不是一个具体的框架，不同的应用服务器有其自己的实现，比如 JBoss AS 的 CDI 名叫 Weld。CDI 是由 JSR 299 规范定义的，它的思想来源于几个开源项目：Seam、Guice、Spring However。不过 CDI 在集合了这几个框架的优点之外，克服了各自的缺点。Java EE 6 平台的 CDI 用于结合 Java EE 平台的 Web 层和事务层。CDI 是一组服务，使得开发人员可以很容易地在 Web 应用程序中将 EJB 和 JSF 一起使用，为开发人员以松散耦合但类型安全的方式来集成各种各样的组件。

4.11.2　基本概念

1. 上下文

上下文是指能够将无状态组件的生命周期和交互与定义良好的、可扩展的生命周期上下文绑定在一起的能力。

CDI 已经预定义的作用域包括：@RequestScoped、@SessionScoped、@ApplicationScoped 和@ConversationScoped。CDI 容器自动管理作用域内的所有 Bean，如表 4-19 所示。例如，当 HttpSession 或 HttpRequest 结束时，将自动销毁与该作用域关联的所有实例，进行垃圾回收。这种行为与有状态会话 Bean 的行为大不相同。有状态会话 Bean 实例需要由客户端通过调用带有@Remove 批注的方法来显式删除。它不会由容器自动销毁，也没有绑定到任何上下文。如果将有状态会话 Bean 与 HttpSession 关联，则在 HttpSession 结束或超时时，还必须关注该 Bean 的销毁。

表 4-19　托管 Bean 的作用域

标　注	作用域
@ RequestScoped	一个 HTTP 请求的 Web 应用程序与用户的交互
@ SessionScoped	一个用户跨多个 HTTP 请求与 Web 应用程序的交互
@ ApplicationScoped	共享所有用户与 Web 应用程序的交互状态
@ ConversationScoped	一个 JSF 应用程序与用户的互动

2. 依赖注入

在传统的程序设计过程中，通常由调用者来创建被调用者的实例。然而在依赖注入的模式下，创建被调用者的工作不再由调用者来完成，而是由容器来完成，然后再注入调用者。因此依赖注入是指能够以类型安全的方式将组件注入到应用程序的能力。

依赖注入框架的核心是依赖注入容器，也常被称为 Injector。其作用是管理一切注册到其中的依赖以及将这些依赖提供给请求依赖的依赖者。依赖注入容器是极其轻量可控的，注册到其中的依赖对象可以方便地由开发者决定其标识符以及注册过程等，并且可以方便地放到单元测试环境中执行；其次依赖注入容器不仅仅是替开发者管理依赖，更重要的是它能够根据需要自动的去管理依赖对象的作用域及其生命周期，以及增强依赖对象的行为。

Java EE CDI 主要使用@Inject 标注来实现依赖注入，把托管 Bean 注入到由容器管理的其他资源中去。目前有 3 种方法实现依赖注入。

（1）构造器依赖注入

```
public class SomeBean {
private final Service service;
@Inject
public SomeBean(Service service){
this.service = service;
}
 ......
}
```

当 CDI 容器在初始化一个 SomeBean 类型的 Bean 实例时，它将会查找该类的默认构造器（无参构造器）并用它来创建 Bean 实例。但是有一个例外情况，就是当我们还有一个使用@Inject 进行了标注的构造器时，这种情况下，容器会改用有标注的构造器而不是无参构造器，并且把通过构造器参数传入的依赖资源注入到 Bean 实例中来。在上面的例子中，容器将会获取到一个 Service 的实例并把它注入到 SomeBean 的标注构造器中。注意一个类只允许有一个@Inject 标注的构造器。

（2）字段依赖注入

```
public class SomeBean {
@Inject
private Service service;
......
}
```

这种情况下，当容器初始化一个 SomeBean 类型的 Bean 时，它会把一个正确的 Service 实例注入给该字段，即使该字段是一个私有字段，并且不需要有任何 setter 方法。

（3）初始化方法依赖注入

```
public class SomeBean {
private Service service;
@Inject
public void setService(Service service) {
this.service = service;
}
......
```

这种情况下，当容器初始化一个 SomeBean 类型的 Bean 时，它会调用所有由@Inject 标注了的方法，并且通过方法参数的方式把依赖注入进来。

4.11.3 例子

本小节以 JBoss 中的 numberguess 为例，阐述 CDI 的使用方法。这是一个游戏例子，让玩家尝试猜一个数字，如果猜错了可以继续猜，但是最多有 10 次机会，直到找到正确答案，或者已经达到 10 次机会。

1. numberguess

numberguess 例子包含 4 个 Java 源文件。

（1）MaxNumber.java:定义标注@ MaxNumber。

（2）Random.java:定义随机数 @Random。

（3）Generator.java:产生随机数和最大数。

（4）Game.java:托管 Bean，判断用户填写的数值与随机数的大小关系。

程序清单 4-15　MaxNumber.java

```
package org.candi.examples.numberguess;
import static java.lang.annotation.ElementType.FIELD;
import static java.lang.annotation.ElementType.METHOD;
import static java.lang.annotation.ElementType.PARAMETER;
import static java.lang.annotation.ElementType.TYPE;
import static java.lang.annotation.RetentionPolicy.RUNTIME;
import java.lang.annotation.Documented;
import java.lang.annotation.Retention;
import java.lang.annotation.Target;
import javax.inject.Qualifier;
//定义标注@ MaxNumber
//表示这个标注可以应用到类、类方法，函数的参数以及字段
@Target( { TYPE, METHOD, PARAMETER, FIELD })

//表示这个标注在程序运行时可以使用 Reflection 读取
@Retention(RUNTIME)
@Documented
@Qualifier
public @interface MaxNumber
{

}
```

程序清单 4-16　Random.java

```
package org.candi.examples.numberguess;
import static java.lang.annotation.ElementType.FIELD;
import static java.lang.annotation.ElementType.METHOD;
import static java.lang.annotation.ElementType.PARAMETER;
import static java.lang.annotation.ElementType.TYPE;
import static java.lang.annotation.RetentionPolicy.RUNTIME;
import java.lang.annotation.Documented;
import java.lang.annotation.Retention;
import java.lang.annotation.Target;
import javax.inject.Qualifier;
//定义标注@Random
@Target( { TYPE, METHOD, PARAMETER, FIELD })
@Retention(RUNTIME)
@Documented
@Qualifier
public @interface Random
{
}
```

程序清单 4-17　Generator.java

```
package org.candi.examples.numberguess;
import java.io.Serializable;
import javax.enterprise.context.ApplicationScoped;
import javax.enterprise.inject.Produces;

@ApplicationScoped  //设定上下文范围
public class Generator implements Serializable
{
    private static final long serialVersionUID = -7213673465118041882L;
    private java.util.Random random = new java.util.Random(System.currentTimeMillis());
    private int maxNumber = 100;
    java.util.Random getRandom()
    {
        return random;
    }
    /* @Produces 用来标记产生动态内容的方法。*/
    @Produces @Random int next()
    {
        //a number between 1 and 100
        return getRandom().nextInt(maxNumber - 1) + 1;
    }
        /* @Produces 用来标记产生动态内容的方法。maxNumber 值在初始化时定义*/
     @Produces @MaxNumber Integer getMaxNumber()
    {
        return maxNumber;
    }
}
```

程序清单 4-18　Game.java

```
package org.candi.examples.numberguess;

import java.io.Serializable;
import javax.annotation.PostConstruct;
import javax.enterprise.context.SessionScoped;
import javax.enterprise.inject.Instance;
import javax.faces.application.FacesMessage;
import javax.faces.component.UIComponent;
import javax.faces.component.UIInput;
import javax.faces.context.FacesContext;
import javax.inject.Inject;
import javax.inject.Named;

@Named
@SessionScoped  //定义上下文
public class Game implements Serializable
{
    private static final long serialVersionUID = 991300443278089016L;
    private int number;
    private int guess;
    private int smallest;
    /* 利用标注@Inject 和标注@MaxNumber 来标记属性 maxNumber，则属性 maxNumber 的值将由 CDI 来
动态注入。自动触发@Produces 对应的方法*/
```

```
    @Inject @MaxNumber
    private Integer maxNumber;
    private int biggest;
    private int remainingGuesses;

    /* 由于 randomNumber 在程序运行时改变，因此需要使用 Instance 生成实例*/
    @Inject @Random Instance<Integer> randomNumber;

    public Game()
    {
    }

    public int getNumber()
    {
        return number;
    }
    public int getGuess()
    {
        return guess;
    }
    public void setGuess(int guess)
    {
        this.guess = guess;
    }
    public int getSmallest()
    {
        return smallest;
    }
        public int getBiggest()
    {
        return biggest;
    }
        public int getRemainingGuesses()
    {
        return remainingGuesses;
    }
    public void check()
    {
        if(guess > number)
        {
            biggest = guess - 1;
        }
        else if (guess < number)
        {
            smallest = guess + 1;
        }
        else if (guess == number)
        {
            FacesContext.getCurrentInstance().addMessage(null, new FacesMessage("Co
rrect!"));
        }
        remainingGuesses--;
    }
    @PostConstruct
    public void reset()
```

```
    {
        this.smallest = 0;
        this.guess = 0;
        this.remainingGuesses = 10;
        this.biggest = maxNumber;
        this.number = randomNumber.get();
    }
    public void validateNumberRange(FacesContext context,  UIComponent toValidate,
Object value)
    {
        if (remainingGuesses <= 0)
        {
            FacesMessage message = new FacesMessage("No guesses left!");
            context.addMessage(toValidate.getClientId(context), message);
            ((UIInput) toValidate).setValid(false);
            return;
        }
        int input = (Integer) value;
        if (input < smallest || input > biggest)
        {
          ((UIInput) toValidate).setValid(false);

          FacesMessage message = new FacesMessage("Invalid guess");
          context.addMessage(toValidate.getClientId(context), message);
        }
    }
}
```

2. JSF 文件

Numberguess 使用 home.JSF 呈现运行结果，其代码如下所示。

程序清单 4-19　home.JSF

```
<!DOCTYPE html PUBLIC "-//W3C//DTD XHTML 1.0 Transitional//EN"
    "http://www.w3.org/TR/xhtml1/DTD/xhtml1-transitional.dtd">
<html xmlns="http://www.w3.org/1999/xhtml"
    xmlns:ui="http://java.sun.com/jsf/facelets"
    xmlns:h="http://java.sun.com/jsf/html"
    xmlns:f="http://java.sun.com/jsf/core">

    <ui:composition template="/template.xhtml">
       <ui:define name="content">
         <h1>Guess a number...</h1>
         <h:form id="numberGuess">
            <div style="color: red">
               <h:messages id="messages" globalOnly="false"/>
               <h:outputText id="Higher" value="Higher!"
rendered="#{game.number gt game.guess and game.guess ne 0}"/>
               <h:outputText id="Lower" value="Lower!"
rendered="#{game.number lt game.guess and game.guess ne 0}"/>
            </div>

            <div>
                 I'm thinking of a number between <span
id="numberGuess:smallest">#{game.smallest}</span> and <span
id="numberGuess:biggest">#{game.biggest}</span>. You have
```

```
#{game.remainingGuesses} guesses remaining.
            </div>

            <div>
               Your guess:
               <h:inputText id="inputGuess" value="#{game.guess}"
                  required="true" size="3" disabled="#{game.number eq
game.guess}" validator="#{game.validateNumberRange}"/>
               <h:commandButton id="guessButton" value="Guess"
action="#{game.check}" disabled="#{game.number eq game.guess}"/>
            </div>
            <div>
               <h:commandButton id="restartButton" value="Reset"
action="#{game.reset}" immediate="true"/>
            </div>
         </h:form>
      </ui:define>
   </ui:composition>
</html>
```

3. 配置

使用 CDI 的应用程序，必须有一个名为 beans.xml 的文件。该文件可以是完全空（只在某些有限的情况下会有内容），但它必须存在。在 Web 应用程序中，beans.xml 文件必须在 WEB-INF 目录中。在 EJB 模块或 JAR 文件，beans.xml 文件必须在 META-INF 目录中。

4. 运行 numberguess 例子

在网页浏览器，输入以下 URL：http://localhost:8080/numberguess，运行界面如图 4-14 所示。

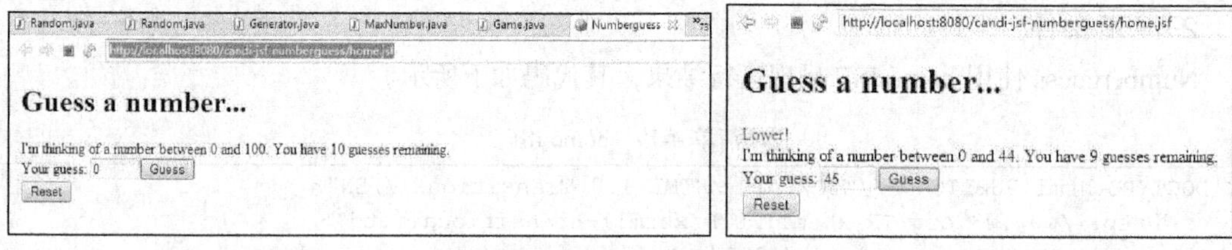

图 4-14 numberguess 运行界面

（1）在 Number 文本字段中输入的数量，并单击“Guess”按钮。随着猜测的剩余数量，最低和最高值会被修改。

（2）不断地猜测数字，直到你找到正确答案，或退出运行。如果得到正确的答案，输入字段和 Guess 按钮是灰色的。

（3）单击“Reset”按钮再次玩一个新的随机数的游戏。

4.12 小结

在本章中，介绍了在 Java EE 项目中用于动态 Web 开发的 JSF 技术，JSF 主要用于 Web 开发中的 Web 页面的构建，同时 JSF 利用 EL 表达式、Beaking Bean 等技术的支持实现了状态保存和后台的 EJB、JPA 等 Java EE 技术的交互，并且利用转换器、验证器、事件监听器等技术实现了组件式的 Web 开发，从而使得系统的结构更趋合理，有效地解耦了界面显示和业务逻辑。

习　题

1．JSF 的特点和作用是什么?

2．简要叙述 JSF 请求处理生命周期?

3．什么是托管 Bean?

4．托管 Bean 的作用域有哪些?

5．JSF 如何实现页面间的导航?

6．什么是 Facelet? 有何特点?

7．JSF 的生命周期包括哪些环节?

8．如果将 numberguess 例子中的 Generator 改为 Request 生命周期范围，重新运行程序并刷新界面，试试显示的随机数变化吗? 将 Game 改为 Request 再试试看随机数是否发生变化?

第 5 章 JDBC

5.1 JDBC 概述

JDBC 的全称是 Java Database Connectivity，是 Java 语言中实现 Java 程序与数据库连接的一套标准 API，由一组用 Java 语言编写的类和接口组成。

JDBC 是 Java 语言的标准 API，提供了 Java 程序对关系数据库的访问能力。使用这些标准 API，Java 程序可以用同样的语法对多种关系数据库进行访问，实现数据库连接、执行 SQL 语句等操作，如图 5-1 所示。

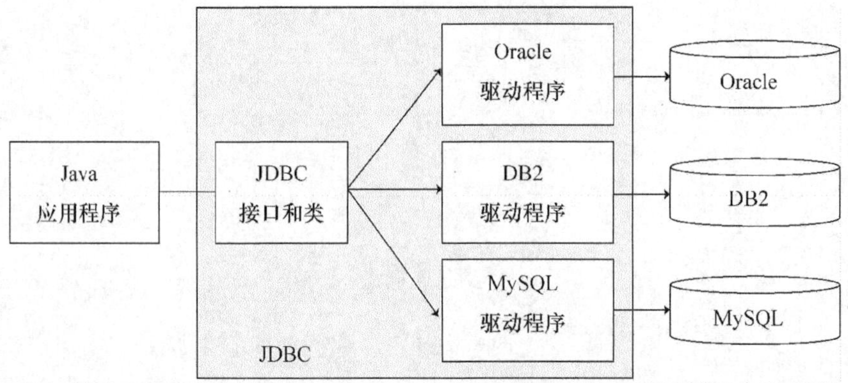

图 5-1　使用 JDBC 访问数据库的方式

JDBC 采用接口和实现分离的思想设计了 Java 数据库编程的框架。在 Java 应用程序中只针对 JDBC 接口和类编程，而不会涉及到具体的数据库驱动程序，JDBC 接口屏蔽了不同数据库数据访问方式的差异，提供了一致的访问接口。

JDBC 接口和类包含在 java.sql 及 javax.sql 包中，其中 java.sql 属于 Java SE，javax.sql 属于 Java EE。这些接口的实现类被称为数据库的 JDBC 驱动程序，一般由数据库的厂商提供。

5.2 JDBC 驱动程序

在实际的应用中，不是所有的数据库厂商都会提供 JDBC 驱动程序，因此出现了 4 种不同类型的 JDBC 驱动程序。

1. JDBC–ODBC 桥驱动程序

ODBC（Open Database Connectivity，开放数据库互连）是 Microsoft 提出的数据库访问接口标准，定义了访问数据库的 API，这些 API 独立于不同厂商的 DBMS，也独立于具体的编程语言。

由于 ODBC 出现较早，绝大部分的数据库厂商都提供了 ODBC 驱动程序。因此，JDBC 可以将应用程序对 JDBC 接口的调用，全部转换为针对 ODBC 接口的调用。ODBC 作为一个桥梁，实现了 JDBC 的数据库访问。在 JDBC 中，默认实现了 JDBC-ODBC 桥。

这种类型的驱动程序最大的问题是数据库访问速度受限于 ODBC。

2. 数据库本地客户端驱动程序

JDBC 驱动程序由本地数据库的客户端实现，也就是将数据访问的操作委托给数据库的本地客户端，由本地客户端将操作请求和 SQL 语句发送给数据库的服务器端。服务器端将操作结果通过本地客户端转发给 Java 程序。

3. 本地 Java 驱动程序

使用 Java 语言实现本地 JDBC 驱动程序，这种驱动程序可以完全契合到 Java 程序中。在该类型的驱动程序中，包含了特定数据的访问协议，使得 Java 程序可以不依赖外在的组件（如 ODBC、数据库本地客户端等）直接和数据库进行通信。

4. 中间件服务器 Java 驱动程序

使用 Java 语言在中间件服务器端实现 JDBC 驱动程序。客户端使用中间件服务器提供的数据库访问接口进行数据库操作。该类型的驱动程序通常由某个中间件服务器提供，这样 Java 程序可以使用数据库无关的协议和中间件服务器进行通信，中间件服务器再将客户端的 JDBC 调用转发给数据库进行处理。

在 JDBC 出现的早期，针对 JDBC 的数据库驱动程序很少，而 ODBC 由于出现较早，而且应用比较成熟，因此，更多使用 JDBC-ODBC 桥驱动的方式，借用 ODBC 的数据库驱动程序实现数据库的访问和操作。

使用数据库本地客户端驱动程序的 Java 客户端程序的独立性较差。在部署 Java 客户端程序时，需要同时部署数据库的客户端，增加了程序部署的工作量，而且客户端的升级和变化，也会影响到 Java 客户端程序。

使用本地 Java 驱动程序，对于独立的 Java 客户端程序是一个好的选择。不仅使得 Java 客户端不依赖于特定的环境，而且由于不需要经过中间环境的传递，可以获得更好的 SQL 语句处理速度。

如果 JDBC 在 Java EE 的架构中使用，则建议使用中间件服务器提供的 JDBC Java 驱动程序，将数据库访问统一置于中间件服务器的管理之下，具有更好的安全性。对于客户端程序来说，也减少了由于数据库变化造成的代码修改问题。

5.3 JDBC 的主要接口和类

1. DriverManager 类

该类用于管理 JDBC 驱动程序，并利用 JDBC 驱动建立数据库连接。

2. Connection 接口

该接口代表一个数据库会话连接。如果要访问数据库，必须先获取数据库连接。该接口常用方法有以下几种。

（1）Statement createStatement() throws SQLException：返回 Statement 对象。

（2）PreparedStatement prepareStatement(Strin sql) throws SQLException 返回编译的 Statement 对象。

（3）CallableStatement preparedCall(Strin sql) throws SQLException 返回的 CallableStatement 对象用于存储过程调度。

3. Statement 接口

该接口是执行 SQL 语句的接口。该接口常用方法有以下几种。

（1）ResultSet executeQuery(String sql) throws SQLException 执行查询，返回结果集对应的 ResultSet 对象。

（2）int executeUpdate(String sql) throws SQLException 执行 SQL 语句并返回受影响的行数。

（3）boolean execute(String sql) throws SQLException 返回 boolean 表式执行成功与否。

4. PreparedStatement 接口

Statement 的子接口，允许数据库预编译 SQL 语句，避免数据库每次重新编译，以后每次使用该 SQL 语句时，只改变 SQL 的参数即可。通过预编译，可以实现更好的 SQL 执行性能。该接口常用方法有以下几种。

（1）ResultSet executeQuery() throws SQLException 执行查询，返回结果集对应的 ResultSet 对象。

（2）int executeUpdate() throws SQLException 执行 DML 并返回受影响的行数。

（3）boolean execute() throws SQLException 返回 boolean 表式执行成功与否。

5. ResultSet 接口

该接口用于存放数据库查询操作所获得的结果集，可通过列索引或列名从该结果集中获得列所需数据。该接口常用方法有以下几种。

（1）boolean next() throws SQLException 将 ResultSet 定位到下一行，结果集的起始位在第一行之前。

（2）void close() throws SQLException 释放 ResultSet 对象。

（3）boolean absolute(int row) throws SQLException 将结果集移到指定行，若 row 是负值，则反向移动。

5.4 使用 JDBC 访问数据库

使用 JDBC 访问数据库的一般包括 5 个步骤。

1. 注册 JDBC 驱动

注册 JDBC 驱动主要有 2 种注册方式。

（1）使用 Class.forName()方法进行注册。例如

Class.forName("org.gjt.mm.mysql.Driver");

其中 org.gjt.mm.mysql.Driver 是 MySQL 的 JDBC 驱动程序。

（2）使用 DriverManager.registerDriver()方法进行注册。例如

DriverManager.registerDriver(new org.gjt.mm.mysql.Driver());

第一种方式的优点是可以很容易地进行驱动程序的替换。第二种方式的优点是可以同时注册多个驱动程序。因为 DriverManager 是一个驱动管理器，内部有一个驱动注册表，可以向其注册多个 JDBC 驱动。

2. 获取数据库连接

使用 DriverManager.getConnection()方法获取数据连接，即

```
Connection conn=DriverManager.getConnection(url, user, password);
```

其中，

`url`：数据库资源位置，又称为数据库的连接字符串；

user：用户名；

password：密码。

不同类型的数据库具有不同形式的 url，主要有以下几种形式。

（1）MySQL 数据库的 url 为

```
url= "jdbc:mysql://localhost:3306/dbname"
```

其中，

dbname 为数据库名称，在使用时替换为具体的名称；

localhost 代表本地数据库，如果是远程数据库可以用具体的 ip 地址替换；

3306 为端口号。

（2）Oracle 数据库的 url 为

```
url="jdbc:oracle:thin:@localhost:1521: dbname "
```

（3）SQL Server url 为

```
url="jdbc:microsoft:sqlserver://localhost:1433;DatabaseName= dbname "
```

（4）DB2 url 为

url="jdbc:db2://localhost:5000/*dbname* "

3. 建立 Statement 和 PreparedStatement

Statement 是一个 SQL 执行器，可以用来执行一个静态的 SQL 语句。

```
Statement st = conn.createStatement();
st.executeQuery(sql);
```

PreparedStatement 是一个预编译 SQL 语句执行器。

```
PreparedStatement ps = conn.preparedStatement(sql);
ps.setString(1, "col_value");
ps.executeQuery();
```

4. 处理 ResultSet

ResultSet 表示一个查询结果集。

```
ResultSet rs = statement.executeQuery(sql);
while(rs.next())
{
      rs.getString("col_name1");
      rs.getInt("col_name2");
      //…
}
```

5. 释放资源

释放资源的顺序是 ResultSet->Statement->Connection。

读取完 ResultSet 中的数据集之后，必须将 ResultSet 进行关闭，以释放其占用的资源。然后关闭对应 Statement 对象，最后关闭 Connection 对象。

5.5　JDBC 开发实例

本节将会以一个应用实例展示 JDBC 的使用方式和使用过程。

1. 数据库设计

（1）实例使用 MySQL 数据库，设置其访问数据库的用户名和密码为：root 和 123456；

（2）在 MySQL 数据库中创建一个数据库 test

```
create database test;
```

（3）在 test 中建立一个用户表 user，包括 2 个字段：name、pwd。各个字段的含义和类型如表 5-1 所示。

表 5-1　　　　　　　　　　　　　　　用户表

字段名	字段含义	字段类型
name	用户名	varchar(20)
pwd	密码	varchar(10)

使用下面的 SQL 语句创建该表。

```
create table user
(
    name varchar(20) primary key,
    pwd varchar(10)
);
```

2. 数据库驱动程序选择

在 MySQL 官方网站下载 JDBC 驱动 mysql-connector-java-5.1.26.zip。下载地址为：http://dev.mysql. com/downloads/connector/j/#downloads。然后将该压缩包进行解压，可以获取 MySQL 的本地 Java 驱动程序 Jar 包。

```
mysql-connector-java-5.1.26-bin.jar
```

建立 Java 工程时，作为库添加到该工程中。

在该 Jar 包中提供了 org.gjt.mm.mysql.Driver 类作为 MySQL 数据库的 JDBC 驱动程序。

3. 程序代码

程序清单 5-1　javaee.jdbc\User.java

```
package javaee.jdbc;
public class User {
    private String name = null;
    private String pwd = null;

    public String getName() {
     return name;
    }
    public void setName(String name) {
     this.name = name;
    }
    public String getPwd() {
     return pwd;
    }
    public void setPwd(String pwd) {
     this.pwd = pwd;
    }
}
```

程序清单 5-2　javaee.jdbc\UserDAO.java

```
package javaee.jdbc;
import java.sql.Connection;
import java.sql.DriverManager;
import java.sql.ResultSet;
import java.sql.SQLException;
import java.sql.Statement;
import java.util.ArrayList;
```

```
import java.util.List;
public class UserDAO {
    //定义数据库连接对象
    Connection con = null;
    //定义 SQL 语句对象
    Statement stmt = null;
    public UserDAO()
    {
     try
     {
        //数据库连接字符串
        String url = "jdbc:mysql://localhost:3306/test";
        //MySQL 的 JDBC Java 驱动程序
        String driver = "org.gjt.mm.mysql.Driver";
        Class.forName(driver);
        //数据库访问用户名和密码
        String dbUser = "root";
        String dbPwd = "123456";
        //创建数据库连接对象
        con = DriverManager.getConnection(url, dbUser, dbPwd);
        //创建 SQL 语句对象
        stmt = con.createStatement();
    }
    //异常处理
    catch(ClassNotFoundException e1)
    {
        System.out.println("database driver don't exist");
        System.out.println(e1.toString());
    }
    catch(SQLException e2)
    {
        System.out.println("database exception");
        System.out.println(e2.toString());
    }
    }
    //关闭对象时操作
    protected void finalize()
    {
    //释放资源
        try
        {
        stmt.close();
        con.close();
        }
        catch(SQLException e)
        {
        e.printStackTrace();
        }
    stmt = null;
    con = null;
    }
    //添加用户
    public void addUser(User user)
```

```
{
String sql="insert into user values('" + user.getName() +
      "', '" + user.getPwd()+ "') ";
try
{
    stmt.executeUpdate(sql);
}
catch(SQLException e)
{
    e.printStackTrace();
 }
}
//删除用户
public void removeUser(User user)
{
    String sql="delete from user where name='"+user.getName()+"'";
try
{
    stmt.executeUpdate(sql);
}
catch(SQLException e)
{
    e.printStackTrace();
 }
}
//获取所有用户
public List<User> getAllUsers()
{
    List<User> usersList = new ArrayList<User>();
    String sql="select * from user";
    ResultSet rs=null;
    try
    {
        //执行 SQL 语句，获取结果集
        rs = stmt.executeQuery(sql);
        //遍历结果集
        while(rs.next())
        {
            User user = new User();
            String name = rs.getString(1);
            String pwd = rs.getString(2);
            user.setName(name);
            user.setPwd(pwd);
            usersList.add(user);
        }
        rs.close();
    }
    catch(SQLException e)
    {
        e.printStackTrace();
    }
    rs = null;
    return usersList;
 }
```

```
    //清空所有用户
    public void clear()
    {
        String sql="delete from user";
        try
        {
            stmt.executeUpdate(sql);
        }
        catch(SQLException e)
        {
            e.printStackTrace();
        }
    }
}
```

程序清单 5-3　javaee.jdbc\TestJDBC.java

```
package javaee.jdbc;
import java.util.Iterator;
import java.util.List;
public class TestJDBC
{
    public static void main(String args[])
    {
        User user1 =new User();
        user1.setName("Helen");
        user1.setPwd("123456");
        User user2=new User();
        user2.setName("Celery");
        user2.setPwd("abcdef");
        UserDAO userDAO =new UserDAO();
        System.out.println("clear all users ...");
        userDAO.clear();
        //添加用户
        System.out.println("\nadd 2 users:");
        userDAO.addUser(user1);
        userDAO.addUser(user2);
        List<User> list1=null;
        list1 = userDAO.getAllUsers();
        showUserList(list1);
        //删除用户
        System.out.println("\nremove user Helen:");
        userDAO.removeUser(user1);
        List<User> list2 = null;
        //获取所有用户
        list2 = userDAO.getAllUsers();
        showUserList(list2);
    }
    static void showUserList(List<User> list)
    {
        System.out.println("---------users list---------");
        for (Iterator<User> i = list.iterator(); i.hasNext();)
        {
            User user = i.next();
            System.out.print(user.getName()+":"+user.getPwd());
```

```
            System.out.print("\n");
        }
    }
}
```

运行结果如下。

```
clear all users ...

add 2 users:
---------users list---------
Celery:abcdef
Helen:123456

remove user Helen:
---------users list---------
Celery:abcdef
```

5.6 小结

JDBC 提供了 Java 应用程序访问不同数据库的统一接口。它定义了一套标准的接口，这些接口可以由不同的数据库生产厂商进行实现，并以数据库驱动程序的形式提供给 Java 应用程序开发者。

对于 JDBC 的学习，关键的地方是 JDBC 的主要接口和类，掌握这些接口和类含义、使用场合，以及参数和返回值。

习 题

1. 什么是 JDBC?
2. 为什么 JDBC 要提供一致的数据库访问接口?
3. 思考 JDBC 实现机制的优缺点。
4. JDBC 有哪些主要的接口和类?
5. 在连接数据库时，将 *url*、*user*、*password* 等参数的值直接写在程序中存在什么问题?

第 6 章 JNDI

6.1 JNDI 概述

随着分布式应用的发展，对象的使用者和开发者往往不是同一个部门或同一个公司的，而且对象的使用者并不会等待对象开发完成再进行自己的开发。对象的使用者只是希望能通过一个简单的标识去获取所需的对象，而不必管对象是如何实现的，存放在什么位置。也就是说，对象的使用者希望一种透明的对象获取方式。

针对这类需求的技术出现了很多，如 LDAP（Lightweight Directory Access Protocol，轻量目录访问协议）、RMI（Remote Method Invocation，远程方法调用）、DNS（Domain Name System，域名系统）等。它们都是采用名称作为对象的唯一标识，被统一称为命名和目录服务。

随着这类技术不断出现，相应的标准也趋于混乱。程序员需要针对不同的技术去实现访问代码。在 Java EE 标准中，为了消除这种现象，整合各种命名和目录服务技术，提出了 JNDI 技术，为所有的命名和目录服务设定了统一的接口，简化程序员的工作。

JNDI 的全称是 Java Naming and Directory Interface，是 Java EE 提供的 API，为开发人员提供了查找和访问各种命名和目录服务的通用、统一的接口。命名服务是将名称和对象关联起来的一种服务，使得我们可以用名称访问对象。目录服务是一种扩展的命名服务，在这种服务里，对象不但有名称，还有属性。

JNDI 提供了一组标准的独立于 Java 语言命名系统的 API，这些 API 构建在命名系统之上。JNDI 的存在有助于将应用与实际数据源分离，不管应用访问的是 LDAP、RMI、DNS，还是其他的命名和目录服务，JNDI 都可以以一种统一的形式对服务进行封装，提供一致的访问接口。

JNDI 的架构如图 6-1 所示。

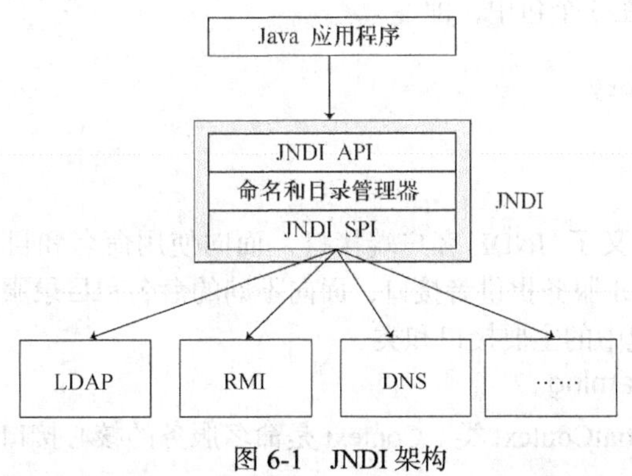

图 6-1 JNDI 架构

Java 程序调用 JNDI API（Application Programming Interface，应用编程接口），这些调用由命名和目录管理器发送给合适的 JNDI SPI（Service Provider Interface，服务提供者接口），JNDI 将此调用转换成原始的服务（如 LDAP、RMI 等）调用命令，实现 Java 应用程序对服务的使用。

JDNI 层的存在，使得 Java 应用程序与服务提供者之间解耦，这一点的真正含义是，要让应用与命名服务或目录服务交互，只需要面向 JNDI API 即可，而不需要直接面向原始服务。

服务提供者通常是一组 Java 类，这些类为各种具体的命名和目录服务实现了 JNDI 接口，这与各种具体的数据库 JDBC 驱动系统实现了 JDBC 接口类似。作为一个应用开发者，不必关心 JNDI SPI。只需要确认使用的每一个命名或目录服务都有服务提供者。

JDNI 通过绑定的概念将对象和名称联系起来。在一个文件系统中，文件名被绑定给文件。在 DNS 中，一个 IP 地址绑定一个 URL。在目录服务中，一个对象名被绑定给一个对象实体。JNDI 中的一组绑定作为上下文来引用。每个上下文暴露的一组操作是一致的。例如，每个上下文提供了一个查找操作，返回指定名字的相应对象。每个上下文都提供了绑定和撤除绑定名字到某个对象的操作。

6.2　命名服务与目录服务主要概念

所谓命名服务，就是把名称和对象进行关联，并可根据名称获取对象的一种服务。把一个名称和一个对象关联在一起的过程，称为绑定。

名称和对象绑定可以通过代码编程实现，也可以直接在容器中配置。

一个命名服务中，所有的可能的名称构成了一个空间，称为命名空间。一组名称到对象的绑定，称为上下文。

目录服务是一种扩展的命名服务。与命名服务不同的是，目录服务中对象可以有属性，而命名服务中对象没有属性。因此，在目录服务中，可以根据对象的属性搜索对象。

目录服务的名称可能会让人产生混淆，似乎觉得这是一个用来操作目录的服务。事实上，可以把这个目录理解成为 JNDI 存放对象时使用的方式。也就是说，JNDI 以目录的方式存储对象的属性。

例如，用户通过 JNDI 存储一个汽车对象，那么，汽车就是根目录，汽车的轮子、引擎之类的子对象就算是子目录，而属性，比如说汽车的牌子、重量之类，就算是汽车目录下的文件。

6.3　JNDI 的主要接口和类

JNDI 的接口和类包含在 5 个包中，即

```
javax.naming
javax.naming.directory
javax.naming.event
javax.naming.ldap
javax.naming.spi
```

其中，前面 4 个包定义了 JNDI 客户端接口，面向使用命名和目录服务的应用。最后的 javax.naming.spi 定义了 JNDI 服务提供者接口，面向不同的命名和目录服务提供者。

本节主要介绍前 3 个包中的主要接口和类。

1. 命名服务：javax.naming

（1）Context 接口和 InitialContext 类。Context 是命名服务的核心接口，提供对象查找，绑定/

解除绑定，重命名对象，创建和销毁子上下文等操作。InitialContext 类实现了 Context 接口，是访问命名服务的起始上下文，通过它可查找对象和子上下文。

Context 接口主要方法有以下几点。

① Object lookup(Name name)：根据名称获取对象。

② void bind(Name name, Object obj)：绑定名称到对象。

③ void unbind(Name name)：解除绑定，释放对象。

④ void rebind(Name name, Object obj)：将对象和一个已经存在的名称重新绑定。

⑤ void rename(Name oldName, Name newName)：修改对象名称。

⑥ NamingEnumeration<NameClassPair> list(Name name)：列出上下文中的所有对象名称信息。NameClassPair 包含对象名称和对象类名。

⑦ NamingEnumeration<Binding> listBindings(Name name)：列出上下文中的所有绑定。

⑧ Context createSubcontext(Name name)：创建子上下文。

⑨ void destroySubcontext(Name name)：销毁子上下文。

（2）Name 接口。对应于命名服务概念中的对象名称。它的具体实现可能是一个简单的字符串，也可能是一个复杂对象。CompoundName 类和 CompositeName 类均实现了 Name 接口，分别代表复合名称和混合名称。

（3）Binding 类。对应于命名服务概念中的绑定。一个 Binding 包含对象名称、对象的类名称、对象本身。

（4）Referenceable 接口和 Reference 类。命名服务中对象的存储方式各不相同，有的将对象直接序列化，这是实现标准的 Serializable 接口。有的要将对象存储在命名系统外部，这就要用到 Referenceable 接口和 Reference 类了。Reference 类包含了怎样构造出一个实际对象的信息，实际对象则需要实现 Referenceable 接口。

Referenceable 主要方法：Reference getReference();。

当将一个实现了 Referenceable 接口的对象绑定到 Context 时，实际上是通过 getReference()得到它的 Reference 再进行绑定。而如何从 Reference 中创建出 Referenceable 实例，则由具体的 SPI 实现，JNDI 客户不用关心。

2. 目录服务：javax.naming.directory

（1）DirContext 接口和 InitialDirContext 类。

DirContext 是目录服务的核心接口，它扩展了 Context 接口，除了提供命名服务的各种操作外，还提供了访问和更新目录对象属性的操作，以及 Search 操作。InitialDirContext 类扩展 InitialContext 类并实现了 DirContext 接口，是访问目录服务的起始点。

DirContext 主要方法有以下几种。

① binding/rebing/unbinding 等方法与 Context 类似，区别是各个方法中均添加了 Attributes 参数，表示绑定的是一个目录对象，其中有对象本身，还有对象的属性集合。

② Attributes getAttributes(Name name)：获取对象的属性集合。

③ void modifyAttributes(Name name, int mod_op, Attributes attrs)：修改对象的属性集合。

④ NamingEnumeration<SearchResult> search(Name name, Attributes matchingAttributes)：搜索包含匹配的属性的对象。

⑤ NamingEnumeration<SearchResult> search(Name name, String filter, SearchControls cons)：通过查询过滤条件进行搜索，同时指定了搜索控制。

（2）Attribute 接口和 Attributes 接口。

Attribute 接口对应于目录服务概念中的属性。Attributes 表示属性的集合。

（3）SearchResult 类和 SearchControls 类。

SearchResult 类继承自 Binding 类，表示 DirContext 的 search 操作的结果。SearchControls 类用于对搜索操作进行更精细的控制，如指定搜索范围（Scope）、时间限制（TimeLimit）和结果数量限制（CountLimit）。

3. 命名和目录服务事件：javax.naming.event

（1）EventContext 接口和 EventDirContext 接口。分别表示支持事件通知的上下文，提供了添加和删除事件监听器的操作。

（2）NamingEvent 类。命名和目录服务产生的事件，包含一个 type 表示不同的事件类型。

（3）NamingListener/NamespaceChangeListener/ObjectChangeListener。NamingListener 是处理 NamingEvent 事件监听器的接口，NamespaceChangeListener 和 ObjectChangeListener 是它的两个子接口，分别定义了各自感兴趣的 NamingEvent 事件类型的处理方法。

6.4 JNDI 的使用

在 JNDI 中，可以使用 javax.naming.Context 接口管理 JNDI 对象。

JNDI 的使用包括以下步骤。

1. 创建初始上下文环境

使用 javax.naming.Context 接口和 javax.naming.InitialContext 类创建：

```
Context context = new InitialContext();
```

如果是客户端使用服务端上 JNDI 对象，创建初始上下文环境时，必须指定服务器的命名和目录管理地址。

```
Properties prop = new Properties();
prop.put(Context.PROVIDER_URL, "remote:// localhost:4447");
prop put(Context.INITIAL_CONTEXT_FACTORY,
    "org.jboss.naming.remote.client.InitialContextFactory");
Context context = new InitialContext(prop);
```

2. JNDI 对象绑定

在建立初始上下文环境后，可以将一个对象绑定一个名字上。

```
String url = "jdbc:mysql://localhost:3306/test";
conetext.bind("dbUrl", url);
```

3. 获取 JNDI 对象

```
String url = (String)ctx.lookup("dbUrl");
```

4. 取消 JNDI 对象绑定

```
context.unbind("dbUrl", url);
```

6.5 JNDI 开发实例

本节将会以一个应用实例展示 JNDI 的作用。要了解 JNDI 的作用，我们可以从“如果不用 JNDI 我们怎样做？用了 JNDI 后我们又将怎样做？”这个问题来探讨。

如果没有 JNDI，使用 JDBC 连接数据库的代码如程序清单 6-1 所示。

程序清单 6-1　JDBC 连接数据库

```
String url = "jdbc:mysql://localhost:3306/test";
//MySQL 的 JDBC Java 驱动程序
```

```
String driver = "org.gjt.mm.mysql.Driver";
Class.forName(driver);
//数据库访问用户名和密码
String dbUser = "root";
String dbPwd = "123456";
//创建数据库连接对象
Connection con = DriverManager.getConnection(url, dbUser, dbPwd);
```

然而，这样做存在下面这些问题。

（1）数据库服务器地址、数据库名称、用户名和口令都可能需要改变，由此引发 JDBC URL 需要修改。

（2）数据库可能改用别的产品，如改用 DB2 或者 Oracle，引发 JDBC 驱动程序包和类名需要修改。

程序员应该不需要关心“具体的数据库后台是什么？JDBC 驱动程序是什么？JDBC URL 格式是什么？访问数据库的用户名和口令是什么？”等这些问题，程序员编写的程序应该没有对 JDBC 驱动程序的引用，没有服务器名称，没有用户名称或口令。只需要通过一个 JNDI 名称，就可以获取数据库连接对象。

下面就用 JNDI 来实现数据库的连接。

（1）配置 JNDI 数据源

按照第 1 章 1.6.4 小节中数据源的配置过程进行配置。

（2）连接 JNDI 数据源。

在 JBOSS AS7 中，应用程序使用 JNDI 时，为了保证安全性，必须要进行用户验证。因此，要先在 JBOSS AS7 中创建一个应用程序用户。

运行 JBOSS_HOME/bin/add-user.bat，按如下提示完成用户创建。

```
What type of user do you wish to add?
a) Management User (mgmt-users.properties)
b) Application User (application-users.properties)
```

(a):

选择: b

然后你会看到下面的响应界面

```
Enter the details of the new user to add.
Realm (ApplicationRealm) :
```

直接回车，使用缺省的 ApplicationRealm。然后会提示输入用户名和密码

```
Username :
Password :
```

用户名输入 jndiTest，密码输入 123456。继续出现提示界面

```
What roles do you want this user to belong to?
```

输入 guest。

最后提示输入是否正确

```
Is this correct yes/no?
```

输入 y

根据上面的步骤进行操作，就可以完成应用程序用户的创建。

创建过程的界面如图 6-2 所示。

```
C:\WINDOWS\system32\cmd.exe
D:\jboss-as-7.1.1.Final\bin>add-user.bat

What type of user do you wish to add?
 a) Management User (mgmt-users.properties)
 b) Application User (application-users.properties)
(a): b

Enter the details of the new user to add.
Realm (ApplicationRealm) :
Username : jndiTest
Password :
Re-enter Password :
What roles do you want this user to belong to? (Please enter a comma separated l
ist, or leave blank for none) : guest
About to add user 'jndiTest' for realm 'ApplicationRealm'
Is this correct yes/no? y
Added user 'jndiTest' to file 'D:\jboss-as-7.1.1.Final\standalone\configuration\
application-users.properties'
Added user 'jndiTest' to file 'D:\jboss-as-7.1.1.Final\domain\configuration\appl
ication-users.properties'
Added user 'jndiTest' with roles guest to file 'D:\jboss-as-7.1.1.Final\standalo
ne\configuration\application-roles.properties'
Added user 'jndiTest' with roles guest to file 'D:\jboss-as-7.1.1.Final\domain\c
onfiguration\application-roles.properties'
请按任意键继续. . .
```

图 6-2　应用程序用户创建图

下面的代码使用 JNDI 访问 MySQL 数据源。

将 JDBC 开发实例中的 UserDAO 类的构造函数，替换成如下代码实现。

程序清单 6-2　使用 JNDI 访问 MySQL 数据源

```
package javaee.jdbc;
import java.sql.Connection;
import java.sql.DriverManager;
import java.sql.ResultSet;
import java.sql.SQLException;
import java.sql.Statement;
import java.util.ArrayList;
import java.util.List;
//jndi引用包
import javax.naming.*;
import javax.sql.DataSource;
import java.util.Properties;

public class UserDAO {
    //定义数据库连接对象
    Connection con = null;
    //定义SQL语句对象
    Statement stmt = null;
    public UserDAO()
    {
        //创建初始上下文环境
        Context context = null;
        //设置jndi访问链接
        Properties prop = new Properties();
        prop.put(Context.PROVIDER_URL, "remote://localhost:4447");
        //初始化上下文环境工厂
        prop.put(Context.INITIAL_CONTEXT_FACTORY,
        "org.jboss.naming.remote.client.InitialContextFactory");
```

```
        //用户验证
        prop.put(Context.SECURITY_PRINCIPAL, System.getProperty("username","jndiTest"));
        prop.put(Context.SECURITY_CREDENTIALS,
            System.getProperty("password","123456"));
        try
        {
            //查找 JNDI 对象
            Context ctx=new InitialContext();
            Object datasourceRef=ctx.lookup("java:MySqlDS");
            //引用数据源
            DataSource ds=(DataSource)datasourceRef;
            con=ds.getConnection();
            //创建 SQL 语句对象
            stmt = con.createStatement();
        }
         //异常处理
        catch(Exception e)
        {
            System.out.println(e.toString());
        }
    }
}
```

6.6　小结

JNDI 是对已有的命名和目录服务的集成和标准化，提供了一套标准的命名和目录服务应用接口。

JNDI 最重要的思想就是简化对象的访问机制，尤其是远程对象的访问。用户只需要知道对象的 JNDI 名称，就可以去访问其绑定的对象，而不需要用户去了解实际的对象究竟是怎么存放的，存放在哪里。

习　题

1. 什么是命名服务？
2. 什么是目录服务？
3. 什么是 JNDI?
4. JNDI 有哪些主要的接口和类？
5. 将 JNDI 和 JDBC 的设计思想和架构进行比对。

第7章 EJB

7.1 EJB概述

EJB是Enterprise JavaBean的缩写，又称为企业Bean，是Sun公司提出的服务器端组件规范，它描述了在构建组件的时候所需要解决的一系列问题，如可扩展（Scalable）、分布式（Distributed）、事务处理（Transcational）、数据存储（Persistent）、安全性（security）等。具体来说，EJB使业务逻辑实现与系统级服务分开，从而使开发人员可以集中考虑手头的业务问题。凭借Java跨平台的优势，使用EJB技术部署的分布式系统可以不限于特定的平台，因此EJB大大增强了Java的能力，并推动了Java在企业级应用程序中的应用。

从1998年发布EJB1.0标准以来，到现在为止，已经成功地发布到了EJB 3.1版本。但是EJB的发展并不是一帆风顺的，1998年Sun公司发布了EJB1.0版本，然而却一直备受冷落。2001年8月Sun又推出了EJB2.0规范，不过它的命运也和EJB1.0差不多，还是没有翻身。这其中最大的原因，是因为EJB的复杂性。Sun在发布J2EE相关规范和产品时承诺，J2EE将会使开发变得更容易，从而会显著降低开发成本。但在J2EE发布时，满心欢喜的人们却发现，EJB却是如此复杂。在编写EJB时需要进行大量的配置，而且还需要实现一大堆的接口。这不但没有降低开发难度，反而成为很多开发人员的恶梦。在EJB2.x刚出来的几年，国内有很多程序员盲目跟风，但当时，他们中的大多数都只是停留在EJB的“名词”阶段。而当他们开始熟悉并使用EJB时，却发现并不是像他们想得那样美妙。

在EJB 2.x规范中，实体Bean的主要功能是对数据进行包装，从而使数据持久化。但Sun却为实体Bean定义了一大堆接口，而且不能通过实体Bean进行SQL级的查询，并且实体Bean必须得依托EJB容器才能使用，这些限制大大降低了实体Bean的使用价值。进入21世纪以来，有许多与EJB类似但更容易使用的数据持久化组件开始成为开发人员的新宠，这其中比较流行的有Hibernate、JDO和TopLink。近几年里Hibernate当仁不让地成为了最耀眼的明星，主要是因为Hibernate的开发难度比EJB小，而且Hibernate的使用并不依赖于具体的容器，可以将Hibernate使用在B/S或C/S的任何Java环境上。这几种O/R映射框架大有取代EJB之势，因此，Sun要想扭转EJB的颓势，必须要从EJB下手。EJB经过了长达8年的卧薪尝胆，被Sun称为最简单的EJB3.0框架终于在2006年推出了。

EJB 3.0和Java EE 5几乎是同时发布的，因此EJB 3.0中使用了很多Java EE 5的新特性，如EJB3.0在定义Bean时（包括会话Bean和实体Bean），可以不再使用接口，并且使用Java EE 5提供的注释（Annotations）进行定义，无论什么样的企业级Bean只是一个加了相应注释的简单的Java对象（POJO）。不仅如此，EJB 3.0中已经全面使用注释取代了配置文件，并且抛弃了EJB实体Beans，取而代之的是JPA。随着EJB 3.0的发布，很多EJB服务器陆续开始支持EJB 3.0了，最早的是JBoss，其次WebLogic、WebSphere等也相继提供了对EJB 3.0的支持。

如果说EJB 3.0是一场革命，那么EJB 3.1则是一种进化。EJB 3.1是随着Java EE 6一起发布的，进一步简化了 EJB 的使用，并提供了许多常见使用模式的改进。EJB 3.1 目标是在 EJB 3.0 带来的成功之上，将简单开发深入下去并增加一些急需的特性。

7.2　EJB 3.1 组件类型及组成

7.2.1　类型

根据 Bean 的不同用途，EJB 3.1 规范中将 EJB 组件分为两种类型：Session Bean（会话 Bean）和 Message-Driven Bean（消息驱动 Bean）。

1. 会话 Bean

会话 Bean 主要是对业务逻辑的封装，其既可运行于独立的 EJB 容器中，也可运行于作为标准 Java 平台、Java EE 应用程序服务器一部分的 EJB 容器中。EJB 3.1 中将会话 Bean 分成有状态会话 Bean、无状态会话 Bean、单例会话 Bean。有状态会话 Bean 可以保存客户端的状态，客户端在多次访问之间可以共享状态；无状态会话 Bean 不能保存客户端的状态，进而不能保存客户端的信息；单例会话 Bean 是 EJB 3.1 中新增加的类型，它在每个应用中只实例化一次，生命周期是整个应用。

2. 消息驱动 Bean

消息驱动 Bean(MDB)是设计用来专门处理基于消息请求的组件。一个 MDB 类必须实现 MessageListener 接口。当容器检测到 Bean 守候的队列中存在一条消息时，就调用 onMessage()方法，将消息作为参数传入。MDB 在 OnMessage()中决定如何处理该消息。你可以用注释来配置 MDB 监听哪一条队列。当 MDB 部署时，容器将会用到其中的注释信息。

7.2.2　组成

EJB 组件实际上是服务器端运行的一个对象，但该对象所对应的类并不被客户端所知，该对象对外发布的是一个服务名称，并提供可以被客户端调用的接口。而 EJB 并不是一个单独的文件，其组成包括以下几部分。

（1）类文件：实现基本方法的类，封装了需要实现的业务逻辑，数据逻辑或消息处理逻辑，具有一定的编程规范，代码不需要被客户端得知。

（2）接口文件：是 EJB 组件模型的一部分，包含了 EJB 提供的对外服务接口，里面提供的方法一般和需要被远程调用的方法一致，一般情况下，要求类文件必须和接口中的定义保持一致性。

（3）必要的情况下，编写一些配置文件，用于描述 EJB 部署过程中的一些信息。

EJB 可以作为一个服务被调用，可以单独运行，是一个进程级组件。EJB 中还提供了一些安全管理、事务控制功能，使得我们调用 EJB 时，不需要太多地束缚于这些问题的编码。

7.3　EJB 运行原理

本文以会话 Bean 为例说明 EJB 运行原理。利用 EJB 编程，通常包含以下几个步骤。

（1）编写接口。

（2）编写实现接口的 EJB 实现类。

（3）部署到服务器中，将 JNDI 名称发布。

（4）编写客户端程序，并将接口拷贝给客户端，通过 JNDI 查找获得 EJB，调用 EJB 的方法。

从上面的步骤可以看出，在 EJB 开发过程中，用到的组件有：客户端、接口（远程接口或者本地接口）、EJB 实现类、JNDI 名称等。它们之间的关系如图 7-1 所示。

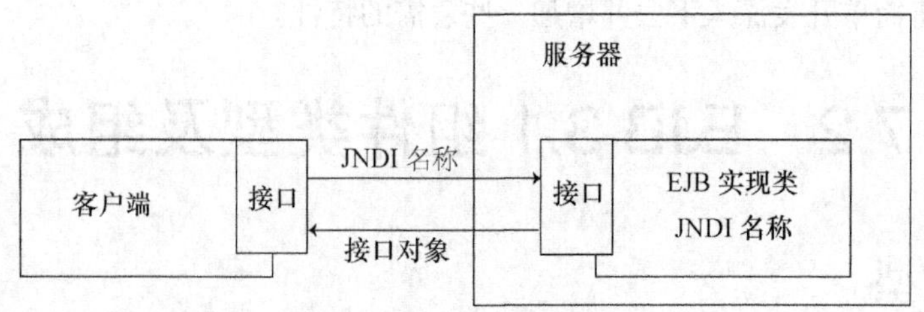

图 7-1　EJB 组件之间的关系

对于一个会话 Bean 中的业务逻辑的执行过程，其执行步骤如下。

（1）客户端向服务器发起连接，在服务器上寻找相应的 JNDI 名称，如果找到，返回一个对象。

（2）客户端将该对象强制转换为接口类型。

（3）客户端调用接口中的方法，实际上调用了服务器端 EJB 实现类内的方法。

7.4　EJB 3.1 新特性

1. 无接口的会话 Bean

EJB3.0 要求 Bean 至少实现一个接口，而 EJB3.1 的 Bean 可以不需要接口。如下所示就是一个没有实现任何接口的无状态会话 Bean。

```
@Stateless
Public class StockQuoteBean{
Public double getStockPrice(Stringsymbol){
...
}
}
```

2. 单例会话 Bean

EJB3.1 之前，会话 Bean 被设计为单线程的模型，此模型要求同一时刻某一个 Bean 的实例只能被一个客户端使用，其中无状态会话 Bean 采用实例池，而有状态会话 Bean 采用激活钝化技术实现。引入单例会话 Bean 概念主要是为了共享应用数据和支持一致性访问，当一个 Bean 被标记为 Singleton 时，在整个应用层容器可以保证每个客户端共享一个实例。默认情况下，所有单例会话 Bean 都具有事务性且线程是安全的，可以灵活地选择并发性。

```
@Singleton //单例会话Bean
public class CounterBean {
private int count;
@PostConstruct //实例化之后运行的内容
public void initialize() {
   count=5;
}
}
```

3. 简化的 EJB 打包机制

EJB 3.1 中一个重要的改进是可以直接将 EJB 组件打包到 WAR 文件中，不用再独立创建 jar 文件了。EJB3.1 以前规范始终要求企业 Bean 打包到一个叫做 ejb-jar 的文件模块中，应用程序被强制性要求使用一个 Web 应用程序使用的归档文件(.war)，一个企业 Bean 使用的 ejb-jar 文件，还有一个包含其他包的企业归档文件(.ear)，如图 7-2 所示，这种打包方法非常复杂，它需要指定模块之间共享的类和资源。

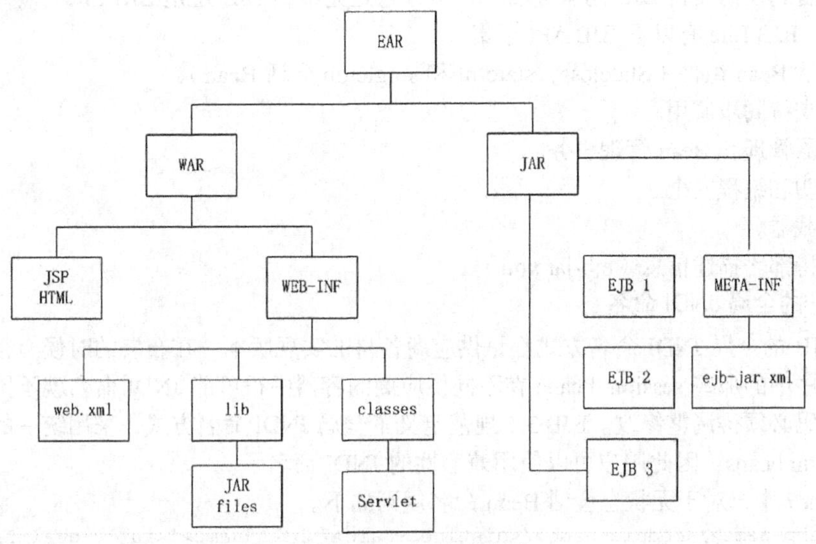

图 7-2 EJB 3.0 打包方式

EJB 3.1 为 Web 应用程序提供了一个简化的打包机制，开发人员可以直接将 classes 目录下的 EJB 和 servlets 一起打包到 WAR 文件中，图 7-3 显示了 EJB 3.1 的打包方式。

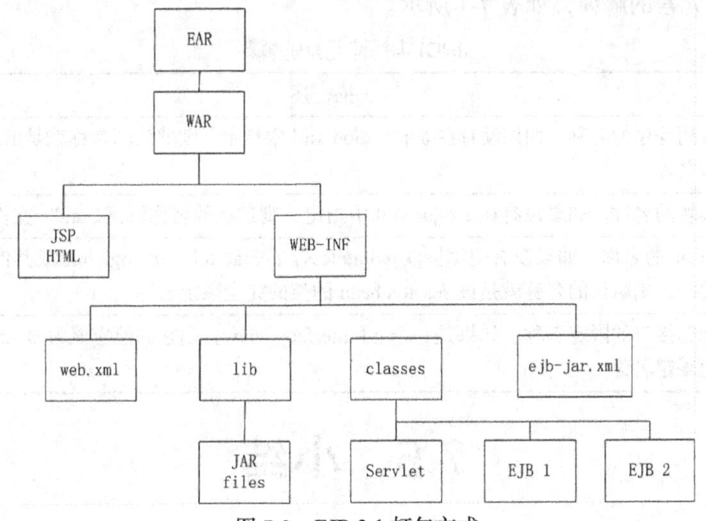

图 7-3 EJB 3.1 打包方式

4. 异步会话 Bean

将异步调用引入会话 Bean 是 EJB 3.1 中最重要的特性之一，它可以应用于所有类型的会话 Bean。在 EJB 3.1 之前，在会话 Bean 上的任何函数调用都是同步的。EJB 3.1 规范规定：在容器开始执行某个 Bean 实例的调用之前，异步调用的控制权一定要返回给客户端，因此允许客户端触发并行处理的流程。

5. EJB Lite

许多企业级应用不需要 EJB 完整的功能，因此在 EJB 3.1 中引入了 EJB Lite，它是 EJB API 的一个子集，EJB Lite 包括了创建一个企业级应用的所有功能，但不包括专业的 API。EJB Lite

提供了厂家选项，让厂家可以在它们自己的产品中实施 EJB API 的子集，使用 EJB Lite 创建应用程序可以部署到任何支持 EJB 的服务器上，不管它是完整的 EJB 还是 EJB Lite，嵌入式容器也支持 EJB Lite，EJB Lite 有以下 EJB API 子集。

（1）会话 Bean 组件（Stateless，stateful 和 singleton 会话 Bean）。

（2）只支持同步调用。

（3）容器管理和 Bean 管理事务。

（4）声明和编程安全。

（5）拦截器。

（6）支持部署描述信息（ejb-jar.xml）。

6. 统一的全局 JNDI 命名

原来 EJB 的全局 JNDI 命名方式都是供应商各自的实现版本，在布署的时候有很多问题。同一个应用程序中的那些 session beans 在不同供应商的容器中很可能 JNDI 命名就不同，造成客户端的调用代码必须得调整修改。EJB 3.1 规范定义了全局 JNDI 命名方式，采用统一的方式来获取注册的 session beans，因此用户可以使用兼容性的 JNDI 命名了。

在 JBoss 7 中，对于无状态会话 Bean 命名规则如下。

```
ejb:<app-name>/<module-name>/<distinct-name>/<bean-name>!<fully-qualified-classname-of-the-remote-interface>
```

对于有状态会话 Bean 命名规则如下。

```
ejb:<app-name>/<module-name>/<distinct-name>/<bean-name>!<fully-qualified-classname-of-the-remote-interface>?stateful
```

JNDI 中各种元素的解释，如表 7-1 所示。

表 7-1　JNDI 中各种元素的解释

名　称	描　述	必　选
app-name	应用程序的名称。如果没有在 application.xml 中指定，则默认的名称就是 EAR 的打包名称	否
module-name	模块的名称。如果没有在 ejb-jar.xml 中指定，则默认的名称就是 bundle 文件名	是
bean-name	Bean 的名称。如果没有使用标注@Stateless，@Stateful，@Singleton 或其他布署描述符，则默认的名称就是该 session bean 的类的完全限定名称	是
Fully-qualified-interface-name	暴露接口的限定名称。如果是一个 no-interface view，则它的值应该为 Bean 类的完全限定名称	是

7.5 小结

本章介绍了 EJB 的发展过程、类型及简单工作原理，并介绍了 EJB 3.1 中的新特性。EJB 3.1 是随着 Java EE 6 一起发布的，它极大简化了 EJB 编程方法，是今后学习的重点。

习题

1. EJB 组件类型有哪几种？简介进行介绍。
2. 简要介绍 EJB 运行原理。

第 8 章 会话 Bean

8.1 会话 Bean 概述

会话 Bean 主要是对业务逻辑的封装，根据其是否保存客户的状态，可分为有状态（Stateful）会话 Bean、无状态（Stateless）会话 Bean 和单例（Singleton）会话 Bean。

1. 无状态会话 Bean

无状态会话 Bean 不维持和客户端的会话状态，这意味着客户端程序对这类组件的两次方法调用之间是没有联系的。当客户端调用无状态会话 Bean 的方法的时候，Bean 实例的变量可能包含客户端特定的状态，但是当方法结束的时候，客户端特定的状态就不会被保持。除了方法调用期间外，无状态会话 Bean 的所有的实例都是等价的，因此允许 EJB 容器将一个实例分配给任意一个客户端，如图 8-1 所示。因此无状态会话 Bean 非常适合以一定数量的实例支持大量并发客户程序的调用要求，可以使用实例池机制使其具有较高的性能与可伸缩性。无状态会话 Bean 一旦被实例化就被加进实例池中，各个用户可以共用。即使用户已经消亡，Bean 的生命周期也不一定结束，它可能依然存在于实例池中，供其他用户使用。一个典型的例子就是使用无状态会话 Bean 实现管理商品或者查询商品的业务处理。

2. 有状态会话 Bean

有状态会话 Bean 是一种保持会话状态的服务，每个实例都与特定的客户端相关联，在与客户端的方法调用之间维持对话状态，如图 8-2 所示。如果客户端移除了 Bean，那么会话就会结束，状态也会消失。一个典型的应用就是作为网上商店的购物车。当用户进入网上商店后，用户的账号、选购的商品均被存入购物车，购物车始终跟踪用户的状态，购物车与客户是一一对应的。

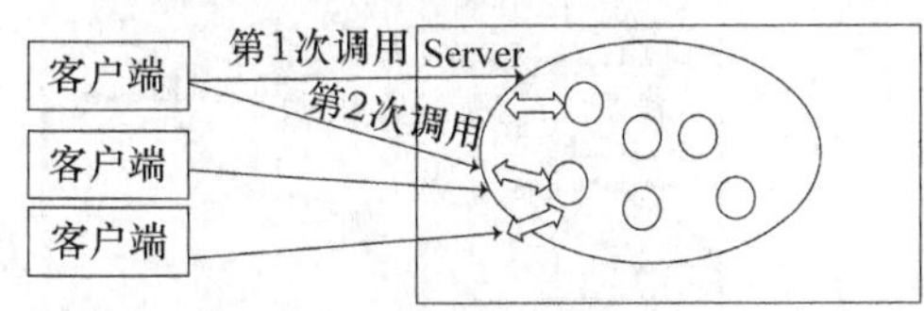

图 8-1 无状态会话 Bean 实例与客户端对应关系

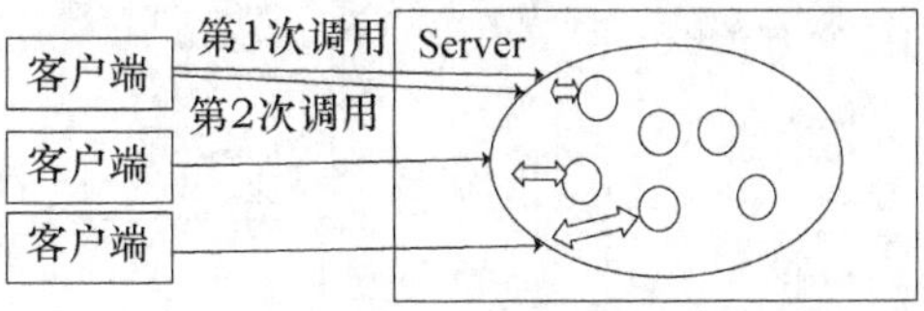

图 8-2 有状态会话 Bean 实例与客户端对应关系

3. 单例会话 Bean

单例会话 Bean 在每个应用程序中只被实例化一次，在整个应用程序的生命周期中存在，如图 8-3 所示。单例会话 Bean 用于客户交叉共享和同步访问的企业应用。单例会话 Bean 提供了和无状态会话 Bean 类似的功能，区别是单例会话 Bean 在每个应用程序中只有一个实例，而无状态

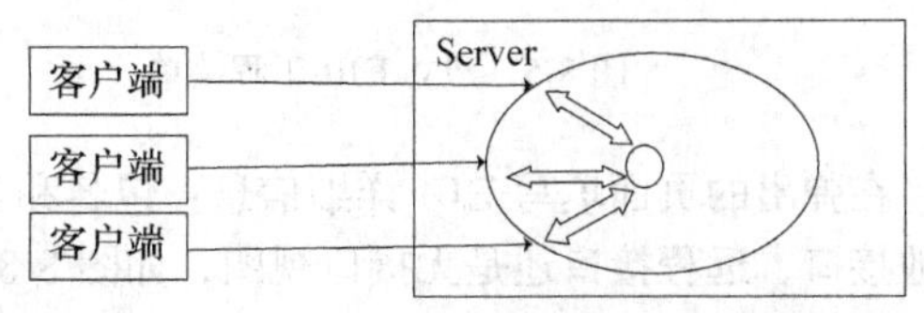

图 8-3 单例会话 Bean 实例与客户端对应关系

会话 Bean 会有一个实例池。单例会话 Bean 在客户端的调用间会保持状态，但是在服务器关闭或崩溃时不会保持状态。一个典型的应用就是在应用程序启动的时候实例化该单例会话 Bean，这使得单例会话 Bean 能够执行应用程序初始化的任务，单例会话 Bean 还可以在应用程序关闭的时候执行清理的任务，从而保证应用程序的操作是贯穿整个应用程序的生命周期的。

8.2 会话 Bean 组成

在使用 EJB 3.1 规范编写会话 Bean 时，可以把会话 Bean 分为两部分，业务接口与 EJB 实现类，其中业务接口又可以分成远程接口、本地接口以及无接口，如图 8-4 所示。实现本地接口的会话 Bean 不支持远程调用，无法实现计算上的分布性，通常服务于同一个虚拟机上的组件调用。由于本地调用不存在网络传输和 Socket 通信等操作，调用效率比较高。实现远程接口的会话 Bean 支持分布式计算过程，EJB 组件可以被部署到不同的 Java 虚拟机上或不同的计算机上，但由于存在调用数据的打包、网络传输和解包等过程，调用效率相对较低。没有业务接口的会话 Bean 只能被本地访问。

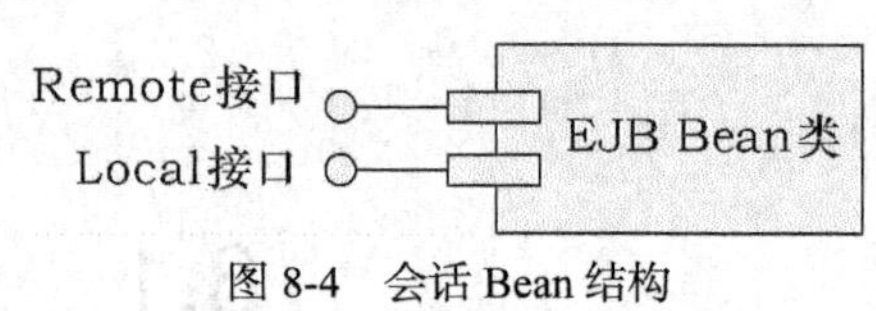

图 8-4 会话 Bean 结构

8.3 无状态会话 Bean 开发方法

在 Eclipse 中，新建一个 EJB 工程，如图 8-5 所示。

在图 8-6 中填写 EJB 工程的名字 SessionEJB，然后单击“Finish”，这样一个 EJB 工程就建立完成了。在建立好的 SessionEJB 工程上单击右键，选择“New->Session Bean”，如图 8-7 所示。

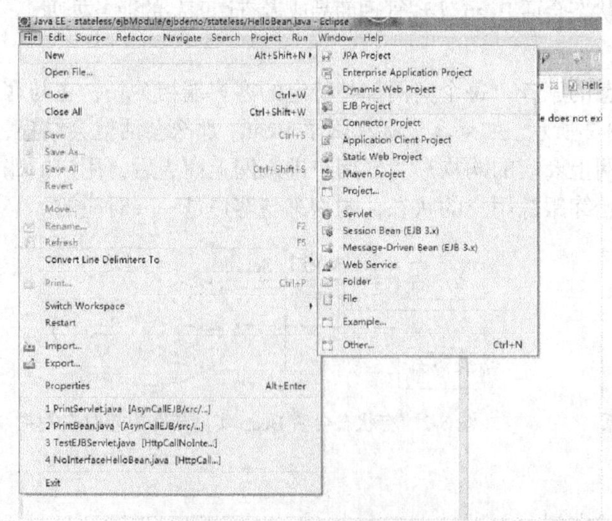

图 8-5 建立 EJB 工程菜单

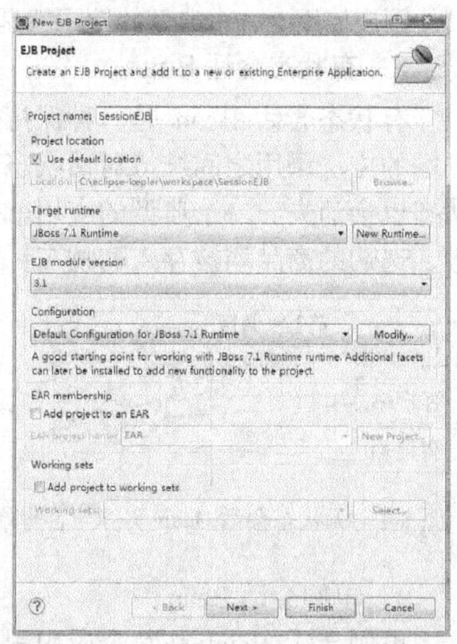

图 8-6 EJB 工程

在弹出的页面填写 EJB 详细信息：包名和类名，并且选择该 EJB Bean 类实现的接口类型是本地接口、远程接口还是无接口视图，如图 8-8 所示。

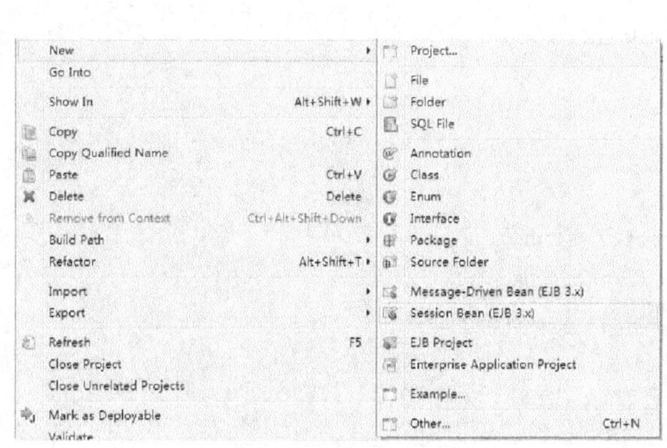

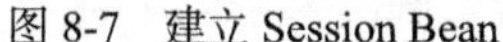
图 8-7　建立 Session Bean

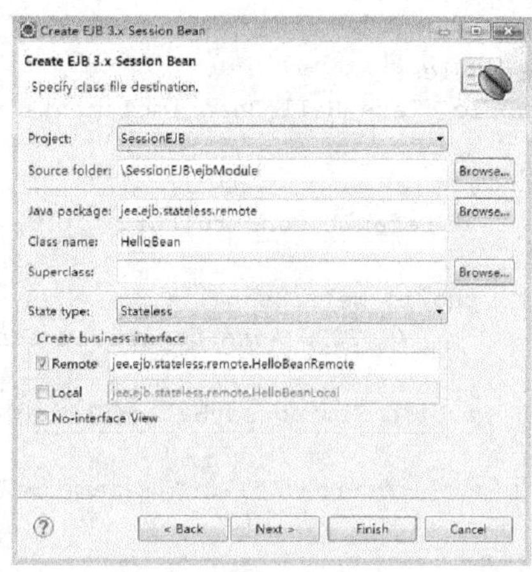

图 8-8　填写 EJB 详细信息

然后单击“Finish”按钮，这样会话 Bean 文件就建立完成了。下面将详细介绍实现各种接口类型的会话 Bean 的开发方法及调用方法。

8.3.1　无状态会话 Bean 例子

1. 实现远程接口的无状态会话 Bean

当会话 Bean 实现远程接口时，它允许客户端通过远程来调用它的业务方法，通常满足如下情况。

① EJB 对远程客户端完全透明，远程客户端通过 JNDI 查找获得 EJB 之后，面向 EJB 业务接口编程即可。

② 远程客户端无须与 EJB 运行于同一个 JVM 之内，远程客户端既可以是普通 Web 组件，也可以是其他客户端程序。

（1）创建一个实现远程接口的无状态会话 Bean 步骤

① 创建远程接口，使用@Remote 进行标注，并加入业务方法声明，作为 RMI 协议的一部分，方法参数按值传递，并且需要序列化。

② 创建实现远程接口 Bean 类，使用@stateless 进行标注，并加入已声明的业务方法的实现代码。

程序清单 8-1　HelloBeanRemote.java

```
package javaee.ejb.stateless.remote;

import javax.ejb.Remote;

@Remote
public interface HelloBeanRemote {
    public String sayHello(String name);
}
```

程序清单 8-2　HelloBean.java

```
package javaee.ejb.stateless.remote;

import javax.ejb.LocalBean;
import javax.ejb.Stateless;

/**
 * Session Bean implementation class HelloBean
```

```
 */
@Stateless
public class HelloBean implements HelloBeanRemote {

    /**
     * Default constructor.
     */
    public HelloBean() {
        // TODO Auto-generated constructor stub
    }
    public String sayHello(String name){

        return "Hello " + name + "!";

    }
}
```

（2）无状态会话 Bean 部署

可以使用 Eclipse 进行部署，在刚刚建立的 EJB 项目上右键单击“Run as→Run on Server”，选中 JBoss7.1.1，单击“finish”按钮地址，部署后可在 Serves 标签上找到刚刚部署成功的项目，如图 8-9 所示。

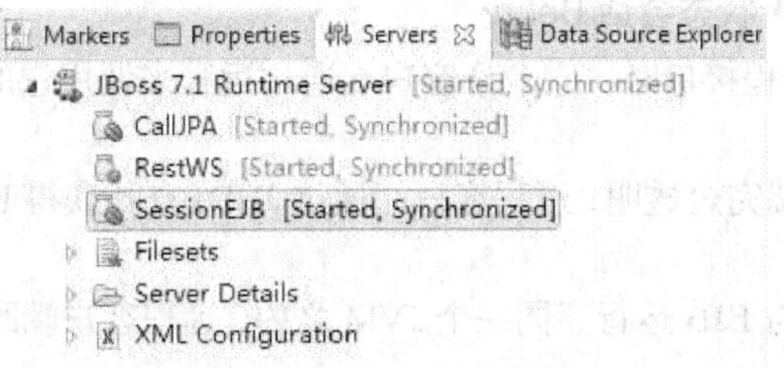

图 8-9 无状态会话 Bean 部署图

此外，成功部署后，可以在 JBoss 7.1.1 安装目录下的 standalone/deployments 下看到已经部署的 EJB，也可以在 Web 页面中看到部署后的 EJB，如图 8-10 所示。

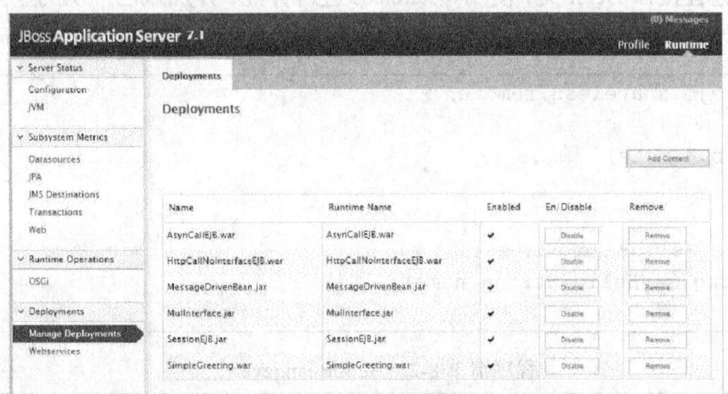

图 8-10 在 Web 页面中看到部署后的 EJB 截图

（3）无状态会话 Bean 客户端通过 JNDI 引用会话 Bean

无状态会话 Bean 的客户端可以是任意组件，例如一个应用程序，一个托管 Bean（带有 @javax.annotation.ManagedBean 标注的 Bean），一个 Servlet，一个 JSF 管理的 Bean，一个 Web Service（SOAP 或 REST）或者是另一个 EJB。调用一个会话 Bean 的方法，客户端不是直接实例化这个 Bean，而是需要找到这个 Bean 的接口的引用，这可以通过依赖注入（@EJB 标注）或者查找 JNDI 获得。除非特殊指定，客户端调用会话 Bean 是同步的。客户端通过 JNDI 引用会话 Bean 的步骤如下。

① 新建一个普通 Java Project 工程，把 jboss-client.jar 加入到项目，jboss-client.jar 文件在 JBOSS_HOME/bin/client/jboss-client-7.1.0.Final.jar 目录下；加入 JBOSS 运行库 JBoss EJB3 Libraries。

② 将 HelloBeanRemote.java 文件按照原有路径复制到本工程中。

③ 在 javaee.ejb.stateless.remote 目录下创建客户端测试文件，如程序清单 8-3 所示。

④ 在 src 目录下添加“jboss-ejb-client.properties”文件。其内容如程序清单 8-4 所示。

程序清单 8-3　StatelessRemoteClient.java

```
package javaee.ejb. statelessclient;

import java.util.Hashtable;

import javax.naming.Context;
import javax.naming.InitialContext;
import javax.naming.NamingException;

public class StatelessRemoteClient {
                public static void main(String[] args) {
                        //在 JBoss 中使用如下方式访问 EJB
                    Hashtable<String, String> jndiProperties = new Hashtable<String,
String>();
                    jndiProperties.put(Context.URL_PKG_PREFIXES,
"org.jboss.ejb.client.naming");
                    try {
                        Context context = new InitialContext(jndiProperties);

                        final String appName = "";
                    final String moduleName = "SessionEJB";
                    final String distinctName = "";
                    Object obj = context.lookup("ejb:" + appName + "/" + moduleName +
"/" + distinctName + "/HelloBean!javaee.ejb.stateless.remote.HelloBeanRemote");

                    HelloBeanRemote hwr = (HelloBeanRemote)obj;
                    String say = hwr.sayHello("Jilin University");
                    System.out.println(say);
                }catch (NamingException e) {
                    e.printStackTrace();
                }
            }
}
```

程序清单 8-4　jboss-ejb-client.properties

```
endpoint.name=client-endpoint
remote.connectionprovider.create.options.org.xnio.Options.SSL_ENABLED=false
remote.connections=default
remote.connection.default.host=localhost
remote.connection.default.port=4447
remote.connection.default.connect.options.org.xnio.Options.SASL_POLICY_NOANONYMOUS=false
remote.connection.default.username=wxy
remote.connection.default.password=123456
```

右键单击“StatelessRemoteClient”，运行后会在 Console 窗口中打印出“Hello Jilin University”

字符串，结果如图 8-11 所示。

```
Markers  Properties  Servers  Data Source Explorer  Snippets  Console
<terminated> StatelessRemoteClient [Java Application] C:\java\jre7\bin\javaw.exe (2013年11月19日 下午10:25:30)
INFO: JBoss EJB Client version 1.0.5.Final
十一月19, 2013 10:25:30 下午org.xnio.Xnio <clinit>
INFO: XNIO Version 3.0.3.GA
十一月19, 2013 10:25:30 下午org.xnio.nio.NioXnio <clinit>
INFO: XNIO NIO Implementation Version 3.0.3.GA
十一月19, 2013 10:25:30 下午org.jboss.remoting3.EndpointImpl <clinit>
INFO: JBoss Remoting version 3.2.3.GA
十一月19, 2013 10:25:30 下午org.jboss.ejb.client.remoting.VersionReceiver handleMessage
INFO: Received server version 1 and marshalling strategies [river]
十一月19, 2013 10:25:30 下午org.jboss.ejb.client.remoting.RemotingConnectionEJBReceiver associate
INFO: Successful version handshake completed for receiver context EJBReceiverContext{clientContext=org.jboss.ejb.client.EJBClientC
十一月19, 2013 10:25:30 下午org.jboss.ejb.client.remoting.ChannelAssociation$ResponseReceiver handleMessage
WARN: Unsupported message received with header 0xffffffff
Hello Jilin University!
```

图 8-11 运行结果图

2. 实现本地接口的无状态会话 Bean

当会话 Bean 实现本地接口时，它只允许本地客户端调用它的业务方法，因此具有如下特征。

① 本地客户端与 EJB 必须运行于同一个 JVM 之内。

② 本地客户端通常与 EJB 位于同一个 Java EE 应用之内，本地客户端往往是该应用内的 Web 组件或其他 EJB 组件。

由于本地客户端调用 EJB 时无需远程调用的系统开销，因此性能更好。本节将使用一个具有远程接口的无状态会话 Bean 组件去访问具有本地接口的会话 Bean 组件。

（1）创建一个实现本地接口的无状态会话 Bean 步骤

① 创建本地接口，使用@Local 并加入业务方法声明。

② 创建实现本地接口 Bean 类，使用@stateless 进行标注，并加入已声明的业务方法的实现代码。

程序清单 8-5 CalculatorBeanLocal.java

```
package javaee.ejb.stateless.local;

import javax.ejb.Local;

@Local
public interface CalculatorBeanLocal {
      public int add(int x,int y);

}
```

程序清单 8-6 CalculatorBean.java

```
package javaee.ejb.stateless.local;

import javax.ejb.LocalBean;
import javax.ejb.Stateless;

/**
 * Session Bean implementation class CalculatorBean
 */
@Stateless
public class CalculatorBean implements CalculatorBeanLocal {

    /**
     * Default constructor.
     */
    public CalculatorBean() {
```

```
        // TODO Auto-generated constructor stub
    }
    public int add(int x,int y)
    {
      System.out.println("\n\t[CalculatorBean]  add() invoked.");
      return (x+y);
    }
}
```

（2）实现远程接口的会话 Bean 通过依赖注入引用本地会话 Bean

@EJB 标注是专门用来将会话 Bean 的引用注入到客户端中。依赖注入只能在被管环境中使用，例如 Ejb 容器，Web 容器和客户端应用容器。

程序清单 8-7　CallerRemote.java

```
package javaee.ejb.stateless.local;

import javax.ejb.*;
@Remote
public interface CallerRemote
{
  public String testMethod();
  public String callEJBOne(int a, int b);
}
```

程序清单 8-8　CallerBean.java

```
package javaee.ejb.stateless.local;

import javax.ejb.Stateless;
import javax.ejb.*;
import javax.naming.*;
import java.util.*;

@Stateless
public class CallerBean implements CallerRemote
{

     @EJB javaee.ejb.stateless.local.CalculatorBeanLocal localbean;
  public String testMethod()
        {
             System.out.println("\n\n\t Bean testMethod() called....");
             return "DONE----returned";
        }
     public String callEJBOne(int a, int b)
        {
         int result=0;
             try{
             System.out.println("\n\n\t Bean callEJBOne(a,b) called....");
           result=localbean.add(a,b);
             }
             catch(Exception e){ e.printStackTrace(); }
             return "DONE----result = "+result;
        }
}
```

程序清单 8-9　TestLocalClient.java

```
package javaee.ejb. statelessclient;

import javax.naming.*;
import java.util.*;

public class StatelessLocalClient {
    public static void main(String[] args)  throws Exception
    {
        String result="";
        System.out.println("\n\n\t begin ...");
        try{
            Hashtable<String, String> jndiProperties = new Hashtable<String, String>();
            jndiProperties.put(Context.URL_PKG_PREFIXES,
"org.jboss.ejb.client.naming");
            Context context = new InitialContext(jndiProperties);

                final String appName = "";
                final String moduleName = "SessionEJB";
                final String distinctName = "";

                System.out.println("ejb:" + appName + "/" + moduleName + "/" +
distinctName +  "/CallerBean!javaee.ejb.stateless.local.CallerBeanRemote");


            CallerBeanRemote remote=(CallerBeanRemote)context.lookup("ejb:" + appName
+ "/" + moduleName + "/" + distinctName +  "/CallerBean!javaee.ejb.stateless.local.
CallerBeanRemote");
        result=remote.callEJBOne(1000,2000);
//          remote.testMethod();
        }
        catch(Exception e){ e.printStackTrace(); }
        System.out.println("ONE----result = "+result);
    }
}
```

右键单击“StatelessLocalClient”，运行后会在 Console 窗口中打印出“ONE----result = DONE----result = 3000”字符串，结果如图 8-12 所示。

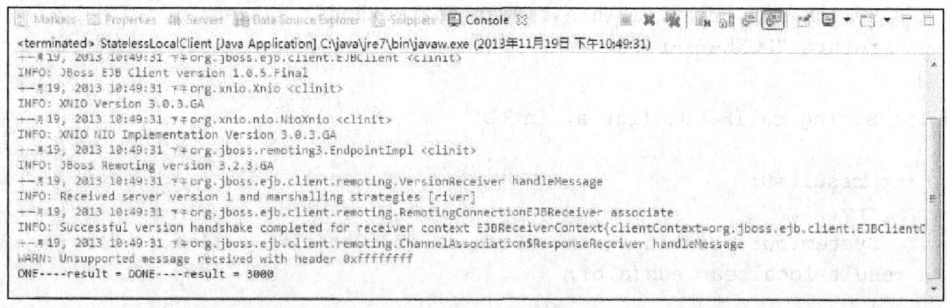

图 8-12　运行结果图

3. 无接口的无状态会话 Bean

EJB3.1 允许会话 Bean 没有实现任何接口，这种会话 Bean 称为无接口会话 Bean，从而用户不用编写独立的业务接口就可以获得相同的企业 Bean 功能。

无接口会话 Bean 与实现本地接口的会话 Bean 具有相同的行为，默认情况下，任何有空 implements 子句，且没有定义任何其他本地或远程接口的会话 Bean 都属于无接口会话 Bean。

程序清单 8-10　NoInterfaceSessionBean

```
package javaee.ejb.stateless.nointerface;

import javax.ejb.LocalBean;
import javax.ejb.Stateless;

@Stateless
public class NoInterfaceHelloBean {

    public NoInterfaceHelloBean() {
    }

    public String sayHello(String s) {
        String message="hello: "+s;
        return message;
    }

}
```

无接口视图的客户端可以通过注入获得一个 EJB 引用，唯一的不同之处是 EJB 引用的 Java 类型是 Bean 类型，而不是本地接口的类型，如下面的 Servlet 调用无接口的无状态会话 Bean 例子。

程序清单 8-11　TestEJBServlet.java

```
package javaee.ejb. statelessclient;

import java.io.IOException;
import javax.servlet.ServletException;
import javax.servlet.http.HttpServlet;
import javax.servlet.http.HttpServletRequest;
import javax.servlet.http.HttpServletResponse;
import javaee.ejb.stateless.nointerface;
import javax.ejb.*;

public class TestEJBServlet extends HttpServlet {

//注入 EJB
    @EJB
    private javaee.ejb.stateless.nointerface.NoInterfaceHelloBean hello;

    protected void doGet(HttpServletRequest arg0, HttpServletResponse arg1) throws
ServletException, IOException {
        this.doPost(arg0,arg1);
    }

    public void doPost(HttpServletRequest request, HttpServletResponse response){
        PrintWriter out=null;
        try{
        response.setContentType("text/html;charset=UTF-8");
            out = response.getWriter();
                out.println("<html>");
                out.println("<head>");
```

```
                out.println("<title>Servlet call nointerfaceEJB</title>");
                out.println("</head>");
                out.println("<body>");
                String result = "";
                result = hello.sayHello("Jilin University");

                out.println("<h3>nointerface executed - Result: " + result + "</h3>");
                out.println("</body>");
                out.println("</html>");
        } catch(Exception e){
            e.printStackTrace();
        }
        finally {
            out.close();
        }
    }
}
```

在 TestEJBServlet 程序中，只是在页面上打印"nointerface executed - Result: hello: Jilin University"，程序运行结果如图 8-13 所示。

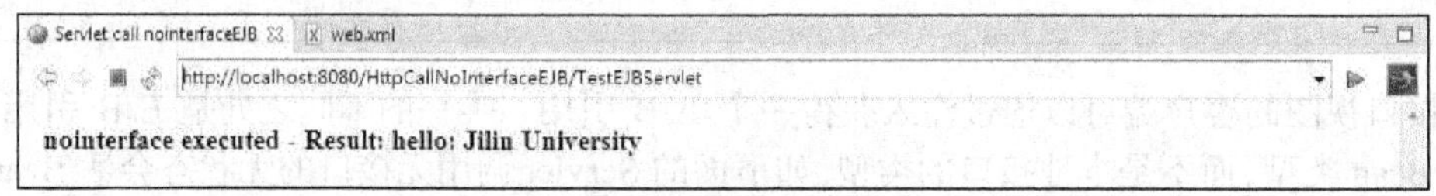

图 8-13 程序运行结果图

8.3.2 无状态会话 Bean 生命周期

1. 无状态会话 Bean 的 3 种状态

无状态会话 Bean 的生命周期中只存在 3 种状态：不存在状态、池状态和调用状态，这些状态之间的转换图如图 8-14 所示。

图 8-14 无状态会话 Bean 生命周期

（1）不存在状态。不存在状态主要针对无状态会话 Bean 组件对象，而不是 EJB 组件本身。在此状态下，无状态会话 Bean 组件对象不存在，但无状态会话 Bean 组件已经被部署到服务容器中。

（2）池状态。在一个无状态会话 Bean 组件被部署到服务器后，EJB 服务器通常会提前创建一定量的无状态会话 Bean 组件对象，并将它们临时缓存在缓冲区中，这种状态的对象，称为处于池状态的 EJB 组件对象。

（3）调用状态。对应正在为远程或本地客户提供服务的组件对象，这种状态又称为服务状态。任何一个客户请求被发送到无状态会话 Bean 组件时，EJB 服务器会首先从无状态会话 Bean 组件池中查找特定的无状态会话 Bean 组件对象，并使用这种组件对象为客户请求提供服务，在请求方法完成后，EJB 服务器会将提供服务的组件释放到无状态会话 Bean 组件的对象池中。因此当远程客户连续对同一个无状态会话 Bean 组件进行访问时，很可能由两个完全不同的组件对象提供服务。

2. 无状态会话 Bean 的请求执行过程

（1）客户对无状态会话 Bean 的调用传递给 EJB 服务器。

（2）EJB 服务器到 EJB 缓冲池中查找是否有空闲的 EJB 组件对象存在，如果有，就将客户请求交给一个对象执行。对象执行完客户请求后，继续被停留在 EJB 缓冲池中。

（3）如果缓冲池目前为空，则 EJB 服务器就提前生成一个 EJB 组件，并使用该组件处理用户请求，当一个请求执行完后，就将 EJB 对象归还到组件池中，以备后面请求使用。

（4）如果组件池中对象长时间不被使用，则系统在超过特定时间后，会将组件池中对象销毁，以释放特定资源，降低服务器负担。

8.3.3　无状态会话 Bean 的生命事件

在无状态会话 Bean 的整个生命周期中，有两个重要事件：PostConstruction 和 PreDestroy。PostConstruction 事件在组件对象被生成的瞬间触发，通常用于对整个无状态会话 Bean 组件对象状态进行初始化。PreDestroy 事件发生在组件对象将要被销毁的前一瞬间，通常用于释放组件对象使用过的资源。在整个 EJB 组件生命周期中，PostConstruction 事件和 PreDestroy 事件均只会被触发一次。

1. PostConstruction 事件

该事件在无状态会话 Bean 组件对象创建过程中被触发，表示一个 EJB 组件对象的生成。通常 EJB 服务器创建 EJB 组件对象需要经过 3 个步骤：EJB 容器首先调用 EJB 组件的 Class.newInstance()方法生成一个组件对象；然后 EJB 组件服务器会将组件的 XML 配置文件或类似@Resource 等标注所包含的初始信息，设置给刚生成的 EJB 组件对象；最后触发 PostConstruct 事件，以便进一步进行组件自身状态的初始化。

2. PreDestroy 事件

它是 EJB 组件对象被销毁过程中的触发事件。在该事件的处理方法结束前，EJB 组件对象仍旧是一个完整对象，同样可以进行各种操作和调用。该事件的处理方法结束后，EJB 组件上的各种引用就被销毁，组件对象进入等待 Java 垃圾收集线程的销毁过程。

无状态会话 Bean 的事件处理有两种方法：一种是通过 EJB 配置文件进行配置，另一种方法是使用标注@PostConstruction 和@PreDestroy 进行配置。

1. 使用标注配置无状态会话 Bean 生命事件

处理无状态会话 Bean 生命事件的方法可以是任何的名称，但是方法参数列表必须为空，且返回类型为 void，方法不能抛出异常。

程序清单 8-12　使用标注配置无状态会话 Bean 生命事件

```
@PostConstruction
Public void initialEJB()
{
 System.out.println("EJB has been constructed");
}
@PreDestroy
Public void endEJB()
{
System.out.println("EJB will be destroyed");
}
```

2. 使用配置文件 ejb-jar.xml 配置无状态会话 Bean 生命事件

<post-construct>和<pre-destroy>作为<session>标记的子标记，并且要求<post-construct>标记一

定要出现在<pre-destroy>标记之前。

程序清单 8-13　使用配置文件 ejb-jar.xml 配置无状态会话 Bean 生命事件

```
<session>
        <ejb-name>HelloBean</ejb-name>
        <post-construct>
            <lifecycle-callback-method>initialEJB</lifecycle-callback-method>
        </post-construct>
        <pre-destroy>
            <lifecycle-callback-method>endEJB</lifecycle-callback-method>
        </pre-destroy>
</session>
```

8.4　有状态会话 Bean 开发方法

有状态会话 Bean 建立方法与无状态会话 Bean 建立方法类似，只是在填写 EJB 详细信息时，将 state type 改成“stateful”即可，如图 8-15 所示。

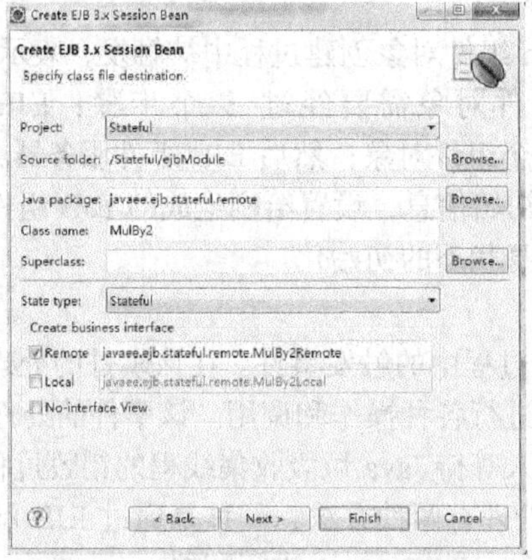

图 8-15　有状态会话 Bean 详细信息

8.4.1　有状态会话 Bean 例子

有状态会话 Bean 的开发和无状态会话 Bean 的开发方法完全相同，唯一差别是有状态会话 Bean 需要维持状态。有状态会话 Bean 同样可以具有远程和本地接口，这里为了叙述方便，只介绍实现远程接口的有状态会话 Bean。

程序要实现的是不断乘 2 的功能，通过该会话 Bean 组件上的 mul()方法实现此操作。

程序清单 8-14　MulBy2Remote.java

```
package javaee.ejb.stateful.remote;

import javax.ejb.Remote;

@Remote
public interface MulBy2Remote {
    public int mul();
}
```

程序清单 8-15　MulBy2Bean.java

```
package javaee.ejb.stateful.remote;

import javax.ejb.LocalBean;
import javax.ejb.Stateful;
@Stateful
public class MulBy2Bean implements MulBy2Remote {
    int i=1;
    public MulBy2Bean() {
        // TODO Auto-generated constructor stub
    }
    public int mul(){
        i=i*2;
        return i;
    }
}
```

程序清单 8-16　MulBy2Client.java

```
package javaee.ejb.statefulclient;

import javax.ejb.Remote;
import javax.naming.Context;
import javax.naming.InitialContext;
import javax.naming.NamingException;
import java.util.Hashtable;
import javaee.ejb.stateful.remote.MulBy2Remote;

public class MulBy2Client {
            public static void main(String[] args) {
                    // TODO Auto-generated method stub
                Hashtable<String, String> jndiProperties = new Hashtable<String, String>();
                jndiProperties.put(Context.URL_PKG_PREFIXES, "org.jboss.ejb.client.
naming");
                try {
                    Context context = new InitialContext(jndiProperties);

                    final String appName = "";
                    final String moduleName = "SessionEJB";
                    final String distinctName = "";
                   System.out.println("ejb:" + appName + "/" + moduleName + "/" +
distinctName + "/MulBy2Bean!javaee.ejb.stateful.remote.MulBy2Remote?stateful");
//   生成第一个实例
                    Object obj = context.lookup("ejb:" + appName + "/" + moduleName
+ "/" + distinctName + "/MulBy2Bean!javaee.ejb.stateful.remote.MulBy2Remote?stateful");

                    MulBy2Remote mulBy2R1 =(MulBy2Remote)obj;

//  生成第二个实例
                    obj = context.lookup("ejb:" + appName + "/" + moduleName + "/" +
distinctName + "/MulBy2Bean!javaee.ejb.stateful.remote.MulBy2Remote?stateful");

//第一个实例调用 2 次乘法操作
                    MulBy2Remote mulBy2R2 =(MulBy2Remote)obj;
                    int j1=mulBy2R1.mul();
                    j1=mulBy2R1.mul();
                    System.out.println("the  value in Clinet 1:  "+j1);
```

```
//第二个实例调用 1 次乘法操作
                    int j2=mulBy2R2.mul();
                    System.out.println("the  value in Clinet 2:  "+j2);

               } catch (NamingException e) {
                    e.printStackTrace();
               }
          }
}
```

测试程序 MulBy2Client 会将两个 Bean 实例在计算乘法之后的值打印出来，运行结果如图 8-16 所示。

```
十二月 31, 2013 5:30:37 下午 org.xnio.Xnio <clinit>
INFO: XNIO Version 3.0.3.GA
十二月 31, 2013 5:30:37 下午 org.xnio.nio.NioXnio <clinit>
INFO: XNIO NIO Implementation Version 3.0.3.GA
十二月 31, 2013 5:30:37 下午 org.jboss.remoting3.EndpointImpl <clinit>
INFO: JBoss Remoting version 3.2.3.GA
十二月 31, 2013 5:30:37 下午 org.jboss.ejb.client.remoting.VersionReceiver handleMessage
INFO: Received server version 1 and marshalling strategies [river]
十二月 31, 2013 5:30:37 下午 org.jboss.ejb.client.remoting.RemotingConnectionEJBReceiver associate
INFO: Successful version handshake completed for receiver context EJBReceiverContext{clientContext=org.j
十二月 31, 2013 5:30:37 下午 org.jboss.ejb.client.remoting.ChannelAssociation$ResponseReceiver handleMessage
WARN: Unsupported message received with header 0xffffffff
the  value in Clinet 1:  4
the  value in Clinet 2:  2
```

图 8-16　运行结果图

8.4.2　有状态会话 Bean 生命周期

由于有状态会话 Bean 需要保持与客户端会话的状态，当容器生成一个实例时，将把它指定给一个客户端，这样每个从这个客户端来的请求都会被传递给同一个实例，因此有状态会话 Bean 的生命周期由客户端决定。当一个客户向 EJB 服务器请求一个组件引用时，EJB 组件对象被服务器创建；在客户端使用组件过程中，EJB 组件对象一直存在。假如客户端长时间没有调用它的 Bean 实例，容器将在 JVM 内存溢出前把实例清除，并持久化这个实例的状态，这一过程称为钝化。而当客户端需要的时候再重新加载进内存，这一过程称为激活，EJB 容器自动管理着 Bean 实例的钝化和激活。当客户端放弃 EJB 组件引用时，对应的 EJB 组件对象会被 EJB 容器销毁。有状态会话 Bean 的生命周期如图 8-17 所示。

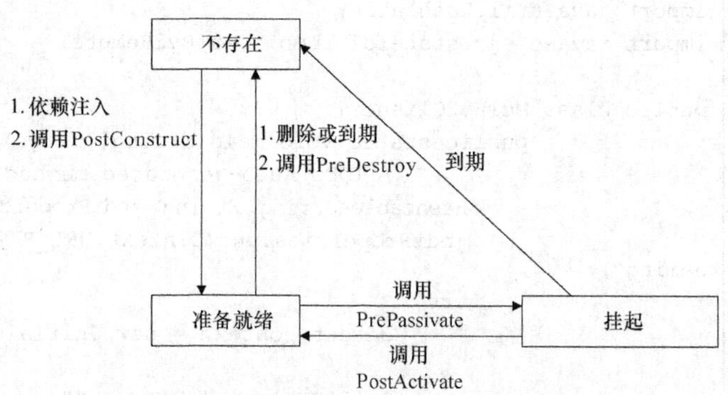

图 8-17　有状态会话 Bean 的生命周期

（1）客户端向 EJB 服务器请求一个组件引用时，EJB 服务器创建 EJB 组件对象。

（2）通过 EJB 组件的对象接口，在 EJB 组件上执行相应的逻辑操作。

（3）EJB 服务器会随时检查 EJB 组件的执行情况，通常会将不经常使用的 EJB 组件对象序列化，序列化后的 EJB 组件对象其实已经不存在，但逻辑上可以看作其处于挂起状态。

（4）当客户重新请求某个 EJB 组件时，EJB 服务器会将 EJB 组件激活，在此过程中要加载与客户调用相对应的状态信息，从而保证 EJB 组件的状态得到维持。

（5）当用户调用 remove 方法或 EJB 服务器调用组件的 remove 方法时，相应的 EJB 组件就被销毁。EJB 组件在休眠状态下超时，将会返回到不存在状态。

8.4.3 与无状态会话 Bean 区别

有状态会话 Bean 和无状态会话 Bean 之间有着本质区别，下面从不同的角度进行讨论。

（1）组件对象进入休眠（缓存状态）的时刻。

有状态会话 Bean 进入休眠状态，通常是因为对应的组件对象长时间不被使用，或服务器负载十分重的情况下才会发生；而无状态会话 Bean 在一个方法执行完毕后就会被释放到实例池中。

（2）组件对象在休眠状态或缓存状态的差别。

无状态会话 Bean 进入缓存状态后，其对应的对象在服务器上还存在；而有状态会话 Bean 对象进入休眠状态后，其 EJB 组件对象被销毁，只是其对象状态被保存到了硬盘或数据库中。

（3）组件对象进入休眠或（缓存状态）时，EJB 服务器所保留的组件数据。

无状态会话 Bean 组件对象进入缓存状态后，其被保留的是组件上下文环境；而有状态会话 Bean 组件对象进入休眠状态时被保存的不但是 EJB 组件的上下文环境，而且还包括 EJB 组件的各种属性状态。

8.4.4 有状态会话 Bean 生命周期事件

1. PostConstruction 事件

当用户第一次调用某个有状态会话 Bean 时，EJB 服务器会调用 newInstance()方法创建一个 EJB 组件对象。后面过程和无状态会话 Bean 类似，EJB 服务器会对该有状态会话 Bean 实例进行初始化设置，并触发 PostConstruceion 事件。

由于有状态会话 Bean 实例在构造过程中，系统会调用一个不带任何参数的构造方法，因而要求有状态会话 Bean 组件必须提供一个不带任何参数的默认构造方法，否则组件对象在过程中会产生异常。

2. PreDestroy 事件

当有状态会话 Bean 对象在活动状态或者挂起状态时，客户端可以通过调用组件的 Remove 方法实现组件对象的销毁；或者在活动状下的组件对象超过其寿命，服务器也会销毁该组件对象，将该组件对象由活动状态转变为不存在状态。

当有状态会话 Bean 实例被销毁前，EJB 服务器触发组件上的 PreDestroy 事件。PreDestroy 是组件整个生命周期中最后执行的行为，在方法中可以对组件用过的资源进行释放。

3. PrePassivate 事件

当一个处于活动状态的有状态会话 Bean 对象长时间不使用时，EJB 服务器通常会将该组件对象切换到休眠状态（钝化）。EJB 组件休眠的本质是将 EJB 组件对象的状态和当前环境状态统一保存起来，然后将对象从内存中删除。

在有状态会话 Bean 对象由活动状态变到休眠状态时，EJB 服务器会触发 PrePassivate 事件。在该方法中可以对一些休眠前的状态进行保存。

4. PostActivate 事件

当有状态会话 Bean 对象由休眠状态切换到活动状态后，会马上触发 EJB 组件上的 PostActivate 事件。在该方法中可以对 EJB 组件中的状态进行一些休眠后的恢复工作。

前面已经介绍了无状态会话 Bean 生命事件的两种书写方法，它们同样适用于有状态会话 Bean，因此在本节只是给出基于标注的有状态会话 Bean 生命事件处理方法。

程序清单 8-17　有状态会话 Bean 生命事件处理方法

```
@PostConstruct
public void initEJB(){
System.out.println("EJB  initializing")
}
@PrePassivate
```

```
public void prePassivate(){
System.out.println("EJB  prePassivate")
}
@PostActivate
public void postActivate(){
System.out.println("EJB  postActivate")
}
@PreDestroy
public void preDestroy(){
System.out.println("EJB  preDestroy")
}
```

8.5 单例会话 Bean 开发方法

单例会话 Bean 建立方法与无状态会话 Bean 建立方法类似，只是在填写 EJB 详细信息时，将 state type 改成“singleton”即可，如图 8-18 所示。

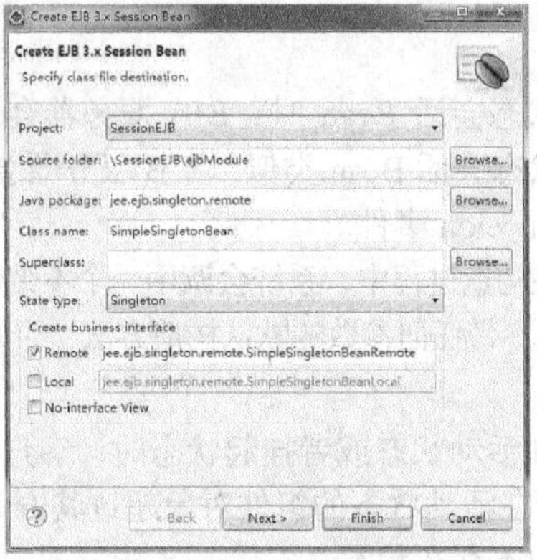

图 8-18　单例会话 Bean 详细信息

8.5.1　单例会话 Bean 例子

使用@Singleton 标注创建单例会话 Bean。本节将创建一个功能很简单的单例会话 Bean，要求两个客户共享一个变量，当一个客户端修改变量时，验证另一个客户端访问该变量的值是否发生变化。

程序清单 8-18　SimpleSingletonRemote.java

```
package javaee.ejb.singleton.remote;

import javax.ejb.Remote;

@Remote
public interface SimpleSingletonRemote {
    public void change01();
    public int getValue();
}
```

程序清单 8-19　SimpleSingletonBean.java

```
package javaee.ejb.singleton.remote;

import javax.ejb.Singleton;
@Singleton
```

```
public class SimpleSingletonBean implements SimpleSingletonRemote {
    int i=0;
    public SimpleSingletonBean () {
        // TODO Auto-generated constructor stub
    }
    public void change01(){
        if (i==0)
            i=1;
        else
            i=0;
    }
    public int getValue(){
            return i;
    }
}
```

程序清单 8-20　SimpleSingletonClient.java

```
package javaee.ejb.singletonclient;

import java.util.Hashtable;
import javax.naming.Context;
import javax.naming.InitialContext;
import javax.naming.NamingException;
import javaee.ejb.singleton.remote.*;

public class SimpleSingletonClient {

    public static void main(String[] args) {
    Hashtable<String, String> jndiProperties = new Hashtable<String, String>();
    jndiProperties.put(Context.URL_PKG_PREFIXES, "org.jboss.ejb.client.naming");
    try {
        Context context = new InitialContext(jndiProperties);

        final String appName = "";
        final String moduleName = "Singleton";
        final String distinctName = "";
    //生成 2 个客户端
        SimpleSingletonRemote single01 =(SimpleSingletonRemote) context.lookup("ejb:"
+ appName + "/" + moduleName + "/" + distinctName +  "/SimpleSingletonBean!javaee.
ejb.singleton.remote.SimpleSingletonRemote");
        SimpleSingletonRemote  single02=(SimpleSingletonRemote)context.lookup("ejb:"
+ appName + "/" + moduleName + "/" + distinctName +  "/SimpleSingletonBean!javaee.ejb.
singleton.remote.SimpleSingletonRemote");

        int value1=single01.getValue();
        int value2=single02.getValue();
        System.out.println("Singleton01 初始值:   "+ String.valueOf(value1));
        System.out.println("Singleton02 初始值:   "+ String.valueOf(value2));
        single01.change01();
        value1=single01.getValue();
        value2=single02.getValue();
        System.out.println("Singleton01 值:   "+ String.valueOf(value1));
        System.out.println("Singleton02 值:   "+ String.valueOf(value2));
        single02.change01();
        value1=single01.getValue();
```

```
            value2=single02.getValue();
            System.out.println("Singleton01值:    "+ String.valueOf(value1));
            System.out.println("Singleton02值:    "+ String.valueOf(value2));

        } catch (NamingException e) {
            e.printStackTrace();}
        }
}
```

客户端程序生成 2 个单例 Bean 实例，通过运行 2 个实例中的方法可以看出，它们更改的是同一个变量的值。运行结果如图 8-19 所示。

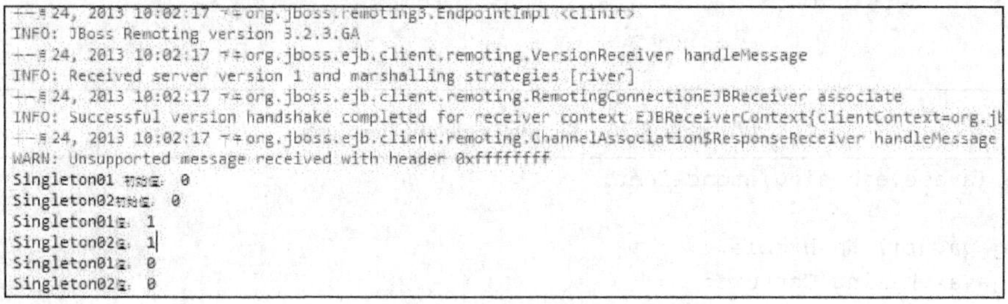

```
十一月 24, 2013 10:02:17 下午 org.jboss.remoting3.EndpointImpl <clinit>
INFO: JBoss Remoting version 3.2.3.GA
十一月 24, 2013 10:02:17 下午 org.jboss.ejb.client.remoting.VersionReceiver handleMessage
INFO: Received server version 1 and marshalling strategies [river]
十一月 24, 2013 10:02:17 下午 org.jboss.ejb.client.remoting.RemotingConnectionEJBReceiver associate
INFO: Successful version handshake completed for receiver context EJBReceiverContext{clientContext=org.jb
十一月 24, 2013 10:02:17 下午 org.jboss.ejb.client.remoting.ChannelAssociation$ResponseReceiver handleMessage
WARN: Unsupported message received with header 0xffffffff
Singleton01 初始值: 0
Singleton02初始值: 0
Singleton01值: 1
Singleton02值: 1
Singleton01值: 0
Singleton02值: 0
```

图 8-19　运行结果图

8.5.2　单例会话 Bean 的并发控制

单例会话 Bean 只存在一个实例，并且被所有客户端共享，这样就需要控制客户端之间的并发访问。单例会话 Bean 有两种并发访问控制的方法：容器管理的并发性（Container-Managed Concurrency，CMC）和 Bean 管理的并发性（Bean Managed Concurrency，BMC）。如果没有指定并发管理，默认的管理方式是 CMC。@AccessTimeout 用来指定访问被阻塞时的超时时间：@AccessTimeout 的值是-1 时指客户端调用可以无限阻塞直至方法被调用；@AccessTimeout 的值是 0 时是指不允许并发访问。

1. 容器管理并发 CMC

如果一个单例会话 Bean 使用容器管理的并发性，则 EJB 容器控制客户端访问单例会话 Bean 的业务方法，其使用@Lock 标注来指定当客户端调用方法是容器如何管理并发。@Lock 的值可以为 READ 和 WRITE。

@Lock(LockType.WRITE)：这是一个排它锁，对其他客户锁定正在调用的方法，直至这个方法被调用完毕。例如客户端 C1 调用了这个带有排它锁的方法，客户端 C2 将不能调用这个方法直至 C1 调用完成。

@Lock(LockType.READ)：这是共享锁，允许多个客户并发访问或共享。例如两个客户端 C1 和 C2 可以同时调用那个带有共享锁的方法。

@Lock 可以标注在类、方法上，也可以同时使用。标注类上是指它对类中的所有方法都起效果。如果未指定标注属性，默认的锁定类型为@Lock(LockType.WRITE)。

程序清单 8-21　SingletonCMCBean.java

```
Package javaee.ejb .singleton;

@ConcurrentcyManagement(ConcurrencyManagementType.CONTAINER)
@Singleton
Public class SingletonCMCBean(){
    private String state;
```

```
    @Lock(LockType.READ)
    public String getState(){
        return state;
    }
    @AccessTimeout(value = 20, unit = TimeUnit.SECONDS)
    @Lock(LockType.WRITE)
    public void setState(String aState){
        state=aState;
    }
}
```

2. Bean 管理并发 BMC

单例会话 Bean 如果使用 Bean 管理并发，需要使用@ConcurrencyManagement(BEAN)，并且利用 Java 编程语言的同步原语进行同步控制，例如 synchronized 和 volatile。BMC 中使用 synchronized。

程序清单 8-22　SingletonBMCBean.java

```
Package javaee.ejb .singleton;

@ConcurrentcyManagement(ConcurrencyManagementType.BEAN)
@Singleton
Public class SingletonBMCBean(){
    private String state;
    public String getState(){
        return state;
    }
    public synchronized void setState(String aState){
        state=aState;
    }
}
```

8.5.3　单例会话 Bean 生命周期

单例会话 Bean 生命周期与无状态会话 Bean 生命周期一样。

8.6　多接口会话 Bean

一个会话 Bean 可以实现多个 Remote 型或者 Local 型接口，这类似于一个类实现了多个接口的情况，但不能在同一个接口上既使用@Remote，又使用@Local。

本节开发一个多接口会话 Bean，使其实现两个远程接口和一个本地接口，如图 8-20 所示。

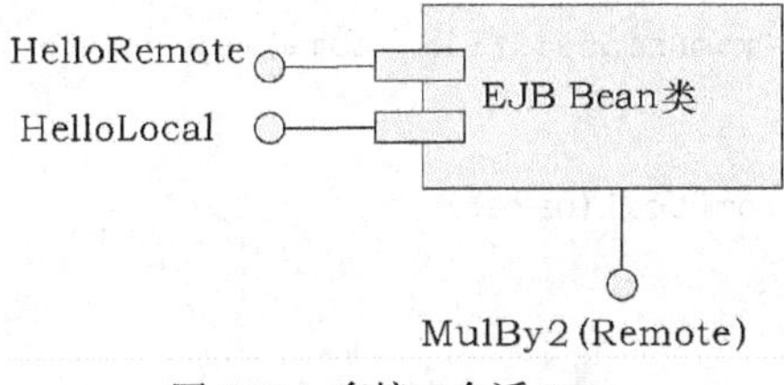

图 8-20　多接口会话 Bean

程序清单 8-23　HelloRemote.java

```
package javaee.ejb.mulinterface.remote;
import javax.ejb.Remote;
```

```
@Remote
public interface HelloRemote {
    public String sayHelloFromRemote(String name);
}
```

程序清单 8-24 HelloLocal.java

```
package javaee.ejb.mulinterface.remote;
import javax.ejb.Local;
@Local
public interface HelloLocal {
    public String sayHelloFromLocal(String name);
}
```

程序清单 8-25 MulBy2Remote.java

```
package javaee.ejb.mulinterface.remote;
import javax.ejb.Remote;
@Remote
public interface MulBy2Remote {
    public int mul();
}
```

程序清单 8-26 MulInterfaceBean.java

```
package ejbdemo.mulinterface.remote;

import javax.ejb.EJB;
import javax.ejb.Stateless;

/**
 * Session Bean implementation class HelloBean
 */
@Stateless

public class MulInterfaceBean implements HelloRemote, HelloLocal,MulBy2Remote {

    int value=1;
//生成本地接口实例
    @EJB javaee.ejb.mulinterface.remote.HelloLocal hello;
    public MulInterfaceBean() {
        // TODO Auto-generated constructor stub
    }
    public String sayHelloFromLocal(String name){
        return " Hello " + name + " from local!";
    }
    public String sayHelloFromRemote(String name){

    String result=null;
    result=hello.sayHelloFromLocal(name);
    return result;
    }

    public int mul(){
    value=value*2;
    return value;
    }
}
```

本例子中多接口会话 Bean 由于既有远程接口又有本地接口，因此既可以是远程调用，也可以是本地调用，调用方法与上面所讲例子中的调用方法一样，在此不再详述。

8.7　会话 Bean 异步调用

默认情况下，通过远程接口、本地接口或无接口视图调用会话 Bean 是同步的通信方式：客户端调用一个方法，然后客户端被阻塞，直到被调用方法处理完成返回结果给客户端，客户端才能继续以下的工作。但是如果调用的方法的执行时间很长，则需要异步调用的方式。在 EJB 3.1 之前，异步调用只能通过 JMS 和 MDB 来实现。在 EJB 3.1 规范中，你可以在一个会话 Bean 的方法上添加一个@javax.ejb.Asynchronous 标注来实现异步调用。

本节以网络打印为例，讲述会话 Bean 异步调用的工作方式。当网络打印一个文件时，打印完成时间依赖于打印机是否空闲，是否有足够的纸，网络是否通畅等，因此网络打印是一个很花时间的任务。当客户端调用一个方法来打印文件时，他希望调用后不用等待，可以继续执行其他的任务，使用会话 Bean 异步调用机制进行网络打印的代码如下所示。

程序清单 8-27　PrintBean.java

```
package javaee.ejb.asyncall;

import javax.ejb.LocalBean;
import javax.ejb.Stateless;
import java.util.concurrent.Future;
import javax.ejb.AsyncResult;
import javax.ejb.Asynchronous;
import javax.ejb.Stateless;
import javax.ejb.LocalBean;

@Stateless
@LocalBean
public class PrintBean {
    @Asynchronous
    public void printAndForget() {
        // Print
        System.out.println("*** printAndForget ***");
    }

    @Asynchronous
    public Future<String> printAndCheckLater() {
        // Print
        System.out.println("*** printAndCheckLater ***");
        return new AsyncResult<String>("OK");
    }
}
```

程序清单 8-28　PrintServlet.java

```
package javaee.ejb.asyncallclient;
import java.io.IOException;
import java.io.PrintWriter;
import java.util.concurrent.ExecutionException;
import java.util.concurrent.Future;
import java.util.logging.Level;
```

```
import java.util.logging.Logger;
import javax.ejb.EJB;
import javax.servlet.ServletException;
import javax.servlet.http.HttpServlet;
import javax.servlet.http.HttpServletRequest;
import javax.servlet.http.HttpServletResponse;
import javaee.ejb.asyncall.PrintBean;

public class PrintServlet extends HttpServlet {
    @EJB javaee.ejb.asyncall.PrintBean printBean;
    protected void processRequest(HttpServletRequest request, HttpServletResponse
response)
    throws ServletException, IOException {
        response.setContentType("text/html;charset=UTF-8");
        PrintWriter out = response.getWriter();
        try {
//调用 printAndForget 方法
            printBean.printAndForget();
            out.println("<html>");
            out.println("<head>");
            out.println("<title>Servlet PrintServlet</title>");
            out.println("</head>");
            out.println("<body>");
            out.println("<h3>printAndForget executed</h3>");
//调用 printAndCheckLater 方法
            Future<String> futureResult = printBean.printAndCheckLater();
            String result = "";
            try {
                result = futureResult.get();
            }catch (InterruptedException ex) {
                Logger.getLogger(PrintServlet.class.getName()).log(Level.SEVERE, null,
ex);
            } catch (ExecutionException ex) {
                Logger.getLogger(PrintServlet.class.getName()).log(Level.SEVERE,
null, ex);
            }
            out.println("<h3>printAndCheckLater executed - Result: " + result + "</h3>");
            out.println("</body>");
            out.println("</html>");
        } finally {
            out.close();
        }
    }

    @Override
    protected void doGet(HttpServletRequest request, HttpServletResponse response)
    throws ServletException, IOException {
        processRequest(request, response);
    }

    @Override
    protected void doPost(HttpServletRequest request, HttpServletResponse response)
    throws ServletException, IOException {
        processRequest(request, response);
    }
```

```
    @Override
    public String getServletInfo() {
        return "Short description";
    }// </editor-fold>

}
```

当客户端调用 printAndForget ()和 printAndCheckLater ()时，容器会立即返回控制权给客户端，客户端可以继续其他的任务，而被调用的任务会在另外一个线程中被执行。

异步调用的返回值类型可以为 void，也可以为 java.util.concurrent.Future 对象。Future 对象允许在另外一个线程中执行的方法返回一个值，而客户端可以使用 Future API 来获得结果，甚至可以终止调用。

上面例子 PrintServlet 中的方法返回了一个 Future 对象，并使用 Future.get()方法来得到这个结果。如果用户想取消调用，它可以使用 Future.cancel()方法。假如客户端调用了 Future.cancel()，容器只有在执行还没开始的时候尝试取消这个异步执行。程序运行结果如图 8-21 所示。

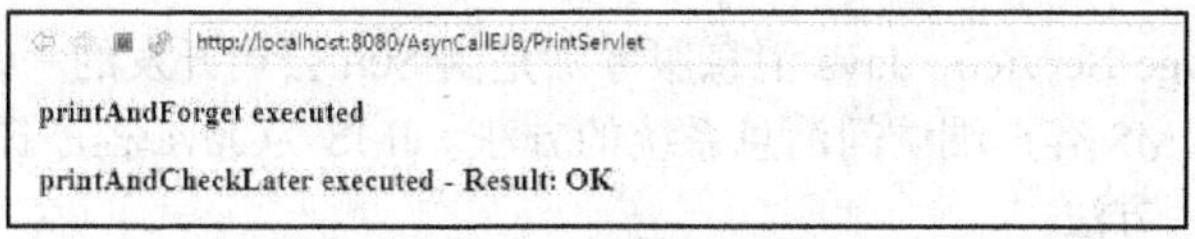

http://localhost:8080/AsynCallEJB/PrintServlet

printAndForget executed

printAndCheckLater executed - Result: OK

图 8-21　运行结果图

8.8 小结

本章首先介绍了会话 Bean 的分类及使用情形，然后针对不同类型的会话 Bean，详细介绍了其开发方法及调用方法，并给出了各种类型会话 Bean 的生命周期和生命事件。

习　题

1．什么是无状态会话 Bean？什么是有状态会话 Bean？它们有什么区别？

2．会话 Bean 有哪几种？分别说明它们的生命周期。

3．如何实现异步会话 Bean？

4．设计并实现一个无状态会话 Bean。要求 Bean 类中实现一个计算电脑 CPU 利用率的随机程序，并且在 EJB 初始化之后和销毁之前进行拦截，给出提示信息。同时利用远程客户端显示返回结果。

5．设计并实现一个有状态会话 Bean。要求简单实现购物车的基本功能，具有添加书籍和删除书籍的功能，并在 Web 网页中进行用户的登录与操作。

6．无状态会话 Bean 中，一个 EJB 对象为所有客户端服务，但是，在有多个客户访问时，如果一个业务方法还没有调用完毕，另一个客户的访问就到来了，此时，另一个客户需要等待吗？请你编写程序进行测试。

7．设计并实现一个单例会话 Bean。要求 Bean 类实现某网站访问次数的统计，并在页面中进行显示。

8．设计并实现一个异步调用的会话 Bean。要求 Bean 类中有一个实现对其他机器的性能数据的采集的方法，该方法采用异步调用的方式。

第 9 章 JMS 与消息驱动 Bean

9.1 JMS 概述

JMS（Java Message Service，Java 消息服务）是由 Sun 公司开发的一组接口和相关规范，这些接口和规范定义了 JMS 客户端访问消息系统的方法。JMS 为 Java 程序提供了一种创建、发送、接收和读取消息的通用方法。

JMS 可以为企业软件模块间提供方便、可靠的异步通信机制。

9.1.1 JMS 基本模型

JMS 是 Java 解决方案的消息服务类型，它的通信管道是消息队列。早期的消息系统通常都有专用的调用接口，结构如图 9-1 所示。

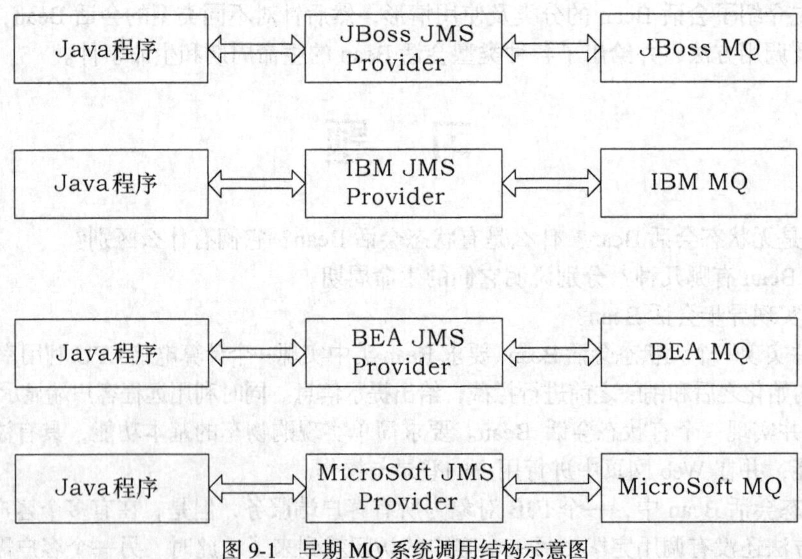

图 9-1 早期 MQ 系统调用结构示意图

在上图中，不同的消息服务具有不同的调用接口，即使用不同的应用服务器有不同的 JMS Provider，因此针对一种队列服务设计的客户软件很难移植到其他系统上，增加了程序设计人员的负担。

Sun 公司为了统一不同消息服务和消息调用接口的标准，推出了 JMS 规范，它规定了 Java 消息队列的设计和调用方法，如图 9-2 所示。

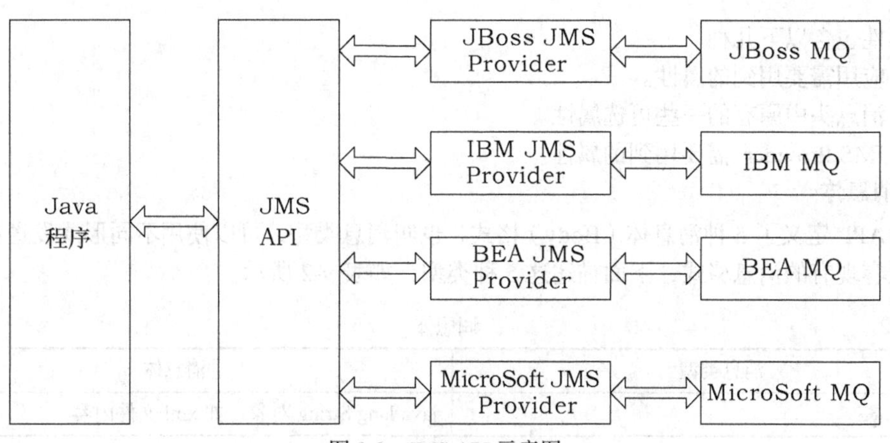

图 9-2　JMS API 示意图

从上图中可以看出，JMS 规范通过标准 JMS API 屏蔽了对不同 JMS Provider 的调用差异，因此针对 JMS API 设计的 Java 程序可以方便地在不同消息服务提供者间移植。

9.1.2　JMS 消息结构

JMS 消息由以下几部分组成：消息头、属性和消息体。

1．消息头

消息头（Header）包含消息的识别信息和路由信息，消息头包含一些标准的属性，如表 9-1 所示。

表 9-1　　JMS 消息头属性

消息头	调用者	描　述
JMSDestination	send 或 publish 方法	消息的目的地、Topic 或者是 Queue
JMSDeliveryMode	send 或 publish 方法	消息的发送模式：persistent 或 nonpersistent。前者表示消息在被消费之前，如果 JMS 提供者 DOWN 了，重新启动后消息仍然存在。后者在这种情况下表示消息会被丢失。可以通过下面的方式设置：Producer.setDeliveryMode（DeliveryMode.NON_PERSIST ENT）
JMSExpiration	send 或 publish 方法	表示一个消息的有效期。默认值为 0，表示消息永不过期。可以通过下面的方式设置：　producer.setTimeToLive(3600000); //有效期 1 小时 （1000 毫秒 * 60 秒 * 60 分）
JMSPriority	send 或 publish 方法	消息的优先级。0~4 为正常的优先级，5~9 为高优先级。可以通过下面方式设置： producer.setPriority(9)
JMSMessageID	send 或 publish 方法	一个字符串用来标识唯一一个消息
JMSTimestamp	send 或 publish 方法	当调用 send()方法的时候，JMSTimestamp 会被自动设置为当前事件。可以通过下面方式得到这个值：　long timestamp = message.getJMSTimestamp();
JMSCorrelationID	客户端	通常用来关联多个 Message。例如需要回复一个消息，可以把 JMSCorrelationID 设置为所收到的消息的 JMSMessageID
JMSReplyTo	客户端	表示需要回复本消息的目的地
JMSType	客户端	消息类型的识别符
JMSRedelivered	JMS Provider	如果这个值为 true，表示消息是被重新发送了

2．属性

除了消息头中定义好的标准属性（Properties）外，JMS 提供一种机制增加新属性到消息头中，这种新属性包含以下几种。

（1）应用需要用到的属性。

（2）消息头中原有的一些可选属性。

（3）JMS Provider 需要用到的属性。

3. 消息体

JMS API 定义了 5 种消息体（Body）格式，也叫消息类型，可以使用不同形式发送接收数据并可以兼容现有的消息格式，下面描述这 5 种类型，如表 9-2 所示。

表 9-2　消息体

消息类型	消息体
TextMessage	java.lang.String 对象，如 xml 文件内容
MapMessage	名/值对的集合，名是 String 对象，值类型可以是 Java 任何基本类型
BytesMessage	字节流
StreamMessage	Java 中的输入、输出流
ObjectMessage	Java 中的可序列化对象

9.1.3 JMS 消息传递模型

JMS 消息系统支持两种消息传递模型：点对点（Point-To-Point，PTP）和发布/订阅（Publish/Subs cribe，Pub/Sub）。在 PTP 中消息只有一个消费者，一个消息产生后只能被一个消费者消费，这种消息模型类似于日常生活中通过邮局邮递的信函，收件人唯一；后者中消息产生后会被发送给所有的使用者，消息的接收者不唯一，这种消息模型类似于电视节目的广播。

1. PTP 消息队列

PTP 模型是基于队列的，发送方发送消息到队列，接收方从队列接收消息，其结构如图 9-3 所示。

（1）这种消息队列可以同时有多个发送者，每个发送者可以自由地向当前队列发送消息，被发送的消息按照先进先出的原则依次排列在队列中，图中有 3 个消息发送者依次发送消息 M1、M2、M3 到消息队列。

（2）每个消息只能有一个消费者，一旦一个消息被使用后，就将从消息队列中删除，此时其后的消息才能被使用者使用。

（3）消息的使用者可以使用队列中的所有消息，但默认情况下，必须按照消息在队列中的次序依次使用。

（4）当发送者发送了消息后，不管发送者有没有正在运行，都不会影响到接收者接收消息。

（5）接收者在成功接收消息之后须向队列应答成功。

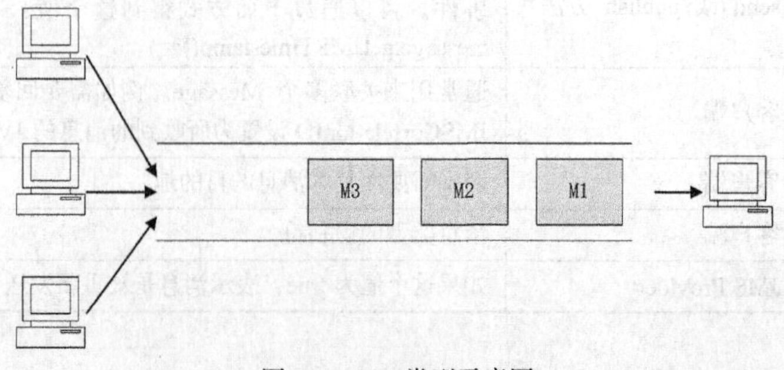

图 9-3　PTP 类型示意图

2. Pub/Sub 消息队列

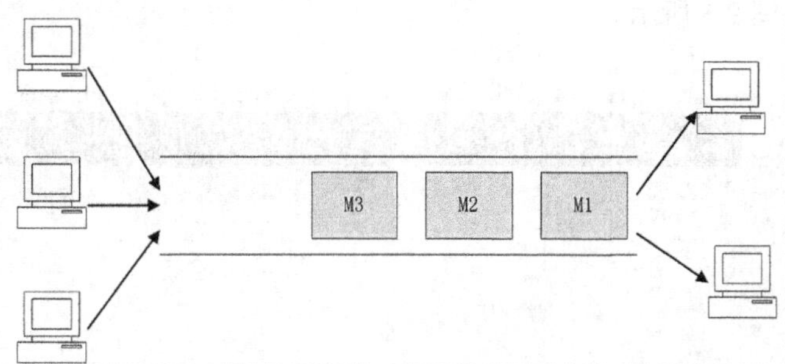

图 9-4　Pub/Sub 类型示意图

Pub/Sub 模型定义了如何向一个内容节点发布和订阅消息，这些节点被称作主题（Topic），即发送者发送消息到主题，而订阅者从主题订阅消息。其结构如图 9-4 所示。

（1）一个消息可以有多个消费者。默认情况下，如果当前队列没有使用者，则队列中的消息会自动被丢失。

（2）所有发送者可以自由地向消息队列中发送消息，也遵循先进先出的原则，即最先发送的消息先进入队列，后发送的消息排在队列后面。

（3）针对一个主题的订阅者，它必须创建一个订阅之后，才能消费发布者的消息，而且订阅者必须保持运行的状态。JMS 允许订阅者创建一个可持久化的订阅，这样，即使订阅者没有运行，它也可能接收到发布者的消息。

9.2　JBoss MQ 配置

目前通用的消息服务器有很多，例如微软的 MSMQ、JBoss 的 JBoss MQ、IBM 的 MQSeries、BEA 的 Web Logic JMS Service、SUN 的 Sun One Message Queue 等。本节将介绍 Jboss 7.1.1 中自带的消息队列服务。

在 JBoss MQ 中，消息队列的创建可以通过配置文件来完成，通过配置文件的设定，JBOSS 会在启动时创建配置的消息队列，并启动消息队列服务。JBOSS 默认使用 JBOSS_HOME \standalone\ configuration 文件夹下的 standalone.xml 文件作为配置文件，初始状态下该文件不存在，我们可以通过名为 standalone-full.xml 的模板来创建该文件，具体如下。

首先将其备份，然后把 standalone-full.xml 的名字改为 standalone.xml。如果该文件已经存在，我们可以直接对其进行修改，在该文件中找到 hornetq-server 节点，在该节点下有 jms-destinations 配置信息，如配置文件 9-1 所示。

配置文件 9-1　jms-destinations 配置

```
<jms-destinations>
    <jms-queue name="testQueue">
        <entry name="queue/test"/>
        <entry name="java:jboss/exported/jms/queue/test"/>
    </jms-queue>
    <jms-topic name="ServerNotificationTopic">
        <entry name="topic/ServerNotification"/>
        <entry name="java:jboss/exported/jms/topic/ServerNotification"/>
    </jms-topic>
</jms-destinations>
```

配置完毕之后，重新启动 Jboss，然后再浏览器中进入 JBoss 配置管理界面，我们能够看到 JMS 启动的相关信息，如图 9-5 所示。

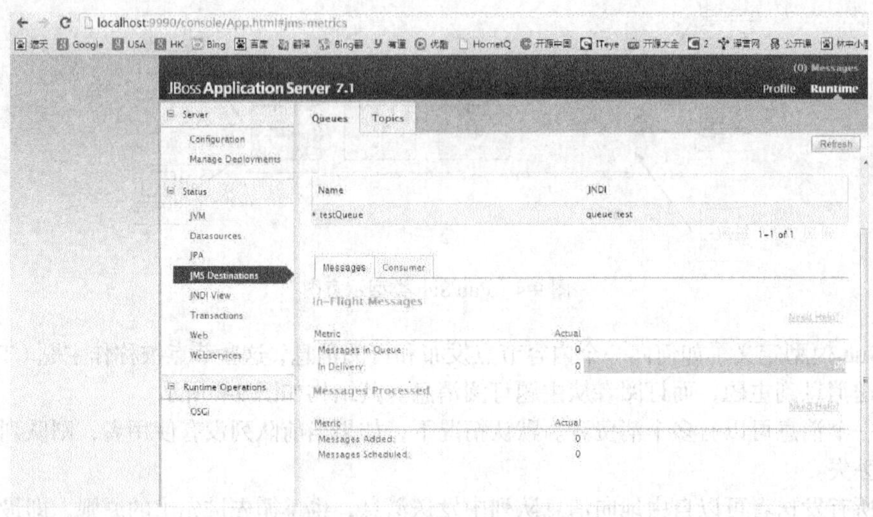

图 9-5　JBoss 中 JMS 界面

9.3　JMS 程序的开发方法

9.3.1　JMS API 模型

在 Java EE 6 中，使用的是 JMS API 1.1 版本，它将两种消息队列（PTP 和 Pub/Sub）看成相同类型队列，提供一套统一编程接口来处理消息通信。

JMS API 定义了一组基本的接口，其关系如图 9-6 所示。

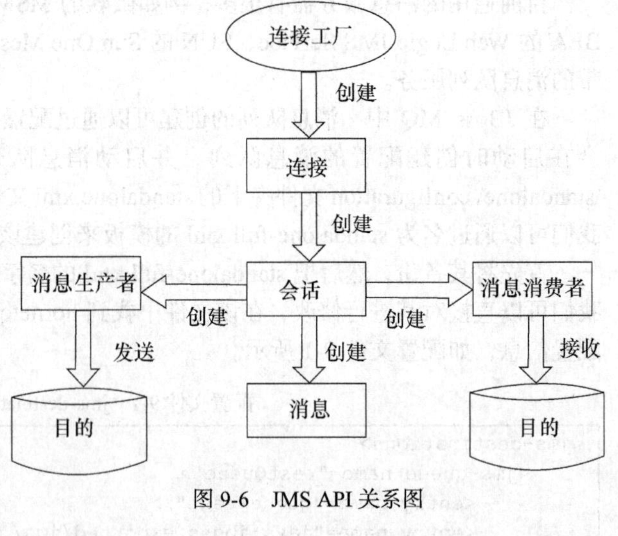

图 9-6　JMS API 关系图

1. 连接工厂

连接工厂（ConnectionFactory）为客户端创建一个连接的管理对象，由服务器管理员创建，并绑定到 JNDI 树上。客户端使用 JNDI 检索 ConnectionFactory，然后利用它建立 JMS 连接。

2. JMS 连接

JMS 连接（Connection）表示一个客户端到消息服务器间的连接通道，所有发送或接受的消息都要经过该通道。

3. JMS 会话

JMS 会话（Session）标识客户端和消息队列服务器间的一次会话过程。

4. JMS 消息生产者

JMS 消息生产者（MessageProducer）通过 Session 向消息队列发送消息，负责将消息对象转变成消息队列能够处理的格式及消息对象序列化。

5. JMS 消息消费者

JMS 消息消费者（MessageConsumer）通过 Session 从消息队列中获取消息，封装了对消息格式进行恢复的算法，如果消息的类型是一个复杂对象，则在消息获取的同时还需要对对象进行反序列化操作。

9.3.2 JMS 消息发送

不管是将消息发送到一个队列，还是将它们发布到一个主题，编程的步骤都是一样的，如下所示。

（1）获得一个 JBoss 上下文的引用。
（2）创建连接工厂。
（3）使用连接工厂创建一个连接。
（4）使用连接创建一个会话。
（5）通过 JNDI 查找 Queue 或者 Topic。
（6）使用会话和目的创建消息的生产者。
（7）使用会话创建一个需要发送的消息类型的实例。
（8）发送信息。

程序清单 9-1　JMSProducer.java

```
package javaee.jms.producer;
public class JMSProducer {
 private static final Logger log = Logger.getLogger(JMSProducer.class.getName());

 private static final String DEFAULT_MESSAGE = "Welcome to JMS!";
 private static final String DEFAULT_CONNECTION_FACTORY = "jms/RemoteConnectionFactory";
 private static final String DEFAULT_DESTINATION = "jms/queue/test";
 private static final String DEFAULT_MESSAGE_COUNT = "1";

 private static final String DEFAULT_USERNAME = "test";
 private static final String DEFAULT_PASSWORD = "123456";
 private static final String INITIAL_CONTEXT_FACTORY =
 "org.jboss.naming.remote.client.InitialContextFactory";
 private static final String PROVIDER_URL = "remote://localhost:4447";

 public static void main(String[] args) throws Exception {
     Context context=null;
     Connection connection=null;
     try {
          // 设置上下文
          System.out.println("设置 JNDI 访问环境信息也就是设置应用服务器的上下文信息!");
          final Properties env = new Properties();
          //初始化 Context 的工厂类
          env.put(Context.INITIAL_CONTEXT_FACTORY, INITIAL_CONTEXT_FACTORY);
          //Context 服务提供者的 URL
          env.put(Context.PROVIDER_URL,  PROVIDER_URL);
          //应用用户的登录名，密码
```

```
        env.put(Context.SECURITY_PRINCIPAL, DEFAULT_USERNAME);
        env.put(Context.SECURITY_CREDENTIALS, DEFAULT_PASSWORD);
        // 获取到 InitialContext 对象.
        context = new InitialContext(env);
        System.out.println ("获取连接工厂!");
        ConnectionFactory connectionFactory =
(ConnectionFactory) context.lookup (DEFAULT_CONNECTION_FACTORY);
        System.out.println ("获取目的地!");
        Destination destination = (Destination) context.lookup(DEFAULT_DESTINATION);

        // 创建 JMS 连接、会话、生产者和消费者
        connection = connectionFactory.createConnection(DEFAULT_USERNAME,
DEFAULT_PASSWORD);
        Session session = connection.createSession(false, Session.AUTO_ACKNOWLEDGE);
        MessageProducer producer = session.createProducer(destination);
        connection.start();

        int count = Integer.parseInt(DEFAULT_MESSAGE_COUNT);
        // 发送特定数目的消息
        TextMessage message = null;
        for (int i = 0; i < count; i++) {
            message = session.createTextMessage(DEFAULT_MESSAGE);
            producer.send(message);
            System.out.println ("message:"+message);
            System.out.println ("message:"+DEFAULT_MESSAGE);
        }
        // 等待 30 秒退出
        CountDownLatch latch = new CountDownLatch(1);
        latch.await(30, TimeUnit.SECONDS);

    } catch (Exception e) {
        log.severe(e.getMessage());
        throw e;
    } finally {
        if (context != null) {
            context.close();
        }
        // 关闭连接负责会话,生产商和消费者
        if (connection != null) {
            connection.close();
        }
    }
  }
}
```

由于 JBoss 对安全性的限制，为了使用户能够发送消息，必须为用户添加 send 权限。本文重新添加用户 test，为其创建角色 testrole，并修改 standalone.xml 文件。

首先运行 JBoss/bin 目录下的 addUser.bat 命令，按如下提示界面进行操作。

```
Enter the details of the new user to add.
Realm (ApplicationRealm) :
Username (wxy) : test
Password :123456
Re-enter Password :123456
```

```
What roles do you want this user to belong to? (Please enter a comma separated list,
 or leave blank for none) : testrole
About to add user 'test' for realm 'ApplicationRealm'
Is this correct yes/no? yes
Added user 'test' to file 'C:\jboss-as-7.1.1.Final\standalone\configuration\appl
ication-users.properties'
Added user 'test' to file 'C:\jboss-as-7.1.1.Final\domain\configuration\applicat
ion-users.properties'
Added user 'test' with roles testrole to file 'C:\jboss-as-7.1.1.Final\standalon
e\configuration\application-roles.properties'
Added user 'test' with roles testrole to file 'C:\jboss-as-7.1.1.Final\domain\co
nfiguration\application-roles.properties'
```

上面操作实质上是对 standalone.xml 文件进行修改，修改前后的对比如下所示。

standalone.xml 文件修改之前

```
<security-settings>
  <security-setting match="#">
    <permission type="send" roles="guest"/>
    <permission type="consume" roles="guest"/>
  </security-setting>
</security-settings>
```

standalone.xml 文件修改之后

```
<security-settings>
  <security-setting match="#">
    <permission type="send" roles="guest testrole"/>
    <permission type="consume" roles="guest testrole"/>
  </security-setting>
</security-settings>
```

运行 JMSProducer 后,会在控制台上输出信息，如图 9-7 所示。

```
设置JNDI访问环境信息也就是设置应用服务器的上下文信息!
十一月 25, 2013 9:43:05 下午org.xnio.Xnio <clinit>
INFO: XNIO Version 3.0.3.GA
十一月 25, 2013 9:43:05 下午org.xnio.nio.NioXnio <clinit>
INFO: XNIO NIO Implementation Version 3.0.3.GA
十一月 25, 2013 9:43:05 下午org.jboss.remoting3.EndpointImpl <clinit>
INFO: JBoss Remoting version 3.2.3.GA
获取连接工厂!
获取目的地!
message:HornetQMessage[ID:83894dc4-55d7-11e3-a569-782bcb92600d]:PERSISTENT
message:Welcome to JMS queue!
```

图 9-7　运行结果图

9.3.3　JMS 消息接收

接收消息可以分为同步和异步接收。同步接收使用 MessageConsumer.receive()方法实现，如果消息可用，JMS 服务器将这个消息返回，否则接收者一直等待消息的到来。异步接收通过向 MessageConsumer 注册消息监听器对象 javax.jms.MessageListener，实现队列中消息的异步接收，消息的处理在 onMessage()方法中实现。

1. 消息同步接收

消息同接收程序见程序清单 9-2。

程序清单 9-2　SyncMesConsumer.java

```
package javaee.jms.queue;

import java.util.logging.Logger;
```

```
import java.util.Properties;
import javax.jms.Connection;
import javax.jms.ConnectionFactory;
import javax.jms.Destination;
import javax.jms.MessageConsumer;
import javax.jms.Session;
import javax.jms.TextMessage;
import javax.naming.Context;
import javax.naming.InitialContext;
import java.util.concurrent.CountDownLatch;
import java.util.concurrent.TimeUnit;

public final class SyncMesConsumer{
 private static final Logger log = Logger.getLogger(JMSProducer.class.getName());
 private static final String DEFAULT_CONNECTION_FACTORY = "jms/RemoteConnectionFactory";
 private static final String DEFAULT_DESTINATION = "jms/queue/test";
 private static final String DEFAULT_USERNAME = "test";
 private static final String DEFAULT_PASSWORD = "123456";
 private static final String INITIAL_CONTEXT_FACTORY = "org.jboss.naming.remote.client.
 InitialContextFactory";
 private static final String PROVIDER_URL = "remote://localhost:4447";
    public static void main(String[] args) throws Exception
 {
    Context context=null;
    Connection connection=null;
    TextMessage msg=null;
    try {
         // 设置上下文
         System.out.println("设置 JNDI 访问环境信息也就是设置应用服务器的上下文信息!");
         final Properties env = new Properties();
         env.put(Context.INITIAL_CONTEXT_FACTORY, INITIAL_CONTEXT_FACTORY);// 该 KEY
的值为初始化 Context 的工厂类, JNDI 驱动的类名
         env.put(Context.PROVIDER_URL,  PROVIDER_URL);// 该 KEY 的值为 Context 服务提供者
的 URL.命名服务提供者的 URL
         env.put(Context.SECURITY_PRINCIPAL, DEFAULT_USERNAME);
         env.put(Context.SECURITY_CREDENTIALS, DEFAULT_PASSWORD);//应用用户的登录名,密码.
         // 获取到 InitialContext 对象
         context = new InitialContext(env);
         System.out.println ("获取连接工厂!");
         ConnectionFactory connectionFactory = (ConnectionFactory) context.lookup(DEFA
ULT_CONNECTION_FACTORY);
         System.out.println ("获取目的地!");
         Destination destination = (Destination) context.lookup(DEFAULT_DESTINATION);

         // 创建 JMS 连接、会话、生产者和消费者
         connection = connectionFactory.createConnection(DEFAULT_USERNAME, DEFAULT_
PASSWORD);
         Session session = connection.createSession(false, Session.AUTO_ACKNOWLEDGE);

         MessageConsumer consumer = session.createConsumer(destination);
         connection.start();

/* CountDownLatch 类是一个同步倒数计数器,构造时传入 int 参数,该参数就是计数器的初始值, 每调用一次
```

```
countDown()方法，计数器减 1,计数器大于 0 时，await()方法会阻塞后面程序执行，直到计数器为 0。
await(long timeout, TimeUnit unit)，是等待一定时间，然后执行，不管计数器是否为 0。*/
        CountDownLatch latch = new CountDownLatch(1);
        while (msg == null) {
        System.out.println ("开始从 JBOSS 端接收信息-----");

/*receive 如果没有定义参数或者参数为 0，方法将一直处于封锁状态，直至消息到来；如果超时参数 timeout
大于 0，则根据指定的超时参数等待一个消息的到来，如果在这个时间内有可用的消息，则返回消息。如果超时后
没有可用的消息，则返回 NULL。*/
        msg = (TextMessage) consumer.receive(5000);
            latch.await(1, TimeUnit.SECONDS);
        }
        System.out.println ("接收到的消息的内容:" + msg.getText());
    } catch (Exception e) {
        log.severe(e.getMessage());
    } finally {
        if (context != null) {
            context.close();
        }
        // 关闭连接负责会话,生产商和消费者
        if (connection != null) {
            connection.close();
        }
    }
  }
}
```

该程序的运行可分为 2 种方式。

（1）首先在 Eclipse 中运行 SyncMesConsumer 文件，从图 9-8 的运行结果可以看出它一直在等待、接收消息。然后新打开一个 DOS 窗口（见图 9-9），在 DOS 窗口中进入到 JMSProducer 程序所在的 classes 目录，然后使用命令行方式运行消息发送程序 JMSProducer，命令如下所示。

```
java  -cp  D:\jboss-as-7.1.1.Final\bin\client\jboss-client.jar;.\  javaee.jms.queue.
JMSProducer
```

最后会在控制台中显示成功接收到消息，如图 9-10 所示。

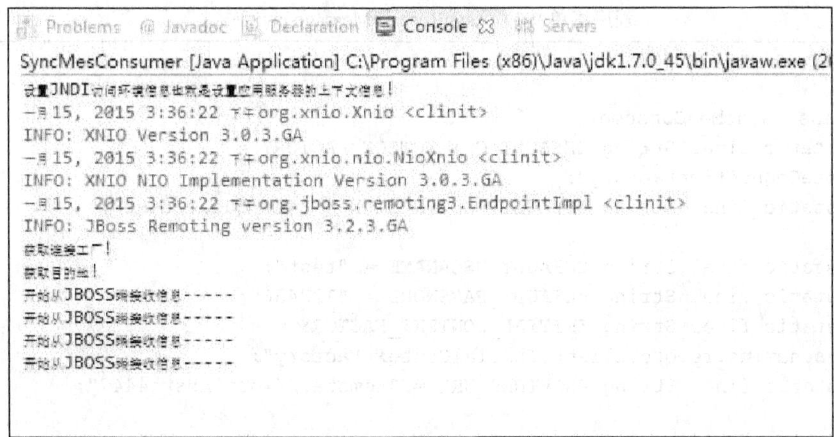

图 9-8　运行结果图

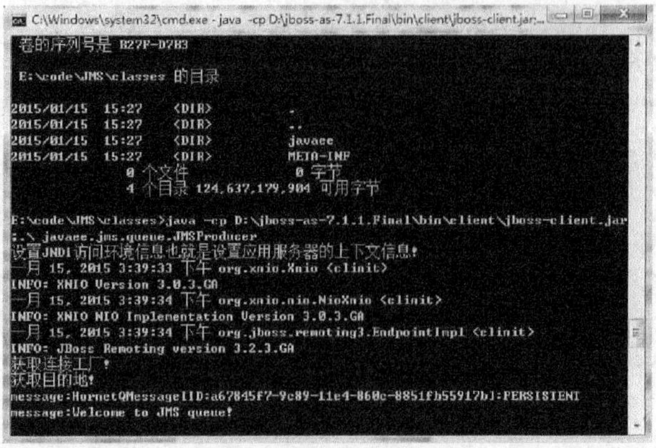

图 9-9　DOS 窗口命令 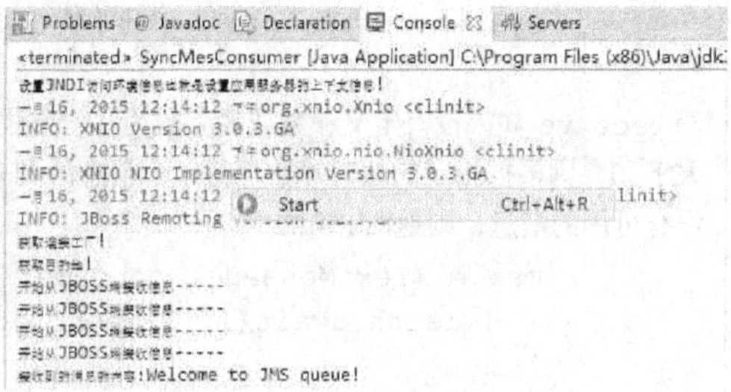　　　图 9-10　运行结果图

（2）首先在 DOS 窗口中运行 JMSProducer 程序，然后在 Eclipse 中运行 SyncMesConsumer 文件，可以看到在控制台中直接显示接收到消息，如图 9-11 所示。

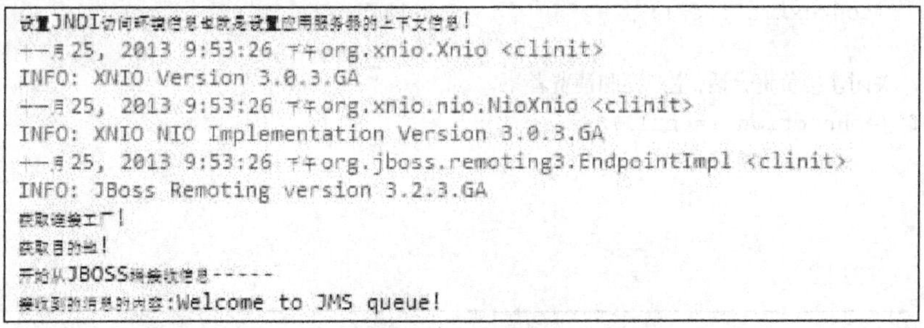

```
设置JNDI访问环境信息也就是设置应用服务器的上下文信息!
十一月25, 2013 9:53:26 下午org.xnio.Xnio <clinit>
INFO: XNIO Version 3.0.3.GA
十一月25, 2013 9:53:26 下午org.xnio.nio.NioXnio <clinit>
INFO: XNIO NIO Implementation Version 3.0.3.GA
十一月25, 2013 9:53:26 下午org.jboss.remoting3.EndpointImpl <clinit>
INFO: JBoss Remoting version 3.2.3.GA
获取连接工厂!
获取目的地!
开始从JBOSS端接收信息-----
接收到的消息的内容:Welcome to JMS queue!
```

图 9-11　运行结果图

从上面的程序运行过程可以看出，在消息的同步接收模式中，接收消息的调用语句会等待消息到达，只有在获取到队列中的消息或等待超时情况下，方法调用才结束。程序通过 receive 方法从消息队列中获取消息，如果当前队列中有现成消息，该方法就立即退出，并获取对应消息；如果当前队列没有消息，则该方法就阻塞当前程序，等待消息到达，直到方法等待超时或消息到达，该调用才返回。

2．消息异步接收

程序清单 9-3　AsynReceiveMessage.java

```
package javaee.jms.queue;

public class AsyncMesConsumer{
 private static final String DEFAULT_CONNECTION_FACTORY =
 "jms/RemoteConnectionFactory";
 private static final String DEFAULT_DESTINATION = "jms/queue/test";

 private static final String DEFAULT_USERNAME = "test";
 private static final String DEFAULT_PASSWORD = "123456";
 private static final String INITIAL_CONTEXT_FACTORY =
 "org.jboss.naming.remote.client.InitialContextFactory";
 private static final String PROVIDER_URL = "remote://localhost:4447";

public static class AsynMesListener implements MessageListener
{
```

```
    public void onMessage(Message msg)
    {
        TextMessage tm = (TextMessage) msg;
        try {
            System.out.println("onMessage, recv text=" + tm.getText());
        } catch(Throwable t) {
            t.printStackTrace();
        }
    }
}
public static void main(String[] args) throws Exception
{
    Context context=null;
    Connection connection=null;
    TextMessage msg=null;
    AsynMesListener l=null;
    try {
        // 设置上下文的 JNDI 查找
        System.out.println("设置 JNDI 访问环境信息也就是设置应用服务器的上下文信息!");
        final Properties env = new Properties();
        env.put(Context.INITIAL_CONTEXT_FACTORY, INITIAL_CONTEXT_FACTORY);// 该 KEY 的值
为初始化 Context 的工厂类,JNDI 驱动的类名
        env.put(Context.PROVIDER_URL,  PROVIDER_URL);// 该 KEY 的值为 Context 服务提供者的
URL.命名服务提供者的 URL
        env.put(Context.SECURITY_PRINCIPAL, DEFAULT_USERNAME);
        env.put(Context.SECURITY_CREDENTIALS, DEFAULT_PASSWORD);//应用用户的登录名,密码
        // 获取到 InitialContext 对象.
        context = new InitialContext(env);
        System.out.println ("获取连接工厂!");
        ConnectionFactory connectionFactory = (ConnectionFactory) context.lookup(DEFAU
LT_CONNECTION_FACTORY);
        System.out.println ("获取目的地!");
        Destination destination = (Destination) context.lookup(DEFAULT_DESTINATION);

        // 创建 JMS 连接、会话、生产者和消费者
        connection = connectionFactory.createConnection(DEFAULT_USERNAME, DEFAULT_PASSWORD);
        Session session = connection.createSession(false, Session.AUTO_ACKNOWLEDGE);

        MessageConsumer consumer = session.createConsumer(destination);
        l=new AsynMesListener();
        consumer.setMessageListener(l);
        connection.start();
        CountDownLatch latch = new CountDownLatch(1);
        while (msg == null) {
            System.out.println("开始从 JBOSS 端接收信息-----");
            latch.await(5, TimeUnit.SECONDS);
        }
    } catch (Exception e) {
        e.printStackTrace();
    }
  }
}
```

消息异步接收程序 AsyncMesConsumer 的运行方式与同步接收程序相似，在这里不再赘述。

消息异步接收是以事件方式接收队列中的消息，该方法通常将一个消息接收对象注册到某个队列接收器中，然后程序继续执行其他逻辑。当队列消息到达时，消息接收对象会自动将消息接收下来；如果队列中没有消息，则消息接收逻辑也不会被阻塞。消息的异步接收模式可以有效地提高程序执行效率。程序中的 AsynMesListener 是消息接收监听器，必须被注册到消息接收对象上，才能对队列中的消息进行异步接收。

9.4　消息驱动 Bean 概述

消息驱动 Bean（MDB）是一种通过消息方式为外界提供服务的组件，JMS 是 MDB 支持的一种最基本消息类型，也是 Java EE 服务器必须提供的消息机制。

MDB 组件只是提供一种基于消息的服务请求模式，和具体业务逻辑无关。MDB 只从指定消息队列中接收消息，而对消息内容并不知情，当消息到达时，EJB 服务器将指定消息发送到特定的 MDB 组件，消息内容要在 MDB 的 onMessage()方法中处理。具体的逻辑通常委托给其他 EJB 组件实现，而 MDB 只是提供一种基于消息的逻辑调用机制。

MDB 组件是单线程的。在任一给定时间，一个 MDB 组件对象只处理一个消息，但 EJB 服务器可以为消息队列中的消息提供很多 MDB 组件对象，通过组件对象的并发性，实现消息处理的并发性。

9.5　消息驱动 Bean 组成

消息驱动 Bean 主要用来处理异步消息，客户端向容器发送一个 JMS 消息之后，不必等待消息驱动 Bean 处理完毕便可直接返回。消息被发送给由容器管理的 JMS 消息队列，容器在适当的时候通知消息驱动 Bean 的方法 onMessage() 加以处理。一个 MDB 需要实现 javax.jms.MessageListener 接口与 javax.ejb.MessageDrivenBean 接口。

9.6　消息驱动 Bean 开发方法

消息驱动 Bean 建立方法与无状态会话 Bean 建立方法类似，只是在右键单击 EJB 工程后，在“New”菜单中选择“Message-Driven Bean”，如图 9-12 所示。然后填写 EJB 详细信息，如图 9-13 所示，将 Destination name 改成已经建立的队列名，并将 Destination type 改成“Queue”即可。

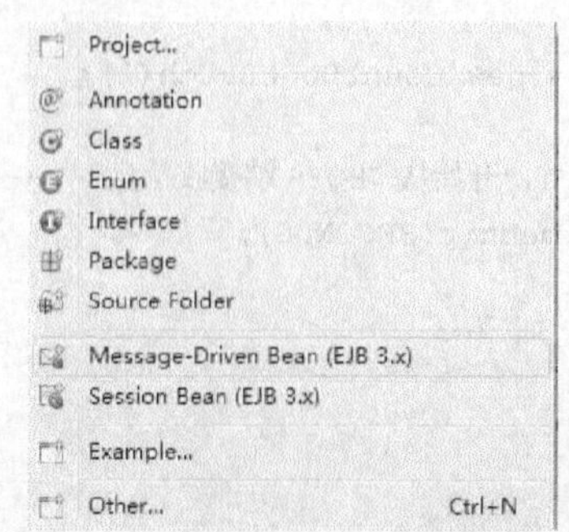

图 9-12　创建 EJB 工程步骤图（1）

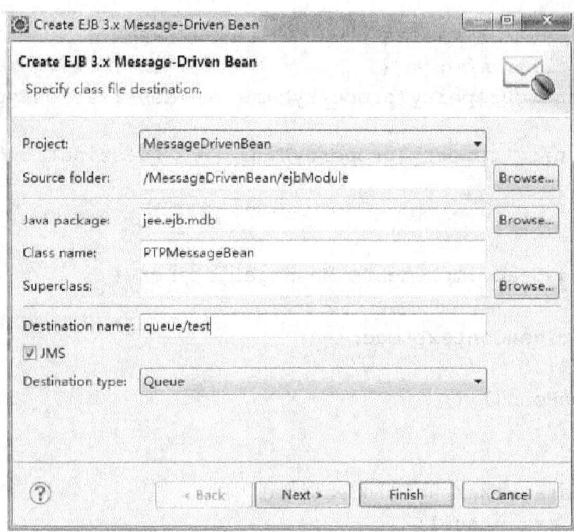

图 9-13　创建 EJB 工程步骤图（2）

MDB 组件开发与无状态会话 Bean 类似，但不需要定义远程接口和本地接口。MDB 组件在形式上是一个实现 Javax.jms.MessageListener 接口的普通 Java 类，并通过@MessageDriven 和@ ActivationConfigProperty 标注设定类和消息队列间的关联关系。@ ActivationConfigProperty 中的属性如表 9-3 所示。

表 9-3　@ActiveConfig 的属性

名　称	类　型	说　明	是否必要	默认值
destination	java.lang.String	Queue 或者 Topic 的 JNDI 名字	是	无
destinationType	java.lang.String	javax.jms.Queue 或者 javax.jms.Topic	是	无
messageSelector	java.lang.String	消息选择器	否	无
acknowledgeMode	int	消息确认方式	否	AUTO_ACKNOWLEDGE
clientID	java.lang.String	设置连接的 clientID	否	Null
subscriptionDurability	java.lang.String	设置 topic 中消息的持久化存储	否	NonDurable
subscriptionName	java.lang.String	Topic 订阅者名字	否	无

9.6.1 监听点对点消息的 MDB 例子

程序清单 9-4　PTPMDB

```
package javaee.ejb.mdb;

import javax.jms.Message;
import javax.jms.MessageListener;
import javax.ejb.ActivationConfigProperty;
import javax.ejb.MessageDriven;
import javax.ejb.*;
import javax.annotation.*;
import javax.jms.*;
```

```
//设置消息驱动 Bean 监听的目的类型为 Queue、目的地址为 queue/test
@MessageDriven(activationConfig = {
        @ActivationConfigProperty(propertyName = "destinationType", propertyValue =
 "javax.jms.Queue"),
        @ActivationConfigProperty(propertyName  =  "destination",  propertyValue  =
 "queue/test")
   })

public class PTPMessageBean implements MessageListener {
    @Resource
    private MessageDrivenContext mdc;

    public PTPMessageBean() {
    }

    public void onMessage(Message inMessage) {
        TextMessage msg = null;
        try {
            if (inMessage instanceof TextMessage) {
                msg = (TextMessage) inMessage;
                System.out.println("消息驱动 Bean:接收到的消息 " + msg.getText());
            } else {
                System.out.println("消息的类型不正确: " + inMessage.getClass().get
Name());
            }
        } catch (JMSException e) {
            e.printStackTrace();
            mdc.setRollbackOnly();
        } catch (Throwable te) {
            te.printStackTrace();
        }

    }
}
```

当 EJB 服务器加载 MDB 组件时，首先检查组件所绑定的消息队列是否存在，如果存在，就将 MDB 组件和该队列相关联；如果不存在，就首先创建该队列然后再将其与 MDB 关联。

在 DOS 窗口中运行 JMSProducer 程序，观察到 JBoss 控制台打印出接收消息，如图 9-14 所示。

```
JBoss 7.1 Runtime Server [JBoss Application Server Startup Configuration] C:\java\jre7\bin\javaw.exe (2013年11月25日 下午9:28:43)
22:13:55,025 INFO  [org.jboss.as.naming] (Remoting "wxy-pc" task-4) JBAS011806: Channel end notification received, closing ch
22:13:55,868 INFO  [stdout] (Thread-0 (HornetQ-client-global-threads-24654698)) 消息驱动Bean:接收到的消息 Welcome to JMS queue!
```

图 9-14　MDB 运行结果图

9.6.2　监听 Pub/Sub 消息的 MDB 例子

基于 Topic 队列的 MDB 组件开发方法与基于 Queue 型队列的组件开发方法类似，但是基于 Topic 型队列的 MDB 组件需要配置 subscriptionDurability 属性。该属性值可以是 Durable 和 NonDurable，其中 NonDurable 是默认值，即如果某个时刻 EJB 服务器失去了和 JMS 消息服务器的连接，则 MDB 组件会丢掉该时刻所有的消息；反之，对于 Durable 型 MDB 组件，JMS 服务会将消息进行保存然后再发给消息接收者，因此消息不会丢失。

基于 Durable 型的 MDB 组件必须设置 clientID，它是设定 MDB 在消费 Topic 队列时使用的唯一身份标识，必须在队列服务器范围内唯一。而基于 NonDurable 类型的 MDB 可以不配置该属性，且开发方法与前面监听点对点的 MDB 开发方法相同。因此在本节只介绍基于 Durable 型的 MDB 组件开发方法。

程序清单 9-5 PubSubMDB

```
package javaee.ejb.mdb;

//设置消息驱动 Bean 监听的目的类型为 Topic、目的地址为 topic/test、可持久性存储消息以及用户 ID
@MessageDriven(activationConfig = {
      @ActivationConfigProperty(propertyName = "destinationType", propertyValue =
"javax.jms.Topic"),
      @ActivationConfigProperty(propertyName = "destination", propertyValue =
"topic/test"),
      @ActivationConfigProperty(propertyName = "subscriptionDurability", propertyValue
= "Durable"),
      @ActivationConfigProperty(propertyName = "clientID", propertyValue = "consumer")


  })
public class PubSubMDB implements MessageListener {

    @Resource
      private MessageDrivenContext mdc;

      public PubSubMDB() {
      }

      public void onMessage(Message inMessage) {
          TextMessage msg = null;
          try {
              if (inMessage instanceof TextMessage) {
                  msg = (TextMessage) inMessage;
                  System.out.println("消息驱动 Bean:接收到的消息 " + msg.getText());
              } else {
                  System.out.println("消息的类型不正确： " + inMessage.getClass().get
Name());
              }
          } catch (JMSException e) {
              e.printStackTrace();
              mdc.setRollbackOnly();
          } catch (Throwable te) {
              te.printStackTrace();
          }

      }
}
```

程序运行与监听点对点消息的例子一样，再此不再赘述。

9.7 消息驱动 Bean 生命周期

与无状态会话 Bean 类似，消息驱动 Bean 的生命周期中也只存在 3 种状态：不存在状态、池状态和调用状态，这 3 种状态间的转换关系如图 9-15 所示。

图 9-15　消息驱动 Bean 生命周期

1. 不存在状态

不存在状态是指主要针对消息驱动 Bean 组件对象不存在的状态。

2. 池状态

在一个消息驱动Bean组件被部署到服务器后，服务器通常会提前创建一定量的消息驱动Bean组件对象，并将它们临时缓存在缓冲区中，这种状态的对象，称为处于池状态的 MDB 组件对象。

3. 调用状态

当有消息到达 MDB 组件所关联的消息队列时，EJB 服务器会接收该消息，并从 MDB 组件池中选取或重新创建一个 MDB 组件对象，调用该组件上的 onMessage( )方法处理消息。一个 MDB 组件在特定时间只能处理一个消息，处理完消息的 MDB 组件对象会被释放到组件池中或被销毁。

9.8　消息驱动 Bean 生命事件

消息驱动 Bean 组件的生命周期中存在两个重要事件：PostConstruction 和 PreDestroy 事件。

1. PostConstruction 事件

该事件在 MDB 组件对象创建过程中被触发，表示一个 MDB 组件对象的生成。EJB 服务器创建 MDB 组件对象需要经过 3 个步骤：① EJB 容器首先调用 MDB 组件的 Class.newInstance()方法生成一个组件对象；② 然后 MDB 组件服务器会将组件的 XML 配置文件或类似@Resource 等标注所包含的初始信息，设置给刚生成的 MDB 组件对象；③ 最后触发 PostConstruction 事件，以便进一步进行组件自身状态的初始化。

2. PreDestroy 事件

它是 MDB 组件对象被销毁过程中的触发事件。在该事件的处理方法结束前，MDB 组件对象仍旧是一个完整对象，同样可以进行各种操作和调用。该事件的处理方法结束后，MDB 组件上的各种引用就被销毁，组件对象进入等待 Java 垃圾收集线程的销毁过程。

消息驱动 Bean 的生命事件处理方法与无状态会话 Bean 类似，也有两种方法：一种是通过 EJB 配置文件进行配置，另一种方法是标注@PostConstruction 和@PreDestroy 进行配置。由于前面已经详细介绍了无状态会话 Bean 生命事件的处理方法，本小节仅仅介绍使用标注进行处理的过程。

配置文件 9-2　使用标注处理 MDB 生命周期事件

```
@PostConstruction
Public void initialEJB()
{
 System.out.println("MDB has been constructed");
}
@PreDestroy
Public void endEJB()
{
System.out.println("MDB will be destroyed");
}
```

9.9　小结

本章首先介绍了 JMS 的基本概念、消息模型及 JMS 消息发送和接收方法，然后详细介绍了 MDB 的开发方法及调用方法，并给出了 MDB 的生命周期和生命事件。

习　题

1．JMS 消息传递模型有哪几种？简要叙述每种模型的特点。

2．JMS 消息发送的过程是什么？

3．接收 JMS 消息有哪几种方式？简要叙述。

4．请编程实现如下功能：启动 2 个消费者共同监听一个 Queue，然后循环给这个 Queue 中发送多个消息。查看运行结果，是否每个消息都会被所有的消费者接收到？

5．请编程实现如下功能：启动 2 个消费者共同监听一个 Topic，然后循环给这个 Topic 中发送多个消息。查看运行结果，是否每个消息都会被所有的消费者接收到？

6．JMS 消息头部的 JMSDeliveryMode 属性可以实现在发送方控制消息是否是持久化的，请编程验证持久化和非持久化消息的接收有什么不同？

7．JMS 消息头部的 JMSReplyTo 属性可以在接收到消息后向另外的目的地址发送应答消息，请编程实现如下功能：创建 2 个 Queue，名字分别为 Queue1 和 Queue2，发送者（send1）给 Queue1 发送一条消息后，接收者（consumer1）接收到该消息之后给 Queue2 回复一个消息，然后再创建另外一个消费者（consumer2）来接受所回复的消息。

8．JMS 消息头部的 selector 是一个字符串，用来过滤消息，通过 selector 可以创建一个只接收特定消息的一个消费者。请编程实现如下功能：两个消费者共同监听同一个 Queue，但是它们的 Selector 不同，然后创建一个消息生产者，来发送多个消息，实现消息的过滤。

9．简要叙述消息驱动 Bean 生命周期？

10．请编程实现如下功能：在远程无状态会话 Bean 中实现消息发送，消息驱动 Bean 中接收消息，客户端通过 JNDI 引用会话 Bean 控制发送的消息内容。

第10章 JPA

10.1 JPA概述

JPA全称为Java Persistence API，即Java 持久化API，是Sun公司在Java EE 5 规范中提出的Java持久化接口。JPA吸取了目前Java持久化技术的优点，旨在规范、简化Java对象的持久化工作。JPA是基于Java 持久化的解决方案， 主要是为了解决ORM（Object Relation Mapping，对象关系映射） 框架的差异，它的出现在某种程度上能够解决目前ORM框架之间不能够兼容的问题，对开发人员来说，能够更好地在JPA 规范下进行系统开发。

ORM是一种为了解决面向对象与关系数据库存在的互不匹配的现象的技术。这里的"O"表示的是对象，"R"表示的是关系型数据库，"M"表示的是对象和关系型数据库之间的联系。

下面以一个具体的实例来说明，有一个学生类Student，属性有Id、姓名（Name）和年龄（Age）。有一个表tb_student，有3个列Id、Name和Age。要将这两者自动关联起来的话，这就需要对象关系映射，也就是JPA所要解决的问题。这样进行ORM后，表中的一条记录可以映射为类的实例（对象），如图10-1所示。

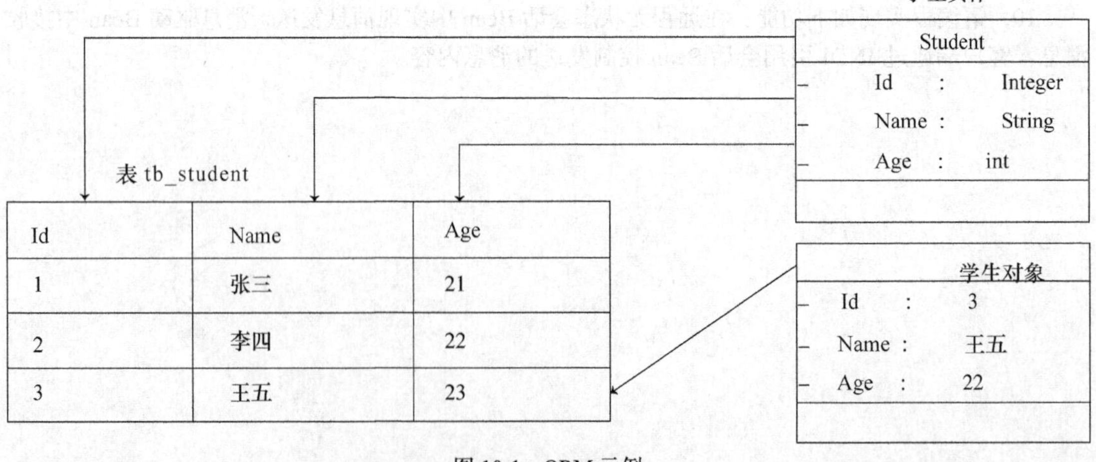

图10-1 ORM示例

在"ORM"中，最重要的就是"R"，一旦将对象和关系型数据库关联起来，那么操作对象，就自动地操作了数据库，而避免了写大量的SQL语句。

事实上，JPA并不是一项技术，是Sun公司为统一Java针对所有ORM软件的程序设计接口而提出的一个标准规范，因此在使用过程中，JPA 必须有特定的 ORM 软件模块提供支持，否则 JPA 无法被调用，如图 10-2 所示。

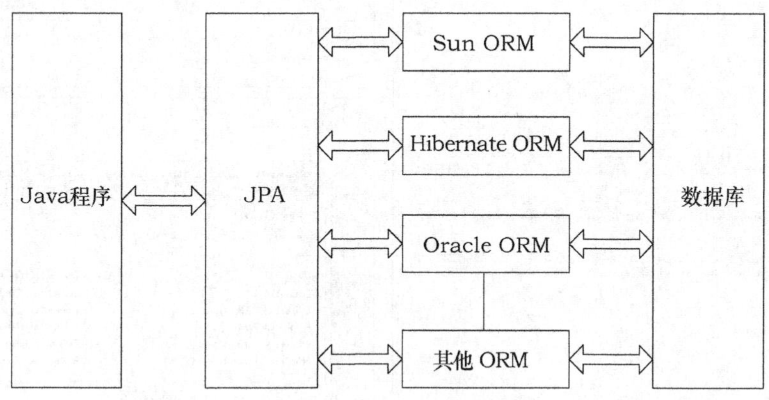

图 10-2　JPA 和 ORM 模块示意图

由于历史的原因，EJB 3 与 JPA 有着藕断丝连的关系。在 EJB 2.X 中，EJB 有 3 种类型的 Bean，分别是会话 Bean(Session Bean)、实体 Bean(Entity Bean)和消息驱动 Bean(Message Driven Bean)。随着 EJB 3 规范的推出，EJB 中的实体 Bean (Entity Bean) 被 JPA 规范所替代，JPA 不仅能在 EJB 环境中使用，也能在 Java SE 的环境中使用，相对于 EJB 2.x 中的实体 Bean，使用的范围更广阔。总之，JPA 虽然出自 EJB 3，但其使用的范围却大于 EJB 3，不仅可用在 Java EE 的环境中，也可以应用在 Java SE 的环境中。

JPA 的总体思想和现有 Hibernate、TopLink、JDO 等 ORM 框架大体一致。总的来说，JPA 包括以下 3 方面的技术。

（1）ORM 映射元数据，JPA 支持 XML 和 JDK 5.0 标注两种元数据的形式，元数据描述对象和表之间的映射关系，框架据此将实体对象持久化到数据库表中。

（2）JPA 的 API，用来操作实体对象，执行 CRUD 操作，框架在后台替我们完成所有的事情，开发者从繁琐的 JDBC 和 SQL 代码中解脱出来。

（3）查询语言，这是持久化操作中很重要的一个方面，通过面向对象而非面向数据库的查询语言查询数据，避免程序的 SQL 语句紧密耦合。

10.2　一个简单的 JPA 例子

10.2.1　创建 JPA 工程

首先在 Eclipse 中创建一个 JPA 工程：选择菜单中的 File->New->JPA Project，如图 10-3 所示。

单击“Next”按钮进入下一步，不用修改任何配置信息，然后进入 JPA Facet 设置界面。由于 JPA 需要厂商的具体实现，本书采用 EclipseLink 2.5.X 版本。因此在 Platform 处选择“EclipseLink 2.5.x”，Type 处选择“User Library”，首次配置时需要下载类库，单击选项样右侧的磁盘图标下载，在出现的下载页中，选择“EclipseLink 2.5.2 - Kepler”，然后单击“Next”按钮继续，会进行类库的下载，下载完成后，会返回到“JPA Facet”配置页，然后单击“Next”按钮继续，如图 10-4 所示。

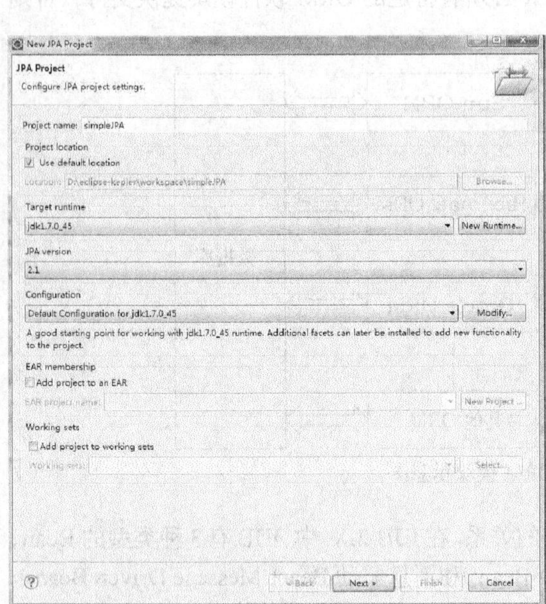

图 10-3 JPA Project 配置界面

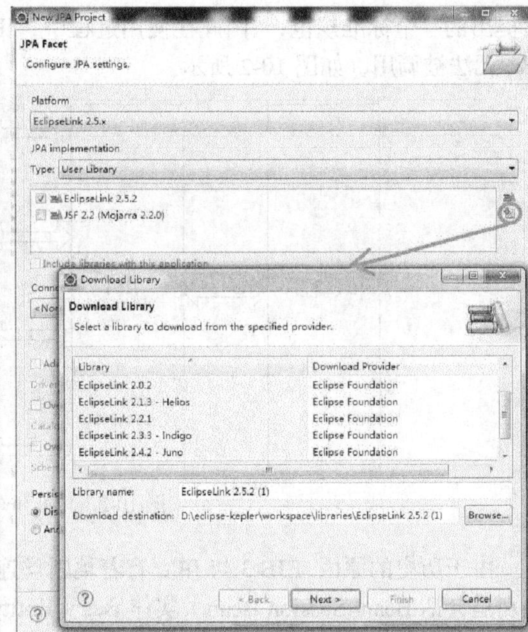

图 10-4 JPA Facet 配置界面

10.2.2 编写实体类代码

同样实现第 2 章中访问数据库中的 student 表并且读取表中的记录，实体类代码如下所示。

程序清单 10-1 Student.java

```
package simpleJPA;

import java.io.Serializable;
import javax.persistence.*;
import java.util.List;

@Entity
public class Student {

    @Id
    private int id;

    private String name;
    private String gender;
    private String major;

    public Student() {
    }

    public int getId() {
        return this.id;
    }
    public void setId(int id) {
        this.id = id;
    }
    public String getName() {
```

```
        return this.name;
    }
    public void setName(String StuName) {
        this.name = StuName;
    }

    public String getGender() {
        return this.gender;
    }
    public void setGender(String Gender) {
        this.gender = Gender;
    }
    public String getmajor () {
        return this. major;
    }
    public void setmajor (String major) {
        this. major = major;
    }
}
```

10.2.3 配置 persistence.xml

在该工程下面导航到"src/META-INF"目录，找到 persisentce.xml 文件并单击打开，参照如下代码进行配置。

```
<?xml version="1.0" encoding="UTF-8"?>
<persistence version="2.0"
xmlns:persistence="http://java.sun.com/xml/ns/persistence"
xmlns:xsi="http://www.w3.org/2001/XMLSchema-instance"
xsi:schemaLocation="http://java.sun.com/xml/ns/persistence persistence_2_0.xsd ">

  <persistence-unit name="simpleJPA" transaction-type="JTA">
    <class>javaee.jpa.simpleJPA.Student</class>
    <provider>org.eclipse.persistence.jpa.PersistenceProvider</provider>
     <jta-data-source>java:jboss/datasources/MySqlDS</jta-data-source>
    </persistence-unit>

</persistence>
```

JPA 2.0 规范中对持久化配置文件有明确要求，名称必须为 META-INF/persistence.xml。持久化文件中最重要的就是对持久化单元的配置。<persistence-unit>元素的 name 属性提供创建 EntityManagerFactory 时的关键字，属性 transaction-type 可选，指定事务管理类型，取值可为 JTA 或 RESOURCE_LOCAL。上面配置中采用 JTA 事务类型，并且使用 JNDI 数据源，配置起来相对简单。

下面给出本地事务的配置实例，供读者参考。由于本地事务配置较难，主要是厂商专有属性<properties>元素不一致，这里仅提供使用 EclipseLink 的配置，如果使用其他 JPA 实现，可查阅相关文档。

```
<?xml version="1.0" encoding="UTF-8"?>
<persistence version="2.1" xmlns=http://xmlns.jcp.org/xml/ns/persistence xmlns:xsi
  ="http://www.w3.org/2001/XMLSchema-instance"
  xsi:schemaLocation="http://xmlns.jcp.org/xml/ns/persistence
  http://xmlns.jcp.org/xml/ns/persistence/persistence_2_1.xsd">
  <persistence-unit name="simpleJPA" transaction-type="RESOURCE_LOCAL">
    <class>simpleJPA.Student</class>
```

```
    <properties>
            <property name="eclipselink.logging.level" value="FINE" />
            <property name="eclipselink.jdbc.driver" value="com.mysql.jdbc.Driver" />
            <property name="eclipselink.jdbc.url" value="jdbc:mysql://localhost:3306/
jpa" />
            <property name="eclipselink.jdbc.password" value="123456" />
            <property name="eclipselink.jdbc.user" value="root" />
            <property name="eclipselink.allow-zero-id" value="true" />
        </properties>
    </persistence-unit>
</persistence>
```

10.2.4 客户端直接调用 JPA

由于采用客户端直接调用 JPA 程序的方式，客户端和 JPA 程序均不在 JBoss 服务器上运行，所以 persistence.xml 配置采用本地事务的方式。客户端代码如下所示。

程序清单 10-2 Client.java

```
package javaee.jpa.simpleJPA;
import javax.persistence.*;
import java.util.*;
public class Client {
 public static void main(String[] args) throws Exception
  {
    EntityManagerFactory factory =
      Persistence.createEntityManagerFactory("simpleJPA",null);
      EntityManager manager = factory.createEntityManager();
     try
     {
             testsave1(manager);
             showAll(manager);
     }
     finally
     {
       manager.close();
       factory.close();
     }
  }
  public static void testsave1(EntityManager manager)
  {
    Student p=new Student ();
    p.setName("wxy");
    p.setGender("female");
    p.setmajor ("计算机");

     EntityTransaction transaction = manager.getTransaction();
     transaction.begin();
      manager.persist(p);
      transaction.commit();
  }

  public static void showAll(EntityManager manager)
  {
         EntityTransaction transaction = manager.getTransaction();
         transaction.begin();
```

```
        Query q=manager.createQuery("from Student c");
        List results=q.getResultList();
       transaction.commit();
        Iterator it=results.iterator();
        while(it.hasNext())
       {
            Student p=(Student)it.next();
             System.out.print(p.getId()+"\t");
             System.out.print(p.getName()+"\t");
             System.out.println(p.getGender()+"\t");
       }
   }
}
```

从上面可以看出，实体类 Student 的创建与普通 Java 对象一样，并通过 Persistence 类的静态方法 createEntityManagerFactory(" simpleJPA")获取实体管理器工厂，该方法中的参数应该与 persistence 文件中的<persistence-unit name="simpleJPA">name 属性相同。然后调用该实体工厂生成实体管理器，它负责管理实体对象，对实体的各种操作也是通过实体管理器完成的。

运行客户端代码后的结果如图 10-5 所示。

```
[EL Config]: connection: 2014-11-17 13:50:22.88--ServerSession(20785948)--Connection(17397168)--Thread(Thread[main,5,main])--Connected: jdbc:mysql://localhost:3306/j
	User: root@localhost
	Database: MySQL  Version: 5.6.14
	Driver: MySQL Connector Java  Version: mysql-connector-java-5.1.26 ( Revision: ${bzr.revision-id} )
[EL Info]: connection: 2014-11-17 13:50:22.908--ServerSession(20785948)--Thread(Thread[main,5,main])--file:/D:/eclipse-kepler/workspace/simpleJPA/build/classes/_simp
[EL Fine]: sql: 2014-11-17 13:50:22.939--ClientSession(16683060)--Connection(17397168)--Thread(Thread[main,5,main])--INSERT INTO STUDENT (ID, ADDRESS_ID, GENDER, NAM
	bind => [0, 4, female, wxy]
[EL Fine]: sql: 2014-11-17 13:50:23.105--ServerSession(20785948)--Connection(17397168)--Thread(Thread[main,5,main])--SELECT ID, ADDRESS_ID, GENDER, NAME FROM STUDENT
2	wangwu6 male
3	wangwu6 male
4	wangwu6 female
5	wangwu6 female
6	wangwu6 female
7	wxy	female
8	wxy	female
[EL Config]: connection: 2014-11-17 13:50:23.108--ServerSession(20785948)--Connection(17397168)--Thread(Thread[main,5,main])--disconnect
[EL Info]: connection: 2014-11-17 13:50:23.109--ServerSession(20785948)--Thread(Thread[main,5,main])--file:/D:/eclipse-kepler/workspace/simpleJPA/build/classes/_simp
[EL Config]: connection: 2014-11-17 13:50:23.109--ServerSession(20785948)--Connection(30999122)--Thread(Thread[main,5,main])--disconnect
```

图 10-5 运行结果截图

10.2.5 EJB 调用 JPA

由于采用 EJB 调用 JPA 程序的方式，EJB 程序需要运行在 JBoss 服务器上，所以 persistence.xml 配置中可以采用 JNDI 方式配置数据源。EJB 代码如下所示。

```
package javaee.jpa.simpleJPA;

import javax.ejb.Stateless;

import java.util.ArrayList;
import java.util.Iterator;
import java.util.List;

import javax.ejb.Stateless;
import javax.persistence.EntityManager;
import javax.persistence.EntityTransaction;
import javax.persistence.PersistenceContext;
import javax.persistence.Query;

/**
 * Session Bean implementation class EJBCallJPA
 */
```

```
@Stateless
public class EJBCallJPA implements EJBCallJPARemote {

    /**
     * Default constructor.
     */
   @PersistenceContext(unitName = "simpleJPA")

   private EntityManager manager;


    public EJBCallJPA() {
          // TODO Auto-generated constructor stub
    }

    public void showAll()
    {
              Query q=manager.createQuery("from Student c");
              List results=q.getResultList();
              Iterator it=results.iterator();
              while(it.hasNext())
            {
                  Student p=(Student)it.next();
                  System.out.print(p.getId()+"\t");
                  System.out.print(p.getName()+"\t");
                  System.out.println(p.getGender()+"\t");
            }
    }

    public  void addStudent()
    {
              Student p=new Student ();
             p.setName("wangyi");
              p.setGender("female");
              p.setmajor ("计算机");

          manager.persist(p);

    }


}
```

由于采用 JPA 事务，因此在 EJB 代码中没有任何有关事务的代码出现，因为这是由容器自动维护的。同时需要重新编写调用 EJB 的客户端，这些内容不再详细叙述。

10.3 JPA 实体映射

一个 POJO（Plain Ordinary Java Objects）简单的 Java 对象，实际就是普通 JavaBeans，POJO 类通过标注@Entity 可以映射成为可持久化的类，可持久化的类可以对应数据库中的数据。映射成为实体类要依赖一些特定的规则。

以一个简单 POJO 类为例，Student 类表示学生，有两个属性：一个是 id，实体的唯一标识；

另一个是 name，联系人的姓名。Student 类的代码如下所示。

程序清单 10-3　Student.java

```
public class Student {
    public Student() {
    }
    public Student(Integer id, String name) {
        this.id = id;
        this.name = name;
    }
    private Integer id;
    public Integer getId() {
        return id;
    }
    public void setId(Integer id) {
        this.id = id;
    }
    private String name;
    public String getName() {
        return name;
    }
    public void setName(String name) {
        this.name = name;
    }
}
```

这是符合 JavaBean 样式的类，符合 JavaBean 风格的要素主要有以下几个关键点。

（1）类属性必须为 private 的，外界获得和设置属性值必须通过 getter 和 setter 方法。

（2）setter 方法和 setter 方法必须是 public 的。

（3）getter 方法和 setter 方法和命名符合 Java 方法的命名规则。

```
T getProperty()
void setProperty(T t)
```

其中，T 为属性的类型，Property 为属性名。

10.3.1　映射实体

标注@Entity 的类，表示该类是一个可持久化的实体。当在容器中时，服务器将会首先加载所有标注了@Entity 的实体类。例如，Student 类标注成实体后，代码如下所示。

```
@Entity
public class Student {
    StudentE(){……}
    ……
}
```

@Entity 标注定义的属性如下。

```
@Target(TYPE) @Retention(RUNTIME)
public @interface Entity {
    String name() default "";
}
```

其中，Entity 中的"name"属性表示实体的名称，在执行 JPQL 时使用该名称。若不做设置，默认为标注实体的类的名称。

例如：指定实体名称为"Student"的代码如下所示。

```
@Entity(name="Student")
```

```
public class Student {
    ……
    Student (){……}
    ……
}
```

这样标注后，在 JPQL 中执行 SQL 时要这样使用。

```
String sql = "SELECT c FROM Student c";
Query query = entityManager.createQuery(sql);
```

使用默认值时 Entity 的名为类名，在 JPQL 中执行 SQL 时要这样使用。

```
String sql = "SELECT c FROM Student c";
Query query = entityManager.createQuery(sql);
```

标注为@Entity 的实体类至少要有一个无参的构造方法，例如以下代码。

```
@Entity
public class Student {
    ……
    public Student (){……}
    public Student (Integer id ){……}
    ……
}
```

这是因为，在使用类反射机制 class.newInstance()方法创建实例时，必须要有一个默认的构造方法，否则会抛出实例化异常（InstantiationException）。

一个实体类至少要有一个主键（Primary Key）。例如以下所示代码将属性 id 标注为实体的主键。

```
@Entity(name="Student")
public class Student {
    Student (){……}
    private Integer id;
    @Id
    public Integer getId() {
        return id;
    }
    public void setId(Integer id) {
        this.id = id;
    }
}
```

一个类标注了@Entity，该类就成为了一个可持久化的类。如果不标注任何属性，这个类的属性和方法将自动映射为数据库中默认的表和字段。

例如，以下这个为实体类的代码。

```
@Entity
public class Student implements java.io.Serializable {
    public Student() {
    }
    private Integer id;
    public Integer getId() {
        return id;
    }
    public void setId(Integer id) {
     this.id = id;
    }
    private String name;
    public String getName() {
        return name;
    }
```

```
    public void setName(String name) {
        this.name = name;
    }
}
```

该实体默认对应的数据库中的表名为“student”，属性 id 默认映射为表中的字段“id”，属性 name 默认映射为表中的字段“name”，默认映射的创建表的 SQL 脚本如下所示。

```
CREATE TABLE student (
  id int(20) NOT NULL,
  name varchar(50) default NULL
)
```

10.3.2　映射表和字段

标注@Table 和标注@Column 可以映射指定的表和字段。

1. 映射表@Table

@Table 标注表示所映射表的属性，该标注的属性定义如下。

```
@Target({TYPE}) @Retention(RUNTIME)
public @interface Table {
       String name() default "";
       String catalog() default "";
       String schema() default "";
       UniqueConstraint[] uniqueConstraints() default {};
}
```

在使用此@Table 标注时，需要注意以下几个问题。

（1）此标注需要标注在类名前，不能标注在方法或属性前。

（2）name 属性表示实体所对应表的名称，默认表名为实体的名称。

（3）catalog 和 schema 属性表示实体指定的目录名或数据库名，这根据不同的数据库类型有所不同。

（4）uniqueConstraints 属性表示该实体所关联的唯一约束条件，一个实体可以有多个唯一约束条件，默认没有约束条件。

（5）若使用 uniqueConstraints 标注时，需要配合 UniqueConstraint 标注来使用。

如以下例子所示。

例 10.1 指定数据库中指定的表名为“tb_student”。

```
@Entity
@Table(name="tb_student")
public class Student implements java.io.Serializable {
     ......
}
```

在使用@Table 标注时，属性值是不区分大小写的，这是因为许多不同的数据库都不区分大小写，例如 name="tb_student"和 name="TB_STUDENT"的设置是一样的。

例 10.2 指定 Schema 为“jpademo”，表名为“tb_student”。

```
@Entity
@Table(name="tb_student",schema="jpademo")
public class Student implements java.io.Serializable {
     ......
}
```

例 10.3 指定表的 name 字段和 email 字段为唯一表示，也就是说，不能同时存在完全相同 name 和 email 值的记录。

```
@Entity
@Table(name = "student", uniqueConstraints = {
        @UniqueConstraint(
                columnNames = { "name", "email" }
        )}
)
public class Student {
    public Student() {
    }
    private Integer id;
    @Id
    public Integer getId() {
        return id;
    }
    public void setId(Integer id) {
        this.id = id;
    }
    private String name;
    public String getName() {
        return name;
    }
    public void setName(String name) {
        this.name = name;
    }
    private String email;
    public String getEmail() {
        return email;
    }
    public void setEmail(String email) {
        this.email = email;
    }
}
```

这样定义唯一约束后，创建表的 SQL 语句如下。

```
CREATE TABLE  student (
  id int(20) NOT NULL,
  name varchar(255) default NULL,
  email varchar(255) default NULL,
  PRIMARY KEY  (id),
  UNIQUE KEY name_email (name,email)
);
```

建表的 SQL 语句中，UNIQUE KEY 表示创建了一个唯一约束，它的规则是字段 name 和字段 email 的值不能同时相同。

而在标注的实体中，@UniqueConstraint 表示唯一约束的定义，当定义多个唯一约束时，要用“,”分隔。例如以下代码所示。

```
@Table(name = "student", uniqueConstraints = {
        @UniqueConstraint(
                columnNames = { "name", "email" }
        ),
        @UniqueConstraint(
                columnNames = { "col_1", "col_2" }
        )}
)
```

其中，加粗显示的部分为该实体定义的另外一个唯一约束。

2. 映射方法和属性@Column

@Column 标注表示所持久化属性所映射表中的字段，该标注的属性定义如下。

```
@Target({METHOD, FIELD}) @Retention(RUNTIME)
public @interface Column {
     String name() default "";
     boolean unique() default false;
     boolean nullable() default true;
     boolean insertable() default true;
     boolean updatable() default true;
     String columnDefinition() default "";
     String table() default "";
     int length() default 255;
     int precision() default 0;
     int scale() default 0;
}
```

在使用此@Column 标注时，需要注意，此标注可以标注在 getter 方法或属性前，两种标注方法都是正确的。

标注在属性前：

```
@Entity
@Table(name = "student")
public class Student{
     @Column(name="contact_name")
     private String name;
}
```

标注在 getter 方法前：

```
@Entity
@Table(name = "student")
public class Student{
     @Column(name="student_name")
     public String getName() {
          return name;
     }
}
```

10.3.3 主键映射

主键（Primary Key）是实体的唯一表示，调用 EntityManager 的 find 方法，可以获得相应的实体对象。每个实体至少要有一个唯一标识的主键。

1. 主键标识@Id

@Id 用于标注属性的主键，一旦标注了主键，该实体属性的值可以指定，也可以根据一些特定的规则自动生成。这就涉及另一个标注@GeneratedValue 的使用。

@GeneratedValue 用于主键的生成策略，该标注的属性定义如下。

```
@Target({METHOD, FIELD}) @Retention(RUNTIME)
     public @interface GeneratedValue {
     GenerationType strategy() default AUTO;
     String generator() default "";
}
```

（1）strategy 属性表示生成主键的策略，有 4 种类型，分别定义在枚举类型 GenerationType 中，该枚举类型的值如下所示。

```
public enum GenerationType { TABLE, SEQUENCE, IDENTITY, AUTO };
```

其中，默认为 AUTO 自动生成。

（2）generator 为不同策略类型所对应的生成的规则名，它的值根据不同的策略有不同的设置。

（3）能够标识为主键的属性类型，如表 10-1 所列举的几种。

表 10-1　　@Id 标识的数据类型

分　类	类　型
Java 的基本数据类型	byte， int， short， long， char
Java 基本数据类型对应的封装类	Byte， Integer， Short， Long， Character
大数值型类	java.math.BigInteger
字符串类型	String
时间日期型	java.util.Date， java.sql.Date

double 和 float 浮点类型和它们对应的封装类不能作为主键，这是因为判断是否唯一是通过 equals 方法来判断的，浮点型的精度太大，不能够准确地匹配。

2. 自增主键

不同的数据库，自增主键的生成策略可能有所不同。例如 MySQL 自增主键可以通过以下表定义来实现。

```
CREATE TABLE  student (
  id int(20) NOT NULL AUTO_INCREMENT,
 }
```

而 Oracle 可能需要创建 Sequence 来实现自增。JPA 的实现者将会根据不同的数据库类型来实现自增的策略。

在实体中，只需要在主键上做以下配置，便可以实现自增。

```
@Entity
@Table(name = "student")
public class Student implements java.io.Serializable {
      private Integer id;
      @Id
      @GeneratedValue(strategy = GenerationType.AUTO)
      public Integer getId() {
           return this.id;
      }
      public void setId(Integer id) {
           this.id = id;
      }
}
```

JPA 可定义的生成策略有 4 种：TABLE，SEQUENCE,，IDENTITY，AUTO。在选择这 4 种主键生成策略时，可选择如下策略。

（1）GeneratorType.AUTO: 容器自动生成。

（2）GenerationType.IDENTITY : 使用数据库的自动增长字段生成，JPA 容器将使用数据库的自增长字段为新增的实体对象赋唯一值，这种情况下，需要数据库本身提供自增长字段属性，支持该属性的 DB 有 SQL Server、DB2、MySQL、Derby 等。

（3）GenerationType.SEQUENCE: 使用数据库的序列号为新增加的实体对象赋唯一值，这种情况下需要数据库提供对序列号的支持。常用的数据库中，Oracle 提供支持。

（4）GenerationType.TABLE : 使用数据库表的字段生成，表示使用数据库中指定表的某个字段记录实体对象的标识。

总之，在选择主键生成策略时，要根据需求来选择最合适的策略。

10.3.4 复合主键

有时一个实体的主键可能同时为多个，例如同样是之前使用的"Student"实体，需要通过 name 和 email 来查找指定实体，当且仅当 name 和 email 的值完全相同时，才认为是相同的实体对象。要配置这样的复合主键，步骤如以下所示。

（1）编写一个复合主键的类 StudentPK，代码如下。

```
import java.io.Serializable;
public class StudentPK implements Serializable {
    public StudentPK() {
    }
    public StudentPK(String name, String email) {
        this.name = name;
        this.email = email;
    }
    private String email;
    public String getEmail() {
        return email;
    }
    public void setEmail(String email) {
        this.email = email;
    }
    private String name;
    public String getName() {
        return name;
    }
    public void setName(String name) {
        this.name = name;
    }

    //实现 hashCode 方法
    @Override
    public int hashCode() {
        final int PRIME = 31;
        int result = 1;
        result = PRIME * result + ((email == null) ? 0 : email.hashCode());
        result = PRIME * result + ((name == null) ? 0 : name.hashCode());
        return result;
    }

    //实现 equals 方法
    @Override
    public boolean equals(Object obj) {
        if (this == obj)
            return true;
        if (obj == null)
            return false;
        if (getClass() != obj.getClass())
            return false;
        final StudentPK other = (StudentPK) obj;
        if (email == null) {
```

```
            if (other.email != null)
                return false;
        else if (!email.equals(other.email))
                return false;
        if (name == null) {
            if (other.name != null)
                return false;
        }else if (!name.equals(other.name))
                return false;
        return true;
    }
}
```

作为复合主键类，要满足以下几点要求。

① 必须实现 Serializable 接口。

② 必须有默认的 public 无参数的构造方法。

③ 必须覆盖 equals 和 hashCode 方法。

equals 方法用于判断两个对象是否相同，EntityManger 通过 find 方法来查找 Entity 时，是根据 equals 的返回值来判断的。

（2）通过@IdClass 标注在实体中标注复合主键，实体代码如下。

```
@Entity
@Table(name = "student")
@IdClass(StudentPK.class)
public class Student implements java.io.Serializable {
    private Integer id;
    public Integer getId() {
        return this.id;
    }
    public void setId(Integer id) {
        this.id = id;
    }
    private String name;

    @Id
    //复合主键的组成部分
    public String getName() {
        return this.name;
    }
    public void setName(String name) {
        this.name = name;
    }
    private String email;

    @Id
    //复合主键的组成部分
    public String getEmail() {
        return email;
    }
    public void setEmail(String email) {
        this.email = email;
    }
}
```

@IdClass 标注用于标注实体所使用主键规则的类，属性 Class 表示复合主键所使用的类，本例中使用 StudentPK 这个复合主键类。在实体中同时标注主键的属性。本例中在 email 和 name 的 getter 方法前标注@Id，表示复合主键使用这两个属性。

（3）这样定义实体的复合主键后，通过以下代码便可以获得指定的实体对象。

```
StudentPK spk = new StudentPK("Zhang","zhangsan@yahoo.com.cn");
Student instance = entityManager.find(Student.class, spk);
```

10.4 实体关系映射

实体关系是指实体与实体之间的关系，从方向上分有单向关联和双向关联；从实体数量上说分一对一、一对多、多对一和多对多。对于任何的两个实体，都要从这两方面区分它们之间的关系。

10.4.1 关联的基本概念

1. 单向关联

单向关联是一个实体中引用了另外一个实体。简单地说，就是一个通过一个实体可以获得另一实体的对象。如图 10-6 所示，显示的是实体 A 对实体 B 的单向关联，在实体 A 中可以获得实体 B 对象，但实体 B 中不能获得实体 A 的对象。

实体 A　　实体 B

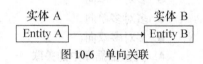

Entity A → Entity B

图 10-6 单向关联

此时，实体 A 的代码可以如下所示。

```
public class EntityA {
    private EntityB entityB;
    public EntityB getEntityB() {
        return entityB;
    }
    public void setEntityB(EntityB entityB) {
        this.entityB = entityB;
    }
}
```

实体 B 的代码可以如下所示。

```
public class EntityB {
    ......
}
```

在实体 A 中，可以获得实体 B 的对象，实体 B 作为实体 A 的一个属性存在。实体 B 中没有实体 A 的引用。这时可以认为实体 A 关联到实体 B，但实体 B 并不关联实体 A。

2. 双向关联

双向关联是两个实体之间可以相互获得对方对象的引用。如图 10-7 所示，显示的实体 A 和实体 B 的双向关联，在实体 A 中可以获得实体 B 对象，实体 B 中也能获得实体 A 的对象。

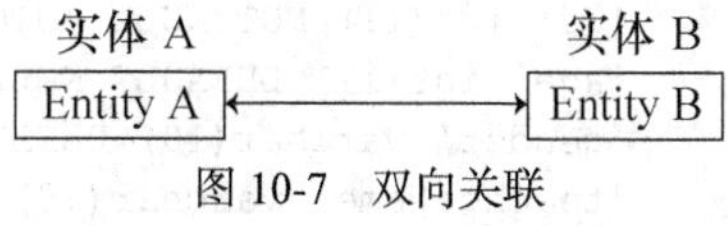

图 10-7 双向关联

例如，此时实体 A 的代码不变，将实体 B 的代码修改为如下所示。

```
public class EntityB {
    private EntityA entityA;
    public EntityA getEntityA() {
        return entityA;
    }
    public void setEntityA(EntityA entityA) {
```

```
        this.entityA = entityA;
    }
}
```

在实体 B 中增加了实体 A 的属性，可以获得实体 A 的对象，实体 A 作为实体 B 的一个属性存在。这样，一旦获得了实体 A 的对象便可以获得实体 B 的对象；同样，一旦获得了实体 B 的对象便可以获得实体 A 的对象。

3. 七种实体关系

两个实体间的关系从引用的数量上分，又分为一对一（One to One）、一对多（One to Many）、多对一（Many to One）和多对多（Many to Many）4 种。再考虑每种关系的方向性，因此可以得到如下 7 种实体间的关系。

① 一对一单向。

② 一对一双向。

③ 一对多单向。

- 一对多双向
- 多对一单向
- 多对多单向
- 多对多双向

4. 关系数据库中的关联

本章中实体类之间的关系以学生、地址以及老师之间的关系为例来讲解。首先创建 Student 表、Address 表以 teacher 表。

```
CREATE TABLE 'student' (
  'Id' int(11) NOT NULL AUTO_INCREMENT,
  'name' varchar(50) DEFAULT NULL,
  'gender' varchar(50) DEFAULT NULL,
  'major' varchar(50) DEFAULT NULL,
  'address_id' int(11) DEFAULT NULL,
  PRIMARY KEY ('Id'),
  KEY 'fk_student' ('address_id'),
  CONSTRAINT 'fk_student' FOREIGN KEY ('address_id') REFERENCES 'address' ('Id')
)ENGINE=InnoDB DEFAULT CHARSET=utf8;

CREATE TABLE 'address' (
  'Id' int(11) NOT NULL AUTO_INCREMENT,
  'detail' varchar(50) DEFAULT NULL,
  PRIMARY KEY ('Id')
)ENGINE=InnoDB DEFAULT CHARSET=utf8;

CREATE TABLE 'teacher' (
  'Id' int(11) NOT NULL AUTO_INCREMENT,
  'age' int(11) DEFAULT NULL,
  'gender' varchar(10) DEFAULT NULL,
  'teacherName' varchar(10) DEFAULT NULL,
  PRIMARY KEY ('Id')
)ENGINE=InnoDB DEFAULT CHARSET=utf8;
```

对于数据库端表之间的关系的建模，有使用外键和使用表关联建模两种方法。

（1）外键就是指向另一个表的主键的字段，称为外键字段。假设一个学生有一个地址，则可以建模为 STUDENT 表，通过外键指向 ADDRESS 表。上面给出的语句 CONSTRAINT 'fk_student' FOREIGN KEY ('address_id') REFERENCES 'address' ('Id')就是在建立外键。

（2）表关联：两个表的关系单独定义在一个表中，通过一个中间表来关联。

10.4.2　一对一单向

一对一是一个实体中只能获得一个实体的引用，图 10-8 所示为实体 A 和实体 B 的一对一的关系。

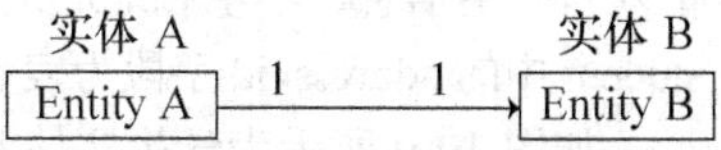

图 10-8　一对一的实体关系

一对一的关系用@OneToOne 标注声明，包括单向关联和双向关联。

标注@OneToOne 的定义的代码如下所示：

```
@Target({METHOD, FIELD}) @Retention(RUNTIME)
public @interface OneToOne {
    Class targetEntity() default void.class;
    CascadeType[] cascade() default {};
    FetchType fetch() default EAGER;
    boolean optional() default true;
    String mappedBy() default "";
}
```

（1）targetEntity 属性表示默认关联的实体类型，默认为当前标注的实体类。例如，使用默认设置与以下代码所示的设置的效果相同。一般情况使用默认设置就可以了。

```
@OneToOne(targetEntity=AddressEO.class)
public AddressEO getAddress() {
    return address;
}
```

（2）cascade 属性表示关联的实体的级联操作类型。级联是当对实体进行操作时，对相关联的实体的处理方式，默认情况下，不关联任何操作。

（3）fetch 属性是该实体的加载方式，默认为及时加载 EAGER，也可以使用惰性加载 LAZY，代码如下所示：

```
@OneToOne(fetch=FetchType.LAZY)
public AddressEO getAddress() {
        return address;
}
```

在默认的情况下，Entity 中的属性加载方式都是即时加载（EAGER）的，当 Entity 对象实例化时，就加载了实体中相应的属性值。但对于一些特殊的属性，比如长文本型 text、字节流型 blob 型的数据，在加载 Entity 时，这些属性对应的数据量比较大，如果在创建实体时也加载的话，可能造成资源的严重占用。要想解决这些问题，就需要设置实体属性的加载方式为惰性加载（LAZY）。

（4）optional 属性表示关联的该实体是否能够存在 null 值。默认为 true，表示可以存在 null 值。如果设置为 false，则该实体不能为 null，并且要同时配合使用@JoinColumn 标注，将保存实体关系的字段设置为唯一的、不为 null 并且不能更新的，代码如下所示。

```
@OneToOne(optional=false)
@JoinColumn(name = "address_id",unique=true, nullable=false, updatable=false)
public AddressEO getAddress() {
    return address;
}
```

（5）mappedBy 属性用于双向关联实体时，标注在不保存关系的实体中。

@OneToOne 标注只能确定实体与实体的关系是一对一的关系，不能指定数据库表中保存的关联字段。所以此时要结合@JoinColumn 标注来指定保存实体关系的配置。@JoinColumn 标注的是保存表与表之间关系的字段，它要标注在实体属性上。@JoinColumn 的 name 属性指定外键字段的名字，在默认情况下，name=关联表的名称+“_”+ 关联表主键的字段名；referencedColumnName 指定了这个外键的引用字段。

本小节以学生实体（Student）与地址实体（Address）为例来说明一对一单向关系。一个学生对应一个地址，通过学生可以获得该学生的地址信息，因此学生和地址是一对一的关系，但通过地址不能获得学生信息，学生和地址是单向关联。通常在一对一映射中数据库使用外键关联，在数据库表 student 中的 address_id 字段为表 address 中的 id 的值。通过 address_id，可以找到对应的 address 记录。

如图 10-9 所示为学生实体和地址实体的类关系图。

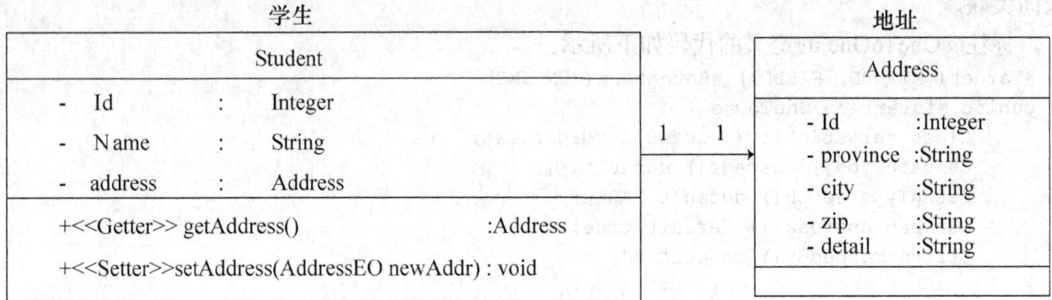

图 10-9 学生与对地址之间一对一的关系

此时将表 student 映射为 Student 实体，代码如下所示。

```
package javaee.jpa.one2one.oneway;

import java.io.Serializable;
import javax.persistence.*;

@Entity
public class Student implements Serializable {
  private static final long serialVersionUID = 1L;

  @Id
  @GeneratedValue(strategy = GenerationType.IDENTITY)
  private int id;

  private String name;

  @OneToOne(cascade = { CascadeType.ALL })
  @JoinColumn(name = "address_id")
 private Address address;
  private String gender;
  private String major;


  public Student() {
  }


  public String getGender() {
      return this.gender;
  }

  public void setGender(String gender) {
      this.gender = gender;
  }
```

```
    public int getId() {
        return this.id;
    }

    public void setId(int id) {
        this.id = id;
    }

    public String getName() {
        return this.name;
    }

    public void setName(String name) {
        this.name = name;
    }
    public Address getAddress() {
        return address;
    }
    public void setAddress(Address address) {
        this.address = address;
    }

    public String getMajor() {
        return major;
    }
    public void setMajor(String major) {
        this.major = major;
    }
}
```

从上面代码可以看出，在 Student 实体类中设置了 Address 类型的属性，并使用@OneToOne 标注和@ JoinColumn 标注进行修饰。

将表 address 映射为 Address 实体，代码如下所示。

```
package javaee.jpa.one2one.oneway;

import java.io.Serializable;
import javax.persistence.*;

@Entity
public class Address implements Serializable {
  private static final long serialVersionUID = 1L;

  private String detail;
  @Id
    @GeneratedValue(strategy = GenerationType.IDENTITY)
  private int id;
  private String province;
  private String city;
  private String zip;

  public Address() {
  }

  public String getDetail() {
      return this.detail;
  }
```

```
    public void setDetail(String detail) {
        this.detail = detail;
    }

    public int getId() {
        return this.id;
    }

    public void setId(int id) {
        this.id = id;
    }

    public String getProvince() {
        return this.province;
    }

    public void setProvince(String province) {
        this.province = province;
    }
    public String getCity() {
        return this.city;
    }

    public void setCity(String city) {
        this.city = city;
    }

    public String getZip() {
        return this.zip;
    }

    public void setZip(String zip) {
        this.zip = zip;
    }

}
```

客户端代码如下所示。

```
package javaee.jpa.one2one.oneway;
import javax.persistence.*;
import java.util.*;

public class Client {

 public static void main(String[] args) throws Exception
  {
     EntityManagerFactory factory =
        Persistence.createEntityManagerFactory("JPARelation",null);
         EntityManager  manager = factory.createEntityManager();
       try
       {          createStudent(manager);
                  showAll(manager);
                  queryFromMaintained(manager);

       }
```

```
        finally
        {
          manager.close();
          factory.close();
          }
    }
    public static void createStudent(EntityManager manager)
    {
            Student p=new Student();

            p.setName("wangwu6");
            p.setGender("male");
            p.setMajor("computer");
            Address ad=new Address ();
             ad.setDetail("吉林省长春市前进大街 2699 号");
             ad.setProvince("吉林省");
             ad.setCity("长春市");
             ad.setZip("130012");
              p.setAddress(ad);
              EntityTransaction transaction = manager.getTransaction();
              transaction.begin();
              manager.persist(p);
              transaction.commit();
    }
   public static void showAll(EntityManager manager)
    {
              EntityTransaction transaction = manager.getTransaction();
              transaction.begin();
              Query q=manager.createQuery("from Student c");
              List results=q.getResultList();
              transaction.commit();
              Iterator it=results.iterator();
              while(it.hasNext())
            {
              Student p=(Student)it.next();
              System.out.print(p.getId()+"\t");
               System.out.print(p.getName()+"\t");
               System.out.println(p.getGender()+"\t");
            }
    }

   public static void queryFromMaintained(EntityManager manager) {

    EntityTransaction transaction = manager.getTransaction();
    transaction.begin();
    Student student = manager.find(Student.class, 18);
    transaction.commit();
    System.out.println("id=  "+student.getId());
    System.out.println("name=  "+student.getName());
    System.out.println("manjor=   "+student.getMajor());
   }
 }
```

运行客户端代码前，需要保证 persistence.xml 采用本地事务方式进行正确配置。注意，由于在代码中采用了级联操作，因此只对实体 student 进行了 persist 操作。

10.4.3 一对一双向

双向关联指相关联的实体可以互相引用，在 10.4.2 小节的例子中即是指，通过实体 Student 对象获得 Address 对象，也可通过 Address 对象获得 Student 对象。由于在一对一单向例子中，可以通过 Student 对象找到 Adress 对象，所以在一对一双向例子中 Student 代码可以保持不变，只需要在 Address 中增加对 Student 对象的引用。Address 代码如下所示。

```
package javaee.jpa.one2one.bidirection;

import java.io.Serializable;
import javax.persistence.*;

/**
 * The persistent class for the address database table.
 *
 */
@Entity
public class Address implements Serializable {
  private static final long serialVersionUID = 1L;

  private String detail;
  @Id
  @GeneratedValue(strategy = GenerationType.IDENTITY)
  private int id;

  @OneToOne(mappedBy = "address")
  private Student student;

  public Address() {
  }

  public String getDetail() {
      return this.detail;
  }

  public void setDetail(String detail) {
      this.detail = detail;
  }

  public int getId() {
      return this.id;
  }

  public void setId(int id) {
      this.id = id;
  }
  public void setStudent(Student student){
      this.student=student;

  }
  public Student getStudent(){
      return student;
  }
   .........
}
```

在双向关联中，没有使用 mappedBy 属性的一方就是关系的主动方，负责维护关系；而使用 mappedBy 属性的一方就是被动方，不负责维护关系。只有@OneToOne，@OneToMany 和@ManyToMany 标注能够增加 mappedBy 属性。

上述代码中 student 属性使用@OneToOne 标注，并且使用 mappedBy 属性来指明所映射的实体关系，因此它是被动方，它的值为所关联实体中该属性的名称。本例中 mappedBy = "address", address 作为 Student 实体中的属性存在。这样不仅通过 Student 实体能够获得 Address 实体，也能够通过 Address 获得 Student 实体。

客户端只需要修改 queryFromMaintained()方法，使之能够通过 Address 查找到相应的 Student 对象。

```
public static void queryFromMaintained(EntityManager manager) {

    EntityTransaction transaction = manager.getTransaction();
    transaction.begin();
    Address address = manager.find(Address.class, 10);
    Student student =address.getStudent();
    transaction.commit();
    System.out.println("id=  "+student.getId());
    System.out.println("name=  "+student.getName());
    System.out.println("manjor=  "+student.getMajor());
}
```

10.4.4　一对多单向

一对多是一个实体中不仅能获得一个实体的引用，而且能够获得多个实体的引用。如图 10-10 所示，为实体 A 和实体 B 的一对多的关系。

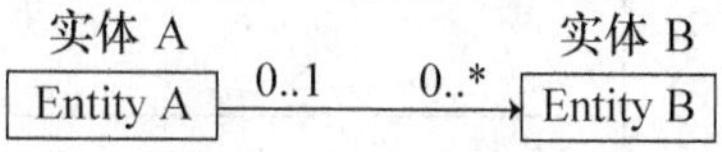

实体 A　实体 B

Entity A　0..1　0..*　Entity B

图 10-10　一对多的实体关系

此时实体 A 的代码可以如下所示。

```
public class EntityA {
    private Collection<EntityB> entitys;
    public Collection<EntityB> getEntitys() {
        return entitys;
  }
  public void setEntitys(Collection<EntityB> entitys) {
          this.entitys = entitys;
  }
}
```

将实体 B 对象的集合对象作为实体 A 的属性，这样实体 A 就可以获得多个实体 B 对象的引用了。一旦获得实体 A 对象便可以获得多个实体 B 的对象，此时实体 A 与实体 B 是一对多的关系。

一对多和多对一实际上是从不同的实体方向上区分的。例如，实体 A 与实体 B 是一对多的关系，从实体 B 的角度，实体 B 与实体 A 是多对一的关系。

一对多的关系用标注声明，@OneToMany 的定义代码如下所示。

```
@Target({METHOD, FIELD}) @Retention(RUNTIME)
public @interface OneToMany {
  Class targetEntity() default void.class;
  CascadeType[] cascade() default {};
  FetchType fetch() default LAZY;
  String mappedBy() default "";
}
```

其中，targetEntity 属性表示默认关联的实体类型。因为一对多的实体集合保存在集合类中，所以必须指明集合类中保存的具体类型。以下两种方案必须任选一种。

（1）指定集合泛型的具体类型，如上例中的代码所示。

```
private Collection<Address> addresses = new ArrayList<Address>();
  @OneToMany(cascade = { CascadeType.ALL })
  @JoinColumn(name = "address_id")
  public Collection<Address> getAddresses() {
      return addresses;
  }
```

（2）指定 targetEntity 属性类型，如以下代码所示。

```
  private Collection addresses = new ArrayList();
  @OneToMany(targetEntity=AddressEO.class,cascade = { CascadeType.ALL })
  @JoinColumn(name = "student_id")
  public Collection getAddresses() {
      return addresses;
  }
```

其他参数与@OnetoOne 中的定义类似。

数据库中对于一对多的实体关系，除了使用外键关联外，还可以使用表关联。

（1）外键关联。在数据库中，不管是一对多还是多对一，都是在多的一方添加指向一的一方的外键。因此本小节使用学生实体（Student）与教师实体（teacher）之间的关系来说明如何映射一对多关系的映射。一个教师对应多个学生，通过教师可以获得多个学生信息。教师和学生是一对多的关系，并且教师与学生是单向关联的关系。如图 10-11 所示为教师实体和学生实体的类关系图。

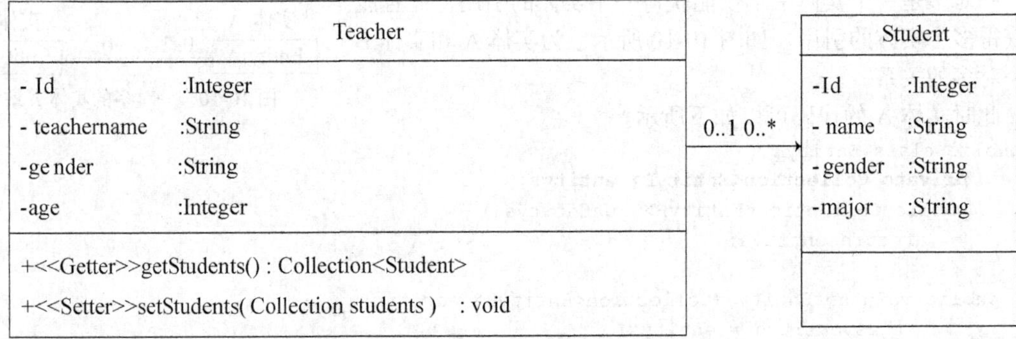

图 10-11 教师和学生之间单向一对多的关系

```
CREATE TABLE 'teacher' (
  'Id' int(11) NOT NULL AUTO_INCREMENT,
  'age' int(11) DEFAULT NULL,
  'gender' varchar(10) DEFAULT NULL,
  'teacherName' varchar(10) DEFAULT NULL,
  PRIMARY KEY ('Id')
) ENGINE=InnoDB DEFAULT CHARSET=utf8 ROW_FORMAT=COMPACT;

CREATE TABLE 'student' (
  'Id' int(11) NOT NULL AUTO_INCREMENT,
  'name' varchar(50) DEFAULT NULL,
  'gender' varchar(50) DEFAULT NULL,
  'major' varchar(50) DEFAULT NULL,
  'teacher_id' int(11) DEFAULT NULL,
  PRIMARY KEY ('Id'),
  KEY 'fk_teacher' ('teacher_id'),
  CONSTRAINT 'fk_teacher' FOREIGN KEY ('teacher_id') REFERENCES 'teacher' ('Id')
```

```
) ENGINE=InnoDB DEFAULT CHARSET=utf8 ROW_FORMAT=COMPACT;
```

教师实体代码如下。

```
package javaee.jpa.one2many.oneway;

import java.io.Serializable;
import javax.persistence.*;
import org.eclipse.persistence.annotations.IdValidation;
import java.util.Collection;
import java.util.ArrayList;

@Entity
public class Teacher implements Serializable {
    private static final long serialVersionUID = 1L;

    @Id
    @GeneratedValue(strategy = GenerationType.IDENTITY)
    private int id;
    private int age;
    private String gender;
    private String teacherName;

    @OneToMany(cascade = { CascadeType.ALL })
    @JoinColumn(name = "teacher_id")
    private Collection<Student> students= new  ArrayList<Student>();

    public Teacher() {
    }
    public int getId() {
        return this.id;
    }
    public void setId(int id) {
        this.id = id;
    }
    public int getAge() {
        return this.age;
    }
    public void setAge(int age) {
        this.age = age;
    }
    public String getGender() {
        return this.gender;
    }

    public void setGender(String gender) {
        this.gender = gender;
    }
    public String getTeacherName() {
        return this.teacherName;
    }
    public void setTeacherName(String teacherName) {
        this.teacherName = teacherName;
    }
    public Collection<Student> getStudents() {
        return students;
    }
```

```
        public void setStudents(Collection students) {
            this.students = students;
        }

    }
```

Java 采用 java.util 包里的 Collection、List 和 Set 接口来描述多重性。在一对多单向关联关系中，“一”端作为主动方，使用@OneToMany 来修饰引用的“多”端的集合属性，本例中，在 Teacher 实体里面使用@OneToMany 来修饰引用的 Student 实体的集合属性。“多”端的实体代码没有任何特别的地方，代码如下所示。

```
package javaee.jpa.one2many.oneway;

import java.io.Serializable;
import javax.persistence.*;

@Entity
public class Student implements Serializable {
    private static final long serialVersionUID = 1L;

    @Id
    @GeneratedValue(strategy = GenerationType.IDENTITY)
    private int id;
    private String gender;
    private String name;
    private String major;


    public Student() {
    }

    public int getId() {
        return this.id;
    }
    public void setId(int id) {
        this.id = id;
    }
    public String getGender() {
        return this.gender;
    }
    public void setGender(String gender) {
        this.gender = gender;
    }
    public String getName() {
        return this.name;
    }
    public void setName(String name) {
        this.name = name;
    }
    public String getMajor() {
        return major;
    }
    public void setMajor(String major) {
        this.major = major;
    }
}
```

测试客户端代码如下所示。

```
package javaee.jpa.one2many.oneway;
import javax.persistence.*;
import java.util.*;

public class Client {
 public static void main(String[] args) throws Exception
  {
    EntityManagerFactory factory =
      Persistence.createEntityManagerFactory("one2many1",null);
      EntityManager manager = factory.createEntityManager();
      try
      {
              testsave1(manager);
              showAll(manager);
      }
      finally
      {
        manager.close();
        factory.close();
      }
  }
  public static void testsave1(EntityManager manager)
  {
    Student p=new Student ();
    p.setName("赵二");
    p.setGender("male");
    p.setMajor("computer technology");
    Teacher t=new Teacher();
    t.setTeacherName("王一");
    t.setAge(31);
    t.setGender("male");
    t.getStudents().add(p);
    Student p2=new Student ();
    p2.setName("张三");
    p2.setGender("male");
    p2.setMajor("computer Science");
    t.getStudents().add(p2);
  EntityTransaction transaction = manager.getTransaction();
  transaction.begin();
     manager.persist(t);

     transaction.commit();
  }


   public static void showAll(EntityManager manager)
  {
          EntityTransaction transaction = manager.getTransaction();
          transaction.begin();
      Query q=manager.createQuery("from Student c");
       List results=q.getResultList();
     transaction.commit();
       Iterator it=results.iterator();
```

```
        while(it.hasNext())
        {
            Student p=(Student)it.next();
             System.out.print(p.getId()+"\t");
             System.out.print(p.getName()+"\t");
                 System.out.println(p.getGender()+"\t");
        }
    }
}
```

（2）表关联对于同样的一对多的实体关系，在设计表结构时也可以采用表关联的方式。修改表 student 和表 teacher，并增加一个表 ref_student_address 保存两个表的关系。表的结构如下所示。

```
——student 表
  CREATE TABLE 'student' (
    'Id' int(11) NOT NULL AUTO_INCREMENT,
    'name' varchar(50) DEFAULT NULL,
    'gender' varchar(50) DEFAULT NULL,
    'major' varchar(50) DEFAULT NULL,
    PRIMARY KEY ('Id')
   ) ENGINE=InnoDB DEFAULT CHARSET=utf8 ROW_FORMAT=COMPACT;
——teacher 表
  CREATE TABLE 'teacher' (
    'Id' int(11) NOT NULL AUTO_INCREMENT,
    'age' int(11) DEFAULT NULL,
    'gender' varchar(10) DEFAULT NULL,
    'teacherName' varchar(10) DEFAULT NULL,
    PRIMARY KEY ('Id')
  ) ENGINE=InnoDB DEFAULT CHARSET=utf8 ROW_FORMAT=COMPACT;
——学生地址关系表
  CREATE TABLE  ref_teacher_student (
    teacher_id int(20) NOT NULL ,
    student_id int(20) NOT NULL UNIQUE
  )
```

表 ref_teacher_student 中的 teacher_id 字段为表 teacher 中的 id 的值，student_id 为表 student 中的 id 的值。这样通过表 ref_teacher_student 中的 teacher_id 和 student_id 可以找到所关联的所有学生的记录。通过限制 student_id 字段为唯一标识，可以保证一条 student 记录对应一个 teacher，教师和学生是一对多的关系。

通过表关联的方式来映射一对多的关系时，要使用@JoinTable 这个标注。该标注的定义如下所示。

```
@Target({METHOD, FIELD})
public @interface JoinTable {
  String name() default "";
  String catalog() default "";
  String schema() default "";
  JoinColumn[] joinColumns() default {};
  JoinColumn[] inverseJoinColumns() default {};
  UniqueConstraint[] uniqueConstraints default {};
}
```

在使用此@JoinTable 标注时，需要注意以下几个问题。

① 该标注与@Table 标注类似，用于标注用于关联的表。可以标注在方法或者属性上，属性 catalog、schema 和 uniqueConstraint 与@Table 标注中的属性意义类似。

② name 属性为连接两个表的表名称。若不指定，则使用默认的表名称为“表名 1”+“_”+“表名 2”。

例如，以上的代码中，如果不指定 name 的名称，默认的保存关系的名称为“student_address”。

③ joinColumns 属性表示，在保存关系中的表中，所保存关联关系的外键的字段。并配合@JoinColumn 标注使用。

例如，以下的映射配置，表示字段 student_id 为外键关联到 student 表中的 id 字段。

```
joinColumns={
    @JoinColumn(name="student_id",referencedColumnName="id")
}
```

④ inverseJoinColumns 属性与 joinColumns 属性类似，它保存的是保存关系的另一个外键字段。

例如，以下的映射配置，表示字段 address_id 为外键关联到 address 表中的 id 字段。

```
inverseJoinColumns={
    @JoinColumn(name="address_id",referencedColumnName="id")
}
```

此时将表 teacher 映射为 teacher 实体，代码如下所示。

```
package javaee.jpa.one2many.oneway;

import java.io.Serializable;
import javax.persistence.*;
import org.eclipse.persistence.annotations.IdValidation;
import java.util.Collection;
import java.util.ArrayList;

@Entity
public class Teacher implements Serializable {
  private static final long serialVersionUID = 1L;

  @Id
  @GeneratedValue(strategy = GenerationType.IDENTITY)
  private int id;
  private int age;
  private String gender;
  private String teacherName;

  @OneToMany(cascade = { CascadeType.ALL })
  @JoinTable(name="ref_teacher_student",joinColumns={@JoinColumn(name="teacher_id",
referencedColumnName="id")},
    inverseJoinColumns={@JoinColumn(name="student_id",referencedColumnName="id")} )
    private Collection<Student> students= new  ArrayList<Student>();

  public Teacher() {
  }
  public int getId() {
      return this.id;
  }
  public void setId(int id) {
      this.id = id;
  }
  public int getAge() {
      return this.age;
  }
  public void setAge(int age) {
      this.age = age;
  }
  public String getGender() {
```

```
        return this.gender;
    }
    public void setGender(String gender) {
        this.gender = gender;
    }
    public String getTeacherName() {
        return this.teacherName;
    }
    public void setTeacherName(String teacherName) {
        this.teacherName = teacherName;
    }
    public Collection<Student> getStudents() {
         return students;
     }
     public void setStudents(Collection students) {
         this.students = students;
     }
}
```

对于学生（Student）实体， 只是简单的 JPA 实体，不需要添加任何其他的操作与标注。因此不再详述。

10.4.5 多对一单向

多个学生可以同时属于一个教师，通过学生可以获得所属教师的信息。学生和教师是多对一的关系，并且学生和教师是单向关联的。下面仍旧使用学生实体（Student）与教师实体（Teacher）为例来说明如何映射多对一关系的映射。如图 10-12 所示为学生实体和教师实体的类关系图。

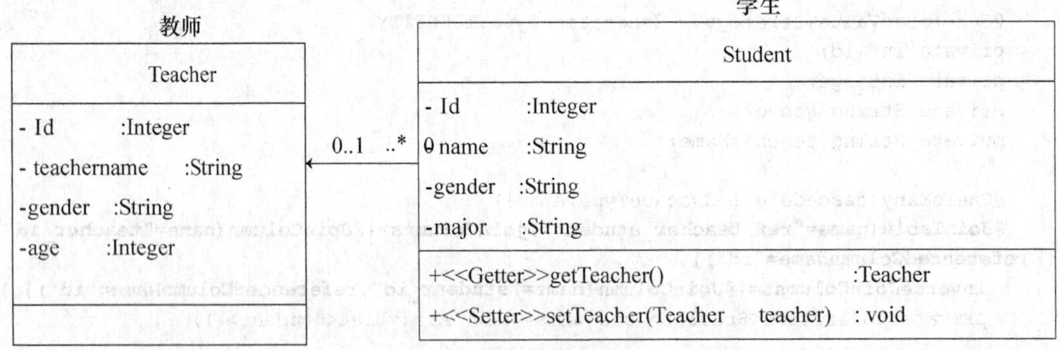

图 10-12 教师和学生间单向多对一的关系

多对一实体关系使用@ ManyToOne 标注，其定义如下所示。

```
@Target({METHOD, FIELD}) @Retention(RUNTIME)
public @interface ManyToOne {
    Class targetEntity() default void.class;
    CascadeType[] cascade() default {};
    FetchType fetch() default EAGER;
    boolean optional() default true;
}
```

该标注的属性与@OneToOne 标注中的属性表示的意义类似。

数据库中对于多对一的实体关系，依然可以使用外键关联和表关联。本节以数据库中使用外键关联为例，说明多对一的实体关系。

此时将表 student 映射为 Student 实体，如下所示。

```
package javaee.jpa.many2one.oneway;
import java.io.Serializable;
import javax.persistence.*;
@Entity
public class Student implements Serializable {
    private static final long serialVersionUID = 1L;

    @Id
    @GeneratedValue(strategy = GenerationType.IDENTITY)
    private int id;
    private int age;
    private String gender;
    private String name;
    @ManyToOne(cascade={CascadeType.ALL})
    @JoinColumn(name="teacher_id")
    private Teacher teacher;

    public Student() {
    }
    public int getId() {
        return this.id;
    }
    public void setId(int id) {
        this.id = id;
    }
    …….

    public Teacher getTeacher() {
        return this.teacher;
    }

    public void setTeacher(Teacher t) {
        this.teacher=t;
    }
}
```

10.4.6　一对多/多对一双向

多对一双向关联与一对多双向关联实质是一样的，两端都需要添加对关联属性的访问，“多”端引用一个关联实体，“一”端引用关联实体的集合。但是一定要分清楚主动方与被动方。在 JPA 规范中，“多”方实体类为关系主动方，即负责外键记录的更新，“一”方为被动方，即没有权力更新外键记录。仍旧使用学生实体（Student）与教师实体（Teacher）为例来说明多对一双向关系。由于一名教师可以有多个学生，所以“一”方是教师，而“多”方为学生。因此本例子只需要在多对一单向关联的基础上，在“一”端定义 mappedBy 属性，即在教师实体类中使用 mappedBy 属性，它的值是关系主动方中维护的被动方的属性名 。Teacher 相应代码如下所示。

```
package javaee.jpa.one2many.bidirection;

import java.io.Serializable;

import javax.persistence.*;

import org.eclipse.persistence.annotations.IdValidation;
```

```
import java.util.Collection;
import java.util.ArrayList;

@Entity
public class Teacher implements Serializable {
    private static final long serialVersionUID = 1L;

    @Id
    @GeneratedValue(strategy = GenerationType.IDENTITY)
    private int id;
    private int age;
    private String gender;
    private String teacherName;

    @OneToMany(cascade = { CascadeType.ALL },mappedBy="teacher")
    private Collection<Student> students= new  ArrayList<Student>();
    public Teacher() {
    }

    public int getId() {
        return this.id;
    }
……
}
```

10.4.7 多对多单向

多对多是两个实体间都可以获得对方多个实体对象的引用。如图 10-13 所示，为实体 A 和实体 B 的多对多的关系。

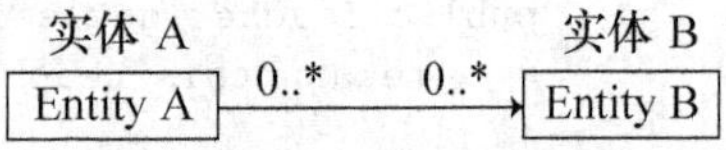

图 10-13 多对多的实体关系

此时，实体 A 的代码同一对多示例中的代码相同，而实体 B 的代码做如下修改。

```
public class EntityB {
    private Collection<EntityA> entitys;
    public Collection<EntityA> getEntitys() {
        return entitys;
    }
    public void setEntitys(Collection<EntityA> entitys) {
        this.entitys = entitys;
    }
}
```

将实体 A 对象的集合对象作为实体 B 的属性，这样实体 B 也可以获得多个实体 A 对象的引用。一旦获得实体 B 对象便可以获得多个实体 A 的对象；一旦获得实体 A 对象便可以获得多个实体 B 的对象，此时称实体 A 与实体 B 是多对多的关系。

@ ManyToMany 标注用于标注实体关系为多对多，其定义如下所示。

```
@Target({METHOD, FIELD}) @Retention(RUNTIME)
public @interface ManyToMany {
    Class targetEntity() default void.class;
    CascadeType[] cascade() default {};
    FetchType fetch() default LAZY;
    String mappedBy() default "";
}
```

该标注的属性与@OneToMany 标注中的属性表示的意义类似。

下面仍旧使用学生实体（Student）与教师实体（Teacher）为例来说明如何映射多对多

关系。

一个学生可以有多个老师，一个老师又可以有多个学生，因此学生和老师是多对多的关系。本小节考虑学生与老师的单向关联关系。图 10-14 为学生实体和教师实体的类关系图。

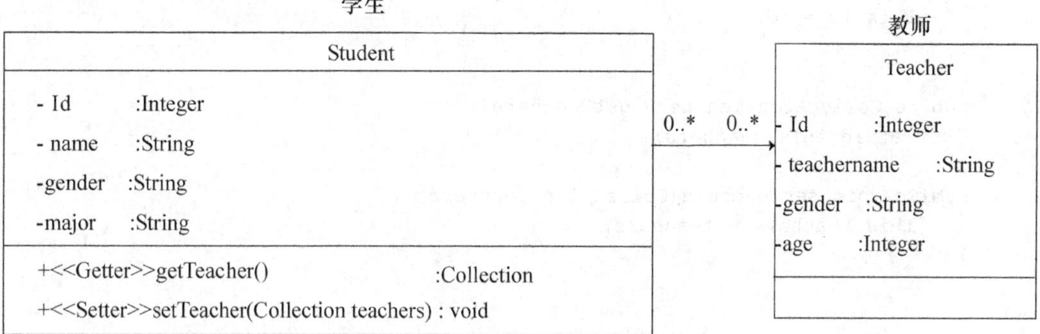

图 10-14　学生和教师间单向多对多的关系

事实上，多对多表的设计就是一对多设计时，采用表关联的扩展。只不过是在设计表关系时，去掉了 student_id 的唯一索引。这样就可以一个 student 对应多个 teacher，一个 teacher 又可以对应多个 student。此时建立关联表的 SQL 语句如下所示。

```
CREATE TABLE  ref_teacher_student (
  teacher_id int(20) NOT NULL ,
  student_id int(20) NOT NULL
)
```

配置多对多单向关联的方法是，在关联关系的主动方增加@ManyToMany 标注，并配置@JoinTable 标注。本例中在 Student 实体里使用@ManyToMany 标注，代码如下所示。

```
package javaee.jpa.many2many.oneway;

import java.io.Serializable;
import java.util.ArrayList;
import java.util.Collection;
import javax.persistence.*;

@Entity
public class Student implements Serializable {
     private static final long serialVersionUID = 1L;

     @Id
     @GeneratedValue(strategy = GenerationType.IDENTITY)
     private int id;
     private String gender;
     private String name;
     private String major;
     @ManyToMany(cascade = { CascadeType.ALL })
     @JoinTable(name="ref_teacher_student",joinColumns={@JoinColumn(name="student_
id",referencedColumnName="id")},
      inverseJoinColumns={@JoinColumn(name="teacher_id",referencedColumnName="id")} )
      private Collection<Teacher> teachers= new  ArrayList<Teacher>();

     public Student() {
     }
```

```
    public int getId() {
        return this.id;
    }

    public void setId(int id) {
        this.id = id;
    }
  ……
    public Collection<Teacher> getTeachers() {
        return this.teachers;
    }
    public void setTeachers(Collection teachers) {
        this.teachers = teachers;
    }

}
```

10.4.8 多对多双向

多对多双向可以分解为两个多对多单向，仍然需要使用关联表来维护其关系。配置多对多双向关联的方法是，在关联关系的两端都增加@ManyToMany 标注，并在关联关系拥有者一端配置@JoinTable 标注，而在另一端配置 mappedBy 属性。

本小节仍旧使用学生实体（Student）与教师实体（Teacher）为例来说明如何映射多对多双向关系。一个学生可以有多个老师，一个老师又可以有多个学生，因此学生和老师是多对多的关系。本小节考虑学生与老师的双向关联关系。我们将 Student 实体类作为主动方，因此它的代码与多对多单向关系中代码一样，Teacher 实体类中需要添加 mappedBy 属性。

Teacher 实体类代码如下所示。

```
package javaee.jpa.many2many.bidirection;
import java.io.Serializable;
import javax.persistence.*;
import org.eclipse.persistence.annotations.IdValidation;

import java.util.Collection;
import java.util.ArrayList;

/**
 * The persistent class for the teacher database table.
 *
 */
@Entity
@NamedQuery(name="Teacher.findAll", query="SELECT t FROM Teacher t")
public class Teacher implements Serializable {
    private static final long serialVersionUID = 1L;

    @Id
    @GeneratedValue(strategy = GenerationType.IDENTITY)
    private int id;
    private int age;
    private String gender;
    private String teacherName;
    @ManyToMany(mappedBy="teachers")
    private Collection<Student> students= new  ArrayList<Student>();
```

```
    public Teacher() {
    }

    public int getId() {
        return this.id;
     }

    public void setId(int id) {
        this.id = id;
    }
    …….
    public Collection<Student> getStudents() {
        return this.students;
    }
    public void setStudents(Collection students) {
        this.students = students;
    }

}
```

需要注意以下几点。

（1）多对多关系中一般不设置级联保存、级联删除、级联更新等操作。

（2）可以随意指定一方为关系主动方，在这个例子中指定 Student 为关系维护端。

（3）多对多关系的绑定由关系主动方来完成，即由 Student.setTeachers(teachers)来绑定多对多的关系。关系被动方不能绑定关系，即 Teacher 不能绑定关系。

（4）多对多关系的解除由关系主动方来完成，即由 Student.getTeachers().remove(teacher)来解除多对多的关系。关系被动方不能解除关系，即 Teacher 不能解除关系。

（5）如果 Student 和 Teacher 已经绑定了多对多的关系，那么不能直接删除 Teacher，需要由 Student 解除关系后，才能删除 Teacher。但是可以直接删除 Student，因为 Student 是关系主动方，删除 Student 时，会先解除 Student 和 Teacher 的关系，再删除 Teacher。

10.4.9　有额外字段的多对多双向

在很多应用场合，多对多双向关联的关联表中需要有额外的字段。例如，Student 实体和教师实体之间的关联表应该含有课程字段，以记录某个学生选择的老师的课程。JPA 的@JoinTable 标注并不直接支持额外的字段，因此只能使用数据库多对多关系的建模手段，为课程 Course 实体单独建模。这时 Course 表应当包含三个字段，第一个字段 student_id 是 student 表的外键，第二个字段 teacher_id 是 teacher 表的外键，并且第一个字段和第二个字段一起构成 Course 表的复合主键，第三个字段才是课程字段，记录学生选择的某个老师的课程。这样，Student 实体与 Course 实体形成多对一关联， Teacher 与 Course 实体实体形成另外一个多对一关联，从而将一个多对多关联转换成两个多对一关联。其关系如图 10-15 所示。

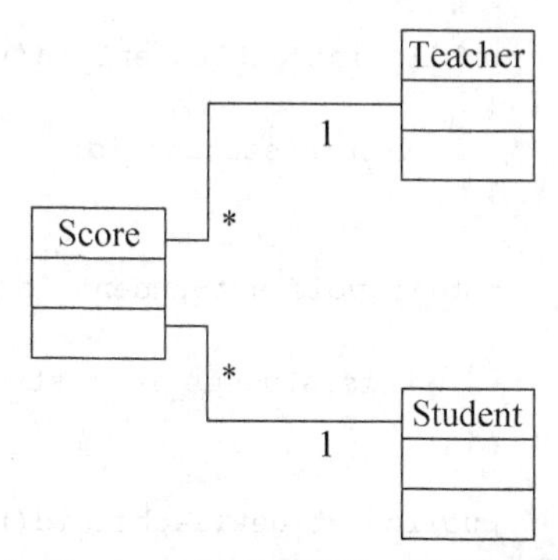

图 10-15　Teacher、Student 和 Score 三者之间的关系

这时 Course 实体的代码如下所示。

```
package javaee.jpa.many2many.moreparameter;
```

```
import javax.persistence.CascadeType;
import javax.persistence.Entity;
import javax.persistence.GeneratedValue;
import javax.persistence.GenerationType;
import javax.persistence.Id;
import javax.persistence.JoinColumn;
import javax.persistence.JoinTable;
import javax.persistence.ManyToOne;
import javax.persistence.*;

@Entity
@IdClass(CoursePK.class)
@Table(name="course")
public class Course {

     private static final long serialVersionUID = 1L;


     @ManyToOne(cascade = { CascadeType.ALL },optional=false)
     @JoinColumn(name = "TEACHER_ID", referencedColumnName = "ID",nullable=false,
updatable=false,insertable=false)
     private Teacher teacher;
     @ManyToOne(cascade={CascadeType.ALL},optional=false)
     @JoinColumn(name = "STUDENT_ID", referencedColumnName = "ID",nullable=false,
updatable=false,insertable=false)
     private Student student;
     private String course;
     @Id
     private int teacher_id;
     @Id
     private int student_id;

     public Course() {
     }


     public int getStudent_id()
     {
         return student_id;
     }

     public void setStudent_id(int student_id)
     {
         this.student_id = student_id;
     }

     public int getTeacher_id()
     {
         return teacher_id;
     }

     public void setTeacher_id(int teacher_id)
     {
         this.teacher_id = teacher_id;
     }
```

```
    public String getCourse() {
        return this.course;
    }
    public void setCourse(String course) {
        this.course = course;
    }

    public Teacher getTeacher() {
        return this.teacher;
    }
    public void setTeacher(Teacher teacher) {
        this.teacher = teacher;
    }

    public Student getStudent() {
        return this.student;
    }
    public void setStudent(Student student) {
        this.student = student;
    }

}
```

在本例中 Course 实体类使用了复合主键 CoursePK，按照 10.3.3 小节方法进行定义即可，本小节中不再进行详述。而 Student 和 Teacher 分别是多对一双向中的“一”端，且均是被动方。它们的代码也不再详述。

10.5 实体管理器

实体管理器（Entity Manager）是 Java 实体对象与数据库交互的中介，它负责管理一组对应的实体，包括这组实体的 CRUD（即 Create 创建、Read 读取、Update 更新和 Delete 删除的缩写）操作等。同时，实体管理器也负责与持久化上下文（Persistence Context）进行交互，可以实现对实体不同状态进行转换操作。

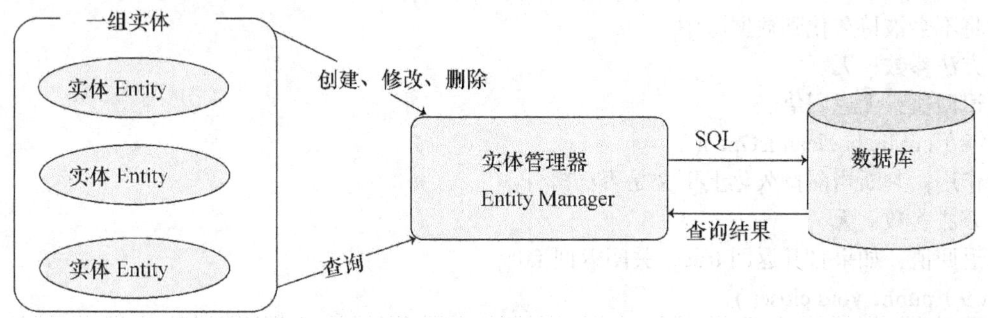

图 10-16　实体管理器的作用

如图 10-16 所示，实体管理器与数据库交互的作用主要体现在以下两个方面。

（1）负责将 Java 中的实体对象操作转化成数据库识别的 SQL 脚本，以便实现实体的持久化。

（2）负责将执行的面向实体查询的 JPQL 转化成 SQL 脚本，并将返回的查询结果组装成实体。

也就是说，凡是涉及对实体的操作，以及对数据库的操作，都需要通过实体管理器来管理。

10.5.1 Entity Manager API

EntityManager API 主要包括以下操作。

（1）public void persist(Object entity)

作用：创建实体，将实体保存到数据中，也可以认为是将一个 Java 的实体对象持久化到数据库中。

方法参数： entity 为新创建的实体对象。

返回值：无返回值。

（2）public <T> T merge(T entity)

作用：更新持久化上下文中的实体，并将更新保存到数据库中。

方法参数： entity 为所要更新的实体对象。

返回值：返回更新后的实体。

（3）public void remove(Object entity)

作用：删除实体，将实体从数据库中删除。

方法参数：entity 为所要删除的实体对象。

返回值：无返回值。

（4）public <T> T find(Class <T> entityClass, Object primaryKey)

作用：通过实体主键查找实体对象。

方法参数：entityClass 为实体的类型，primaryKey 为实体主键对象。

返回值：如果查询到则返回所查询的实体对象，否则将返回 null。

（5）public void flush( )

作用：将持久化上下文中实体保存到数据库中，实现与数据库同步。

方法参数：无返回值。

返回值：无返回值。

（6）public void refresh(Object entity)

作用：将数据库中的数据重新读取到持久化上下文中的实体中，实现与数据库同步。

方法参数：entity 为重新读取数据库中的实体对象。

返回值：无返回值。

（7）public void clear ( )

作用：将持久化上下文中实体全部转变成为游离状态，此时还没有被 flush 与数据库同步的实体，将不会被持久化到数据库中。

方法参数：无。

返回值：无返回值。

（8）public boolean isOpen( )

作用：判断当前持久化上下文是否已打开。

方法参数：无。

返回值：如果打开返回 true，关闭返回 false。

（9）public void close( )

作用：关闭当前持久化上下文。

方法参数：无。

返回值：无返回值。

（10）public EntityTransaction getTransaction( )

作用：获得当前事务管理器的所关联的事务处理对象。

方法参数：无。

返回值：实体管理器所关联的事务对象。

（11）public void joinTransaction( )

作用：使实体管理器对象与 JTA 事务关联。

方法参数：无。

返回值：无返回值。

（12）public Query createQuery(String ejbqlString)

作用：执行 JPQL 查询。

方法参数：EQL 查询语句。

返回值：新创建的 Query 对象。

（13）public Query createNamedQuery(Stringname)

作用：执行命名查询(Named Query) 。

方法参数：命名查询的名称。

返回值：新创建的 Query 对象。

（14）public Query createNativeQuery(String sqlString)

作用：执行本地查询。

方法参数：本地数据库的 SQL 脚本。

返回值：新创建的 Query 对象。

（15）public Query createNativeQuery(String sqlString, String resultSetMapping)

作用：执行本地查询。

方法参数：本地数据库的 SQL 脚本，查询结果返回对应的映射名称。

返回值：新创建的 Query 对象。

（16）public Query createNativeQuery(String sqlString, Class resultClass)

作用：执行本地查询。

方法参数：本地数据库的 SQL 脚本，查询结果返回的类。

返回值：新创建的 Query 对象。

10.5.2 实体操作

1. 创建实体

创建实体是将一个瞬时的实体，通过 persist()方法将其保存到数据库中，成为可持久化的实体的过程，简单地说就是添加记录的过程。

一个新建实体持久化，只需使用 persist() 方法，例如，新建一个学生实体 Student 的代码如下所示。

```
@Stateless
public classStudentService implements IStudentService{
    @PersistenceContext(unitName = "jpaUnit")
    private EntityManager entityManager;
    public Student addStudent(Student student) {
        entityManager.persist(student);
        return student;
    }
}
```

2. 根据主键查找实体

在 JPA 中，查询实体最简单的方法是通过实体管理器的 find 方法，查到主键所对应的实体。

例如查找 id 值为 1 的学生实体，客户端代码如下所示。

```
IStudentService studentService =
```

```
        (IStudentService) ctx.lookup ("StudentService/remote") ;
Student student = studentService.findStudentById( new Integer(1) ) ;
```

相应的后台业务处理端会话 Bean 的代码如下所示。

```
@Stateless
public class StudentService implements IStudentService{
    @PersistenceContext(unitName = "jpaUnit")
    private EntityManager entityManager;
    public Student findStudentById( Integer studentId ){
        Student student = entityManager.find(Student.class , studentId);
        return student;
    }
}
```

3. 更新实体

更新实体是将过去的实体重新持久化，保存到数据库中的过程。持久化的实体，修改后可以通过 merge()方法将其重新保存。例如更新 id 为 1 的学生实体，会话 Bean 的代码如下所示。

```
@Stateless
public class StudentService implements IStudentService{
    @PersistenceContext(unitName = "jpaUnit")
    private EntityManager entityManager;
    public Student updateStudent(Student student) {
        entityManager.merge(student);
        return student;
    }
}
```

此时，在客户端只需要首先通过 find 方法查找出所要更新的实体，然后使用 setter 方法重新设置实体的属性，然后调用后台的方法即可，此时客户端的代码如下所示。

```
IStudentService studentService =
    (IStudentService)ctx.lookup ("StudentService/remote" ) ;
Student student = studentService.findStudentById( 1 );
student.setName ("Zhang" ) ;
studentService.updateStudent(student);
```

4. 删除实体

删除实体是将持久化的实体从数据库中删除，可以通过 remove()方法将实体删除。例如删除 id 为 1 的学生实体，会话 Bean 的代码如下所示。

```
@Stateless
public class StudentService implements IStudentService{
    @PersistenceContext(unitName = "jpaUnit")
    private EntityManager entityManager;
    public void deleteStudent(Integer studentld){
        Student student = entityManager.find(Student.class , studentld) ;
        entityManager.remove(student);
    }
}
```

10.5.3 实体的生命周期

一个实体从创建到销毁要经历多个状态，通常有这样几个状态，即瞬时状态（Transient）、持久化状态（Persistel）、托管状态（Attatched 或 Managed）、游离状态（Detached），以及销毁状态（Removed），这些状态的改变也是通过实体管理器来操作的。

实体在整个生命周期中，不同的环境下会有不同的状态，如图 10-17 所示。

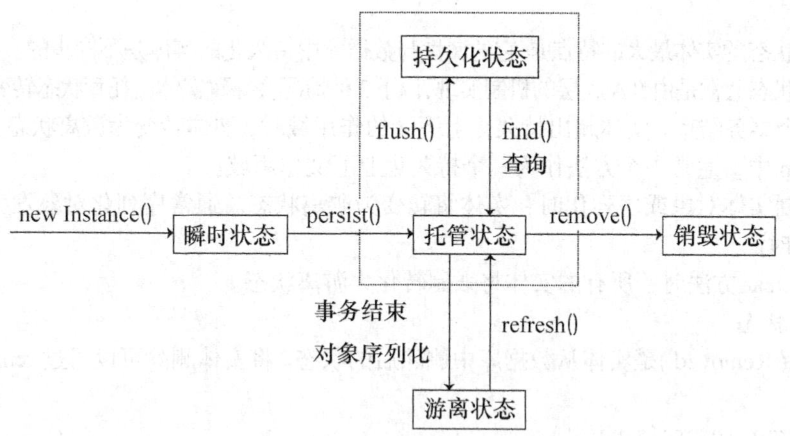

图 10-17　实体的生命周期示意图

（1）瞬时状态

瞬时状态(Transient)是对象尚未保存到数据库中对应记录时的状态，通过 new 创建一个对象后，该对象保存在内存当中，一旦停止应用服务器，该对象就消失了，所以瞬时状态的对象是未持久化的对象。

通过 new 可以创建一个处于瞬时状态的对象。

（2）持久化状态

持久化状态(Persisted)是相对于瞬时状态而言的。一旦瞬时状态的对象调用 persist 方法保存到数据库中，即使停止应用服务器，该对象仍可以重新获得对应的状态，所以说持久化状态就是对象保存为数据库中对应记录后的状态。

通过执行 persist 方法可以使瞬时对象成为已持久化的实体对象。

（3）托管状态

托管状态(Attatched) 也可以叫做被管理状态(Managed)，表示实体处于持久化上下文中，并被其所管理。

持久化上下文是实体在与 Entity Manager 交互的过程中，实体所处的当前环境。从实体角度来说，持久化上下文就是进行实体持久化交互操作时，实体所处的持久化环境。当实体处在持久化上下文中时，它的状态就是托管的，也可以说是被管理的。其关系示意图如图 10-18 所示。

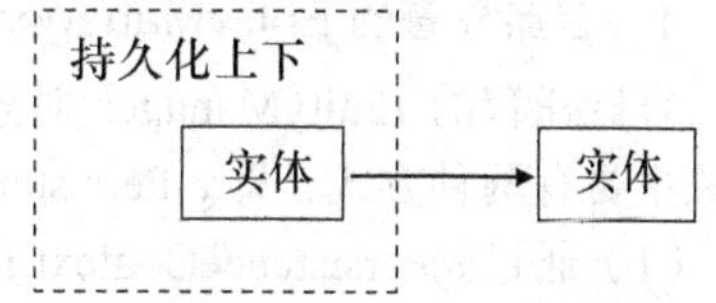

图 10-18　实体与持久化上下文的关系示意图

处在托管状态下的实体，与数据库中的数据是保持同步的，EntityManager 通过以下两种策略实现此功能。

① 一旦实体处于托管状态下，首先与数据库中的数据进行同步。

② 当不再受托管时，将实体的状态同步更新到数据库中。

从实体状态转化示意图中可以看出，实体转变到托管状态可以使用以下方法。

① 调用 persist()方法，实体从瞬时状态转变为托管状态，最后转变成持久化状态。

② 调用 find()方法或 Query 执行查询，实体从持久化状态转变为托管状态。

③ 调用 refresh()方法，将游离状态的实体重新装载，并转变为托管状态。

④ 调用 merge()方法，将游离状态的实体转变为托管状态。

（4）游离状态

游离状态(Detached)是相对于托管状态而言的，当实体不在持久化上下文中时，实体将处在游离状态。

处在游离状态的实体最大的特点是:它的属性与数据库中持久化的实体是不同步的。实体由托管状态转变为游离状态通常是由JPA底层的机制实现,以下3种情况会导致实体由托管状态转变为游离状态。

① 当一个事务结束，实体超出持久化上下文的作用域时，实体转变为游离状态。对于无状态的 SessionBean 中，通常一个方法作为一个持久化上下文作用域。

② 当复制实体对象或序列化时，实体将转变为游离状态。通常序列化对象发生在远程调用 Session Bean 时。

③ 调用 clear 方法时，所有的实体将强制转化为游离状态。

（5）销毁状态

销毁状态(Removed)是实体从数据库中删除后的状态。将实体删除可以通过 remove 方法，代码如下所示。

```
entityManager.remove(student);
```

但是要注意，实体对象必须在托管状态下删除，如果是游离状态的实体则不能删除。

10.5.4 实体管理器的获取

根据 EntityManager 对象的管理方式，可以有以下两种类型。

（1）容器托管的 EntityManager 对象

容器托管的 EntityManager 对象最简单，程序员不需要考虑 EntityManager 连接的释放，以及事务等复杂的问题，所有这些都交给容器去管理。容器托管的 EntityManager 对象必须在 EJB 容器中运行，而不能在 Web 容器和 Java SE 的环境中运行。通过@PersistenceContext 标注来获得 EntityManager 对象是容器托管的。

（2）应用托管的 EntityManager 对象

应用托管的 EntityManager 对象,程序员需要手动地控制它的释放和连接、手动地控制事务等。但这种获得应用托管的 EntityManager 对象的方式，不仅可以在 EJB 容器中应用，也可以使 JPA 脱离 EJB 容器，而与任何的 Java 环境集成，比如说 Web 容器、Java SE 环境等。所以从某种角度上来说，这种方式是 JPA 能够独立于 EJB 环境运行的基础。

1. 容器托管的 EntityManager 对象

容器托管的 EntityManager 对象只能运行在 EJB 容器中。在 EJB 容器中获得 EntityManager 对象主要有两种方式，即@PersistenceContext 标注注入和 JNDI 方式获得。

（1）通过@PersistenceContext 标注注入

这种方式获得 EntityManager 对象最为常用，如下面代码所示。

```
@Stateless
public class StudentService implements IStudentService {
    @PersistenceContext(unitName = "jpaUnit")
    private EntityManager entityManager;
    public List<Student> findAllStudents() {
        Query query = entityManager.createQuery("SELECT c FROM Student C");
        List<Student> result = query.getResultList();
        for (Student c : result) {
            System.out.println(c.getId()+" ,"+c.getName());
        }
        return result;
    }
}
```

在使用此种方式创建 EntityManager 对象时,需要注意@PersistenceContext 标注中的 unitName 为 persistence.xrnl 文件中<persistence-unit>元素中的属性“name”的值，表示要初始化哪个持久化

单元，如下所示。

```
<persistence>
    <persistence-unit name="jpaUnit" transaction-type ="JTA">
    </persistence-unit>
</persistence>
```

（2）通过 JNDI 的方式获得

如果指定了@PersistenceContext 标注中的 name 值，则设置了持久化上下文的 JNDI 名称。通过 SessionContext 可以创建 EntityManager 对象。

例如，下面代码为通过 JNDI 方式获得 EntityManager 对象。

```
@Stateless
@PersistenceContext(name="jpa")
public class StudentService implements IStudentService {
    @Resource
    SessionContext ctx;
    public List<Student> findAllStudents() {
        EntityManager entityManager = (EntityManager) ctx.lookup("jpa");
        Query query = entityManager.createQuery("SELECT c FROM Student c");
        List<Student> result = query.getResultList();
        for (Student c : result) {
            System.out.println(c.getId()+", "+c.getName();
        }
        return result;
    }
}
```

2. 应用托管的 EntityManager 对象

应用托管的（application-managed）EntityManager 对象，不仅可以在 Java EE 环境中获得，也可以应用在 Java SE 的环境中。但无论是在什么情况下获得的 EntityManager 对象，都是通过实体管理器工厂（EntityManagerFactory）对象创建的。所以如何获得应用托管的 EntityManager 对象关键是如何获得 EntityManagerFactory 对象。下面就分别介绍在 EJB 容器、Web 容器和 Java SE 环境中如何获得 EntityManagerFactory 对象。

（1）EJB 容器中获得

在 EJB 容器中，EntityManagerFactory 对象可以通过使用@PersistenceUnit 标注获得，例如下面代码为在 EJB 容器中，获得应用托管的 EntityManager 对象的方法。

```
@Stateless
public class StudentService implements IStudentService {
    @PersistenceUnit ( unitName = " jpaUnit " )
    private EntityManagerFactory emf;
    public List<Student> findAllStudents() {
        /**创建 EntityManager 对象*/
        EntityManager em = emf.createEntityManager();
        Query query = em.createQuery ("SELECT c FROM Student c");
        List<Student> result = query.getResultList();
        for (Student c : result) {
            System .out.println(c.getId()+", "+c.getName());
        }
        /**关闭 EntityManager */
        em .close() ;
        return result;
    }
}
```

由此可以看出，应用托管的 Entity Manager 对象，要在代码中手动地创建和关闭，这点正是与容器托管的 EntityManager 对象的最大不同之处。事实上，容器托管的 EntityManager 对象，它的创建和关闭是由容器负责管理的，所以不需要编写代码来控制。应用托管的 EntityManager 对象，都是通过 EntityManagerFactory 对象来创建的，在容器中可以通过使用@PersistenceUnit 标注的方法获得。

（2）Web 容器中获得

在 Web 容器中，EntityManagerFactory 对象也可以通过使用@PersistenceUnit 标注获得。例如，下面代码为在 Servlet 中，获得应用托管的 EntityManager 对象的方法：

```
public class TestServlet extends HttpServlet {
    @PersistenceUnit(unitName = "jpaUnit")
    private EntityManagerFactory emf;
    public TestServlet() {
        super () ;
    }
    public void doGet(HttpServletRequest request , HttpServletResponse response)
        throws ServletException, IOException {
        doPost(request , response) ;
    }
    public void doPost(HttpServletRequest request , HttpServletResponse response)
        throws ServletException , IOExceptiqn {
        response.setContentType("text/html");
        PrintWriter out = response.getWriter() ;
    out.println( "<!DOCTYPE HTML PUBLIC \"-//W3C//DTD HTML 4.01 Transitional //EN\ " >" ) ;
        out.println( "<HTML>" );
        out.println(" <HEAD><TITLE>A Servlet</TITLE></HEAD>");
        out.println ( " <BODY>");
        if (emf != null) {
            /** 创建 EntityManager 对象 */
            EntityManager entityManager = emf.createEntityManager();
            try {
                Query query = entityManager.createQuery("SELECT c FROM Student c");
                List<Student> result = query.getResultList();
                for (Student c : result) {
                    System.out.println(c.getId() + "," + c.getName() );
                }
            }finally {
                /** 关闭 EntityManager */
                entityManager.close();
            }
        }
        out.println(" </BODY>");
        out.println("</HTML>") ;
        out.flush ( ) ;
        out.close();
    }
}
```

由于是通过注入方法获得的 EntityManagerFactory 对象，所以 EntityManagerFactory 对象的创建不需要手动创建和关闭，这里与在 EJB 容器中的获得方法相同。

（3）Java SE 环境中获得

在 Java SE 环境中，获得应用托管的 EntityManager 对象只能通过手动创建的方式，而不能使用标注的方式，通过 Persistence 类中 createEntityManagerFactory 来创建。下面代码为 Java SE 环境中获得应用托管 EntityManager 对象的方法。

```
public class StudentClient {
    public static void main(String[] args) {
        /**创建 EntityManagerFactory 对象*/
        EntityManagerFactory emf = Persistence.createEntityManagerFactory ("jpaUnit") ;
        /*创建 entityManager 对象*/
        EntityManager entityManager = emf.createEntityManager();
        Query query = entityManager.createQuery( "SELECT c FROM Student c");
        List<Student> result = query.getResultList();
        for (Student c : result) {
            System.out .println(c.getId() + " , " + c.getName() ) ;
        }
        /**关闭 entityManager 对象*/
        entityManager.close();
        /**关闭 EntityManagerFactory 对象*/
        emf.close();
    }
}
```

10.6 事务

在 Java EE 应用里，事务是指一组有关联的行为，而这些行为或者全部执行成功，或者一旦有失败的行为发生，则所有的行为都必须撤销。因此事务要么以提交结束，要么以回滚结束。

事务是 Java EE 中一项重要的内容。在 JPA 中，对于实体的“CRUD”基本操作，其中涉及事务的是“C”、“U”和“D”，即“新建”、“更新”和“删除”，因为这些操作都会影响数据库中的数据变化，所以必须使用事务保证其一致性；对于“R”查询，只是查询数据，没有对数据产生变化，所以并不需要控制事务。

10.6.1 事务与 EntityManager

EntityManager 对象对事务进行管理的方式有两种，分别为 JTA（Java Transaction API，Java 事务 API）和 RESOURCE_LOCAL，即 JTA 方法和本地的事务管理。JTA 使得应用可以以一种独立于特定实现的方式访问事务，它为事务管理器和分布式事务系统里参与通信的各方之间指定标准的 Java 接口。

Java EE 服务器支持以上两种类型的事务。通常，最好不要在程序中同时使用上述两种事务类型，比如在 JTA 事务中嵌套 JDBC 事务。另一方面，事务要在尽可能短的时间内完成，与事务无关的操作不要放在事务中。

不同的事务类型，不同类型的 EntityManager 对象，在代码中控制事务也是不同的，如表 10-2 所示。

表 10-2 事务类型与 EntityManager

	Java EE 环境		Java SE 环境
	EJB 容器	Web 容器	
应用托管的 EntityManager	JTA，RESOURCE_LOCAL	JTA，RESOURCE_LOCAL	RESOURCE_LOCAL
容器托管的 EntityManager	JTA	不支持	不支持

从表 10-2 中可以看出，对于容器托管的 EntityManager 只能运行在 EJB 容器中，只能采用 JTA 的方式管理事务，而在 Java SE 环境中，只能使用应用托管的 EntityManager 并且只能采用 RESOURCE_LOCAL 的方式管理事务。

10.6.2 RESOURCE_LOCAL 事务

RESOURCE_LOCAL 事务是数据库本地的事务。它是数据库级别的事务，只能针对一种数据库，不支持分布式的事务。对于中小型的应用，可以采用 RESOURCE_LOCAL 事务。在使用 RESOURCE_LOCAL 事务时需要注意以下问题。

（1）在 Java SE 环境中，只能使用 RESOURCE_LOCAL 事务，并且 EntityManager 对象是以应用托管方式获得的。

（2）代码中使用 RESOURCE_LOCAL 管理事务时，要通过调用 EntityManager 的 getTransation()方法获得本地事务对象，而且需要手动创建和关闭 EntityManagerFactory、EntityManager 对象。关联事务时要使用 EntityManager 对象的 getTransaction().begin()和 getTransaction().commit()方法。其代码如下所示。

```
public class StudentService {
    private EntityManagerFactory emf;
    private EntityManager em;
    public StudentService (){
        emf = Persistence.createEntityManagerFactory("jpaUnit");
        em = emf.createEntityManager();
    }
    private Student student ;
    public Student findStudentByld(Integer studentld) {
        student = em.find(Student.class , studentld);
        return student;
    }
    public void placeRecord(Integer studentld, RecordEO record) {
        em.getTransaction().begin();
        student.getRecords().add(record);
        em.getTransaction().commit();
    }
    public void destroy(){
        em.close();
        emf.close ( ) ;
    }
}
```

（3）采用 RESOURCE_LOCAL 管理事务时，要保证数据库支持事务。例如使用 MySQL 时，需要设置数据库的引擎类型为“InnoDB”，而“MyISAM”类型是不支持事务的。

从上面的例子可以看出，entityManager.getTransaction()方法可以获得本地事务 EntityTransaction 对象，然后通过该对象提供的方法来控制本地的事务。EntityTransaction 的 API 接口如下所示。

```
package javax.persistence;
public interface EntityTransaction {
    public void begin();
    public void commit();
    public void rollback();
    public void setRollbackOnly();
    public boolean getRollbackOnly();
    public boolean isActive();
}
```

各个方法的描述如表 10-3 所示。

表 10-3 事务管理接口的方法

方 法	作 用	异常信息	返回值
begin()	声明事务开始	如果此时事务处于激活状态，即 isActive()为 true，将抛出 IllegalStateException 异常	无
commit()	提交事务，事务所涉及的数据的更新将全部同步到数据库中	如果此时事务处于未激活状态，即 isActive()为 false，将抛出 IllegalStateException 异常，如果此时提交不成功，则抛出 RollbackException 异常。	无
rollback()	事务回滚	如果此时事务处于未激活状态，即 isActive()为 false，将抛出 IllegalStateException 异常，如果此时回滚失败，则抛出 PersistenceException 异常	无
setRollbackOnly()	设置当前的事务只能是回滚状态	如果此时事务处于未激活状态，即 isActive()为 false，将抛出 IllegalStateException 异常	无
getRollbackOnly()	获得当前事务的回滚状态	如果此时事务处于未激活状态，即 isActive()为 false，将抛出 IllegalStateException 异常	无
isActive()	判断当前事务是否处于激活状态	如果发生了未知的异常，将抛出 Persistence Exception 异常	true /false

控制本地事务时，使用 begin()方法开始一个新事务；事务完成后，使用 commit()方法提交。控制事务时，并没有调用 rollback()方法回滚，这是因为在事务开始后，一旦有异常抛出，EntityTransaction 对象将自动回滚，所以并不需要显式地调用 rollback()方法回滚。

10.6.3 JTA 事务

JTA 事务（Java Transaction API）是 Java EE 6 规范中有关分布式事务的标准。它是容器级别的事务，只能运行在 Java EE 服务器中。它的最大优势是可以支持分布式的事务，如果系统采用的是分布式的数据库，那么只能选择 JTA 事务。使用 JTA 事务时， 需要注意以下问题。

（1）JTA 事务只能运行在 Java EE 的环境中，即 EJB 容器中和 Web 容器中，而在 Java SE 环境中只能使用 RESOURCE_ LOCAL 管理事务。

（2）容器托管的 EntityManager 对象只能采用 JTA 的事务，而不能采用 RESOURCE_LOCAL 事务。

（3）应用托管 EntityManager 对象在 EJB 容器中和 Web 容器中，可选择的事务类型比较复杂，既可以支持 JTA 事务，又可以支持 RESOURCE _LOCAL 事务。

1. 无状态的会话 Bean 与 JTA 事务(事务范围)

在会话 Bean 里以注入的方式获得 EntityManagerFactory 对象， 不需要负责它的关闭， 所以此时，只需要控制 EntityManager 的打开和关闭。当客户端每次调用 Bean 中的方法时， 都首先创建 EntityManager 对象，然后在方法结束前关闭 EntityManager 对象。EntityManager 对象的事务使用的是容器自动管理的事务 JTA，代码如下所示。

```
@Stateless
public class StudentService implements IStudentService {
    @PersistenceUnit(unitname=" jpaUni t")
    private EntityManagerFactory emf;
    public Student findStudentById(Integer studentld) {
        EntityManager em = emf.createEntityManager();
        Student student = em.find(Student.class , studentld);
        em.close() ;
        return student;
    }
```

```
    public void placeRecord(Integer studentId , RecordEO record) {
        EntityManager em = emf.createEntityManager();
        Student EO student = em.find(Student.EO class , studentld);
        student.getRecords().add(record);
        em.merge(student);
        em.close() ;
    }
}
```

2. 无状态的会话 Bean 与 JTA 事务(扩展范围)

与上个会话 Bean 中的管理方式不同，此时 EntityManager 对象为 Bean 的属性，当 Bean 初始化后，也就是标注@PostConstruct 方法后，创建 EntityManager 对象；当 Bean 销毁前，也就是标注@PreDestroy 方法后，关闭 EntityManager 对象，所以 EntityManager 对象存在于整个的 Bean 的生命周期中。当客户端调用需要关联事务的方法时，需要使用 joinTransaction()方法合并到上一次的事务中，代码如下所示。

```
@Stateless
public class StudentService implements IStudentService {
    @PersistenceUnit(unitName="jpaUnit")
    private EntityManagerFactory emf;
    private EntityManager em;
    @PostConstruct
    public void init (){
        em = emf.createEntityManager();
    }
    public Student findStudentByld(Integer studentId) {
        /**查询不需要关联事务*/
        Student student = em.find(Student.class , studentld);
        em.clear() ;
        return student;
    }
    public void placeRecord(Integer studentId, RecordEO record) {
        /**
         *EntityManager 对象的作用范围是这个 Bean 的生命周期
         *所以，每次使用时要合并到上一次的事务中
         */
        em.joinTransaction();
        Student student = em.find(Student.class , studentld};
        student.getRecords().add(record);
        em.merge(student);
        / **
         * 手动脱离当前事务和持久化上下文
         */
        em.flush();
        em.clear();
    }
    @PreDestroy
    public void destroy(){
        em.close () ;
    }
}
```

3. 有状态的会话 Bean 与 JTA 事务

同样是 EntityManager 对象在整个的 Bean 的生命周期中，但由于会话 Bean 此时是有状态的 Bean,所以当客户端调用任何方法时,都处在同一个持久化上下文中。所以每次并不需要调用 clear()

方法来手动地脱离当前的上下文，但每次客户端的调用仍需要使用 joinTransaction()方法合并到上一次的事务中，代码如下所示。

```
@Stateful
public class StudentService implements IStudentService {
    @PersistenceUnit(unitName =" jpaUnit")
    private EntityManagerFactory emf;
    private EntityManager em;
    Private Student student ;
    @PostConstruct
    public void init (){
        em = emf.createEntityManager() ;
    }
    public Student findStudentByld(Integer studentld) {
        student = em.find(Student.class , StudentId) ;
        return student;
    }
    public void placeRecord(Integer studentld, RecordEO record) {
        em.joinTransaction();
        student.getRecords().add(record);
    }
    @Remove
    public void destroy(){
        em.close() ;
    }
}
```

10.7　小结

JPA 提供了通过 Java 对象操纵数据库中数据的标准，是 Java EE 6 的新特性，将实体对象与数据库的表相关联，设置字段与属性的映射关系，并设置实体对象间的关联关系，可以完整而准确地表示数据库表之间的关系。在此基础上，通过实体管理器对实体对象进行管理，就可以把相应的操作持久化到数据库中，并且还提供了 JTA 事务管理，使得开发人员可以容易地处理事务。

习　题

1. 什么是 JPA?
2. 什么是 ORM?
3. 主键的生成策略有哪几种?分别表示何种方法?
4. 实体间的关联分为哪几类?
5. 实体的生命周期包括哪些状态？是如何转换的?
6. 实体管理器从管理方式分，有哪几种类型?
7. EntityManager 对象的事务管理方式有哪两种?
8. 利用 JSF 和 JPA 实现一个用户管理系统，可以添加、删除以及查询用户，可以更改用户密码。
9. 利用 JSF 和 JPA 实现一个商品管理系统，可以添加、删除以及查询商品。
10. 利用 JSF、EJB 和 JPA 实现一个模拟网上购物系统，用户访问网站可以用购物车功能选择商品，并向网站提交定单。

第11章 JPQL

11.1 JPQL 概述

Java 持久性查询语言（Java Persistence Query Language，JPQL）是一种与数据库无关的、基于实体（Entity）的查询语言。它是 EJB QL 的一个扩展，并加入了很多 EJB QL 中所没有的新特性。因此 JPQL 简单、可读性强，允许编写可移植的查询，不必考虑底层数据存储。

JPQL 语法与 SQL 很相似，使用与 SQL 类似的查询语句“select from [where] [group by] [having] [order by] ”。JPQL 同样支持 SQL 类似的函数功能，如 max 和 min。不管如何相似，但两者之间有一个重要的区别，JPQL 操作的是“抽象持久化模型(abstract persistence schema)”，而不是数据库定义的物理模型。抽象持久化模型通常是用 JPA 元数据(metadata)在 ORM 文件中或标注中进行定义。抽象持久化模型包括实体，它们的字段及定义的所有关联关系。JPA 持久化工具可以将 JPQL 转换成内置的 SQL 查询语句。而使用 SQL，你可以直接操作数据库中表的字段。

11.2 基本语句

JPQL 的主要功能是查询、更新和删除。这 3 个功能对应了 3 个基本语句：select 语句、update 语句和 delete 语句。

使用 BNF 语法，可以将 JPQL 基本语句定义为：

JPQL_statement ::= select_statement | update_statement | delete_statement

JPQL 语句中除了 Java 类和属性名称等参数外，所有的关键字对大小写都是不敏感的，SELECT、select 和 Select 等写法都是等价的，为了表述的一致性，本章中统一使用小写表述 JPQL 语句。

11.2.1 select 语句

select 语句可以由最多 6 个子句构成：select 子句、from 子句、where 子句、having 子句、order by 子句。其中，select 子句和 from 子句是必须要有的，其他 4 个子句根据需要选用。

select 语句的 BNF 符号描述如下。

```
QL_statement ::= select_clause from_clause
[where_clause] [group by_clause] [having_clause] [order by_clause]
```

select 子句定义了查询返回的对象或值的类型，返回类型决定于选择表达式的结果类型。选择表达式可以是多表达式，查询的结果将是按照各个表达式的顺序排列，并且类型是各个表达式的类型。可以在 select 子句中使用 distinct 关键字，目的是消除结果中的相同值。当结果可能是

Collection 这种不允许重复的类型，则 distinct 关键字是必须要用的。

from 子句定义了查询的范围，可以使用一个或多个变量辅助说明。from 子句所含有的成分主要包括标识变量说明和集合成员说明两个部分。在标识变量说明部分，可以使用标识符描述查询对象及其所在的表的名称等，可以使用 in、as 关键字构造复杂的标识表达式。在集合成员说明部分可以说明当处理一对多关联关系时，对于所要查询的实体的集合，这部分必须包含 in 关键字。

where 子句中定义了一个逻辑类型的条件表达式，限定了查询的返回值，查询操作将返回数据存储中所有能够让条件表达式的结果为 true 的符合值。where 子句是可选的。

group by 子句允许将查询到的值按照一组属性分组，having 子句与 group by 子句一起使用，给查询结果以更多的限制。having 子句中使用一个条件表达式。group by 子句和 having 子句是可选的。

order by 子句可以将查询结果排序，排序的依据是 order by 子句中的元素，如果 order by 子句中包含多个元素，起作用的优先顺序是自左向右。使用 order by 子句的前提是查询返回的结果是可排序的。order by 子句是可选的。

11.2.2　update 语句

update 语句由 2 个子句构成：update 子句和 where 子句。update 子句是必须要有的，update 子句是可选的。update 子句确定了要更改的实体的类型。

update 语句的 BNF 符号描述如下。

```
update_statement :: = update_clause [where_clause]
```

11.2.3　delete 语句

delete 语句由 2 个子句构成：delete 子句和 where 子句。delete 子句是必须要有的，where 子句是可选的。delete 子句确定了要删除的实体的类型。

delete 语句的 BNF 符号描述如下。

```
delete_statement :: = delete_clause [where_clause]
```

11.3　基本查询

11.3.1　查询的目标

JPQL 语句查询可以针对实体进行查询。JPQL 语句通过 from 子句可以确定 JPQL 语句查询的目标。下面用一个例子来说明查询目标是如何确定的。

例 11.1 有 4 个实体 Customer、Order、Item 和 Product，分别代表客户、订单、订单项和产品。其 JPQL 查询示例模型如图 11-1 所示。

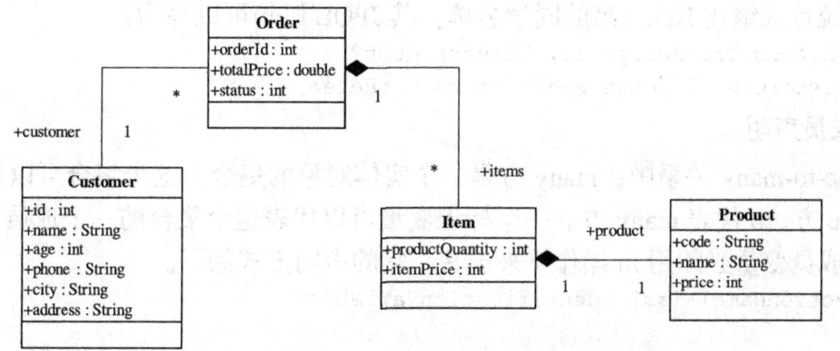

图 11-1　JPQL 查询示例模型

（1）针对单个实体的查询。查询所有年龄大于 30 岁的顾客的 JPQL 语句为

```
select c from Customer as c where c.age >= 30
```

其中的关键字 as 是可选的，可以省略掉：

```
select c from Customer c where c.age >= 30
```

select 子句的返回值还可是对象的某些属性，如：

```
select c.name from Customer c where c.age >= 30
```

（2）针对 many-to-one 关系的查询。查询所有不小于 30 岁，且购买了商品总价大于 100 的顾客

```
select o.customer from Order o
where o.customer.age >= 30 and o.totalPrice > 100
```

查询 id 为 531003 的顾客的所有订单

```
select o from Order o
where order.customer.id = 531003
```

（3）针对 one-to-many 关系的查询。查询包含商品编号 1001 的所有订单

```
select o from Order o, in(o.items) i
where i.product.code = '1001'
```

11.3.2 标识变量

在上面的 JPQL 语句中，c 是一个变量，它的类型是 Customer。这种变量被称为标识变量（Identification Variables）。

标识变量是在 from 子句中定义的一个标识符。所谓标识符是由一个或多个字符组成的序列。JPQL 的标识符命名与 Java 语言的标识符命名标准一致，即首字符只能是字母、$或下划线（_），其他字符可以是字母、数字、$或下划线（_），并且标识符对大小写是敏感的。

标识变量只能在 from 子句中定义，但可以在 select 子句和 where 子句中使用。标识符变量的名字不能使用 JPQL 中的关键字和查询语句中任何实体的名称。

一个标识变量总是指向一个单值的引用，其类型在声明时确定。在 JPQL 中，有两种类型的标识变量声明方式：范围变量（Range Variables）声明和集合成员（Collection Members）声明。

1. 范围变量声明

范围变量指的是有明确范围定义的变量。与类绑定的范围变量，其变量的取值范围是类的实例。标识变量的声明方式如下。

```
EntityClassName [as] identificationVariable
```

其中，

EntityClassName 是实体类的名称；

identificationVariable 是标识符变量；

as 是关键字，可以省略。

在某些情况下，可以为一个实体类定义多个标识符变量。例如在一个成绩表实体 Transcript(id, name, score)中统计成绩比 Helen 高的同学名单，其 JPQL 语句可以写为：

```
select t1 from Transcript t1, Transcript t2
where t1.score > t2.score and t2.name = 'Helen'
```

2. 集合成员声明

在一个 one-to-many 关系中，many 方是一个实体对象的集合，这个集合可以用 a.b 来表示，其中 a 代表 one 方，b 代表 many 方。一个标识变量可以代表这个集合的一个成员。

一个集合成员变量必须用 in 操作符来定义，它的声明方式如下。

```
in(CollectionName) [as] identificationVariable
```

其中，

CollectionName 是集合的名称；

identificationVariable 是标识符变量；

as 是关键字，可以省略。

在下面的 from 子句中，

```
from Customer c, in(c.orders) o
```

c 是范围变量，而 o 是一个集合成员变量。

使用集合成员变量可以自动完成 one-to-many 关系的匹配，也就是说在集合 c.orders 中只有匹配成功的实体对象。

下面的查询语句可以得到所有属于顾客 Helen 的订单。

```
select o from Customer c, in(c.orders) o
where c.name = 'Helen'
```

11.3.3　路径表达式

JPQL 语句中，一个标识符变量后面可以跟一个“.”操作符，再跟一个属性名，如 c.orders，这种表达方式称为路径表达式（Path Expression），“.”操作符被称为导航操作符。

路径表达式是 JPQL 中一个重要的语法结构。首先，它可以定义关系中的导航路径，它的使用会影响到查询的范围和结果。其次，路径表达式可以在任何子句中使用。最后，路径表达式是 JPQL 所独有的，虽然 JPQL 是 SQL 的一个子集，但 SQL 中并没有路径表达式。

路径表达式是一种可以导航到实体状态属性或关系属性的表达式。

状态属性是实体的持久化属性。

关系属性也是一种持久化的属性，但其类型是相关联的实体类型。

例如，在图 11-1 的 Customer 中，name 是一个状态属性，orders 是一个关系属性。

导航表达式中，可以沿着关系路径一直遍历，只要导航操作符后面的关系属性不是集合。

图 11-2 中显示了几个实体之间的关系，更有利于理解导航表达式。

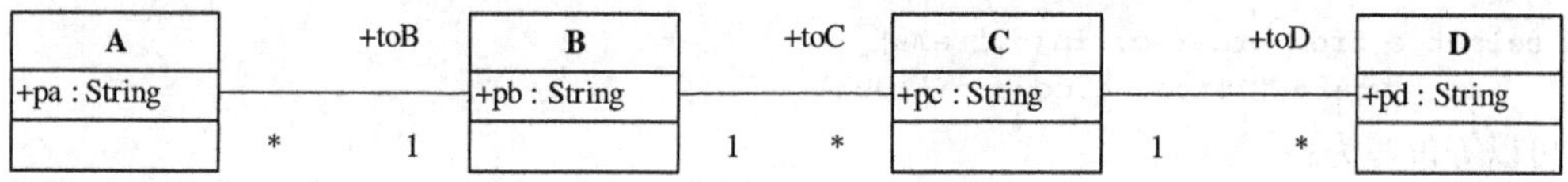

图 11-2　路径表达式示例图

下面给出几种情况，分别说明了哪种路径表达式是非法的，哪种是合法的。

（1）A-B-C，获取 pc 属性

```
select a.toB.toC.pc from A a
```

这是合法的查询，因为 a.toB 是一个单值，因此可以继续遍历。

（2）B-C-D，获取 pd 属性

```
select b.toC.toD.pd from B b
```

这是非法的查询，因为 b.toC 是一个集合，因此不能继续遍历。

11.4　连接查询

在一个查询语句中，当查询的目标涉及两个或多个实体时，需要进行连接查询。连接查询包括连接和过滤两个步骤。连接就是将两个或多个实体通过连接运算生成一个新的实体，作为查询的目标。然后，对这个新的查询目标按 where 条件进行过滤，获得查询结果。

在关系代数中，连接运算是由一个笛卡儿积运算和一个选取运算构成的。连接的全部意义在于在水平方向上合并两个对象集合。

下面是几种常用的连接类型，如表 11-1 所示。

表 11-1　　常用的连接类型

连接类型	定义	图示
内连接	只包含匹配的对象	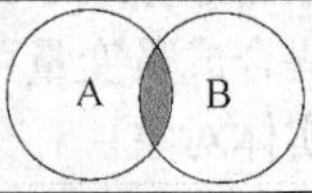 A B
左外连接	包含左边集合的全部对象以及右边集合中全部匹配的对象	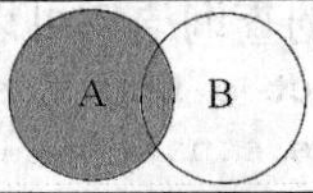 A B
右外连接	包含右边集合的全部行以及左边集合中全部匹配的对象	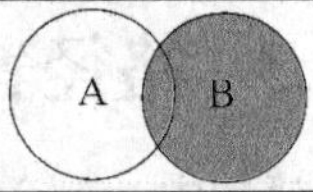 A B
全外连接	包含左、右两个集合的全部对象，不管在另一边的集合中是否存在与它们匹配的对象	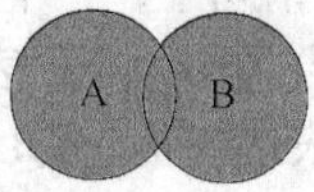 A B

在 JPQL 中，支持两种类型的连接。

1．内连接

内联接返回的仅是符合查询条件和连接条件的值。

内联接的语法定义如下。

```
[inner] join path_expression [as] identification variable
```

inner 和 as 是可选字段。

内连接使用实体间的关系进行连接，在功能上与 **in** 操作符类似。

例如：

```
select o from Order o, in(o.items) i
    where i.product.code = '1001'
```

可以等价写为：

```
   select o from Order o join(o.items) i
where i.product.code = '1001'
```

2．左外连接

左外连接的语法定义如下。

```
left [outer] join path_expression [as] identification variable
```

outer 和 as 是可选字段。

在参与外连接的两个实体中，join 关键字左侧的实体称为左实体，右侧的实体称为右实体。左连接的含义是连接的结果要包括左实体中所有的对象，以及与左实体匹配成功的右实体的对象。对于没有匹配成功的左实体对象，其对应的右实体对象为空值。右连接的含义与左连接恰好相反。

全连接中，连接结果中既包括左实体的所有对象，也包括右实体的所有对象，当一个实体对象没有匹配的对象时，其值为空。

11.5　操作符表达式

在 where 子句中我们可以使用一些操作符来进行条件的选择。表 11-2 中给出了在 JPQL 中使用的操作符。

表 11-2 JPQL 操作符

操作符类型	操作符
导航	.
算术	+、-（一元操作符号） *、/（乘法和除法操作符） +、-（加法和减法作符号）
比较	=、>、>=、<、<=、<>、[not] between、[not] like、 [not] in、is [not] null、is [not] empty、[not] member [of]
逻辑	not、and、or

11.5.1 between 表达式

between 表达式用于确定值的范围。

下面两个表达式是等价的。

```
c.age between 20 and 30
c.age >= 20 and p.age <= 30
```

在 **between** 操作符之前，还可以加上 **not**，表示取 **between** 范围的补集。

下面两个表达式也是等价的。

```
c.age not between 20 and 30
c.age < 20 or p.age > 30
```

11.5.2 in 表达式

in 表达式用于确定一个字符串是否属于一个字符串集合，或者一个数值是否属于一个数值范围。

在 in 表达式中的路径表达式必须是字符串类型或数值类型。

下面是一个 in 表达式。

```
c.city in ('Beijing', 'Shanghai', 'Changchun')
```

11.5.3 like 表达式

like 表达式用于确定通配符模式是否匹配给定的字符串。

通配符模式定义了一个字符串的集合，like 表达式中支持两类通配符：_（下划线）和%（百分号）。下划线代表任意单个字符，百分号代表 0 个或多个字符。

下面是几个 like 表达式。

```
c.phone like '13%'
c.address like 'changchun%'
```

如果在模式匹配时，需要使用下划线或百分号本来的字符含义，而不是作为通配符，那么可以使用转义字符（Escape Character）。

```
file.name like '\_%' escape '\'
```

escape 子句明确指出了转义字符是反斜线（\），那么其后面的下划线则不作为通配符存在，是作为一个简单的字符。任何以下划线开头的字符串都可以匹配这个模式。

11.5.4 空值比较表达式

空值比较表达式用于测试单值路径表达式或输入参数是否为空值。

在进行空值比较时，只能使用 is 操作符进行比较，而不能使用等号（=）操作符进行比较。下面语句返回名字为空的客户。

```
select c
from Customer c
where c.name is null
```

11.5.5 空集合比较表达式

空集合比较表达式用于测试一个集合类型的路径表达式是否是空集。

在进行空集合比较时，只能使用 is 操作符进行比较。

```
select o
from Order o
where o.items is empty
```

11.5.6 集合成员表达式

集合成员表达式用于确定一个值是否属于一个集合。进行比较的值和集合成员必须有相同的类型。集合成员表达式使用[not] member [of]操作符。

```
select o
from Order o
where :item member of o.items
```

注：:item 定义一个参数。

11.6 函数

在查询语句的 select 子句、where 子句和 having 子句中可以使用字符串、算术函数和日期/时间函数。

11.6.1 字符串函数

表 11-3 给出了 PQL 中支持的字符串函数。

表 11-3 JPQL 中支持的字符串函数

函数语法	返回值	功 能
Concat（String, String）	String	连接两个字符串
Length（String）	int	计算字符串长度
Locate（String, String[, start]）	int	返回给定字符串在另一个字符串中的位置。如果没有给 start 参数赋值，则从字符串头开始检索
Substring（String, start, length）	String	返回从 start 开始长度为 length 的子字符串
Trim（ [LEADING|TRAILING| BOTH] char） FROM] （String）	String	剪切指定字符，得到新字符串
Lower（String）	String	将字符串转换成小写形式
Upper（String）	String	将字符串转换成大写形式

11.6.2　算术函数

表 11-4 给出了 PQL 中支持的算术函数。

表 11-4　　JPQL 中支持的算术函数

函数语法	返回值	功　能
abs(number)	int, float, 或 double	返回绝对值
mod(int, int)	int	返回除法余数
sqrt(double)	double	返回平方根
size(Collection)	int	返回从集合元素个数

11.6.3　日期/时间函数

表 11-5 给出了 PQL 中支持的日期/时间函数。

表 11-5　　JPQL 中支持的日期/时间函数

函数语法	返回值	功　能
current_date	java.sql.Date	返回当前日期
current_time	java.sql.Time	返回当前时间
current_timestamp	java.sql.Timestamp	返回当前时戳

11.7　子查询

子查询可以使用在 where 或 having 子句中，使用圆括号将其括起来。

例如：

```
select c
from Customer c
where (select count(o) from c.orders o) > 5
```

其中，**select count**(o) **from** c.orders o 是个子查询。

除了这种基本的子查询外，子查询中还可以包含 exsits 表达式、all 表达式和 any 表达式。

11.7.1　exists 表达式

exists 表达式用于测试子查询是否有返回数据。如果有返回数据，则表达式返回 true，否则返回 false。

下面语句返回有订单的用户。

```
select c
from Customer c
where exists(select o from c.orders o)
```

11.7.2　all 和 any 表达式

all 表达式用于测试条件值与子查询返回值集合中所有元素是否都满足指定的关系。如果都满足，则返回 true。

any 表达式用于测试条件值与子查询返回值集合中任意元素是否满足指定的关系。如果满足，则返回 true。

下面是一个 all 表达式的例子，查询工资比所有管理层员工都高的普通员工。

```
select emp
from Employee emp
where emp.salary> all(
    select m.salary
    from Manager m
    where m.department = emp.department)
```

11.8 select 子句

select 子句定义了查询返回的对象或值的类型。

select 子句的返回值类型并不是固定的，而是由 select 子句中的内容所决定的。

（1）一个关系属性路径表达式或一个标识变量，表示返回的是一个实体

例如：

```
select c from Customer c
select c.items from Customer c
```

（2）一个状态属性路径表达式，表示返回的是个实体的属性

例如：

```
select c.name from Customer c
```

（3）一个聚合 select 表达式，表示返回的是一个计算结果

例如：

```
select count(c) from Customer c
```

其中，count 称为聚合函数，在 JPQL 中，还支持其他的聚合函数，如表 11-6 所示。

表 11-6　JPQL 中支持的聚合函数

函数名称	返回值	功　能
avg	Double	返回字段平均值
count	Long	返回结果集的成员数目
max	The type of the field	返回结果集中的最大值
min	The type of the field	返回结果集中的最小值
sum	Long (for integral fields) Double (for floating-point fields) BigInteger (for BigInteger fields) BigDecimal (for BigDecimal fields)	返回结果集的成员之和

（4）一个构造器表达式，表示返回的是一个新对象

例如，在 Java 程序中定义了一个类。

```
public class ContactCard
{
    private String name;
    private String phone;
    public User(String name, String phone)
    {
```

```
        super();
        this.name = name;
        this.phone = phone;
    }
}
```

则可以在查询语句中创建该类的对象。

```
select new ContactCard (c.name, c.phone)
from Customer c
where c. name = 'Mike'
```

11.9 order by 子句

order by 子句的功能是对查询的结果进行排序。在 order by 子句中，可以指定排序的字段。如果 order by 子句中包含多个排序字段，则按照从左到右的次序进行排序。

orderby 子句缺省按升序排序，也可以用 asc 关键字和 desc 关键字指定排序标准。asc 关键字表示按升序排列，desc 关键字表示按降序排列。

如果要使用 order by 子句，select 子句必须返回一个对象或值的有序集合，不能对非 select 子句的返回值进行排序。

下面的 order by 子句表示按年纪从大到小排列返回结果。

```
select c.name from Customer c order by age desc
```

11.10 group by 和 having 子句

group by 子句的功能是对查询的结果进行分组。在 group by 子句中，可以指定分组的字段。如果 group by 子句中包含多个分组字段，则按照从左到右的次序进行从大到小的分组。也就是先按第一个分组字段进行分组，在每个分组中按第二个分组字段进行第二次分组，依此类推。

having 子句与 group by 子句配合使用，进一步约束查询返回的结果。

例如：

```
select o.status, sum(o.totalPrice)
from Order o
group by o.status having c.status in (0, 1, 2)
```

11.11 在 Java 中使用 JPQL

JPA 使用 javax.persistence.Query 接口执行查询实例，Query 实例的查询交由 EntityManager 构建相应的查询语句。该接口拥有多个执行数据查询的接口方法。

（1）Object getSingleResult()：执行 select 查询语句，并返回一个结果。

（2）List getResultList()：执行 select 查询语句，并返回多个结果。

（3）Query setParameter(int position, Object value)：通过参数位置号绑定查询语句中的参数，如果查询语句使用了命令参数，则可以使用 Query setParameter(String name, Object value)方法绑定命名参数。

（4）Query setMaxResults(int maxResult)：设置返回的最大结果数。

（5）int executeUpdate()：执行新增、删除或更新操作。

要从 Java 代码内发出 JPQL 查询，您需要利用 EntityManager API 和 Query API 的相应方法，执行以下步骤。

（1）使用注入或通过 EntityManagerFactory 实例获取一个 EntityManager 实例。

（2）通过调用相应 EntityManager 的方法（如 createQuery），创建一个 Query 实例。

（3）如果有查询参数，使用相应 Query 实例的 setParameter 方法进行设置。

（4）如果需要，使用 setMaxResults 或 setFirstResult 方法设置要检索的实例的最大数量或指定检索的起始实例位置。

（5）如果需要，使用 setHint 方法设置供应商特定的提示。

（6）如果需要，使用 setFlushMode 方法设置查询执行的刷新模式，覆盖实体管理器的刷新模式。

（7）使用相应 Query 实例的方法 getSingleResult 或 getResultList 执行查询。如果进行更新或删除操作，必须使用 executeUpdate 方法，它返回已更新或删除的实体实例的数量。

使用 Query. getSingleResult 方法得到查询的单个实例，返回 Object。要确保使用此方法时查询只检索到一个实体。使用 Query. getResultList 方法得到查询的实例集合，返回 List。

通常，查询返回的结果是实体，但是在 JPQL 里我们也会得到实体的部分属性。如果是获取部分属性的话，Query.getResultList 方法返回的会是 Object 数组的 List。每个 Object 数组项相当于是一条结果，数组的成员是属性值，顺序与所写的 JPQL 中的 select 子句顺序一致。

11.12 查询参数

在查询时，可以通过设置查询参数，让查询更为灵活。

例如

```
Query query = em.createQuery("select p from Person p where p.id=:id");
```

:id 为查询参数。

在使用查询时，可以输入不同的参数值进行查询。

在 JPQL 中，查询参数可以分为位置参数和命名参数。位置参数的定义是通过问号（？）加位置来定义。命名参数是通过冒号（：）加参数名来定义。

使用位置参数如下所示。

```
Query query = em.createQuery("select p from Person p where p.id=?1");
Query.setParameter(1, 5311);
```

使用命名参数如下所示。

```
Query query = em.createQuery("select p from Person p where p.id=:id");
Query.setParameter("id", 5311);
```

如果参数的类型无法和 SQL 数据类型进行直接对应时，如参数类型为 java.util.Date 或 java.util.Calendar，则需要告诉 Query 对象如何解析这些参数。解决方法是把 javax.persistence.TemporalType 作为参数传递给 setParameter 方法，告诉查询接口在转换 java.util.Date 或 java.util.Calendar 参数到本地 SQL 时使用什么数据类型。

11.13 JPQL 实例

1. 简单查询

查询编号为 1001 的顾客的基本信息。

```
String ql = "select c from Customer c where c.id = 1001";
Query query = em.createQuery(ql);
Customer c = (Customer)query. getSingleResult();
```

2. 连接查询

查询所有目的地为 Changchun 的订单。

```
String ql = "select o from Customer c join c.orders o where c.city = 'Changchun'";
//也可以写为
//String ql = "select o from Customer c, in(c.orders) o where c.city = 'Changchun'";
Query query = em.createQuery(ql);
List<Order> listOrders = query. getResultList();
```

3. 使用查询参数

查询指定 id 的顾客。

```
String ql = "select c from Customer where id = :id";
Query.setParameter("id", 5311);
Query query = em.createQuery(ql);
Customer c = (Customer)query. getSingleResult();
```

4. 删除和更新

顾客的年龄增加一岁。

```
String updateQL = "update Customer c set c.age = c.age +1";
Query updateQuery = em.CreateQuery(updateQL);
updateQuery.executeUpdate();
```

删除 id 为空的顾客。

```
String deleteQL = "delete from Customer c where c.id is null";
Query deleteQuery = em.CreateQuery(deleteQL);
deleteQuery.executeUpdate();
```

11.14 小结

本章主要介绍 JPQL 的语法定义和主要的使用方法。JPQL 的语法与 SQL 的语法极为类似，在学习的时候，可以参照对比。与 SQL 不同的是 JPQL 可以直接用于查询实体，以及实体间的关系查询，而不用直接面对数据库的数据表和表关系，具有更高的抽象层次。

习 题

1. JPQL 基本语句定义是什么？
2. 什么是标识变量，它有什么作用？
3. 有几种类型的连接查询？
4. JPQL 中有哪些字符串函数、算术函数和日期函数？
5. 在不使用 exists 表达式的情况下，用哪些语句可以实现其执行效果？

第12章 Web Service

12.1 Web Service 概述

想要理解 Web Service，必须先理解什么是 Service。Service 翻译成中文，就是服务。传统上，我们把计算机后台程序提供的功能，称为服务。比如，让一个杀毒软件在后台运行，它会自动监控系统，那么这种自动监控就是一个服务。通俗地说，服务就是计算机可以提供的某一种功能。

根据来源的不同，服务又可以分成两种：一种是"本地服务"（使用同一台机器提供的服务，不需要网络），另一种是"网络服务"（需要通过网络才能完成）。举例来说，如果需要对一个图片进行处理，那么在本地就行完成。如果需要获取未来几天的天气情况，则需要使用网络服务，从相关的网站上获取信息。

Web Service 就是一种网络服务的形式。它提供了一种网络服务的定义和获取方式，使得运行在不同的平台和框架下的软件应用程序之间可以通过网络进行互操作。由于它在最初出现时，使用的是和 Web 相同的 HTTP 协议，因此被命名为 Web Service。当然，目前 Web Service 已经不局限于使用 HTTP 作为通信协议。

与本地服务相比，Web Service 有以下的优越性。

（1）平台无关。不管你使用什么平台，都可以使用 Web Service。

（2）编程语言无关。只要遵守相关协议，就可以使用任意编程语言，获取 Web Service。

（3）对于 Web Service 使用者来说，可以轻易实现多种数据、多种服务的聚合。

12.2 相关标准与技术

1. XML

XML（Extensible Markup Language，扩展性标识语言）用严格的嵌套标记表示数据信息，是 Web Service 中表示数据的基本格式。除了易于建立和易于分析外，XML 主要的优点在于它既与平台无关，又与厂商无关。XML 是由万维网协会（World Wide Web Consortium, W3C）创建，W3C 制定的 XML Schema（XSD）定义了一套标准的数据类型，并给出了一种语言来扩展这套数据类型。Web Service 用 XSD 作为数据类型系统。当你用某种语言如 Java、VB.NET 或 C#来构造一个 Web Service 时，为了符合 Web Service 标准，所有你使用的数据类型都必须被转换为 XSD 类型。

2. SOAP

SOAP（Simple Object Access Protocol，简单对象访问协议）是解决分布式系统中应用程序之间交互性的需求的一个解决方案，是帮助远程计算机上的应用程序和 Web Service 进行交互的协议。

SOAP1.0 协议采用 HTTP 协议作为发送消息的传输协议，到了 SOAP 1.1，实现了 SOAP 不依赖于某一种传输协议的思想，称为完全独立的协议，其中可以使用 SMTP、FTP、HTTP 协议等任何协议。目前的版本为 SOAP 1.2。

SOAP 是消息系统的规范，数据表示为文本并定义为某种数据类型，包含这个数据的文本称为 SOAP 消息，它是用 XML 编写的。除了传输数据，SOAP 还在 SOAP 消息头中传输元数据。因此熟悉 XML 的人都可以阅读并理解 SOAP 消息。

3. WSDL

WSDL（Web Service Description Language，Web Service 描述语言）是一种基于 XML 的服务描述文档，用于描述 Web Service 及其函数、参数和返回值。因为是基于 XML 的，所以 WSDL 既是机器可阅读的，又是人可阅读的。

WSDL 文件从整体上定义一个 Web Service 的接口和实现信息，分为接口定义、接口消息格式和接口实现细节等部分。

4. UDDI

UDDI（Universal Description, Discovery, and Integration，统一描述、发现和集成）是一种目录服务，企业可以使用它对 Web Service 进行注册和搜索。

UDDI 是一种规范，它主要提供基于 Web Service 的注册和发现机制，为 Web Service 提供 3 个重要的技术支持：①标准、透明、专门描述 Web Service 的机制；②调用 Web Service 的机制；③可以访问的 Web Service 注册中心。UDDI 规范由 OASIS（Organization for the Advancement of Structured Information Standards）标准化组织制定。

12.3 Web Service 架构

从表面上看，Web Service 就是一个应用程序，它向外界暴露出一个能够通过 Web 进行调用的 API。也就是说，你能够用编程的方法通过 Web 调用来实现某个功能的应用程序。

从深层次上看，Web Service 是一种新的 Web 应用程序分支，它们是自包含、自描述、模块化的应用，可以在网络（通常为 Web）中被描述、发布、查找，以及通过 Web 来调用。

Web Service 中有 3 个主要角色：服务提供者、服务请求者和服务代理。服务提供者实现具体的服务，并通过服务代理将服务进行发布，并在 UDDI 注册中心进行注册。服务请求者向服务代理请求特定的服务，服务代理查询已发布的服务，为其寻找满足请求的服务，并向服务请求者返回满足条件的服务描述信息。该服务描述信息由 WSDL 定义，使得服务请求者可以得到足够的信息来调用这个服务。服务请求者利用该服务描述信息生成相应的 SOAP 消息，发送给 Web Service 提供者，实现服务的调用。服务提供者按 SOAP 消息执行相应的服务，并将服务结果返回给服务请求者。

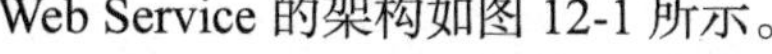

图 12-1 Web Service 架构

Web Service 的架构如图 12-1 所示。

12.4 Web Service 的种类

在概念层，一个 Web Service 就是通过一个网络端点所提供的一个软构件。服务的使用者和服务的提供者之间通过消息传递调用请求和返回信息。

在技术层次上，Web Service 可以用多种方式来实现。目前，比较典型的两种 Web Service 实现方式是 Big Web Service 和 RESTful Web Service。

12.4.1 Big Web Service

Big Web Service 使用遵循 SOAP 标准的 XML 格式的消息。这种消息具有标准的结构和格式。除了消息之外，Big Web Service 的服务也是用一种 XML 语言进行描述的，这种语言被称为 WSDL，其描述结果是机器可读的。

Big Web Service 又被称为基于 SOAP 的 Web Service，它必须包含下面几个组成部分。

（1）一个正式的合约，用于描述 Web Service 所提供的接口，包括消息、操作、绑定、Web Service 位置等细节信息。WSDL 可以完成这项工作，当然，也可以不使用 WSDL 描述服务，而直接处理 SOAP 消息。

（2）一个可以表达非功能需求的架构。通常，可以建立一个通用的词汇表来表述这种非功能需求，如事务、安全、可信、协作等。

（3）一个可以处理异步过程和调用的架构。

在 Java EE 中，提供了 JAX-WS（Java API for XML Web Services，面向 XML Web Service 的 Java API）来实现 Big Web Service。

12.4.2 RESTful Web Service

从字面上看 RESTful 是一个形容词，它来源于 REST。REST（Representational State Transfer，表述性状态转移）是一种针对网络应用的设计方式，这种设计方式定义了一组架构约束条件和原则。满足这些约束和原则的应用程序或设计就被认为是 RESTful。

REST 中的一个重要概念是资源，每个资源都有一个全局引用标识符，即 URI。特别是数据和功能都被认为是可通过 URI 识别和访问的资源。为了操纵这些资源，客户端和服务器通过一个标准的接口通信（如 HTTP）和一个组固定的动词——GET、PUT、POST 和 DELETE——交换这些资源。

通过 URI 进行资源访问，就像 Web 上的超链接一样。REST 是一种典型的 Client/Server 架构，使用无状态的通信协议，如 HTTP。在 REST 中，客户端和服务器之间通过标准的接口和协议交换资源的表述（Representation）。服务器端只应该处理跟数据有关的操作，所有数据的表述都应该放在客户端。由于在 REST 架构中，服务器是无状态的，亦即服务器不会保存任何与客户端的会话状态信息，所有的状态信息只能放在双方沟通的消息中，从客户端到服务器的每个请求都必须包含理解请求所必需的信息。如果服务器在请求之间的任何时间点重启，客户端不会得到通知。

一个 REST 架构的应用，必须遵守如下约定。

（1）应用程序状态和功能等网络上所有事物都被认为是资源。

（2）每个资源对应一个唯一的资源标识 URI（Universal Resource Identifier，统一资源标识符）。

（3）所有资源都共享统一的访问接口，以便在客户端和服务器之间传输状态。统一的访问接口使用的是标准的 HTTP 方法，比如 GET、PUT、POST 和 DELETE。

（4）对资源的操作不会改变资源标识，所有的操作都是无状态的。

所谓 RESTful Web Service，就是使用 REST 的方式暴露和访问 Web Service。也就是在 REST 的约束下，设计 Web Service。

一般情况下，设计 RESTful Web Service 应该遵循一些基本原则。

（1）URI 的结构设计应该简单且易于理解。

（2）若要在服务器上创建资源，应该使用 POST 方法。

（3）若要检索某个资源，应该使用 GET 方法。

（4）若要更改资源状态或对其进行更新，应该使用 PUT 方法。

（5）若要删除某个资源，应该使用 DELETE 方法。

在 Java EE 中，提供了 JAX-RS（Java API for RESTful Web Services，面向 RESTful Web Service Java API）来实现 RESTful Web Service。JAX-RS 通过 HTTP 直接传输数据，与 HTTP 的结合要好于基于 SOAP 的 Web Service。

12.4.3　选择使用哪种类型的 Web 服务

通常我们会选择使用 RESTful 风格的 Web 服务对 Web 进行集成，而在具有较高要求的企业级应用集成方案中使用大型 Web 服务。

（1）JAX-WS：解决高级的服务质量（QoS）要求，一般出现在企业计算中。与 JAX-RS 相比，JAX-WS 更容易支持 WS-*协议，它们提供了标准的安全性和可靠性，除了这些，还能与其他符合 WS-*标准的客户端和服务进行互操作。

（2）JAX-RS：为得到具有松散耦合、可扩展性、架构简单等理想特性应用程序，而部分或全部采用 REST 风格类型设计，JAX-RS 使这样的 Web 应用程序开发更加容易。在你的应用程序开发中你将会选择 JAX-RS，因为它使不同客户端更容易使用 RESTful 风格 Web 服务，同时服务端也可以得到不断扩展。客户端可以选择使用部分或者全部的服务，并且可以与其他基于 Web 的服务进行聚合。

12.5　利用 JAX-WS 建立 Web Service

12.5.1　JAX-WS 简述

JAX-WS 规范是用 XML 通信建立 Web Service 和客户端的技术，是一组 XML 格式的 Web Service 的 Java API。在 JAX-WS 中，一个远程调用可以转换为一个基于 XML 的通信协议，如 SOAP。在使用 JAX-WS 的过程中，开发者不需要编写任何生成和处理 SOAP 消息的代码，JAX-WS 的运行实现会将这些 API 的调用转换成为对应的 SOAP 消息。

在服务器端，用户只需要通过 Java 语言定义远程调用所需要实现的接口，并提供相关的实现方法。通过调用 JAX-WS 的服务发布接口就可以将其发布为 Web Service 接口。

在客户端，用户可以通过 JAX-WS 的 API 创建一个代理（用本地对象来替代远程的服务）来实现对于远程服务器端的调用。

JAX-WS 也提供了一组针对底层消息进行操作的 API 调用，可以通过 Dispatch 直接使用 SOAP 消息或 XML 消息发送请求，或者使用 Provider 处理 SOAP 或 XML 消息。通过 Web Service 所提供的互操作环境，用户可以用 JAX-WS 轻松实现 Java 平台与其他编程环境（如.net）的互操作。

12.5.2　Web Service 例子

（1）创建工程

在 Eclipse 中创建一个“dynamic web project”（动态 Web 工程），项目名设为“BigWS_Hello”，如图 12-2 所示。

（2）创建 Web 服务类

程序清单 12-1　HelloWS.java

```
package javaee.bigws;

public class HelloWS {
```

```
    public String sayHelloW(String name){
        return "Hellow WebService! I am "+name+"!";
    }
}
```

（3）发布该类为 WebService

在 HelloWS 类上单击右键，在弹出的右键菜单中选择“Web Services→Create Web Service”，如图 12-3 所示。

在弹出的对话框中，Web Service Type 选择“bottom up Java bean Web Service”，Service Implementation 选择上面编写的 Java 类 HelloWS，并选中“publish the Web Service”，单击“next”，如图 12-4 所示。

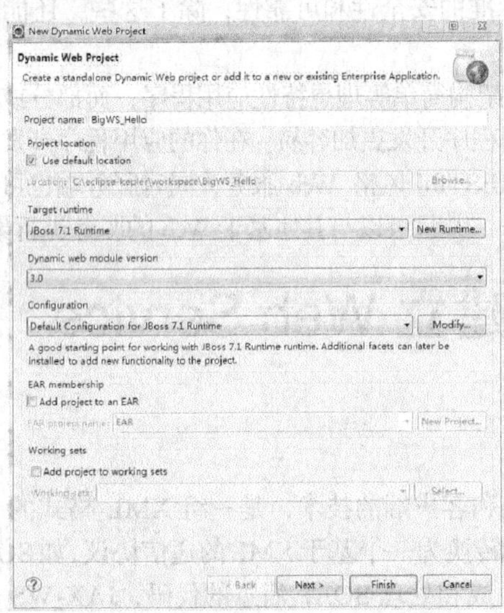

图 12-2　创建动态 Web 服务工程界面　　图 12-3　创建 Web 服务界面

在弹出的界面中选择供访问的方法 sayHelloW，单击“next”，如图 12-5 所示。

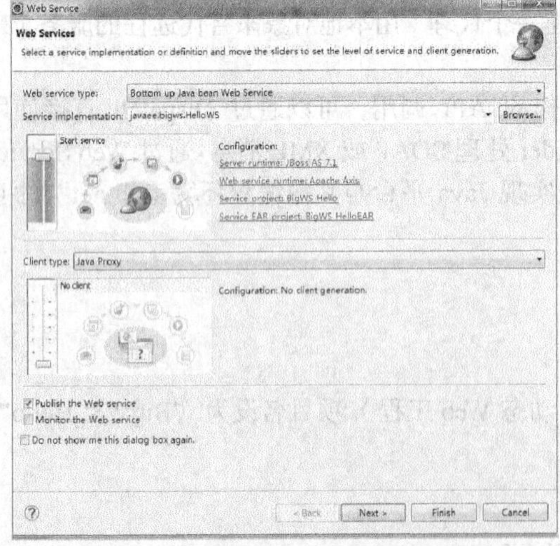

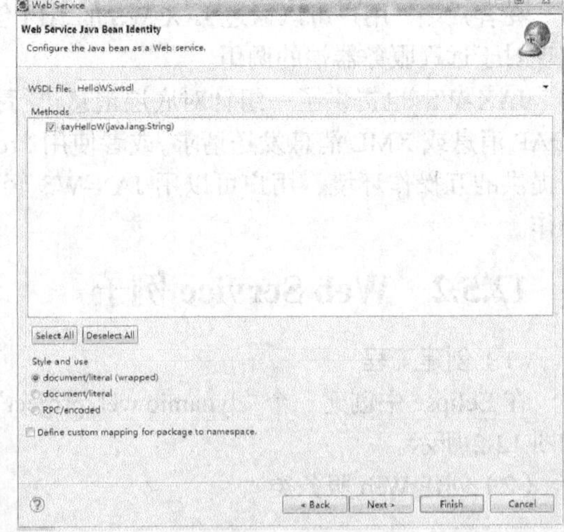

图 12-4　创建 Web 服务界面第一步　　图 12-5　创建 Web 服务界面第二步

（4）查看 web Service

在网址 http://localhost:8080/BigWS_Hello/services 查看已经建立的 Web Service，如图 12-6 所示。

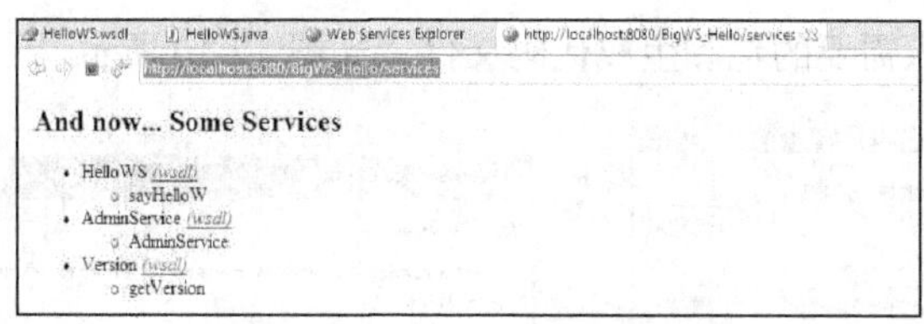

图 12-6　运行结果

我们创建了 HelloWorld 服务，另外两个是 Eclipse 自动生成的。也可以使用网址 http://localhost:8080/BigWS_Hello/services/HelloWS?Wsdl 查看 wsdl 文件运行结果如图 12-7 所示。

```
HelloWS.wsdl   HelloWS.java   Web Services Explorer   http://localhost:8080/BigWS_Hello/services/HelloWS?wsdl
http://localhost:8080/BigWS_Hello/services/HelloWS?wsdl

<?xml version="1.0" encoding="UTF-8"?>
- <wsdl:definitions xmlns:xsd="http://www.w3.org/2001/XMLSchema" xmlns:wsdlsoap="http://schemas.xmlsoap.org/wsdl/soap/"
  xmlns:wsdl="http://schemas.xmlsoap.org/wsdl/" xmlns:intf="http://bigws.javaee" xmlns:impl="http://bigws.javaee"
  xmlns:apachesoap="http://xml.apache.org/xml-soap" targetNamespace="http://bigws.javaee">
      <!--WSDL created by Apache Axis version: 1.4 Built on Apr 22, 2006 (06:55:48 PDT)-->
  - <wsdl:types>
    - <schema targetNamespace="http://bigws.javaee" xmlns="http://www.w3.org/2001/XMLSchema"
      elementFormDefault="qualified">
      - <element name="sayHelloW">
        - <complexType>
          - <sequence>
              <element name="name" type="xsd:string"/>
            </sequence>
          </complexType>
        </element>
      - <element name="sayHelloWResponse">
        - <complexType>
          - <sequence>
              <element name="sayHelloWReturn" type="xsd:string"/>
            </sequence>
          </complexType>
        </element>
      </schema>
    </wsdl:types>
  - <wsdl:message name="sayHelloWResponse">
      <wsdl:part name="parameters" element="impl:sayHelloWResponse"> </wsdl:part>
    </wsdl:message>
  - <wsdl:message name="sayHelloWRequest">
      <wsdl:part name="parameters" element="impl:sayHelloW"> </wsdl:part>
    </wsdl:message>
  - <wsdl:portType name="HelloWS">
    - <wsdl:operation name="sayHelloW">
```

图 12-7　WSDL 运行结果

12.5.3　创建客户端

Web Service 发布之后，就可以在客户端进行访问。客户端的实现可以使用任何支持 Big Web Service 的编程语言进行开发。

下面给使用 Java 语言开发 Web Service 客户端的方法。

（1）在 Eclipse 中创建一个“Web Service Client”，如图 12-8 所示。

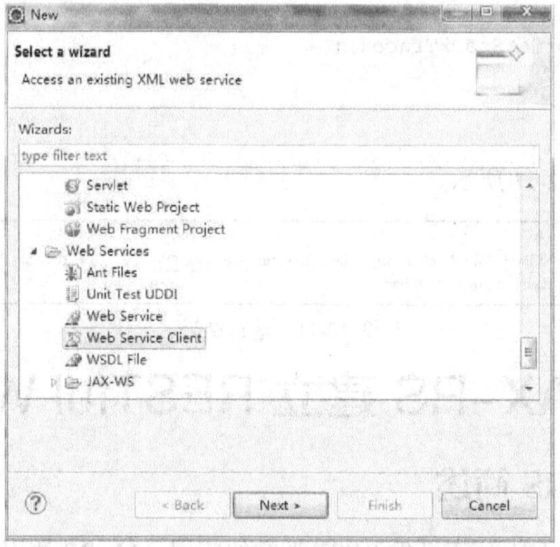

图 12-8　创建 Web 服务客户端界面第一步

在弹出来的对话框中找到 Service definition，填写服务端的 URL 地址，如图 12-9 所示。最后单击“finish”，会自动导入需要的包和生成代码文件，如图 12-10 所示。

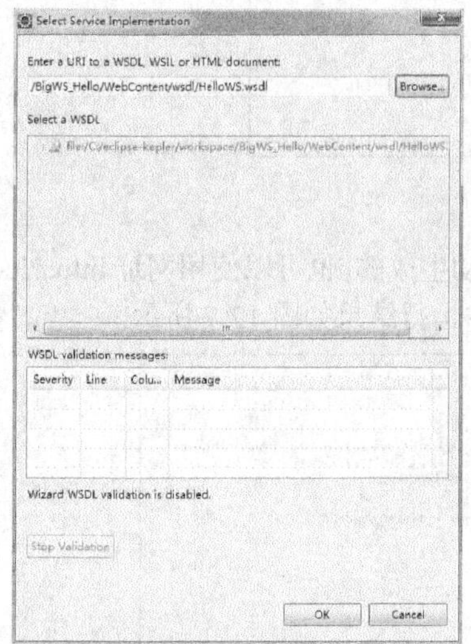

图 12-9　创建 Web 服务客户端界面第二步

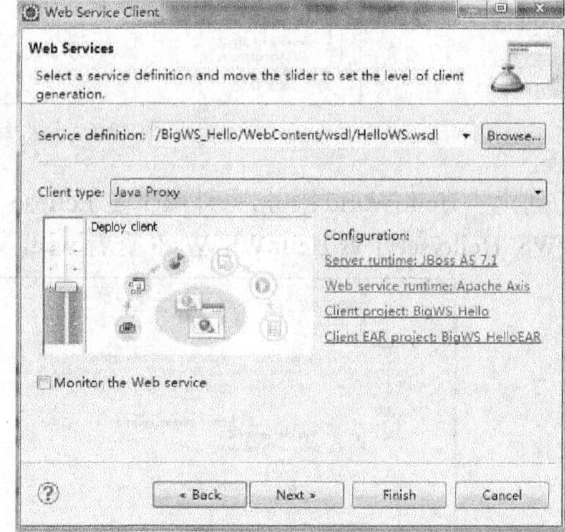

图 12-10　创建 Web 服务客户端界面第三步

（2）编写客户端类的程序代码如下所示。

```
package javaee.bigws.client;

import java.rmi.RemoteException;
import javaee.bigws.HelloWS;
import javaee.bigws.HelloWSProxy;;

public class WSClient {

    public static void main(String[] args) {
        try {
            HelloWS service = new HelloWSProxy();
                System.out.println(service.sayHelloW("a teacher"));
        } catch (RemoteException e) {
                e.printStackTrace();
        }
    }
}
```

程序运行结果如图 12-11 所示。

图 12-11　运行结果

12.6　用 JAX-RS 建立 RESTful Web Service

12.6.1　JAX-RS 简述

JAX-RS 是一套 Java API，用于开发 REST 架构的应用。JAX-RS 使用标注来简化 RESTful Web Service 的开发。开发者可以通过标注来定义资源，以及作用于资源上操作。JAX-RS 标注是运行时的标注，会使用反射机制在运行时创建一些辅助类和软件部件（Artifacts）。一个包含 JAX-RS 资源的 Java EE 应用程序应该生成资源配置、辅助类和软件制品。

JAX-RS 标注有以下几种方法。

（1）@Path，标注资源类或方法的相对路径。

（2）@GET，@PUT，@POST，@DELETE，标注方法处理的 HTTP 请求的类型。

（3）@Produces，标注返回的 MIME 媒体类型。

（4）@Consumes，标注可接受请求的 MIME 媒体类型。

（5）@PathParam，@QueryParam，@HeaderParam，@CookieParam，@MatrixParam，@FormParam，标注方法的参数分别来自于 HTTP 请求的不同位置，例如@PathParam 来自于 URL 的路径，@QueryParam 来自于 URL 的查询参数，@HeaderParam 来自于 HTTP 请求的头信息，@CookieParam 来自于 HTTP 请求的 Cookie。

目前实现 REST 的框架如下所示。

（1）Restlet：出现的较早，在 JAX-RS 之前就有了，支持的框架较多，但是使用起来不够简单。

（2）CXF 是 Celtix 和 XFire 合并后的项目，支持 SOAP,WSDL,JSR-WS,REST，配置较为复杂，侵入性太强，单纯构建 RESTful Web Service 显得较重。

（3）Resteasy：是 JBoss 下面一个对 JAX-RS（JSR311）的一个实现，使用起来简单方便，支持 spring、oauth 等。

（4）Jersey：是 Sun 公司对 JAX-RS（JSR311）的一个参考实现，不过现在在逐渐地摆脱参考实现的阴影，逐渐渗透到企业应用，和 Sun 的 glassfish 和 netbeans 结合使用可以很方便地构建 RESTful Web Service。

本书选择 RestEasy 来作为 REST API 的 Java 框架。由于 JBoss 7.1 已经把 RestEasy 整合进来，因此不需要对 Jboss7.1 做任何配置。

12.6.2 RESTful Web Service 例子

（1）在 Eclipse 中创建一个“Dynamic Web Project”（动态 Web 工程），项目名设为“RESTWS_Hello”,如图 12-12 所示。

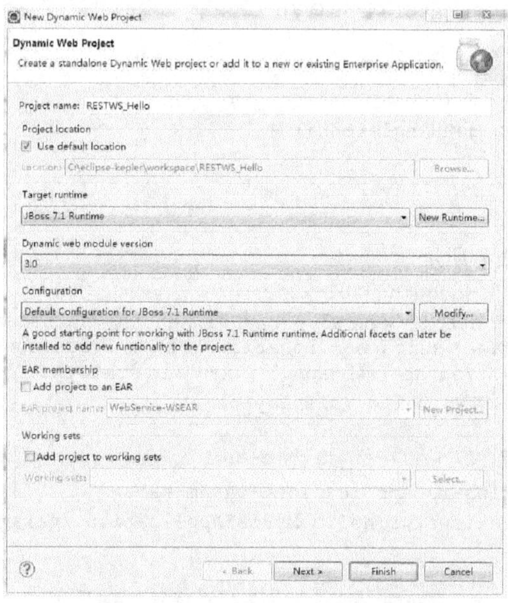

图 12-12　创建 JAX-RS 工程配置界面

然后单击下一步，直到选择结束为止。

（2）创建 HelloRESTWS 文件，其代码如下所示。

```
package javaee.restws.hello;
import javax.ws.rs.Produces;
import javax.ws.rs.GET;
import javax.ws.rs.Path;

@Path("/helloworld")    //@Path 表示开启访问这个资源的路径
public class HelloRESTWS {

@GET    //@GET 表示响应 HTTP 的 get 方法
@Produces("text/plain")    //@Produces，标注返回的 MIME 媒体类型
public String sayHello() {
return "Hello World";
}
}
```

（3）在 JBoss AS7 中，发布 RESTful Web Service 需要重新编写一个 javax.ws.rs.core.Application 的子类，本书中定义的 MyRESTApplication 的代码如下所示。

```
Package javaee.restws.hello;

import java.util.Set;
import java.util.HashSet;
import javax.ws.rs.core.Application;

public class MyRESTApplication extends Application {
private Set<Object> singletons = new HashSet<Object>();
private Set<Class<?>> empty = new HashSet<Class<?>>();

public MyRESTApplication(){
singletons.add(new HelloRESTWS());
}
@Override
public Set<Class<?>> getClasses() {
return empty;
}
@Override
public Set<Object> getSingletons() {
return singletons;
}
}
```

（4）配置 web.xml，如下所示。

```
<?xml version="1.0" encoding="UTF-8"?>
<web-app xmlns:xsi="http://www.w3.org/2001/XMLSchema-instance" xmlns="http://java.
sun.com/xml/ns/javaee" xsi:schemaLocation="http://java.sun.com/xml/ns/javaee http:
//java.sun.com/xml/ns/javaee/web-app_3_0.xsd" id="WebApp_ID" version="3.0">
  <display-name>RESTWS_Hello</display-name>

  <context-param>
 <param-name>javax.ws.rs.Application</param-name>
 <param-value>javaee.restws.hello.MyRESTApplication</param-value>
 </context-param>
 <listener>
 <listener-class>
```

```
org.jboss.resteasy.plugins.server.servlet.ResteasyBootstrap
</listener-class>
</listener>
<servlet>
<servlet-name>Resteasy</servlet-name>
<servlet-class>
org.jboss.resteasy.plugins.server.servlet.HttpServletDispatcher
</servlet-class>
</servlet>
<servlet-mapping>
<servlet-name>Resteasy</servlet-name>
<url-pattern>/*</url-pattern>
</servlet-mapping>
</web-app>
```

（5）程序部署后，运行界面截图如图 12-13 所示。

图 12-13　运行结果

12.7　小结

想要理解 Web Service，必须理解什么是 Web，什么是 Service。考虑为什么要在 Web 上建立 Service，这样做有什么好处。这样做就能理解 Web Service 存在的理由，以及它的核心思想。

目前 Java 下的 Web Service 开发主要两种方式，代表了两类 Web Service 的实现技术。哪种技术更好其实没有绝对的意义，更重要是学会在不同的环境使用不同的方法，以达到最好的效果。

习　题

1．考虑 Web Service 的优缺点，并与其他的远程调用方式（如 RPC、Corba）比较。

2．为什么要使用 HTTP 协议作为 Web Service 主要的数据传输协议？

3．简述 Web Service 的基本架构。

4．Web Service 有哪些种类？

5．使用 JAX-WS 开发 Web Service 需要哪些步骤？

6．描述 JAX-RS 开发 RESTful Web Service 的步骤。

7. 比较 Big Web Service 和 RESTful Web Service 的不同点，试着比较两者之间哪种更有前途？为什么？

8．考虑一下，Web Service 应该在哪种情形下使用？哪种情形下不适合使用？

第13章 Java EE 安全性

13.1 Java EE 安全性概述

Java EE 平台在企业级服务和电子商务领域中使用日益广泛，对于 Java EE 平台的安全性要求日益提高。为保证 Java EE 平台的安全性，应用认证技术（如身份认证和授权）是一个关键因素，很多应用系统都离不开身份认证和授权。

对于一个 Java EE 应用系统而言，企业层和 Web 层应用都是由部署到一系列容器里的组件构成的，组件以 Java EE 平台所要求的方式结合在一起形成了多层企业应用，组件的安全是由容器提供的，容器提供两种安全：声明性安全和编程性安全。

声明性安全使用配置文件或标注来表达应用组件的安全需求。配置文件是一个表达了应用系统安全结构的 XML 文档，其中包括安全规则、访问控制、认证要求等内容。用标注定义类中的安全信息，其中所包含的内容在部署到应用中时或者被应用所使用，或者被应用的配置文件所覆盖。编程性安全嵌入到应用中，用于做出安全决定。编程性安全往往用于声明性安全不能充分表达的应用的安全模式。

正确实施的安全机制可提供以下功能。

（1）阻止未被授权的对于应用功能、业务或个人数据的访问。

（2）保持系统用户对于其实施的操作负有责任。

（3）保护系统远离服务中断和其他影响服务质量的破坏。

（4）易于管理。

（5）对于系统用户透明。

（6）跨应用程序和企业边界互操作。

13.2 应用程序安全目标

Java EE 应用由包含了被保护和不被保护的资源的组件组成。经常，需要保护资源以确保有资格的用户才可以访问。授权（Authorization）提供了控制访问给受保护资源。授权基于识别和认证，识别（Identification）是由系统辨别实体的过程，认证（Authentication）是证实用户、设备和其他计算机系统中的实体身份的过程。这通常是允许访问资源的先决条件。

授权和认证对于访问不受保护资源的实体来说是不需要的，访问无需认证的资源可以参照无认证或匿名访问。

应用程序安全性有助于减少企业所面临的安全威胁，其特色包括以下几个方面。

（1）认证（Authentication）：是指通过类客户端和服务器这样的实体的交流，能够互相证明他们是代表授权访问的具体身份。这确保了用户的身份与所述相符。

（2）授权（Authorization）：或访问控制，是指与资源交互的用户和程序是有限的集合，以完整性、机密性和有效性为目的。这确保了用户被准许实施操作和访问数据。

（3）数据完整性（Data integrity）：是指数据没有被第三方或数据源之外的实体更改过。这确保了只有被认证的用户使用数据。

（4）机密性（Confidentiality）：或称数据私密，是指数据信息仅对被认证的用户有效，这确保敏感数据仅可让认证用户看到。

（5）无拒绝（Non-repudiation）：是指实施过某些动作的用户不能合理地否认做过这些。这确保了事务能够被证明发生过。

（6）服务质量（Quality of Service）：是指用各种技术为选定的网络提供更好的服务。

（7）审核（Auditing）：是指用于捕获一个安全相关事件的防篡改记录，目的是能够评价安全策略和机制的效果。为了确保这一目标，系统维护事务和安全信息的记录。

13.3 安全机制

Java EE 提供了 Java SE 安全机制和 Java EE 安全机制，它们可单独或结合使用，为 Java EE 应用系统提供了一个保护层。

13.3.1 Java SE 安全机制

Java SE 安全机制由以下 5 个部分组成。

（1）Java 认证和授权服务（Java Authentication and Authorization Service，JAAS）。

（2）Java 通用安全服务（Java Generic Security Services，Java GSS-API）。

（3）Java 加密扩展（Java Cryptography Extension，JCE）。

（4）Java 安全的套接字扩展（Java Secure Sockets Extension，JSSE）。

（5）简单认证和安全层（Simple Authentication and Security Layer，SASL）。

此外，Java SE 还提供了一套工具管理密钥库、证书和策略文件，生成和证实 JAR 签名，获得列表和管理 Kerberos 网络认证协议票证。

13.3.2 Java EE 安全机制

Java EE 安全服务由组件容器和能使用声明和编程技术实现的成分提供。Java EE 安全服务提供了一个稳固和易于配置的安全机制，在许多不同层次对用户进行身份验证、授权访问应用的功能和相关数据。Java EE 安全服务独立于操作系统安全机制。

应用层安全：Java EE 的组件容器负责提供应用层安全，为某个应用类型提供的安全服务可根据应用的需要进行调整。在应用层，用应用防火墙来增强应用保护，保护通信流和相关应用资源远离攻击。Java EE 安全性很容易实现和配置，为应用功能和数据提供细粒度的访问控制。然而，这种应用层的安全性能要依靠 JAVA 环境的支持，不能转移到其他环境中。

传输层安全：传输层安全利用传输机制提供，因此，传输层安全依赖于使用安全的套接字层（Secure Sockets Layer，SSL）的 HTTP 协议。传输安全可提供具有认证、消息完整性、机密性的点对点安全机制。服务器和客户端通过 SSL 保护会话运行时，可以相互验证并在发送或接收数据前，协商加密算法和密钥。传输层安全性在数据离开客户端，到达目的地之前一直提供保护，在到达目的地之后即告完成。

消息层安全：在消息层安全中，安全信息包含在 SOAP 消息或 SOAP 消息附件中，允许安全信息与消息和消息附件一起传递。如果将信息一部分加密，则加密部分在传输过程中，只可被预定接收者解密，因此消息层安全性，有时也称为端对端安全。

13.3.3 安全容器

Java EE 中，组件容器负责提供应用安全，基本的方式是声明性安全和编程性安全。

标注的使用使得程序员可在程序代码中直接完成声明，形成了一种"声明式的"编程风格，所以标注同时包含了声明性安全和编程性安全概念。程序员在程序代码中用标注所编写的安全信息可以在应用被部署到服务器中之后被使用。当然，标注还不能定义所有的安全信息，有些信息还必须依靠配置文件。

声明性安全能够使用配置文件表达应用组件的安全需求。由于配置文件信息是声明性的，它是可以改变的，而无需修改源代码。在运行时，服务器读取配置文件，作用于相应的应用、单元、组件等。如果没有在标注中提供而且还不是默认的，则配置文件必须提供每个组件的结构信息。

编程性安全被嵌入到应用程序编程安全中并用作安全决策。当声明性安全不足以表达一个应用程序的安全模式时，编程性安全就成为十分有用的方式。为编程性安全提供的 API 中包含 EJBContext 接口和 HttpServletRequest 接口，其中的方法允许组件根据调用者和远程用户的安全角色制定业务逻辑决策。

Java EE 中通过领地、用户、组群和角色等概念实现安全机制。

领地（Realm）是为 Web 服务器或应用服务器定义的安全策略域。一个领地包含了能否分配到某个组群的用户的集合。对于 Web 应用，领地是一个被识别为 Web 应用的有效用户和组群的完整数据库，或一个 Web 应用和由同样的身份认证策略控制的集合。

用户（User）是一个个人或者由服务器定义的应用程序身份。在 Web 应用程序中，用户可以关联一个角色集合，使得这些用户有资格访问由角色保护的资源。用户也可以关联组群。Java EE 用户与操作系统的用户有些相像，都体现为人。但是二者并不相同，Java EE 用户认证服务并不与操作系统安全机制相联，二者是不同的领地。

组群（Group）是认证的用户的集合。组群是用户的分类，将用户分为组群对于控制大量用户访问是更容易的事情。

角色（Role）是一个准许访问特定的应用系统资源集合的抽象名字，角色好比是开锁的钥匙，很多人可以有同一个钥匙的拷贝，锁不关心你是谁，只看是否是正确的钥匙。所以，可以多个用户是同一个角色。

13.4 安全认证过程

在此以一个典型应用的例子来说明安全认证过程，该应用由 Web 客户端、JSF 用户界面以及企业 Bean 组成。在这种应用中，Web 客户端依靠 Web 服务器作为它的身份验证代理。Web 服务器将从客户端收集用户的身份验证数据并使用它们来建立一个可靠的会话。

第 1 步：首次请求 Web 客户端请求主程序的 URL，如图 13-1 所示。

图 13-1 首次请求

由于客户端还没有向主程序证明自己的身份，服务器将请求传递给应用程序运行的"Web 服务器"，为请求的资源查找和引用合适的身份验证机制。

第 2 步：首次验证。

Web服务器返回了一个Web客户端用户用于整理身份验证数据的表单(例如,用户名和密码)。Web 客户端重新将身份验证数据发给 Web 服务器的验证模块，如图 13-2 所示。

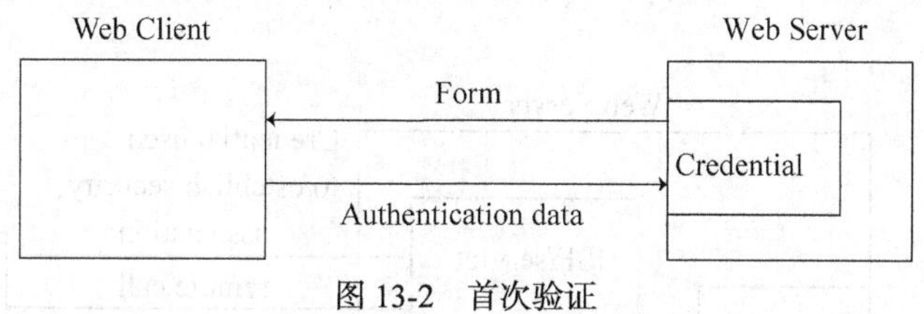

图 13-2 首次验证

验证机制可以从本地到服务器，也可以触发底层的安全服务。通过验证之后，Web 服务器将为用户设置一个证书。

第 3 步：URL 授权。

证书在以后用来判定用户是否有权访问它所请求的资源。Web 服务器依据与 Web 资源相关的安全策略（取自配置文件）来决定安全角色及其可以访问的资源。接着，Web 容器将测试用户证书的规范性，并决定它是否可以将此用户映射到这个角色，如图 13-3 所示。

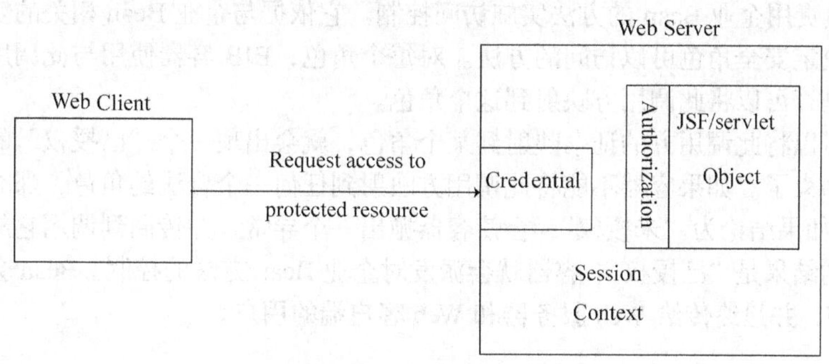

图 13-3 URL 授权

如果 Web 服务器能够将用户映射到某个角色，就会出现一个"已授权"的结论，Web 服务器的评估过程也就结束了。如果 Web 服务器不能将用户映射到任何一个合法的角色，那么出现的结论就是"未授权"。

第 4 步：响应请求。

如果用户授权成功，那么 Web 服务器就会返回之前的 URL 请求的结果，如图 13-4 所示。

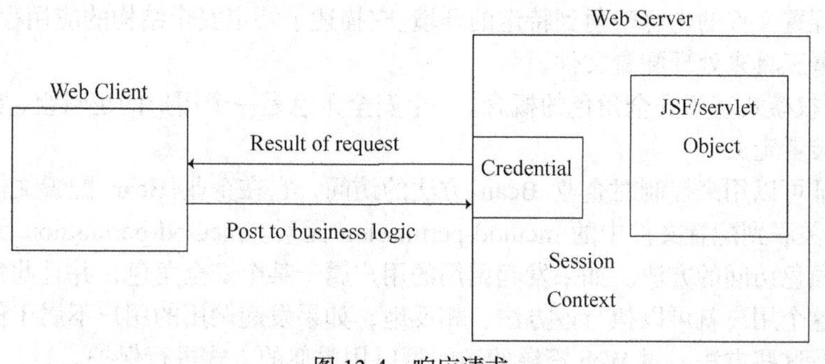

图 13-4 响应请求

在这个应用中，URL 响应返回的是一个 JSF 页面，但有可能用户提交的表单数据需要由应用程序的逻辑组件进行处理。

第 5 步：调用企业 Bean 的业务方法。

JSF 页面执行远程方法来调用企业 Bean，用户证书用来建立 JSF 页面和企业 Bean 之间的安全关联，如图 13-5 所示。这种关联被两个相关的安全上下文实现，一个在 Web 服务器中，另一个在 EJB 容器中。

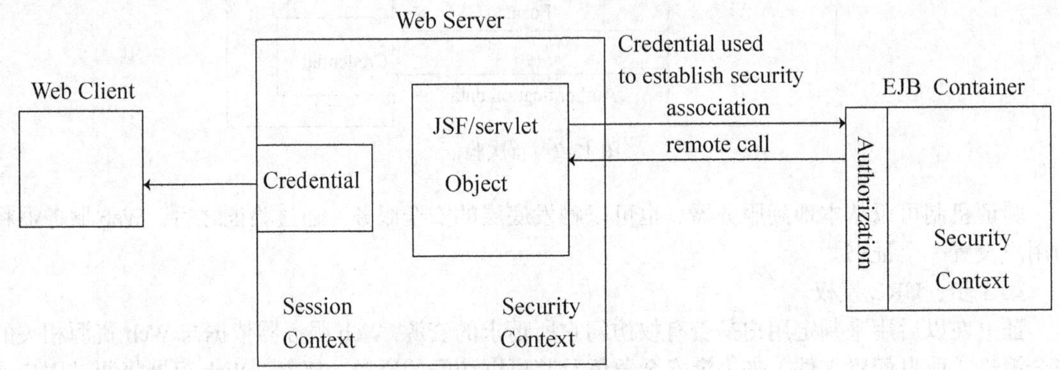

图 13-5　调用企业 Bean 的业务方法

EJB 容器负责用企业 Bean 的方法实施访问控制。它依据与企业 Bean 相关的安全策略（取自配置文件）来决定安全角色可以访问的方法。对每个角色，EJB 容器使用与此调用相关的安全上下文来决定它是否可以将此调用方映射到这个角色。

如果容器可以将此调用方的证书映射到某个角色，就会出现一个“已授权”的结论，容器的评估过程也就结束了。如果容器不能将此调用方映射到任何一个合法的角色，那么出现的结论就是“未授权”。如果结论为“未授权”，会使容器抛出一个异常，并传回到调用它的 JSF 页面。

如果调用的结果是“已授权”，容器就会派发对企业 Bean 方法的控制。Bean 会将调用的执行结果返回给 JSF，并最终传给 Web 服务器和 Web 客户端的用户。

13.5　声明式安全

声明式安全指的是用应用程序外部的形式表述一个应用程序的安全结构，包括安全角色、访问控制和验证条件。配置文件是 Java EE 平台声明式安全的主要表述方式。

配置文件是应用程序组件供应商和部署者（或组装者）之间的协议。应用级程序员可以使用它来描述与应用程序安全相关的环境标准。配置文件可以关联到多个组件。

部署者将配置文件的内容映射到特定的环境。它描述了特定安全结构的应用程序的安全策略。部署者使用部署工具来处理配置文件。

Java EE 授权模式基于安全角色的概念。一个安全角色是一个用户的逻辑组，它由应用程序组件供应商或组装者定义。

声明式验证可以用来控制对企业 Bean 方法的访问，它在企业 Bean 配置文件中指定。企业 Bean 方法可以关联到配置文件中的 method-permission 元素。method-permission 元素包含一组可以被给定安全角色访问的方法。如果发起调用的用户属于某个安全角色，并且此角色允许访问某个方法，那么这个用户就可以执行该方法。相反地，如果发起调用的用户不属于任何安全角色，那么将不能执行这些方法。对 Web 资源的访问可以用类似的方式进行保护。

安全角色可以用于 EJBContext 的 isCallerInRole 方法和 HttpServletRequest 的 isUserInRole 方法中。如果发起调用的主体属于指定的安全角色，那么这些方法就会返回 true。

1．Web 应用的声明性安全的例子

首先介绍一个在配置文件中定义认证机制的 JavaServer Faces 应用的例子。该例子的功能是当用户登录应用系统时，确认用户的身份是否允许访问资源，是一个基于表单的登录机制。

登录页面包含有让用户输入名字和密码的表单，错误页是当用户登录失败时要显示的页面。登录页面 login.html 的代码如下。

程序清单 13-1　login.xhtml

```
<html lang="en" xmlns="http://www.w3.org/1999/xhtml"
          xmlns:h="http://java.sun.com/jsf/html">
<h:head>
    <title>Login Form</title>
</h:head>
<h:body>
    <h2>Hello, please log in:</h2>
    <form method="post" action="j_security_check">
        <h:panelGrid columns="2">
            <h:outputLabel for="j_username" value="Please type your user name:"/>
            <input type="text" id="username" name="j_username" size="25"/>
            <h:outputLabel for="j_password" value="Please type your password:"/>
            <input type="password" id="password" name="j_password" size="15"/>
            <h:outputText value=" " />
            <input type="submit" name="submit" value="Submit"/>
            <input type="reset" name="reset" value="Reset"/>
        </h:panelGrid>
    </form>
</h:body>
</html>
```

程序清单 13-2　error.xhtml

```
<html lang="en" xmlns="http://www.w3.org/1999/xhtml">
<head>
    <title>Login Error</title>
</head>
<body>
    <h2>Invalid user name or password.</h2>
    <p>Please enter a user name or password that is authorized to access this
    application. For this application, this means a user that has been
    created in the <code>file</code> realm and has been assigned to the
    <em>group</em> of <code>TutorialUser</code>.</p>
    <p><a href="login.xhtml">Return to login page</a></p>
</body>
</html>
```

配置文件文件 web.xml 中与登录功能有关的代码片段如下。

配置文件 13-1　web.xml

```
<security-constraint>
    <display-name>Constraint1</display-name>
    <web-resource-collection>
        <web-resource-name>sample</web-resource-name>
        <description/>
```

```
            <url-pattern>/*</url-pattern>
        </web-resource-collection>
        <auth-constraint>
            <description/>
            <role-name>TutorialUser</role-name>
        </auth-constraint>
    </security-constraint>
    <login-config>
        <auth-method>FORM</auth-method>
        <realm-name>file</realm-name>
        <form-login-config>
            <form-login-page>/faces/login.xhtml</form-login-page>
            <form-error-page>/faces/error.xhtml</form-error-page>
        </form-login-config>
    </login-config>
    <security-role>
        <description/>
        <role-name>TutorialUser</role-name>
    </security-role>
```

在配置文件中定义安全机制，要通过“login-config”单元来说明，其中含有以下几个子单元：“auth-method”子单元配置 Web 应用的认证机制，“realm-name”子单元指明领地名，“form-login-config”子单元指定登录页面和错误页面。

从这个例子中可以看出，例子定义了一个认证方法为表单，领地类型为文件领地的认证机制。

2. 一个企业应用声明性安全的例子

下面的例子采用标注的方法，使用@DeclareRoles 标注为应用程序声明了角色，使用@RolesAllowed 标注指定了可访问的方法。

程序清单 13-3　企业应用声明性安全的例子

```
import cart.util.IdVerifier;
import java.util.ArrayList;
import java.util.List;
import javax.ejb.Remove;
import javax.ejb.Stateful;
import javax.annotation.security.DeclareRoles;
import javax.annotation.security.RolesAllowed;
@Stateful
//声明该类的相关角色集合，在这里只包含一个 TutorialUser
@DeclareRoles("TutorialUser")
public class CartBean implements Cart {
    List<String> contents;
    String customerId;
    String customerName;
    public void initialize(String person) throws BookException {
        if (person == null) {
            throw new BookException("Null person not allowed.");
        } else {
            customerName = person;
        }
        customerId = "0";
        contents = new ArrayList<String>();
    }
    public void initialize(String person, String id) throws BookException {
```

```
        if (person == null) {
            throw new BookException("Null person not allowed.");
        } else {
            customerName = person;
        }
        IdVerifier idChecker = new IdVerifier();
        if (idChecker.validate(id)) {
            customerId = id;
        } else {
            throw new BookException("Invalid id: " + id);
        }
        contents = new ArrayList<String>();
    }
    //说明可以被访问该方法的角色集合，在这里只包含一个 TutorialUser
    @RolesAllowed("TutorialUser")
    public void addBook(String title) {
        contents.add(title);
    }
    @RolesAllowed("TutorialUser")
    public void removeBook(String title) throws BookException {
        boolean result = contents.remove(title);
        if (result == false) {
            throw new BookException("\"" + title + "\" not in cart.");
        }
    }
    @RolesAllowed("TutorialUser")
    public List<String> getContents() {
        return contents;
    }
    @Remove()
    @RolesAllowed("TutorialUser")
    public void remove() {
        contents = null;
    }
}
```

13.6　编程式安全

编程式安全指的是安全决策由应用程序制定。当声明式安全不足以表述应用程序的安全模式时，附加编程式安全可以解决这一问题。

实现编程式安全的 API 由 EJBContext 接口的两个方法和 HttpServletRequest 接口的两个方法组成。

```
isCallerInRole (EJBContext)
getCallerPrincipal (EJBContext)
isUserInRole (HttpServletRequest)
getUserPrincipal (HttpServletRequest)
```

这些方法允许组件制定基于调用方或远程用户的安全角色的业务逻辑决策。

1．一个编程性 Web 应用安全的例子

程序清单 13-4 是一个用 Servlet 程序实现用户身份认证的例子，用于说明 login 和 logout 方法的用法。

程序清单 13-4 TutorialServlet.java

```
package test;
import java.io.IOException;
import java.io.PrintWriter;
import java.math.BigDecimal;
import javax.ejb.EJB;
import javax.servlet.ServletException;
import javax.servlet.annotation.WebServlet;
import javax.servlet.http.HttpServlet;
import javax.servlet.http.HttpServletRequest;
import javax.servlet.http.HttpServletResponse;
@WebServlet(name="TutorialServlet", urlPatterns={"/TutorialServlet"})
public class TutorialServlet extends HttpServlet {
    @EJB
    private ConverterBean converterBean;
    protected void processRequest(HttpServletRequest request,
                HttpServletResponse response)
                throws ServletException, IOException {
        response.setContentType("text/html;charset=UTF-8");
        PrintWriter out = response.getWriter();
        try {
            out.println("<html>");
            out.println("<head>");
            out.println("<title>Servlet TutorialServlet</title>");
            out.println("</head>");
            out.println("<body>");
            //要求验证用户的身份和角色
            request.login("TutorialUser", "TutorialUser");
            BigDecimal result =
                converterBean.dollarToYen(new BigDecimal("1.0"));
            out.println("<h1>Servlet TutorialServlet result of dollarToYen= "
                + result + "</h1>");
            out.println("</body>");
            out.println("</html>");
        } catch (Exception e) {
            throw new ServletException(e);
        } finally {
            //清除用户身份
            request.logout();
            out.close();
        }
    }
}
```

这个程序实现用户身份认证功能是使用了 HttpServletRequest 接口的 login 方法完成的，这个方法利用 Web 容器登录机制验证所提供的用户名和密码。另外程序中还调用了 logout 方法，这个方法也是 HttpServletRequest 接口的方法，这允许应用程序重置 Request 请求呼叫者的身份。

2. 一个编程性企业应用安全的例子

下面的例子实现了限制 Bean 的用户为具有“TutorialUser”角色的功能。如果用户是具有“TutorialUser”角色的，则正常输出结果，否则将输出“0.0”。

程序清单 13-5 ConverterBean.java

```
package converter.ejb;
import java.math.BigDecimal;
import javax.ejb.Stateless;
import java.security.Principal;
import javax.annotation.Resource;
import javax.ejb.SessionContext;
import javax.annotation.security.DeclareRoles;
import javax.annotation.security.RolesAllowed;
@Stateless()
//声明该类的相关角色集合，在这里只包含一个 TutorialUser
@DeclareRoles("TutorialUser")
public class ConverterBean{
    @Resource
     SessionContext ctx;
    private BigDecimal yenRate = new BigDecimal("89.5094");
    private BigDecimal euroRate = new BigDecimal("0.0081");
    //说明可以被访问该方法的角色集合，在这里只包含一个 TutorialUser
    @RolesAllowed("TutorialUser")
    public BigDecimal dollarToYen(BigDecimal dollars) {
        BigDecimal result = new BigDecimal("0.0");
        //取得安全上下文
        Principal callerPrincipal = ctx.getCallerPrincipal();
        //验证用户的身份是否为 TutorialUser
        if (ctx.isCallerInRole("TutorialUser")) {
            result = dollars.multiply(yenRate);
            return result.setScale(2, BigDecimal.ROUND_UP);
        } else {
            return result.setScale(2, BigDecimal.ROUND_UP);
        }
    }
    @RolesAllowed("TutorialUser")
        public BigDecimal yenToEuro(BigDecimal yen) {
        BigDecimal result = new BigDecimal("0.0");
        Principal callerPrincipal = ctx.getCallerPrincipal();
        if (ctx.isCallerInRole("TutorialUser")) {
            result = yen.multiply(euroRate);
            return result.setScale(2, BigDecimal.ROUND_UP);
        } else {
            return result.setScale(2, BigDecimal.ROUND_UP);
        }
    }
}
```

客户端 ConverterServlet.java 如下。

程序清单 13-6 ConverterServlet.java

```
package converter.web;
import java.io.IOException;
import java.io.PrintWriter;
import java.math.BigDecimal;
import javax.ejb.EJB;
import javax.servlet.annotation.WebServlet;
```

```
import javax.servlet.ServletException;
import javax.servlet.http.HttpServlet;
import javax.servlet.http.HttpServletRequest;
import javax.servlet.http.HttpServletResponse;
import converter.ejb.ConverterBean;
@WebServlet(name = "ConverterServlet", urlPatterns = {"/"})
//说明安全约束，TransportGuarantee.CONFIDENTIAL 表示通讯是加密的，
//rolesAllowed = {"TutorialUser"}表示此 Servlet 只允许角色为 TutorialUser 的用户访问
@ServletSecurity(
@HttpConstraint(transportGuarantee = TransportGuarantee.CONFIDENTIAL,
rolesAllowed = {"TutorialUser"} ) )
public class ConverterServlet extends HttpServlet {
   @EJB
   ConverterBean converter;
   protected void processRequest(
      HttpServletRequest request,
      HttpServletResponse response) throws ServletException, IOException {
      response.setContentType("text/html;charset=UTF-8");
      PrintWriter out = response.getWriter();
      //输出结果
      out.println("<html>");
      out.println("<head>");
      out.println("<title>Servlet ConverterServlet</title>");
      out.println("</head>");
      out.println("<body>");
      out.println(
            "<h1>Servlet ConverterServlet at " + request.getContextPath()
            + "</h1>");
      try {
        String amount = request.getParameter("amount");
        if ((amount != null) && (amount.length() > 0)) {
            BigDecimal d = new BigDecimal(amount);
            BigDecimal yenAmount = converter.dollarToYen(d);
            BigDecimal euroAmount = converter.yenToEuro(yenAmount);
            out.println(
                  "<p>" + amount + " dollars are "
                  + yenAmount.toPlainString() + " yen.</p>");
            out.println(
                  "<p>" + yenAmount.toPlainString() + " yen are "
                  + euroAmount.toPlainString() + " Euro.</p>");
        } else {
            out.println("<p>Enter a dollar amount to convert:</p>");
            out.println("<form method=\"get\">");
            out.println(
                  "<p>$ <input type=\"text\" name=\"amount\" size=\"25\"></p>");
            out.println("<br/>");
            out.println(
                  "<input type=\"submit\" value=\"Submit\">"
                  + "<input type=\"reset\" value=\"Reset\">");
            out.println("</form>");
        }
      }
      finally {
        out.println("</body>");
        out.println("</html>");
```

```
            out.close();
        }
    }
    @Override
    protected void doGet(
        HttpServletRequest request,
        HttpServletResponse response) throws ServletException, IOException {
        processRequest(request, response);
    }
    @Override
    protected void doPost(
        HttpServletRequest request,
        HttpServletResponse response) throws ServletException, IOException {
        processRequest(request, response);
    }
    @Override
    public String getServletInfo() {
        return "Short description";
    }
}
```

这样，就实现了编程性安全。

13.7 小结

本章介绍了 Java EE 框架如何实现安全认证。Java EE 定义了领域、用户、角色等概念来实现安全认证与授权，可支持声明式的安全管理和编程式的安全管理，并且对 Web 应用和企业应用都可以提供全面细致的支持，使得开发人员可以容易地基于这些支持实现应用的安全需求。

习　题

1. Java EE 利用哪些概念实现安全管理，它们之间的关系是怎样的？
2. 编写一个应用，包含声明式的 Web 安全认证以及编程式安全的企业 Bean。

第 14 章 SSH 框架开发

14.1 SSH 概述

SSH 为 Struts+Spring+Hibernate 的一个集成框架，是目前较流行的一种 Web 应用程序开源框架，用于构建灵活、易于扩展的多层 Web 应用程序。集成 SSH 框架的系统从职责上分为 4 层：表示层、业务逻辑层、数据持久层和域模块层（实体层）。

Struts 作为系统的整体基础架构，负责 MVC 的分离，在 Struts 框架的模型部分，控制业务跳转，利用 Hibernate 框架对持久层提供支持。Spring 一方面作为一个轻量级的 IoC 容器，负责查找、定位、创建和管理对象及对象之间的依赖关系，另一方面能使 Struts 和 Hibernate 更好地工作。

由 SSH 构建系统的基本业务流程如下。

（1）在表示层中，首先通过 JSP 页面实现交互界面，负责传送请求（Request）和接收响应（Response），然后 Struts 根据配置文件（struts-config.xml）将 ActionServlet 接收到的 Request 委派给相应的 Action 处理。

（2）在业务层中，管理服务组件的 Spring IoC 容器负责向 Action 提供业务模型（Model）组件和该组件的协作对象数据处理（DAO）组件，完成业务逻辑，并提供事务处理、缓冲池等容器组件以提升系统性能和保证数据的完整性。

（3）在持久层中，则依赖于 Hibernate 的对象化映射和数据库交互，处理 DAO 组件请求的数据，并返回处理结果。

采用上述开发模型，不仅实现了视图、控制器与模型的彻底分离，而且还实现了业务逻辑层与持久层的分离。这样无论前端如何变化，模型层只需很少的改动，并且数据库的变化也不会对前端有所影响，大大提高了系统的可复用性。而且由于不同层之间耦合度小，有利于团队成员并行工作，大大提高了开发效率。

14.2 Struts2

下载 Struts2 的网址是 http://struts.apache.org/downloads.html，在该网页上提供了 Struts2 库文件、文档及源码的下载。该网页的截图如图 14-1 所示。

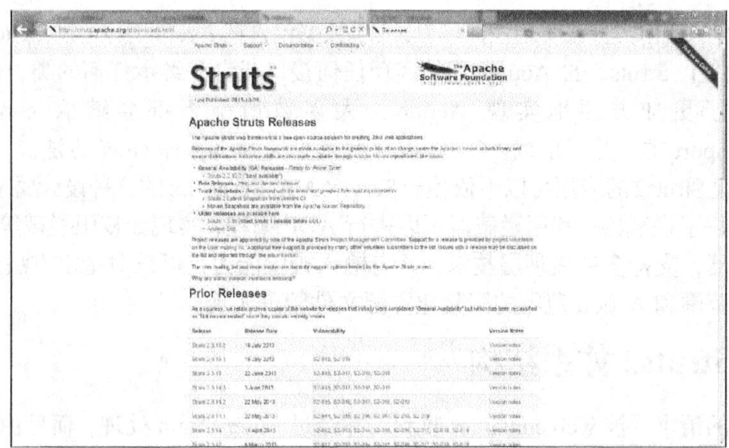

图 14-1　Struts2 下载页面

当前 Struts2 已发布了 Struts 2.3.15.3 版本，该版本是目前最好的可用版本，因此本书选择使用该版本的 Struts。

在页面上选择下载 Struts-2.3.15.3-all.zip 压缩包，下载之后进行解压缩，解压后的文件夹是一个典型的 Web 结构，该文件夹包含如下文件结构。

apps：该文件夹下包含了基于 Struts 2 的示例应用，这些示例应用对于学习者是非常有用的资料。

docs：该文件夹下包含了 Struts 2 的相关文档，包括 Struts 2 的快速入门、Struts 2 的文档，以及 API 文档等内容。

lib：该文件夹下包含了 Struts 2 框架的核心类库，以及 Struts 2 的第三方插件类库。

src：该文件夹下包含了 Struts 2 框架的全部源代码。

然后将 lib 文件夹下的 Struts2-core-2.0.6.jar、xwork-2.0.1.jar 和 ognl-2.6.11.jar 等必需类库复制到 Web 应用的 WEB-INF/lib 路径下。如果 Web 应用需要使用 Struts 2 的更多特性，则需要将更多的 JAR 文件复制到 Web 应用的 WEB-INF/lib 路径下。

最后编辑 Web 应用的 web.xml 配置文件，配置 Struts 2 的核心 Filter 以启动 Struts2。具体配置方式是在 web.xml 的<web-app>与</ web-app>元素之间添加如下代码。

配置文件 14-1　\WEB-INF\web.xml

```
<filter>
    <filter-name>struts2</filter-name>
    <filter-class>org.apache.struts2.dispatcher.ng.filter.StrutsPrepareAndExecuteFilter
</filter-class>
</filter>
<filter-mapping>
    <filter-name>struts2</filter-name>
    <url-pattern>/*</url-pattern>
</filter-mapping>
```

经过上述步骤就完成了 Struts2 的安装和开发运行环境的配置，之后就能进入 Struts 的开发过程。

14.2.1　Struts2 概念

Struts2 是实现 MVC 模式的 Web 层框架。基于 WebWork 核心，并具有 Struts1 的一些优点，结合两者的优势，使其稳定性等各方面性能都有了很好的保证。其主要实现的是控制器部分的功能，可以和多种页面技术（完成视图功能）配合使用。

Struts2 无须继承任何类型或实现任何接口，表单数据包含在 Action 中，通过 Getter 和 Setter 获取。

虽然，在理论上 Struts2 的 Action 无须实现任何接口或者是继承任何的类，但是，在实际编程过程中，为了更加方便地实现 Action，大多数情况下都会继承 com.opensymphony.xwork2.ActionSupport 类，并且重载（Override）此类里的 String execute()方法。

在软件设计上 Struts2 的应用可以不依赖于 Servlet API。Struts 2.x 的这种设计属于无侵入式设计。

Struts 2.x 提供了拦截器，利用拦截器可以进行 AOP 编程，实现如权限拦截等功能。Struts 2.x 提供了类型转换器，支持多种表现层技术，具有输入校验能力，可以对指定方法进行校验，提供了全局范围、包范围和 Action 范围的国际化资源文件管理实现。

14.2.2　Struts2 体系结构

来自客户端的请求，被 web container 收到，并经过 Filter Chain 处理，而后由 FilterDispatcher 过滤器根据 ActionMapper 来决定调用具体的 Action。当 ActionMapper 找到相应的 Action，FilterDispatcher 过滤器首先触发 ActionProxy，ActionProxy 读取配置文件 struts.xml，并创建一个 ActionInvocation 的实例，ActionInvocation 负责 Command 模式的实现。它按顺序触发 Interceptors，并最终调用 Action。一旦获取 Action 的返回值，ActionInvocation 将在 struts.xml 中找到对应的 action result code，然后 Interceptors 将按相反的顺序再次执行，Response 穿过 Filter Chain，最终返回到相应的客户端。

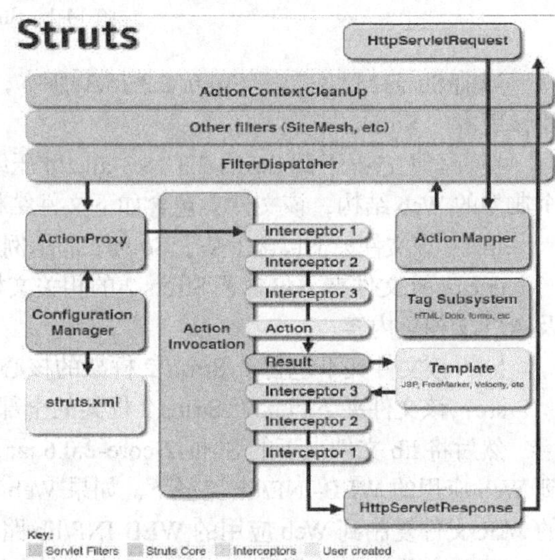

图 14-2　Struts2 体系结构图

Struts2 控制器可以分为核心控制器与业务控制器。Struts2 的核心控制器是 org.apache.struts2.dispatcher.ng.filter.StrutsPrepareAndExecuteFilter，业务控制器是 Action。其中，核心控制器在 Web 应用中负责拦截所有的用户请求。

Struts2 的核心控制器（Controller）是一个过滤器，所有的请求都需要经过该过滤器。当 StrutsPrepareAndExecuteFilter 接收到一个请求后，会根据相关的配置信息查找服务于该请求的 interceptors、action 类，并自动创建它们的实例及调用它的方法服务于请求，它还会根据 interceptors 或 action 的执行结果来调用视图层组件 Result 来生成响应。StrutsPrepareAndExecuteFilter 过滤器必在应用的 web.xml 中部署，并配置为过滤所有的请求。

14.2.3　Struts2 的配置文件

1. web.xml 文件

在 Struts2 中，Struts 框架是通过 Filter 启动的。需要在 web.xml 中进行相关配置来启动 Struts，具体配置方式是在 web.xml 的<web-app>与</ web-app>元素之间添加如下代码。

配置文件 14-2　\WEB-INF\web.xml

```
<filter>
   <filter-name>struts2</filter-name>
   <filter-class>
org.apache.struts2.dispatcher.ng.filter.StrutsPrepareAndExecuteFilter
</filter-class>
```

```
</filter>
<filter-mapping>
   <filter-name>struts2</filter-name>
   <url-pattern>/*</url-pattern>
</filter-mapping>
```

2. struts.xml 文件

Struts2 默认的配置文件为 struts.xml，FilterDispatcher 过滤器在初始化时将会在 WEB-INF/classes 下寻找该文件，该文件的一个配置实例如下。

配置文件 14-3　\WEB-INF\classes\struts.xml

```
<?xml version="1.0" encoding="UTF-8"?>
<!DOCTYPE struts PUBLIC
   "-//Apache Software Foundation//DTD Struts Configuration 2.0//EN"
   "http://struts.apache.org/dtds/struts-2.0.dtd">
<struts>
  <package name="javaee.struts" extends="struts-default">
      <action name="login" class="javaee.struts.LoginAction">
          <result name="success">/success.jsp</result>
          <result name="failed">/failed.jsp</result>
      </action>
  </package>
</struts>
```

3. struts.properties 配置文件

struts.properties 定义了 Struts2 框架的大量属性，开发者可以通过改变这些属性来满足应用的需求。该文件是一个标准的 Properties 文件，包含了一系列的 key-value 对象，每个 key 就是一个 Struts2 属性，key 对应的 value 就是一个 Struts2 属性值。

struts.properties 文件通常放在 Web 应用的 WEB-INF/classes 路径下。实际上，只要将该文件放在 Web 应用的 CLASSPATH 路径下，Struts2 框架就可以加载该文件。

14.2.4 Action 类文件

Action 类是 Struts2 中控制器的一个组成部分，它是业务控制器，负责处理单个特定请求。Action 是一个普通类，无须实现任何接口或者是继承任何的类，但是，在实际编程过程中，为了更加方便地实现 Action，大多数情况下都会继承 com.opensymphony.xwork2.ActionSupport 类，并且重载此类里的 execute()方法。该方法会被自动调用，用于处理用户请求，返回类型为 String。

在 Action 中接收请求参数不需要使用 request 对象，只需要在 Action 中定义与请求参数相同名称的属性，并定义公共属性的 setter 和 getter 方法，Struts 框架会自动将请求参数解析出来并为 Action 属性赋值。

程序清单 14-1　LoginAction.java

```
/*一个简单的 Action 类的定义*/
package javaee.struts;
import com.opensymphony.xwork2.ActionSupport;
public class LoginAction extends ActionSupport
{   private String username;//用户名
    private String password;//密码

    public String getUsername() { return username;}
```

```
    public void setUsername(String username) { this.username = username;}
    public String getPassword() { return password;}
    public void setPassword(String password) { this.password = password;}
//Action类的处理函数
    public String execute() throws Exception{
        System.out.println("username is " + username + "\t password is " + password);
        if(username.equals("admin") && password.equals("123456"))
        {
            return "success";
        }

        else
        {
            System.out.println("用户名或密码错误，登录失败");
            return "failed";
        }
    }
}
```

完成 Action 的定义之后，要想使用 Action 类还必须在 struts.xml 文件中对其进行相关配置。其具体配置如下所示。

配置文件 14-4　WEB-INF\classes\struts.xml

```
<?xml version="1.0" encoding="UTF-8"?>
<!DOCTYPE struts PUBLIC
    "-//Apache Software Foundation//DTD Struts Configuration 2.0//EN"
    "http://struts.apache.org/dtds/struts-2.0.dtd">
<struts>
    <package name="javaee.struts" extends="struts-default">
        <action name="login" class="javaee.struts.LoginAction">
            <result name="success">/success.jsp</result>
            <result name="failed">/failed.jsp</result>
        </action>
    </package>
</struts>
```

package 标签：描述 Action 所在的包。

action 标签：所有的 Action 都必须通过 action 标签配置。

-name 属性：访问 Action 的逻辑名称。

-class:属性　Action 类的全限定名。

-result 标签：定义跳转路径，execute()方法的返回值在此定义。默认情况下为转发，如果是重定向，必须按照 <result **type="redirect"** name="xx">/xx.jsp</result>的格式书写。

14.2.5　Struts2 校验框架

1. 手工编写代码实现输入校验

在 Action 类中通过重写 validate()或 validateXxx()方法可以实现输入校验。Struts2 会按照如下的过程完成输入校验工作。

（1）类型转换器对请求参数执行类型转换，并把转换后的值赋给 Action 中的属性。

（2）如果在执行类型转换的过程中出现异常，系统会将异常信息保存到 ActionContext，conversionError 拦截器将异常信息封装到 fieldErrors 里，然后执行第（3）步。如果类型转换没有出现异常，则直接进入第（3）步。

（3）系统通过反射技术调用 Action 中的 validateXxx()方法，Xxx 为方法名。

（4）调用 Action 中的 validate()方法。

（5）经过上面 4 步，如果系统中的 fieldErrors 存在错误信息（即存放错误信息的集合的 size 大于 0），系统自动将请求转发至名称为 input 的视图中。如果系统中的 fieldErrors 没有任何错误信息，系统将执行 Action 中的处理方法。

validate()方法会校验 Action 中所有与 execute 方法签名相同的方法。 validateXxx()只会校验 Action 中方法名为 Xxx 的方法。其中 Xxx 的第一个字母要大写。当某个数据校验失败时，我们应该调用 addFieldError()方法向系统的 fieldErrors 添加校验失败信息（为了使用 addFieldError()方法，Action 可以继承 ActionSupport）。如果系统的 fieldErrors 包含失败信息，Struts2 会将请求转发到名为 input 的 result。在 input 视图中可以通过<s:fielderror/>显示失败信息。14.1.4 小节中 LoginAction 类的校验代码部分如程序清单 14-2 所示，校验相关的配置如配置文件 14-5 所示。

程序清单 14-2　LoginAction.java 中的校验代码

```
@Override
public void validate() {
  if(username==null && "".equals(username.trim()))
this.addFieldError("username", "用户名不能为空");
   if(password==null && "".equals(password.trim()))
this.addFieldError("password ", "密码不能为空");
}
//validateXxx()方法使用例子：
public String guestLogin() throws Exception{
   return "guestUser";
}
public void validateGuestLogin (){
  if(username==null && "".equals(username.trim()))
     this.addFieldError("username", "用户名不能为空");
}
```

配置文件 14-5　WEB-INF\classes\struts.xml

```
<?xml version="1.0" encoding="UTF-8"?>
<!DOCTYPE struts PUBLIC "-//Apache Software Foundation//DTD Struts Configuration 2.0//EN"
    "http://struts.apache.org/dtds/struts-2.0.dtd">
<struts>
   <package name="javaee.struts" extends="struts-default">
        <action name="login" class="javaee.struts.LoginAction">
              <result name="success">/success.jsp</result>
        <result name="failed">/failed.jsp</result>
        <!--配置当遇到校验错误时跳转到的页面 inputErro.jsp -->
        <!--在 inputErro.jsp 页面中使用<s:fielderror/>显示失败信息。-->
        <result name="input">/inputErro.jsp</result>
        </action>
   </package>
</struts>
```

2. 基于 XML 配置方式实现输入校验

Struts2 还支持通过配置校验描述文件的方式来自动完成输入校验。采用这种方式时，Action 类需要继承 ActionSupport，并且需要提供校验描述文件。校验描述文件是一个基于 XML 的配置文件，具体格式如配置文件 14-6 所示。该文件需要和 Action 类放在同一个包下，文件的取名应遵守 ActionClassName-validation.xml 的样式规则，其中 ActionClassName 为 Action 的简单类名，-validation 为固定写法。例如 Action 类为 javaee.struts.LoginAction，那么该文件的取名应为：LoginAction-validation.xml，并且与 LoginAction.java 文件在同一目录下。

配置文件 14-6　LoginAction-validation.xml

```
<!-- LoginAction类的基于XML的校验描述文件-->
<?xml version="1.0" encoding="UTF-8"?>
<!DOCTYPE validators PUBLIC "-//OpenSymphony Group//XWork Validator 1.0//EN"
 "http://www.opensymphony.com/xwork/xwork-validator-1.0.dtd">
<validators>
   <field name="username">
      <field-validator type="requiredstring">
         <param name="trim">true</param>
         <message>用户名不能为空!</message>
      </field-validator>
   </field>
</validators>
```

在这个校验文件中，对 Action 中字符串类型的 username 属性进行验证，首先要求调用 trim()方法去掉空格，然后判断用户名是否为空。

<field>指定 Action 中要校验的属性，<field-validator>指定校验器，<message>为校验失败后的提示信息，如果需要国际化，可以为 message 指定 key 属性，key 的值为属性文件中的 key。

上面指定的校验器 requiredstring 是由系统提供的，系统提供了能满足大部分验证需求的校验器，这些校验器的定义可以在 xwork-2.x.jar 中的 com.opensymphony.xwork2.validator.validators 下的 default.xml 中找到。

当校验文件的取名为 ActionClassName-validation.xml 时，会对 Action 中的所有处理方法实施输入验证。如果你只需要对 Action 中的某个处理方法实施验证，那么，校验文件的取名应为:ActionClassName-ActionName-validation.xml,其中 ActionName 为 struts.xml 中为 Action 配置的名称。例如：在实际应用中，常有以下配置。

```
<action name="userManage_*" class="javaee.struts.UserManageAction" method="{1}">
   <result name="success">/WEB-INF/page/message.jsp</result>
   <result name="input">/WEB-INF/page/addUser.jsp</result>
</action>
```

UserAction 中有以下两个处理方法。

```
public String addUser () throws Exception{
   ....
}
public String updateUser () throws Exception{
   ....
}
```

要对 addUser()方法实施验证，校验文件的取名为：

UserManageAction-userManage_addUser-validation.xml

要对 updateUser()方法实施验证，校验文件的取名为：

UserManageAction-userManage_updateUser-validation.xml

当为某个 Action 提供了 ActionClassName-validation.xml 和 ActionClassName-ActionName-validation.xml 两种规则的校验文件时，系统按下面顺序寻找校验文件。

① AconClassName-validation.xml。

② ActionClassName-ActionName-validation.xml。

系统寻找到第一个校验文件时还会继续搜索后面的校验文件，当搜索到所有校验文件时，会把校验文件里的所有校验规则汇总，然后全部应用于处理方法的校验。如果两个校验文件中指定的校验规则冲突，则只使用后面文件中的校验规则。

当 Action 继承了另一个 Action，父类 Action 的校验文件会先被搜索到。假设 UserAction 继承 BaseAction， UserAction 在 struts.xml 的配置如下。

```
<action name="user" class="javaee.struts.UserAction">
    .....
</action>
```

访问上面名为 user 的 Action，系统先搜索到 BaseAction-validation.xml、BaseAction-user-validation.xml，接着搜索到 UserAction-validation.xml、UserAction-user-validation.xml。校验规则是这 4 个文件的总和。

14.2.6 Struts2 拦截器

截拦器是 Struts2 中最重要的概念之一，Struts 中有 80%的功能都通过截拦器实现。截拦器是 AOP 的一种实现，底层通过动态代理模式完成。截拦器能够提供更高层次的解耦，无须改动框架本身便可以添加新的功能。

将一些功能放到截拦器，可以降低 Action 的复杂性，提高重用性。截拦器的典型使用包括：封装请求参数、文件上传、异常处理等。

1. 拦截器的定义

截拦器是一个继承自 AbstractInterceptor 抽象类或实现 Interceptor 接口的类，可以重写的方法包括以下 3 个。

（1）public void init():执行初始化动作。

（2）public void destroy():执行销毁动作。

（3）String intercept(ActionInvocation invocation):执行截拦动作。参数 invocation：包含了 Action 的引用，invocation.invoke()方法用于将控制权转给下一个截拦器或者调用 Action 的 execute()方法。返回值为逻辑视图，通过 intercept 的返回值，可以改变请求的流程控制。一般来说，invocation.invoke()方法总是要调用的。

AbstractInterceptor 为 init 和 destroy 方法提供了默认实现，intercept 方法则需要用户实现。典型的拦截器定义的例子如下代码段所示。

```
public class FirstInterceptor extends AbstractInterceptor {
    @Override
    public String intercept(ActionInvocation invocation) throws Exception {
        System.out.println("Action:"+
        invocation.getAction().getClass().getName());
        return invocation.invoke();
    }
}
```

2. 拦截器的配置

拦截器被定义之后还必须在 struts.xml 文件中进行配置，才能够被框架所使用。配置包含两个步骤，首先要在<interceptors></interceptors>标签中定义拦截器，然后再将定义好的拦截器添加到对应的 Action 中。具体配置方法如配置文件 14-7 所示。

配置文件 14-7　WEB-INF\classes\struts.xml

```
<?xml version="1.0" encoding="UTF-8"?>
<!DOCTYPE struts PUBLIC
```

```
    "-//Apache Software Foundation//DTD Struts Configuration 2.0//EN"
    "http://struts.apache.org/dtds/struts-2.0.dtd">
<struts>
  <package name="javaee.struts" extends="struts-default">
      <interceptors>
      <interceptor name="first" class="com.aptech.interceptors.FirstInterceptor">
      </interceptor>
      <interceptor name="second" class="com.aptech.interceptors.SecondInterceptor">
      </interceptor>
      </interceptors>

      <action name="login" class="javaee.struts.LoginAction">
          <result name="success">/success.jsp</result>
      <result name="failed">/failed.jsp</result>
      <result name="input">/inputErro.jsp</result>
      <interceptor-ref name="first"></interceptor-ref>
      <interceptor-ref name="second"></interceptor-ref>
      <interceptor-ref name="defaultStack"></interceptor-ref>
      </action>
  </package>
</struts>
```

如果没有为 Action 指定截拦器，则使用 defaultStack 作为默认截拦器。默认拦截器提供了请求参数封装、文件上传、类型转换异常处理等功能。一旦为 Action 指定了截拦器，则默认截拦器不再起作用，必须显示指定默认截拦器。

如果 Action 配置了多个截拦器，截拦器的执行顺序与配置顺序相同。

使用 interceptor-stack 将多个拦截器组合成一个拦截器栈，拦截器栈的使用与普通拦截器相同。定义和使用拦截器栈的代码段如下所示。

```
<!--定义拦截器栈 -->
<interceptor-stack name="mystack">
<interceptor-ref name="first"></interceptor-ref>
<interceptor-ref name="second"></interceptor-ref>
<interceptor-ref name="defaultStack"></interceptor-ref>
</interceptor-stack>

<!--使用拦截器栈 -->
<action name="login" class="javaee.struts.LoginAction">
<interceptor-ref name="mystack"></interceptor-ref>
</action>
```

14.2.7 Struts2 转换器

当用户提交了某个请求之后，需要把用户请求的信息收集起来，并传给控制器组件。但由于请求的参数都是字符串，而 Java 本身属于强类型的语言，这样就需要把字符串转换成其他类型。Struts2 提供了基于 OGNL 表达式的转换器，只要把 HTML 输入项（表单元素和其他 GET/POET 的参数）命名为合法的 OGNL 表达式，就可以充分利用 Struts2 的转换机制。

除此之外，Struts2 提供了很好的扩展性，开发者可以非常简单地开发自己的类型转换器，完成字符串和自定义复合类型之间的转换。总之，Struts2 的类型转换器提供了非常强大的表现层数据处理机制，开发者可以利用 Struts2 的类型转换机制来完成任意的类型转换。

1. 内置转换器

对于常见的数据类型，Struts2 自身提供了内置转换器，这些类型包括以下几类。

（1）预定义类型，例如 int、boolean、double 等。

（2）日期类型，使用当前区域（Locale）的短格式转换，即 DateFormat.getInstance（DateFormat.SHORT）。

（3）集合（Collection）类型，将 request.getParameterValues(String arg)返回的字符串数据与 java.util.Collection 转换。

（4）集合（Set）类型，与 List 的转换相似，去掉相同的值。

（5）数组（Array）类型，将字符串数组的每一个元素转换成特定的类型，并组成一个数组。

2. 自定义类型转换器的定义

要创建一个自定义的类型转换器，需要实现 ognl.TypeConverter 接口，该接口中只有一个方法。

```
public Object convertValue(Map context,Object target, Member member, String propertyName, Object value, Class toType)
```

该方法比较复杂，所以在 OGNL 中还提供了一个工具类 ognl.DefaultTypeConverter，该类实现了 TypeConverter 接口，并提供了一个简化的 converValue()方法，如下所示。

```
public Object convertValue(Map context, Object target,Class toType)
```

参数 context 是表示 OGNL 上下文的 Map 对象，target 是需要转换的对象，toType 是要转换的目标类型。使用者只需继承 DefaultTypeConverter 实现类并重写 convertValue 方法即可实现满足自己需求的转换器。

在 Struts2 中为了进一步简化类型转换器的实现，Struts2 提供了一个 StrutsTypeConverter 抽象类，这个抽象类是 DefaultTypeConverter 的子类。它提供了两个抽象的方法用于字符串和其他类型的相互转换。

```
public Object convertFromString(Map context, String[] values, Class toClass)
```

将一个或多个字符串值转换为指定的类型。参数 context 是表示 Action 上下文的 Map 对象，参数 values 是要转换的字符串值，参数 toClass 是要转换的目标类型。

```
public String convertToString(Map context, Object obj)
```

将指定的对象转换为字符串。参数 context 是表示 Action 上下文的 Map 对象。参数 obj 是要转换的对象。

3. 自定义类型转换器的配置

定义了自定义类型转换器之后，还需要对其进行相应的配置，使其能够被注册到 Web 应用中，这样 Struts2 框架才可以正常使用该类型转换器。在 Struts2 中提供了两种方式来配置转换器，一种是应用于全局范围的全局类型转换器， 另一种是应用于特定类的局部类型转换器。

（1）全局转换器

全局转换器是对某个类指定相应的类型转换器，该转换器对所有 Action 的该类型的属性都会生效。全局转换器的配置在 xwork-conversion.properties 文件中进行，该文件通常是在 WEB-INF/classes 目录下。需要在文件中添加需转换的类型与类型转换器类之间的对应关系："类型名＝类型转换器类全名"，例如我们为 java.util.Date 类型定义了一个名为 DateTypeConverter 的转换器，该转换器放在 javaee.struts.converter 包中，那么我们就需要在 xwork-conversion.properties 文件中添加如下内容。

```
java.Util.Date=javaee.struts.converter.DateConverter
```

这样任何 Action 的属性中如果存在 java.Util.Date 类型的属性，那么 Struts 都会使用 DateConverter 完成 java.Util.Date 类型到字符串类型之间的相互转换。

（2）局部转换器

局部转换器是针对某个类的某个属性指定相应的转换器，仅仅对某个 Action 的属性起作用。局部转换器的配置在 ClassName-conversion.properties 配置文件中完成，ActionName 是需要转换的属性所在类的实际名称，该类通常是一个 Action，此配置文件必须与对应的 ClassName 类在同一目录下。需要在文件中添加需转换的属性与类型转换器类之间的对应关系："属性名=类型转换器类全名"。例如我们为 Studet 类的 studentNum 属性定义了一个名为 StudentNumConverter 的类型转换器，放在 javaee.struts.converter 包中，则需要在 Studet 类所在的包中创建 Studet-conversion.properties 文件，并添加下列内容。

```
studentNum=javaee.struts.converter.StudentNumConverter
```

14.2.8 Struts2 标签使用

Struts2 的标签从功能上可以分为 UI 标签、非 UI 标签以及 Ajax 标签三大类。UI 标签主要用来生成 HTML 元素，又分为表单标签和非表单标签。表单标签主要用于生成 HTML 页面的 FORM 元素，以及普通表单元素的标签。非表单标签主要用于生成页面上的 tree，Tab 页等。非 UI 标签主要用于数据访问和逻辑控制，又分为控制标签和数据标签。数据访问标签主要包含用于输出值栈（ValueStack）中的值，完成国际化等功能的标签。流程控制标签主要包含用于实现分支、循环等流程控制的标签。AJAX 标签则用于支持 Ajax 效果。

Struts2 的标签被定义在 struts-tags.tld 文件中，该文件被包含在 struts2-core-2.0.11.jar 压缩文件的 META-INF 目录下。要在 JSP 页面中使用 Struts2 的标签，必须先用 JSP 的 taglib 指令将其引入，其代码如下。

```
<%@taglib prefix="s" uri="/struts-tags" %>
```

prefix 属性定义了在 JSP 页面中使用 Struts2 标签的前缀，也就是说在该 JSP 页面中使用 Struts2 标签库中任何的标签，在其前边都必须加上这个前缀，例如<s:include>。uri 属性说明了标签库描述文件的路径，设置为"/struts-tags"这与 struts-tags.tld 文件中的默认 uri 一致。

下面对 Struts2 中常用的几种标签进行介绍。

1．表单标签

（1）form 标签。form 标签输出一个 HTML 输入表单控件，等价于 HTML 中的<form…>…</form>。其语法格式如下。

```
<s:form action="login" method="post">
</s:form>
```

表 14-1　　form 标签属性表

属　性	描　述
action	表单提交的 action 名字
namespace	提交的 action 所属的名字空间
method	HTML 表单的 method 方法，get 或 post
focusElement	表单加载时焦点的位置，某个表单元素的 id
validate	是否执行验证

（2）submit 标签。submit 标签输出一个 HTML 的提交按钮。submit 标签和 form 标签一起使用可以提供异步表单提交功能，等价于 HTML 中的<input type="submit"…>或者<input type="image"…>。其语法格式如下。

```
<s:form  action="login" method="post">
        <s:textfield name="username" label="用户名"/>
        <s:submit  />
</s:form>
```

表 14-2 submit 标签属性表

属 性	描 述
type	提交按钮的类型，可以是 input、button、image
src	图片的地址，按钮类型为 image 时有效
action	处理提交请求的 action 名称
method	处理提交请求的 action 的方法

使用 action 属性可以取代 form 标签指定的 action，将请求导向到另外的 action 进行处理。使用 method 属性，能够取代 action 默认的 execute()方法的执行。

```
<s:form  action="login">
    <s:textfield  label="用户名"  name="user.username" />
    <s:password label="密码"  name="user.password" />
    <s:submit value="登录" />
    <s:submit value="注册" action="registe" />
   <s:submit value="取消" method="cancel"/>
</s:form>
```

单击“登录”按钮会调用 login 的 execute()方法；单击“注册”会调用 registe 的 execute()方法；单击“取消”会调用 login 的 cancel()方法。

（3）textField 标签。textfield 标签输出一个 HTML 单行文本输入控件，等价于 HTML 中的<input type=“text” …/>。其语法格式如下。

```
<s:textfield name="username" label="用户名" />
```

表 14-3 textField 标签属性表

属 性	描 述
maxlength	可输入字符的最大长度
readonly	用户是否能在文本控件中输入
size	控件的尺寸
id	用来标识控件的 id。在 ui 和表单中为 HTML 的 id 属性
name	生成控件的 name，与 Action 类中的属性相对应
label	对标签生成的控件的描述

（4）radio 单选框。radio 标签输出一个 HTML 单选框控件，等价于 HTML 中的<input type=“radio” …/>。其语法格式如下。<s:radio name="language" list="{'English','Chinese'}" value="' English '"/>。

表 14-4 radio 标签属性表

属 性	描 述
name	生成控件的 name，与 Action 类中的属性相对应
list	单选框中选项的集合，可以是 arry、list、map
listKey	指定集合中哪个属性作为控件的值，即选择之后控件返回的值
listValue	指定集合中哪个属性作为集合的内容，即单选框列表中显示的内容
value	单选框中的默认选中值

（5）checkboxlist 复选框。checkboxlist 标签输出一个 HTML 复选框控件，等价于 HTML 中的<input type=“checkbox” …/>。其语法格式如下。

```
<s: checkboxlist name="learnedLanguage"
            list="{'English','Chinese', 'Japanese', 'French', 'German'}"
            value="{ 'Chinese','English'}" />
```

表 14-5　　checkboxlist 标签属性表

属　性	描　述
name	生成控件的 name，与 Action 类中的属性相对应
list	复选框中选项的集合，可以是 array、list、map
listKey	指定集合中哪个属性作为控件的值，即选择之后控件返回的值
listValue	指定集合中哪个属性作为集合的内容，即单选框列表中显示的内容
value	复选框中的默认选中值的集合

（6）select 下拉选择框。select 标签输出一个 HTML 下拉选择框，等价于 HTML 中的<select …><option..></option></select>。其语法格式如下。

```
<s: select name="language" list="{'English','Chinese'}" value="' English '"/>
```

表 14-6　　select 标签属性表

属　性	描　述
name	生成控件的 name，与 Action 类中的属性相对应
list	下拉选择框中选项的集合，可以是 array、list、map
listKey	指定集合中哪个属性作为控件的值，即选择之后控件返回的值
listValue	指定集合中哪个属性作为集合的内容，即单选框列表中显示的内容
value	下拉选择框中的默认选中值
headerKey	选择 header 选项时，控件的返回值
headerValue	header 选项的内容
multiple	是否允许多选
size	下拉选择框中显示的个数

（7）token 标签。s:token 输出一个隐藏的表单字段，在每次加载该隐藏字段所在的页面时，该隐藏字段的值都不同，能够防止表单被重复提交。token 是和拦截器配合作用的，要让 token 标签正常工作，需要启用 TokenInterceptor 或者 TokenSessionInterceptor 拦截器。TokenInterceptor 拦截器拦截用户的所有请求，如果两次请求中 token 对应的隐藏字段的值相同，则阻止表单的提交。其具体的用法如下。

第一步：在表单中加入<s:token />。

```
<s:form action="userManage_delete" method="post" >
  <s:textfield name="student.name"/>
<s:token/>
<s:submit/>
</s:form>
```

第二步：配置拦截器。

```
<action name="userManage _*" class="javaee.struts.UserManageAction" method="{1}">
      <interceptor-ref name="defaultStack" />
```

```
        <!-- 使用 token 拦截器 -->
        <!-- 表单中必须是使用了 token 标签的，否则页面无法正常提交-->
        <interceptor-ref name="token" />
        <!-- 定义重复提交转向的页面，名字必须为“invalid.token” -->
        <result name="invalid.token">/refresh.jsp</result>
        <result>/result.jsp</result>
</action>
```

2. 数据标签

（1）property 标签。property 标签用于输出指定值。例如：

<s:property value= “username” default= “guest” />

取出 action 中的 username 属性并输出，如果没有找到 username 属性，那么输出“guest”。

表 14-7　　property 标签属性表

属　性	描　述
default	可选属性，如果需要输出的属性值为 null，则显示该属性指定的值
escape	可选属性，指定是否格式化 HTML 代码
value	可选属性，指定需要输出的属性值，如果没有指定该属性，则默认输出 ValueStack 栈顶的值

（2）date 标签。date 标签用于格式化输出日期值，也可用于输出当前日期值与指定日期值之间的时差。

```
<s:date name="date" format="yyyy年MM月 dd hh小时 mm分钟 ss秒"/>
```

将 Action 中的 date 属性按照 yyyy 年 MM 月 dd hh 小时 mm 分钟 ss 秒的格式输出。

表 14-8　　date 标签属性表

属　性	描　述
name	要进行格式化的日期，必须是 java.util.Date 类型的对象
format	日期格式，当 nice 为 false 时有效
nice	当为 true 时输出指定日期和当前日期的差值

3. 控制标签

（1）if/elseif/else 标签。if/elseif/else 标签用于控制选择输出。elseif 和 else 不能单独出现，必须与 if 配合使用。属性 test 为必填属性，是一个 Boolean 类型值，决定是否显示 if 标签内容。该标签标准格式如下。

```
<s:if test="表达式">
    ……..
</s:if>

<s:elseif test="表达式">
    ……..
</s:elseif>
<s:else>
    ………..
</s:else>
```

if/elseif/else 标签使用示例如下。

```
<s:if test="#scoer < 60">
    不及格
</s:if>
<s:elseif test="#scoer < 70">
```

```
        及格
    </s:elseif>
    <s:elseif test="#score<80" >
        良好
    </s:elseif>
    <s:else>
        优秀
    </s:else>
```

（2）iterator 标签。iterator 标签通常与 List、Set 和数组等集合标签一起使用，用于对 List、Set 和数组进行迭代。

```
<s:iterator value="{'1','2','3','4','5'}" id='number'>
<s:property value='number'/>
</s:iterator>
```

表 14-9　　iterator 标签属性表

属　性	描　述
id	指定集合里元素的 id
value	指定被迭代的集合，如果没有设置该属性，则使用 ValueStack 栈顶的集合
status	指定迭代时的 IteratorStatus 实例

IteratorStauts 类包含如下几个方法。

① int getCount()，返回当前迭代了几个元素。

② int getIndex()，返回当前迭代元素的索引。

③ boolean isEven()，返回当前被迭代元素的索引是否是偶数

④ boolean isOdd()，返回当前被迭代元素的索引是否是奇数

⑤ boolean isFirst()，返回当前被迭代元素是否是第一个元素。

⑥ boolean isLast()，返回当前被迭代元素是否是最后一个元素。

在使用 IteratorStauts 的实例进行迭代时，可以通过 count,index,even,odd,first,last 这些对应的属性来调用这些方法。

```
<s:set name="list" value="{'English','Chinese', 'Japanese', 'French', 'German'}"
/>
    <s:iterator value="#list" id="name" status="st">
            <s:if test="#st.odd"><font color= blue ></s:if>
            <s:else><font color=red> </s:else>
            </font>
            <br>
    </s:iterator>
```

14.3　Hibernate

下载 Hibernate 的网址是 http://www.hibernate.org/downloads，在该网页上提供了 Hibernate 库文件、文档及源码的下载。该网页的截图如图 14-3 所示。

当前 Hibernate 已发布了 Hibernate ORM 4.3.0.Beta5 版本，但这是一个测试版，因此本书中选择 Hibernate ORM 4.2.7.Final 这个稳定的最终发布版。

在该页面上下载 hibernate-release-4.2.7.Final.zip 压缩包，下载之后进行解压缩，解压之后的文件夹包含如下文件结构。

documentation：该文件夹下包含了 Hibernate 的相关文档，包括 Hibernate 的快速入门、Hibernate 的手册文档，以及 API 文档等内容。

lib：该文件夹下包含了 Hibernate 的核心类库，以及 Hibernate 的其他功能类库。

project：该文件夹下包含了 Hibernate 的全部源代码和示例应用。

然后将 lib 文件夹下的 required 目录下的类库复制到 Web 应用的 WEB-INF/lib 路径下。

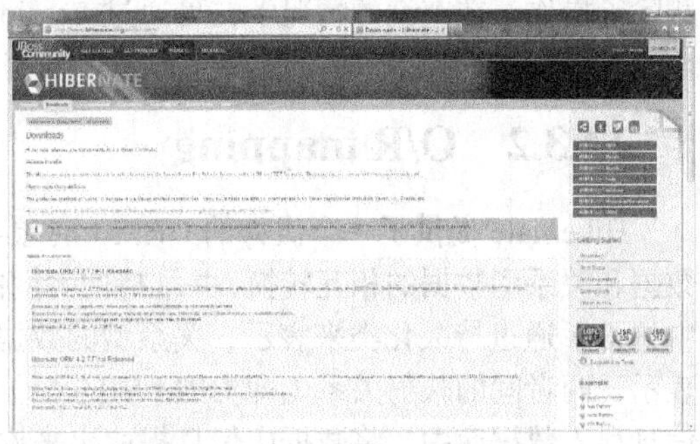

图 14-3 Hibernate 下载页面

14.3.1 Hibernate 架构

Hibernate 是一个开源的对象关系映射框架，它对 JDBC 进行了非常轻量级的对象封装，使得 Java 程序员可以方便地使用面向对象编程思维来操纵数据库。Hibernate 可以应用在任何使用 JDBC 的场合，既可以在 Java 的客户端程序使用，也可以在 Servlet/JSP 的 Web 应用中使用，更具革命意义的是，Hibernate 可以应用在 J2EE 架构中取代 CMP，完成数据持久化的重任。其架构如图 14-4 所示。

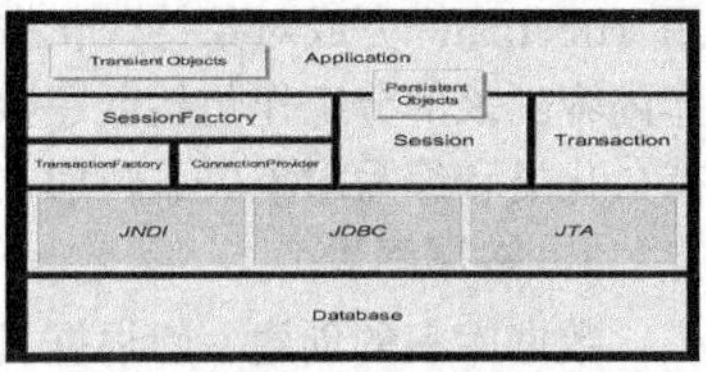

Hibernate 的核心接口一共有 5 个，分别为：Configuration、SessionFactory、Session、Transaction 和 Query。这 5 个核心接口在任何开发中都会用到。通过这些接口，不仅可以对持久化对象进行存取，还能够进行事务控制。

图 14-4 Hibernate 架构

Configuration 接口:Configuration 接口负责配置并启动 Hibernate，创建 SessionFactory 对象。在 Hibernate 的启动的过程中，Configuration 类的实例首先定位映射文档位置、读取配置，然后创建 SessionFactory 对象。

SessionFactory 接口:SessionFactory 接口负责初始化 Hibernate。它充当数据存储源的代理，并负责创建 Session 对象。这里用到了工厂模式。需要注意的是 SessionFactory 并不是轻量级的，因为一般情况下，一个项目通常只需要一个 SessionFactory 就够，当需要操作多个数据库时，可以为每个数据库指定一个 SessionFactory。

Session 接口:Session 接口负责执行被持久化对象的 CRUD 操作（Create、Retrieve、Update、Delete，CRUD 即增删改查）。但需要注意的是 Session 对象是非线程安全的。同时，Hibernate 的 Session 不同于 JSP 应用中的 HttpSession。这里当使用 Session 这个术语时，其实指的是 Hibernate 中的 Session，而以后会将 HttpSession 对象称为用户 Session。

Transaction 接口:Transaction 接口负责事务相关的操作。它是可选的，开发人员也可以设计编写自己的底层事务处理代码。

Query 和 Criteria 接口:Query 和 Criteria 接口负责执行各种数据库查询。它可以使用 HQL 语言或 SQL 语句两种表达方式。

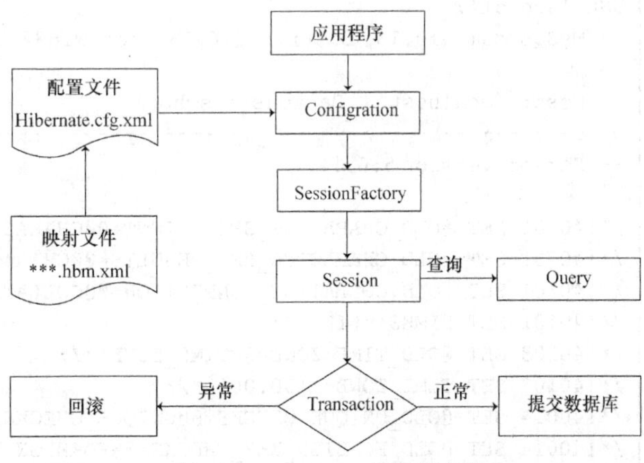

图 14-5 Hibernate 的运行过程

Hibernate 的运行过程如图 14-5 所示。应用程序先调用 Configration 类，该类读取 Hibernate 的配置文件及映射文件中的信息，并用这些信息生成一个 SessionFactpry 对象。然后从 SessionFactory 对象生成一个 Session 对象，并用 Session 对象生成 Transaction 对象。可通过 Session

对象的 get(),load(),save(),update(),delete()和 saveOrUpdate()等方法对 PO 进行加载、保存、更新、删除等操作。在查询的情况下，可通过 Session 对象生成一个 Query 对象，然后利用 Query 对象执行查询操作；如果没有异常，Transaction 对象将提交这些操作结果到数据库中。

14.3.2 O/R mapping

Hibernate 提供了一个优秀的 ORM（对象-关系映射）机制，Hibernate 能够自动实现面向对象数据和关系型数据的相互转换，并维持两者间的一致性。在 Hibernate 中面向对象的数据（即 ORM 中的 O）通过持久化类来表示，关系型的数据（即 ORM 中的 R）通过关系型数据库的表来进行表示，两者间的映射关系（即 ORM 中的 M）通过映射文件来进行表示。对于将面向对象的数据信息存入数据库中、将数据中信息提取出来构建面向对象实例、维护两者间的一致性这些繁杂的操作都在 Hibernate 底层完成，开发者只需要配置两者的映射关系，然后调用相应的操作接口就能完成增、删、改、查、更新等操作。Hibernate 使得开发人员在业务层以面向对象的方式编程，不用考虑数据保存形式。

构建对象-关系映射（O/R Mapping）是使用 Hibernate 完成对象持久化中的一项重要工作内容。该部分工作包括创建数据库表、定义持久化类和编写对象关系映射文件。

1．数据库表

数据库表的创建一般根据具体的业务开发需要进行设计，设计方案中包含了表、字段、表之间的约束和关联关系。设计完成之后可以使用 SQL 语句或者是图形化的数据库客户端软件进行创建。在实际的工程项目开发中有的情况是数据库已经存在，数据库表已经构建完成，并已投入使用。这种情况下则需要进行逆向工程，抽取出数据库的 E-R 模型（Entity-Relation Model，实体关系模型），以便在后续的编写对象关系映射文件过程中使用，数据库 E-R 模型如图 14-6 所示。

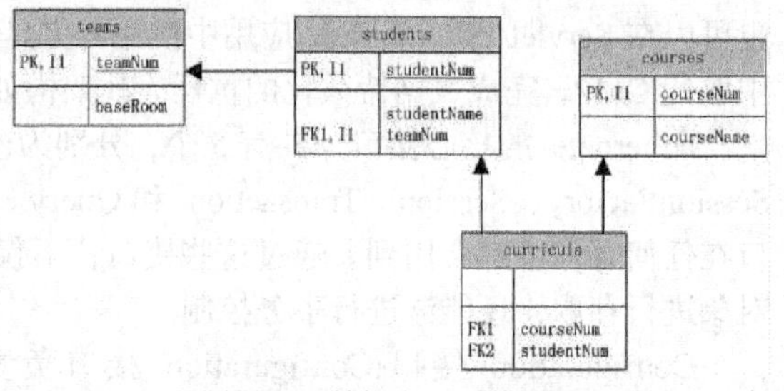

图 14-6 数据库 E-R 模型图

程序清单 14-3 创建数据库表 SQL 语句

```
CREATE DATABASE  IF NOT EXISTS 'school' /*!40100 DEFAULT CHARACTER SET utf8 */;
USE 'school';
-- MySQL dump 10.13  Distrib 5.6.13, for Win32 (x86)
--
-- Host: localhost    Database: school
-- ------------------------------------------------------
-- Server version5.6.14

/*!40101 SET @OLD_CHARACTER_SET_CLIENT=@@CHARACTER_SET_CLIENT */;
/*!40101 SET @OLD_CHARACTER_SET_RESULTS=@@CHARACTER_SET_RESULTS */;
/*!40101 SET @OLD_COLLATION_CONNECTION=@@COLLATION_CONNECTION */;
/*!40101 SET NAMES utf8 */;
/*!40103 SET @OLD_TIME_ZONE=@@TIME_ZONE */;
/*!40103 SET TIME_ZONE='+00:00' */;
/*!40014 SET @OLD_UNIQUE_CHECKS=@@UNIQUE_CHECKS, UNIQUE_CHECKS=0 */;
/*!40014 SET @OLD_FOREIGN_KEY_CHECKS=@@FOREIGN_KEY_CHECKS, FOREIGN_KEY_CHECKS=0 */;
/*!40101 SET @OLD_SQL_MODE=@@SQL_MODE, SQL_MODE='NO_AUTO_VALUE_ON_ZERO' */;
/*!40111 SET @OLD_SQL_NOTES=@@SQL_NOTES, SQL_NOTES=0 */;

--
-- Table structure for table 'students'
```

```
--

DROP TABLE IF EXISTS 'students';
/*!40101 SET @saved_cs_client     = @@character_set_client */;
/*!40101 SET character_set_client = utf8 */;
CREATE TABLE 'students' (
  'studentNum' int(11) NOT NULL,
  'studentName' varchar(50) NOT NULL,
  'teamNum' int(11) DEFAULT NULL,
  'age' int(11) NOT NULL,
  'gender' varchar(45) NOT NULL,
  'major' varchar(45) NOT NULL,
  PRIMARY KEY ('studentNum'),
  UNIQUE KEY 'studentNum_UNIQUE' ('studentNum'),
  KEY 'teamNum' ('teamNum'),
  CONSTRAINT 'teamNum' FOREIGN KEY ('teamNum') REFERENCES 'teams' ('teamNum') ON DELETE
CASCADE ON UPDATE CASCADE
) ENGINE=InnoDB DEFAULT CHARSET=utf8;
/*!40101 SET character_set_client = @saved_cs_client */;

--
-- Table structure for table 'courses'
--

DROP TABLE IF EXISTS 'courses';
/*!40101 SET @saved_cs_client     = @@character_set_client */;
/*!40101 SET character_set_client = utf8 */;
CREATE TABLE 'courses' (
  `courseNum' int(11) NOT NULL,
  `courseName' varchar(45) NOT NULL,
  PRIMARY KEY ('courseNum`),
  UNIQUE KEY 'courseName_UNIQUE' ('courseName')
) ENGINE=InnoDB DEFAULT CHARSET=utf8;
/*!40101 SET character_set_client = @saved_cs_client */;

--
-- Table structure for table 'curricula'
--

DROP TABLE IF EXISTS 'curricula';
/*!40101 SET @saved_cs_client     = @@character_set_client */;
/*!40101 SET character_set_client = utf8 */;
CREATE TABLE 'curricula' (
  'courseNum' int(11) NOT NULL,
  'studentNum' int(11) NOT NULL,
  KEY 'courseNum' ('courseNum'),
  KEY 'studentNum' ('studentNum'),
  CONSTRAINT 'courseNum' FOREIGN KEY ('courseNum') REFERENCES 'courses' ('courseNum') ON
DELETE CASCADE ON UPDATE CASCADE,
  CONSTRAINT 'studentNum' FOREIGN KEY ('studentNum') REFERENCES 'students' ('studentNum')
ON DELETE CASCADE ON UPDATE CASCADE
) ENGINE=InnoDB DEFAULT CHARSET=utf8;
/*!40101 SET character_set_client = @saved_cs_client */;

--
-- Table structure for table 'teams'
```

```
--

DROP TABLE IF EXISTS 'teams';
/*!40101 SET @saved_cs_client     = @@character_set_client */;
/*!40101 SET character_set_client = utf8 */;
CREATE TABLE 'teams' (
  'teamNum' int(11) NOT NULL,
  'baseRoom' varchar(50) NOT NULL,
  PRIMARY KEY ('teamNum'),
  KEY 'classNum' ('teamNum')
) ENGINE=InnoDB DEFAULT CHARSET=utf8;
/*!40101 SET character_set_client = @saved_cs_client */;
/*!40103 SET TIME_ZONE=@OLD_TIME_ZONE */;

/*!40101 SET SQL_MODE=@OLD_SQL_MODE */;
/*!40014 SET FOREIGN_KEY_CHECKS=@OLD_FOREIGN_KEY_CHECKS */;
/*!40014 SET UNIQUE_CHECKS=@OLD_UNIQUE_CHECKS */;
/*!40101 SET CHARACTER_SET_CLIENT=@OLD_CHARACTER_SET_CLIENT */;
/*!40101 SET CHARACTER_SET_RESULTS=@OLD_CHARACTER_SET_RESULTS */;
/*!40101 SET COLLATION_CONNECTION=@OLD_COLLATION_CONNECTION */;
/*!40111 SET SQL_NOTES=@OLD_SQL_NOTES */;

-- Dump completed on 2014-01-02 15:13:25
```

2. 持久化类

持久化类是面向对象的数据组织形式，它是业务层需要用到的数据格式。持久化类通常是与数据库中存储的信息相对应的，它将这些信息以面向对象的方式重新进行组织，使其更为直观，更贴近人们的自然思维方式，更便于理解和使用。持久化类的创建是根据上层业务需要决定的，依据面向对象的思想和具体业务功能、业务逻辑确定持久化类的种类及包含属性。持久化类的规范与 javabean 的规范相同，具有公共的没有参数的构造函数，属性需要有公共的 getter 和 setter 方法。持久化类类图如图 14-7 所示。

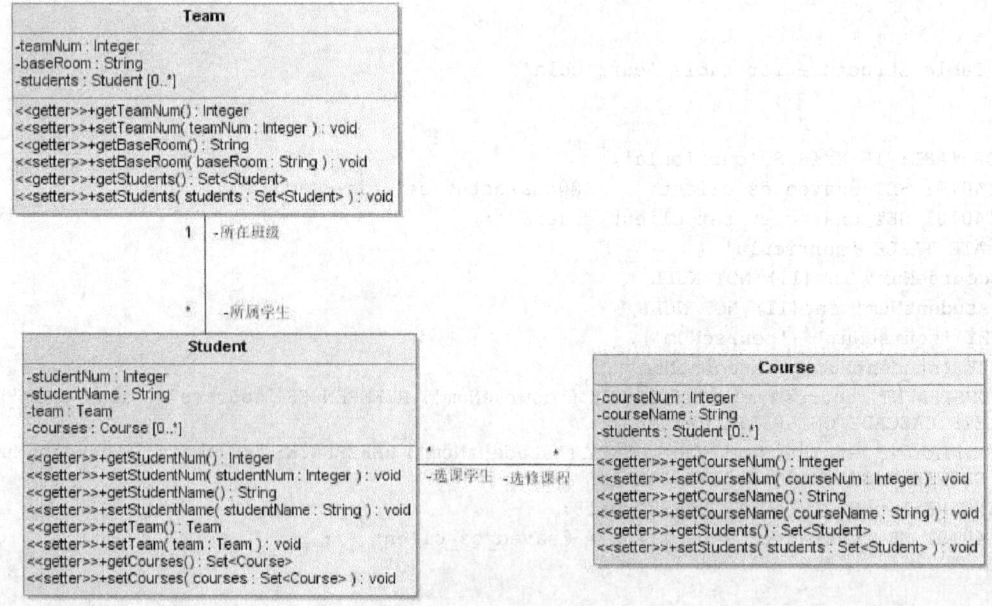

图 14-7　持久化类类图

程序清单 14-4 Student.java

```
// Student 持久化类
package javaee.hibernate;

import java.util.Set;

public class Student {
   private Integer studentNum;
   private String studentName;
   private Team team;
   private Set<Course> courses;
    public Integer getStudentNum() {
        return studentNum;
    }
    public void setStudentNum(Integer studentNum) {
        this.studentNum = studentNum;
    }
    public String getStudentName() {
        return studentName;
    }
    public void setStudentName(String studentName) {
        this.studentName = studentName;
    }
    public Team getTeam() {
        return team;
    }
    public void setTeam(Team team) {
        this.team = team;
    }
    public Set<Course> getCourses() {
        return courses;
    }
    public void setCourses(Set<Course> courses) {
        this.courses = courses;
    }
}
```

程序清单 14-5 Course.java

```
package javaee.hibernate;

import java.util.Set;

public class Course {
   private Integer courseNum;
   private String courseName;
   private Set<Student> students;
    public Integer getCourseNum() {
        return courseNum;
    }
    public void setCourseNum(Integer courseNum) {
        this.courseNum = courseNum;
    }
    public String getCourseName() {
        return courseName;
    }
```

```
    public void setCourseName(String courseName) {
        this.courseName = courseName;
    }
    public Set<Student> getStudents() {
        return students;
    }
    public void setStudents(Set<Student> students) {
        this.students = students;
    }
}
```

程序清单 14-6 Team.java

```
package javaee.hibernate;

import java.util.Set;

public class Team {
   private Integer teamNum;
   private String baseRoom;
   private Set<Student> students;

    public Integer getTeamNum() {
        return teamNum;
    }
    public void setTeamNum(Integer teamNum) {
        this.teamNum = teamNum;
    }
    public String getBaseRoom() {
        return baseRoom;
    }
    public void setBaseRoom(String baseRoom) {
        this.baseRoom = baseRoom;
    }
    public Set<Student> getStudents() {
        return students;
    }
    public void setStudents(Set<Student> students) {
        this.students = students;
    }
}
```

3. 对象关系映射文件

持久化类要想实现持久化，就必须将信息存入数据库中。由于面向对象数据组织模式和关系型数据组织模式的差异，需要在两者间建立对象-关系映射。持久化类中的属性有些是简单类型的能够直接与数据库中表的某个字段建立一一对应映射关系。但还有些属性是与其他持久化类相关联的，代表着持久化类之间的关联关系，这些属性则需要根据关联情况进行处理。持久化类之间的关联关系可分为一对一关系、一对多关系、多对一关系、多对多关系几种。

在 Hibernate 中使用对象-关系映射文件来构建持久化类与数据库之间的对应关系，每个描述文件描述了一个持久化类与数据库表的映射关系。对象-关系映射文件以 className.hbm.xml 方式命名，其中 className 表示持久化类的类名（不需要包含包名），该文件必须放在上下文类路径当中(WEB-INF/classes)。在该文件中使用 Hibernate 提供了的配置标签元素来完成映射关系的构建，主要的标签包括：hibernate-mapping、class、id、property、set、column、generator、one-to-one、one-to-many、many-to-one、many-to-many 等，作用如表 14-10 所示。

表 14-10　　Hibernate 对象关系映射配置标签表

元素名称	作　用
hibernate-mapping	映射文件的根元素，所有其它元素都包含在该元素当中
class	描述持久化到数据库表的对应关系
id	描述作为主键的属性与数据库字段的对应关系
column	描述数据库字段名
generator	描述主键标示符生成器
property	描述普通类型属性与数据库字段的对应关系
set	描述集合类型属性与数据库字段的对应关系
one-to-one	描述一对一映射关系
one-to-many	描述一对多映射关系
many-to-one	描述多对一映射关系
many-to-many	描述多对多映射关系
key	描述关联关系中本端外键的数据库字段

（1）普通属性映射

普通属性是指 int、float、char、String、Date、Integer、Clob 等基础类型的属性，这样的属性通常是将其映射到数据库中的一个数据列上，来实现属性的存储。对于这种类型的映射 Hibernate 使用<property…/>元素，配置该元素只需要指定一个 name 属性用来对应持久化类的属性名。column 属性和 type 属性也是配置<property…/>元素常用的属性，这两个属性都是可选的。column 属性用来指定持久化类的属性对应的数据库表中的存储字段名，在没有指定 column 属性值的情况下，采用属性名与字段名相一致的处理方式。type 属性用来说明持久化类属性的类型，它是一个 Hibernate 类型的名字，该属性的取值可以是 Hibernate 基本类型名或者 Java 类的全限定名。如果没有指定该元素的值，Hibernate 会自行判断该属性的数据类型。

```
<property name="studentNum" type="java.lang.Integer">
<column name="studentNum" />
</property>

<property name="studentName" type="java.lang.String">
<column name="studentName" length="50" />
</property>
```

通常情况下，需要保存到数据库中的 Bean 实例会包含一个标识属性，这个属性用于唯一地标识这个持久化实例，以区分同一 Bean 类的不同实例，如流水号、序列号等。这样的标识属性在进行持久化时需要映射到数据库表的逻辑主键。对于这样的主键映射，Hibernate 中使用<id…/>元素来进行描述。同<property…/>元素一样<id…/>元素也具有 name、column 和 type 属性。除此之外还可以接受一个< generator …/>子元素，该元素用来指明 Hibernate 所使用的主键生成器。主键生成器有以下几种：increment、identity、sequence、hilo、seqhilo、uuid、guid、native、assigned、select 和 foreign 等。当前流行的大部分数据库，如 Oracle、MySql、SQLServer、DB2 等都提供了易用的主键生成机制，因此在 Hibernate 中开发者通常会在数据库提供的主键生成机制上，采用<generator class="native"/>的主键生成方式。

```
<id name="id" type="java.lang.Integer">
    <column name="id" />
</id>
```

（2）引用属性映射

对于引用类型的属性，由于被引用的对象是一个复合型的数据体，无法使用一个普通的数据列来对其进行存储。因此需要使用特殊的描述方式来告知 Hibernate 采用特殊的手段来加以实现。引用属性又可以分为组件属性和持久化对象属性两类。

① 组件属性的映射

组件属性是指持久化类的属性是一个复合类型，但在持久化过程中，这个复合类型仅仅被当作值类型，而并非引用另一个持久化实体。

对于组件属性的映射使用<component…/>元素对其进行描述。使用<component…/>元素映射组件时需要指定一个 name 属性，用于指定该组件属性的名称。除此之外，<component…/>元素还有表 14-11 所示的几个可选属性。

表 14-11　　component 元素属性表

class	指定组件类的类名。如果不指定，Hibernate 将通过反射来得到该组件的类型
insert	指定被映射的字段是否出现在 SQL 的 insert 语句中
update	指定被映射的字段是否出现在 SQL 的 update 语句中
access	指定 Hibernate 访问该组件属性的访问策略，默认是 property
lazy	设置该组件是否在持久化对象第一次被访问是启动延时加载，默认为 true
optimistic-lock	设置更新该组件属性是否需要获取乐观锁。如果为 true，当修改该组件属性时，持久化对象的版本号会增加
unique	指定是否在该组件映射的所有字段上添加唯一性约束

一个自定义类通常还包括其他属性，这些属性根据类型的而不同按照普通属性、组件属性、持久化属性和集合属性的映射规则对其进行描述。除此之外，还可以在<component…/>元素内插入一个<parent…/>子元素，用于映射组件类一个指向其容器实体的引用。定义一个<parent…/>元素时只需要一个 name 属性，其值为引用容器实体的属性名。

② 关系映射

持久化属性是指持久化类的属性，是其他持久化对象的引用。这样的属性实质上是类与类之间关联关系的展现，因此对于持久化属性的映射也被称为关系映射。类与类之间的关系分为一对一、一对多、多对多并且具有方向性。Hibernate 提供了<one-to-one…/>、<one-to-many…/>、<many-to-one…/>和<many-to-many…/>元素来对这些关联关系进行描述。持久化属性映射表如表 14-12 所示。

表 14-12　　持久化属性映射表

映射关系	描　述	例　子	持久化类实现	数据库实现	映射方式
单向 N-1	只需从 N 的一端可以访问 1 的一端，1 的一端无需访问 N 的一端	多人对应同一个住址，只需从人实体端可以找到对应的地址实体，无须关心某个地址的住户	在N的一端的持久化类中增加一个属性，该属性引用右边 1 的一端的关联实体。在右边 1 的一端无须更改	无连接表，使用基于外键的关联映射	N 的一端：`<many-to-one…/>` `< many-to-one name="address" cascade="all" class="Adress" column="address_id"/>` 1 的一端：基本映射，无须更改

续表

映射关系	描 述	例 子	持久化类实现	数据库实现	映射方式
				使用连接表	N 的一端：<join…/>、<key…/>、<many-to-one…/> <join table="person_address"> <key column="person_id"/> < many-to-one name="address" cascade="all" class="Adress" column="address_id"/> </join> 1 的一端：基本映射，无须更改
单向 1-1	只需从左边 1 的一端可以访问右边 1 的一端，右边 1 的一端无需访问左边 1 的一端	一个人对应一个住址，只需从人实体端可以找到对应的地址实体，无须关心某个地址的住户	在左边 1 的一端的持久化类中增加一个属性，该属性引用右边 1 的一端的关联实体。在右边 1 的一端无须更改	基于外键的单向 1-1	左边一端：<many-to-one **unique="true"** …/> < many-to-one name="address" **unique="true"** cascade="all" class="Adress" column="address_id"/> 右边一端：基本映射，无须更改
				基于主键的单向 1-1	左边一端：<generator…/>、<one-toone> <id name="id" column="person_id"> **<generator class="foreign">** **<param name="property">address</param>** **</generator>** </id> <one-to-one name="address"/> 右边一端：基本映射，无须更改
				有连接表的单向 1-1	左边 1 的一端：<join…/>、<key…/>、<many-to-one…/> <join table="person_address"> <key column="person_id"/> < many-to-one name="address" **unique="true"** cascade="all" class="Adress" column="address_id"/> </join> 右边 1 的一端：基本映射，无须更改
单向 1-N	1 的一端需要访问 N 的一端。N 的一端无需访问 1 的一端	一个人对应多个住址，只需从人实体端可以找到对应的地址实体集合，无须关心某个地址的住户	在 1 的一端的持久化类中增加一个集合类型的属性，该集合属性的元素是 N 端实体的引用	无连接表	1 的一端：<集合映射元素>、<key>、<one-to-many…/> <set name ="addresses"> <key column="person_id"/> <one-to-many class="Address"/> </set> N 的一端：：基本映射，无须更改

续表

映射关系	描 述	例 子	持久化类实现	数据库实现	映射方式
单向 1-N	1 的一端需要访问 N 的一端。N 的一端无需访问 1 的一端	一个人对应多个住址，只需从人实体端可以找到对应的地址实体集合，无须关心某个地址的住户	在 1 的一端的持久化类中增加一个集合类型的属性，该集合属性的元素是 N 端实体的引用	有连接表	1 的一端：<集合映射元素>、<key>、<many-to-many unique="true"…/> <set name ="address" **table="person_address">** <key column="person_id"/> <many-to-many class="Address" column="address_id" **unique="true"/>** </set> N 的一端：：基本映射，无须更改
单向 N-N	只需从左边 N 的一端可以访问右边 N 的一端，右边 N 的一端无需访问左边 N 的一端	一人可有多个地址，一个地址也可以对应多个人。只需从人实体端可以找到对应的地址实体，无须关心某个地址的住户	在左边 N 的一端的持久化类中增加一个属性，该属性引用右边 N 的一端的关联实体。在右边 N 的一端无须更改	必须使用有连接表	左边 N 的一端：<集合映射元素>、<key>、<many-to-many…/> <set name ="address" **table="person_address">** <key column="person_id"/> <many-to-many class="Address" column="address_id" /> </set> 右边 N 的一端：：基本映射，无须更改
双向 1-N /N-1	需要两端都能访问到对端	一个人对应多个住址，需要从人实体端可以找到对应的地址实体集合，同时也需要从地址实体端可以找到地址对应的住户	在 1 的一端的持久化类中增加一个集合类型的属性，该集合属性的元素引用 N 的一端的关联实体 在 N 的一端的持久化类中也增加一个属性，该属性引用 1 的一端的关联实体	无连接表	1 的一端： <set name="addresses" **inverse="true">** <key column="person_id"/> <one-to-many class="Address"/> </set> 使用 **inverse= "true"** 不让 1 的一端控制关联关系，而使用 N 的一端控制关联关系 N 的一端： <many-to-one name="person" class="Person" column="person_id" not-null="true"/>

续表

映射关系	描　述	例　子	持久化类实现	数据库实现	映射方式
双向 1-N /N-1	需要两端都能访问到对端	一个人对应多个住址，需要从人实体端可以找到对应的地址实体集合，同时也需要从地址实体端可以找到地址对应的住户	在 1 的一端的持久化类中增加一个集合类型的属性,该集合属性的元素引用 N 的一端的关联实体 在 N 的一端的持久化类中也增加一个属性，该属性引用 1 的一端的关联实体	有连接表	1 的一端： <set name="address" **inverse="true" table="person_address">** <key column="person_id"/> <**many-to-many** class="Address" column="address_id" **unique="true"**/> </set> 使用 **inverse= "true"** 不让 1 的一端控制关联关系，而使用 **N** 的一端控制关联关系 N 的一端： <**join** table="person_address"> <key column="address_id"/> <many-to-one name="person" class="Person" column="person_id" not-null="true"/> </join>
双向 N-N	需要两端都能访问到对端	一人可有多个地址，一个地址也可以对应多个人。需从人实体端可以找到对应的地址实体，同时也需要从地址实体端可以找到地址对应的所有住户	在两端的持久化类中分别增加一个集合属性,集合属性的元素引用对端的关联实体	必须使用有连接表	左边 N 的一端： <set name="addresses" table="person_address" **inverse="true" >** <key column="person_id"/> <many-to-many class="Address" column="address_id"/> </set> 使用 **inverse= "true"** 让关联关系由其中一端来控制 右边 N 的一端： <set name="persons" table="person_address"> <key column="adress_id"/> <many-to-many class="Person" column="person_id"/> </set>

续表

映射关系	描 述	例 子	持久化类实现	数据库实现	映射方式
双向 1-1	需要两端都能访问到对端	一个人对应一个住址，需从人实体端可以找到对应的地址实体，同时。同时也需要从地址实体端可以找到地址对应的住户	在两端的持久化类中分别增加一个属性，该属性引用对端的关联实体	基于外键的单向 1-1	左边一端：<many-to-one **unique="true"** …/> <many-to-one name="address" **unique="true"** cascade="all" class="Adress" column="address_id"/> 右边一端：<one-to-one name="person" property-ref=" address"> 由于 1-1 关联关系中两个实体是平等状态，因此左右两端的映射策略可以互换，即可以在任意一个表中增加外键来实现映射。但是不能在两边都使用相同的元素映射关联关系
				基于主键的单向 1-1	左边一端：< generator…/>、<one-toone> <id name="id" column="person_id"> **<generator class="foreign">** **<param name="property">address</param>** **</generator>** </id> <one-to-one name="address"/> 右边一端：<one-to-one name="person"/>
				有链表的单向 1-1	左边 1 的一端：<join…/>、<key…/>、<many-to-one…/> <join table="person_address" **inverse="true">** <key column="person_id" **unique="true" />** < many-to-one name="address" **unique="true"** class="Adress" column="address_id"/> </join> 右边 1 的一端： <join table="person_address" **optinal="true">** <key column="address_id" **unique="true" />** < many-to-one name="person" **unique="true"** class="Person" column="person_id"/> </join>

（3）集合属性映射

Hibernate 要求持久化类的集合属性必须声明为接口，实际的接口可以是 Set、Collection、List、Map、SortedSet、SortedMap 等。用来描述这些集合属性映射关系的元素有几个，如表 14-13 所示。

表 14-13　　集合属性映射常用元素表

list	用于映射 List 集合属性
set	用于映射 Set 集合属性
map	用于映射 Map 集合属性
array	用于映射数组集合属性
rimitive-array	用于映射基本类型的数组集合属性
bag	用于映射无序集合属性
idbag	用于映射无序集合属性，但为其增加逻辑次序

映射集合属性时通常需要指定一个 name 属性，用于标明该集合的名称。除此之外，集合元素还有如下一些常用的可选属性，如表 14-14 所示。

表 14-14　　集合属性映射元素可选属性表

table	指定保存集合属性的表名，默认为与集合属性名相同
schema	指定保存集合属性的数据表的 schema 名
lazy	设置是否启动延迟加载，默认为 true
inverse	指定该集合关联的实体在双向关联关系中不控制关联关系
cascade	指定对待持久化对象的持久化操作时是否会级联到他所关联的实体
order-by	设置数据库对集合元素排序
sort	指定集合的排序顺序
where	指定任意的 SQL 语句中的 where 条件
batch-size	定义延迟加载是每批抓取集合元素的数量，默认为 1
access	指定 Hibernate 访问集合属性的访问策略，默认是 property
mutable	指定集合中的元素是否是可变的

因为集合属性都需要保存在一个单独的数据表中，该数据表必须有个外键用于与保存 Bean 类的数据表建立对应关系。该外键通过使用<key…/>元素来描述。<key…/>元素具有如下几个可选属性，如表 14-15 所示。

表 14-15　　key 元素可选属性表

column	指定外键字段列名
on-delete	指定外键约束是否打开数据库级别的级联删除
property-ref	指定外键引用的字段是否为原表的主键
not-null	指定外键列是否具有非空约束
update	指定外键列是否可以更新
unique	指定外键列是否具有唯一约束

集合属性是有序集合时还需要为其在数据库表中指定一个索引列，用于保存数组或者 List 的

索引以及 Map 的 Key。用于描述索引列的元素有如下几个，如表 14-16 所示。

表 14-16　　索引列元素表

list-index	用于描述数组和 List 集合的索引列
map-key	用于描述 Map 集合中 Key 类型为基本数据类型的索引列
map-key-many-to-many	用于描述 Map 集合中 Key 类型为实体引用类型的索引列
composite-map-key	用于描述 Map 集合中 Key 类型为复合型类型的索引列

Hibernate 集合中元素的数据类型几乎可以是任意数据类型，当集合元素是基本类型及包装类型、字符串类型和日期类型时使用<element…/>元素进行描述，当集合元素是复合类型时使用<composite-element…/>元素进行描述，当集合元素是其他持久化对象的引用时使用<one-to-many…/>和<many-to-many/>元素进行描述。

对于 Student、Course、Team 类我们可以写出它们的关系映射文件如下。

配置文件 14-8　student.hbm.xml

```
<?xml version="1.0"?>
<!DOCTYPE hibernate-mapping PUBLIC
    "-//Hibernate/Hibernate Mapping DTD 3.0//EN"
    "http://www.hibernate.org/dtd/hibernate-mapping-3.0.dtd">
<hibernate-mapping>
  <class name="javaee.hibernate.Student" table="students" >
    <id name="studentNum" type="java.lang.Integer">
      <column name="studentNum" />
      <generator class="native" />
    </id>
    <property name="studentName" type="java.lang.String">
      <column name="studentName" length="50" />
    </property>
    <many-to-one name="team" class="javaee.hibernate.Team">
      <column name="teamNum" />
    </many-to-one>
    <set name="courses" table="curricula" >
        <key column="studentNum" />
        <many-to-many class="javaee.hibernate.Course" column="courseNum" />
    </set>
  </class>
</hibernate-mapping>
```

配置文件 14-9　course.hbm.xml

```
<?xml version="1.0"?>
<!DOCTYPE hibernate-mapping PUBLIC
    "-//Hibernate/Hibernate Mapping DTD 3.0//EN"
    "http://www.hibernate.org/dtd/hibernate-mapping-3.0.dtd">
<hibernate-mapping>
  <class name="javaee.hibernate.Course" table="courses" >
    <id name="courseNum" type="java.lang.Integer">
      <column name="courseNum" />
      <generator class="native" />
    </id>
    <property name="courseName" type="java.lang.String">
      <column name="courseName" length="50" />
    </property>
```

```
        <set name="students" table="curricula" inverse="true" >
        <key column="courseNum" />
        <many-to-many class="javaee.hibernate.Student" column="studentNum" />
        </set>
    </class>
</hibernate-mapping>
```

配置文件 14-10 team.hbm.xml

```
<?xml version="1.0"?>
<!DOCTYPE hibernate-mapping PUBLIC
        "-//Hibernate/Hibernate Mapping DTD 3.0//EN"
        "http://www.hibernate.org/dtd/hibernate-mapping-3.0.dtd">
<hibernate-mapping>
    <class name="javaee.hibernate.Team" table="teams" >
        <id name="teamNum" type="java.lang.Integer">
            <column name="teamNum" />
            <generator class="native" />
        </id>
        <property name="baseRoom" type="java.lang.String">
            <column name="baseRoom" length="50" />
        </property>
        <set name="students" inverse="true" cascade="all">
        <key column="teamNum" />
        <one-to-many class="javaee.hibernate.Student" />
        </set>
    </class>
</hibernate-ma
```

配置文件 14-11 hibernate.cfg.xml

```
<?xml version='1.0' encoding='gb2312'?>
<!DOCTYPE hibernate-configuration PUBLIC
          "-//Hibernate/Hibernate Configuration DTD 3.0//EN"
          "http://hibernate.sourceforge.net/hibernate-configuration-3.0.dtd">
<hibernate-configuration>

    <session-factory>
        <property name="connection.url">
            jdbc:mysql://localhost:3306/school
        </property>
        <property name="connection.username">root</property>
        <property name="connection.password">123456</property>
        <property name="connection.driver_class">
            com.mysql.jdbc.Driver
        </property>
        <property name="dialect">
            org.hibernate.dialect.MySQLDialect
        </property>
        <property name="show_sql">true</property>

        <mapping resource="team.hbm.xml" />

        <mapping resource="course.hbm.xml" />

        <mapping resource="student.hbm.xml" />
```

```
    </session-factory>
</hibernate-configuration>
```

14.3.3 Hibernate 常见操作

在应用程序中使用 Hibernate 进行持久化的过程一般分为如下几个步骤。

1. 获取 Configuration

Configuration 是 Hibernate 的入口，应用程序通常使用 new 关键字创建一个 Configuration 实例，并调用 configure()方法对其进行初始化。

```
Configuration conf = new Configuration();
conf.configure();
//也可以将上边两行代码写在一起
Configuration conf = new Configuration().configure();
// 也可以使用带参数的configure()函数，使用特定的配置文件对Hibernate进行初始化
String fileName = "beans.cfg.xml";
Configuration conf = new Configuration().configure(fileName);
```

2. 获取 SessionFactory

SessionFactory 是由完成初始化的 Configuration 实例创建的，它是创建 Session 类工厂，负责 Session 实例的创建。SessionFactory 是线程安全的类，可以被多个线程调用以获得 Session 对象，而构造 SessionFactory 是很消耗资源的，所以在多数情况下一个应用中只初始化一个 SessionFactory 实例，为不同的线程提供 Session。通常使用 Configuration 实例的 buildSessionFactory()方法来获得 SessionFactory 实例。

```
Configuration conf = new Configuration().configure();
SessionFactory sf = conf.buildSessionFactory();
```

3. 获得 Session

Session 是 Hibernate 运作的核心，在 Hibernate 中对象的生命周期、事物管理、数据库的存取都是通过 Session 来完成的。Session 是由 SessionFactory 创建的，可以通过调用 SessionFactory 实例的 openSession()方法获得 SessionFactory 实例对象。

```
Configuration conf = new Configuration().configure();
SessionFactory sf = conf.buildSessionFactory();
Session session = sf.openSession();
```

但 Session 不是线程安全的，让多个线程共享一个 Session 会引起冲突和混乱的问题，因此一般为每个线程创建不同的 Session 对象。

4. 打开事务

在进行增、删、改操作之前必须开启一个事务，在完成这些操作之后需要调用 Transaction 接口的 commit 方法提交事务，才能将持久化对象中的数据保存到数据库中。通过 Session 实例的 beginTransaction()方法来开启一个事务并返回该事务的接口实例。

```
Transaction tx = session.beginTransaction();
```

5. 面向对象数据库操作和查询

（1）面向对象数据库操作

在 Hibernate 中对数据库的增、删、改操作都是使用持久化对象来完成的，应用程序无需直接访问数据库，只需要创建、修改、删除持久化对象即可，Hibernate 会自动将这些操作转换为对指定数据库表的操作。

持久化对象在被创建之后还必须要和 Session 建立关联，在 Session 的管理下才能同步到数据库。实质上持久对象与数据库的同步是由 Session 来完成的。根据持久化对象和 Session 的关联关

系，持久化对象有如下 3 种状态。

① 瞬态：如果持久化对象实例从未与 Session 关联过，该实例处于瞬态状态。

② 持久化状态：如果持久化对象实例与 Session 存在着关联，并且实例对应到数据库记录。对处在持久化状态的对象进行的修改会自动地同步到数据库中。

③ 脱管状态：如果持久化对象曾经与 Session 关联过，但是因为 Session 关闭等原因，脱离 Session 管理的持久化对象。

Session 为持久化对象与数据库的同步提供了表 14-17 所示的操作接口。

表 14-17　Session 提供的持久化操作接口表

save(Object)	使一个瞬时状态的对象持久化，并返回持久化对象的标识属性值
persist(Object)	使一个瞬时状态的对象持久化
saveOrUpdate(Object)	根据参数为瞬时状态对象还是持久化状态对象，对其进行 update()或 save()操作
delete(Object)	将数据库中与持久化对象或脱管对象相对应的记录删除
get(Class ,Serializable)	根据指定的标示符返回持久化状态的对象，如果找不到返回 null
load(Class ,Serializable)	根据指定的标示符返回持久化状态的对象，如果找不到抛出异常
find(Class ,Serializable)	根据指定的标示符查找，持久化状态的对象
evict(Object)	从 Session 中删除持久化对象，使该对象变为脱管状态
close()	关闭 Session，释放数据库连接
clear()	清除 Session 中的所有持久化对象，并将未处理玩的对象保存、更新、删除操作
update(Object)	使脱管状态的对象变成持久化状态的对象，同时完成与数据库的同步
merge(Object)	将脱管对象的修改同步到数据库，但是并不将脱管对象转变为持久化状态对象
flush()	强制清理 Session，调用此方法会将持久化状态的对象与数据库数据同步

但随着操作的执行，持久化对象的状态也会随之改变，对象状态之间的转换与操作调用之间的关系图如图 14-8 所示。

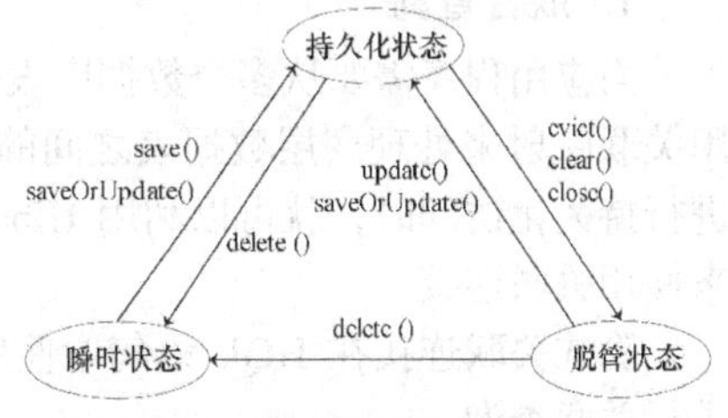

图 14-8　持久化对象状态转换图

瞬态的持久化对象一般是刚使用 new 关键字创建，但还未调用 Session 的接口函数对其进行过任何操作的持久化对象。持久化状态的持久化对象一般是使用 Session 的 get()、load()方法获得的持久化对象，或者是处在瞬态并使用 Session 的 save()、persist()、saveOrUpdate()方法与 Session 建立关联的持久化对象，或者是处在脱管状态并使用 update()重新与 Session 建立关联的持久化对象。脱管状态的持久化对象一般是处在持久化状态并由于 evict()、clear()、close()方法的调用，致使其失去与 Session 关联关系的持久化对象。

（2）HQL 查询

Hibernate 提供了强大的查询能力，包括：HQL（Hibernate Query Lanuage,Hibernate 查询语言）查询、条件查询()和原生的 SQL 查询等。

HQL 查询是 Hibernate 提供的、功能强大的查询语言，这种查询语言是完全面向对象的查询。与传统的 SQL 语言不通，HQL 语言的操作对象是类、实例属性等面向对象的编程元素，而非数据表、数据字段等数据库元素。

HQL 语言与 SQL 语言相近，具有很多相似的地方，而且可以使用对大部分 SQL 函数、EJB3.0 操作的函数，并提供了一些 HQL 函数，用以提高 HQL 查询的功能。

HQL 查询依赖于 Hibernate 提供的 Query 类，每个 Query 实例对应一个查询对象。使用 HQL 查询一般需要经过如下几个步骤。

① 获得 Session 实例。

② 编写 HQL 语句。

③ 以 HQL 语句为参数，调用 Session 的 createQuery 方法创建查询对象。如果 HQL 语句包含参数，则调用 Query 的 setXxx 方法为参数赋值。

④ 调用 Query 的 list 等方法返回查询结果列表。查询结果是持久化实体或者持久化实体集。

HQL 语言本身不区分大小写，也就是说 HQL 语句的关键字、函数都是不区分大小写的。但是 HQL 语句的操作对象，如包名、类名、实例名、属性名，对大小写是敏感的。

6. 提交事务

在完成了增、删、改操作之后需要调用 Transaction 接口的 commit 方法提交事务，才能将持久化对象中的数据保存到数据库中。

```
Transaction tx = session.beginTransaction();
......
tx. commit();
```

7. 关闭 Session

在完成了持久化操作之后应当关闭 Session，以释放数据库连接。

```
Configuration conf = new Configuration().configure();
SessionFactory sf = conf.buildSessionFactory();
Session session = sf.openSession();
Transaction tx = session.beginTransaction();
......
tx. commit();
sf.close();
```

14.3.4 Hibernate 多表操作

Hibernate 中的多表操作主要出现在联合查询和对关联关系进行的操作时。

1. 联合查询

当应用程序需要从多个数据库表中取得数据时，可以使用多表连接查询来实现。Hibernate 使用关联映射来处理底层数据表之间的连接，当关联映射配置完成之后，应用程序使用 Hibernate 进行持久化访问时，就可以利用 Hibernate 的关联来进行连接。HQL 提供了显式和隐式两种方式来使用关联连接。

隐式关联连接在 HQL 语句中使用英文点号(.)来隐式连接关联实体，Hibernate 底层则会自动进行关联查询。

```
String hql="from Person p where p.address.code = :code";
```

上面的 p.addreess 属性实质上是一个持久化实体，对应的信息存储在 address 数据库表里。当我们使用上述表达式时，Hibernate 会自动完成连接查询。Hibernate 在执行时会将隐式连接转换成 SQL99 的交叉连接。隐式连接的返回结果是被查询实体组成的集合。

显示关联连接在 HQL 中需要使用 xxx join 关键字来进行表示。

```
String hql="from Person p "
        +"inner join p.address address"
        +"where address.code = :code";
```

xxx join 指明了连接的方式，连接方式包括：inner join、left outer join、right outer join 和 full join。Hibernate 在执行时会将显示连接转换成 SQL99 的 inner join、left join、right join 和 full join 连接。显示连接的返回结果是被查询持久化对象及所有被关联的持久化对象组成的数组构成的集合。

2. 关联关系操作

由于 Hibernate 中关联关系的存在，在一些情况下对关联关系的一方进行增、删、改操作的同时还需要对相关联的另一方也进行相应的操作，这是 Hibernate 中除了联合查询之外的另一种类型的多表操作。在 Hibernate 的配置中往往通过 cascade 和 reverse 属性的配置来设定关联关系的操作。配置完成之后，当具有关联关系操作权的实体发生改变时，Hibernate 将会自动完成对应的关联关系操作。

cascade 用来说明当对主对象进行某种操作时是否对其关联的从对象也做类似操作。cascade 的常用可选值包括：none、all、save-update、delete、lock、refresh、evict、replicate、persist、merge、delete-orphan 等。一般对 many-to-one 和 many-to-many 不设置级联，在 one-to-one 和 one-to-many 中设置级联。

inverse 表示是否放弃维护关联关系，用在集合中，不能在有序的集合中使用。在涉及到连接表的情况时，如多对多关系，必须设定成只能由一端来维护关联关系。

14.4　Spring

下载 Spring 的网址是 http://repo.spring.io/，在该网页上提供了 Spring 库文件、文档及源码的下载。该网页的截图如图 14-9 所示。

当前 Spring 已发布了 Spring Framework 4.0.0 版本，但推荐的稳定版本还是 3.2.5，因此本书中选择 Spring Framework 3.2.5 这个稳定的发布版。

14.4.1　Spring 开源框架

Spring Framework（以下简称 Spring）是一个层次化的轻量级开源 Java SE/EE 应用框架，以反转控制（Inverse of Control，IoC）和面向切面编程（Aspect Oriented Programming，AOP）为内核，在展现层、持久层以及业务层上提供了众多的企业级应用技术。此外，Spring 能够整合开源世界里众多著名的第三方框架和类库，逐渐成为使用最多的 Java EE 企业应用开源框架。

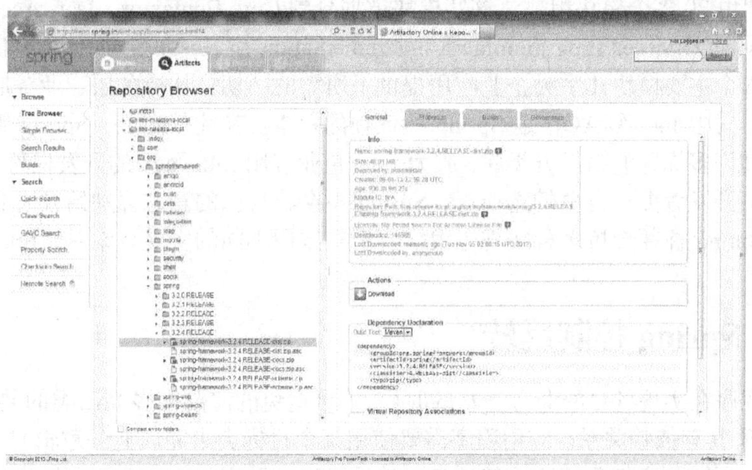

图 14-9　Spring 下载界面

Spring 认为 Java EE 的开发应该更容易、更简单。在实现这一目标时，Spring 一直贯彻并遵守“好的设计优于具体实现，代码应易于测试”这一理念，并最终带给我们一个易于开发、便于测试而又功能齐全的开发框架。概括起来，Spring 给我们带来以下几方面的好处。

（1）方便解耦，简化开发。通过 Spring 提供的 IoC 容器，可以将对象之间的依赖关系交由 Spring 进行控制，避免硬编码所造成的过度程序耦合。

（2）AOP 编程的支持。通过 Spring 提供的 AOP 功能，用户可以方便地进行面向切面编程，许多不容易用传统面向对象编程（OOP）实现的功能都可以通过 AOP 轻松应对。

（3）声明式事务的支持。在 Spring 中，用户可以从单调烦闷的事务管理代码中解脱出来，通过声明式事务灵活地进行事务管理，提高开发效率和质量。

（4）方便程序的测试。可以用非容器依赖的编程方式进行几乎所有的测试工作，在 Spring 中，测试不再是昂贵的操作，而是随手可做的事情。

（5）方便集成各种优秀的框架。Spring 提供了对各种优秀框架（如 Struts、Hibernate、Hessian、Quartz 等）的直接支持。

（6）降低 Java EE API 的使用难度。Spring 为很多难用的 Java EE API（如 JDBC、JavaMail、远程调用等）提供了一个薄薄的封装层，通过 Spring 的简易封装，大大降低了这些 Java EE API 的使用难度。

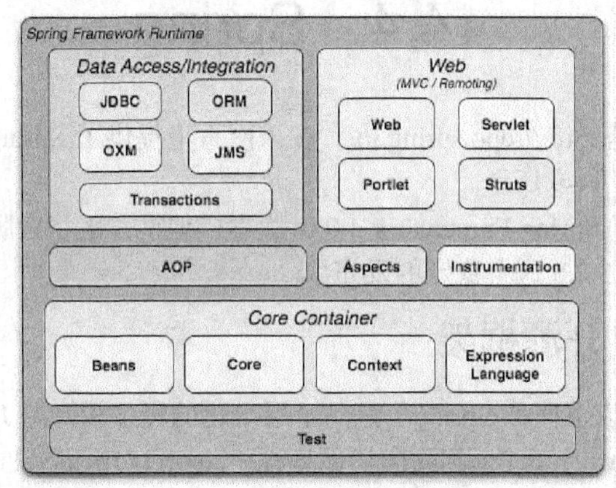

图 14-10　Spring 架构

Spring 框架由 20 多个模块组成，这些模块被划分到 Core Container、Data Access/Integration、Web、AOP（Aspect Oriented Programming）、Instrumentation 和 Test 6 个部分里，如图 14-10 所示。从整体看，这 6 个主要模块几乎为企业应用提供了所需的一切，从持久层、业务层到展现层都拥有相应的支持，其中 IoC 和 AOP 是 Spring 所依赖的根本。在此基础上，Spring 整合了各种企业应用开源框架和许多优秀的第三方类库，成为 Java 企业应用 full-stack 的开发框架。Spring 框架的精妙之处在于：开发者拥有自由的选择权，Spring 不会将自己的意志强加给开发者，因为针对某个领域问题，Spring 往往支持多种实现方案。当希望选用不同的实现方案时，Spring 又能保证过渡的平滑性。

14.4.2　Spring 控制反转

Java 应用程序在实现各自的业务逻辑的时候，不可避免的需要很多 Java 类的共同协作来完成，这些 Java 类之间具有依赖关系。应用程序需要使用某个目标类来完成业务逻辑时，不仅需要实例化目标类本身，还需要实例化其所依赖的类，然后通过一系列赋值或功能调用操作来对这些实例进行初始化，最后才能通过目标类的实例调用相应的公共接口方法实现业务逻辑功能。在普通的应用程序中这一过程往往是在应用程序中硬编码实现的，这导致程序的耦合度增加，给系统带来种种隐患。当依赖关系复杂时，系统的复杂度会急剧增加，安全性、可靠性很难保证，同时也难于修改和维护。

控制反转（Inversion of Control，IoC）是将这种类之间依赖关系的实现和管理从应用程序中提取出来，交给容器来维护的一种机制。容器将负责目标类实例的创建、依赖类实例的创建、初始化工作等，在应用程序中只需要调用容器提供的接口就能获得可以使用目标类实例，而无需做额外的工作。在这一执行过程中，当使用容器的接口去获得实例时，控制权就由程序代码转移到了外部容器，这种控制权的转移就是所谓的控制反转。Spring 核心模块实现了 IoC 的功能，它将类和类之间的依赖从代码中脱离出来，用配置的方式进行依赖关系描述，由 IoC 容器负责依赖类之间的创建、拼接、管理、获取等工作。

BeanFactory、ApplicationContext 和 WebApplicationContext 是 Spring 框架 3 个最核心的接口，框架中的其他大部分的类都是围绕它们展开、为他们提供支持和服务。

BeanFactory 被称为 IoC 容器，它是一个通用型的类工厂，可以创建并管理各种类的对象。在 Spring 中称这些对象为 Bean。BeanFactory 通过一个配置文件描述 Bean 及 Bean 之间的依赖关系，利用 Java 语言的反射功能实例化 Bean 并建立 Bean 之间的依赖关系。同时 BeanFactory 还提供了 Bean 实例缓存、生命周期管理、Bean 实例代理、事件发布、资源装载等高级服务。BeanFactory 类实例的初始化和使用方式如下。

```
Resource res = new ClassPathResource("beans.xml");
BeanFactory bf = new XmlBeanFactory(res);
BeanName bean = bf.getBean("bean", BeanName.Class);
```

Resource 接口是 Spring 的资源访问接口通过该接口能够以简单透明的方式访问磁盘、类路径和网络上的资源。ClassPathResource 是 Resource 接口的一个实现，它能够访问类路径下的资源。XmlBeanFactory 是 BeanFactory 接口的一个常用实现类。beans.xml 是描述 Bean 之间关系的 xml 配置文件。

ApplicationContext 被称为应用上下文，它建立在 BeanFactory 的基础上，由 BeanFactory 派生而来，提供了更多面向实际应用的功能，如 i18n 国际化、Bean 生命周期控制、框架事件体系、资源加载透明化等多项功能。同时 ApplicationContext 还提供了许多企业级服务的支持，如邮件服务、任务调度、JNDI 定位、EJB 集成、远程访问等。BeanFactory 是 Spring 框架的基础设施，是面向 Spring 本身的底层接口；ApplicationContext 是面向使用 Spring 框架的开发者的接口，在大多数的应用场合都直接使用 ApplicationContext 而非底层的 BeanFactory。ApplicationContext 类实例的初始化和使用方式如下。

```
ApplicationContext                    ctx               =               new
ClassPathXmlApplicationContext("applicationContext.xml");
BeanName bean = ctx.getBean("bean" , BeanName.Class);
```

WebApplicationContext 是专门针对 Web 应用的接口，它能够从相对于 Web 根目录的路径中装载配置文件，完成初始化工作。WebApplicationContext 对象将被作为属性保存在 ServletContext 中。Spring 专门为此提供了一个工具类 WebApplicationContextUtils，通过该类的静态方法 getWebApplicationContext(ServletContext sc)，就能从 ServletContext 中获得 WebApplicationContext 对象。WebApplicationContext 的初始化与 BeanFactory 和 ApplicationContext 的初始化方式有所不同，它的初始化需要 ServletContext 的实例，也就是说 WebApplicationContext 必须在拥有容器的情况下才能启动和使用。因此对于 WebApplicationContext 的启动一般通过在 Web.xml 中配置 Servlet 自启动项或定义 Web 容器监听器的方式，让容器来完成 WebApplicationContext 的初始化和启动。

Spring 分别提供了用于启动 Spring Web 应用上下文的 Servlet(ContextLoaderServlet)和 Web 容器监听器(ContextLoaderListener)。两者都实现了启动 WebApplicationContext 实例的逻辑，开发者只要根据 Web 容器的具体情况选择两者之一，并在 Web.xml 中完成对应配置就可以了。

使用 ContextLoaderListener 时，Web.xml 文件配置如下。

```
<context-param>
<param-name>contextConfigLocation</param-name>
<param-value>/WEB-INF/daoContext.xml  /WEB-INF/applicationContext.xml
</param-value>
```

```
  </context-param>
  <listener>
 <listener-class>org.springframework.web.context.ContextLoaderListener</listener-class>
  </listener>
```

使用 ContextLoaderServlet 时，Web.xml 文件配置如下。

```
  <context-param>
  <param-name>contextConfigLocation</param-name>
  <param-value>/WEB-INF/daoContext.xml  /WEB-INF/applicationContext.xml
  </param-value>
  </context-param>
  <servlet>
        <servlet-name>SprintContextLoader</servlet-name>
       <servlet-class>
            org.springframework.web.context.ContextLoaderServlet
         </servlet-class>
         <load-on-startup>1</load-on-startup>
     </servlet>
```

WebApplicationContext 类实例的初始化和使用方式如下。

```
  ServletContext sc = request.getSession().getServletContext();
  WebApplicationContext           wctx            =WebApplicationContextUtils.
 getWebApplicationContext(sc);
```

14.4.3 Spring 依赖注入

依赖注入（Dependency Injection，DI）是指在程序运行期间，由容器动态地为目标类的实例构建完成依赖关系的手段。依赖注入为控制反转的实现提供了支撑。Spring 中依赖注入的方法可以采用属性注入和构造器注入两种。

1. 属性注入

属性注入是利用 Bean 类的 setter 方法为 Bean 的属性注入具体值或者依赖对象。该种方式简单、直观、灵活性强，是实际应用中最常用的注入方式。

```
  public class Team {
     private Integer teamNum;
     private String baseRoom;
     private Set<Student> students;
     ….//省略 set 和 get 方法
  }
  public class Course {
  Course(){}
  Course(Integer courseNum, String courseName, private Set<Student> students)
  {
        this. courseNum = courseNum;
        this. courseName = courseName;
        this. students = students;
  }
       private Integer courseNum;
       private String courseName;
  private Set<Student> students;
      ….//省略 set 和 get 方法
  }

  public class Student {
```

```
        private Integer studentNum;
        private String studentName;
        private Team team;
        private Set<String> courseNames;
        ….//省略set和get方法
    }
```

Spring 使用一个 xml 配置文件来对需要管理的 Bean 进行描述。在该文件中<beans></beans>是配置文件的根元素，说明了配置文件中采用的语义约束文件和名字空间信息。对所有 Bean 的配置都要求写在<beans>与</beans>标签之间。Spring 配置 Bean 的实例时使用<bean></bean>标签，并配置 id 和 class 两个属性。

id 属性表示 Bean 实例的唯一标识，程序通过 id 属性值来访问该 Bean 实例。Bean 与 Bean 的依赖关系通过 id 属性进行关联的，因此 id 属性的值应该与 Bean 类中需要被注入的对应属性的名字相同。

class 属性表示 Bean 类的名字，必须为实现类，不能是接口。Spring 容器会读取该值，并利用 Java 的反射机制来创建 Bean 实例。

属性注入方式使用<property…/>标签来对 Bean 类中需要依赖注入的属性进行描述。容器会首先调用 Bean 类的无参数的构造函数创建 Bean 实例，然后使用 property 标签中指定的值或对象作为参数调用 Bean 类的 setter 方法来完成依赖关系的注入。property 的 name 属性指明了需要依赖注入的 Bean 属性的名字，对需要注入的依赖关系的指定 property 使用以下 4 类元素来完成。

value：需要将普通属性值注入属性时使用<value…/>元素，普通属性值指的是基本类型的属性值及字符串类型的值。如：

```
<property name="studentNum" value=" 2013531001"/>
<property name="studentName">
  < valude>周大<valude>
</ property >
```

ref：需要将 Bean 实例注入属性时使用<ref…/>元素。使用该元素时可以指定 bean 或 local 两个属性，bean 表示注入的 Bean 实例与被注入的 Bean 实例不在同一个 XML 文件中配置，local 表示注入的 Bean 实例与被注入的 Bean 实例在同一个 XML 文件中配置。

```
    <!-- 配置 student_1 实例，其实现类是 Student -->
    <bean id="student_1" class="javaee.spring.Student">
…
    <property name="team" ref=" team_1"/>
      …
    </bean>
    <!-- 配置 team_1 实例，其实现类是 Team -->
    <bean id=" team_1" class="javaee.spring.Team">
…
     <property name=" students " >
      <set>
          <ref  local=" student_1" />
        </set>
</ property >
    </bean>
```

bean：如果某个 Bean 不想被 Spring 容器直接访问，则可以使用<bean…/>元素来定义嵌套 Bean，嵌套 Bean 只对嵌套它的外部 Bean 有效。Spring 容器无法直接访问嵌套 Bean，因此定义嵌套 Bean 时不需要指定 id 属性。

```
    <bean id="student_1" class="javaee.spring. Student">
```

```
    …
        <bean class=" javaee.spring.Computer "/>
        …
    </bean>
```

list、set、map 及 props：如果 Bean 的属性是一个集合，则可以使用集合元素，< list…/>、< set…/>、<map…/>和<props…/>来分别为属性为 List、Set、Map 和 Properties 类型的属性设置集合类的属性值。Spring 对数组属性的处理和 List 属性一直，都使用< list…/>元素。对于集合中元素的表示，Spring 采用 value、ref、bean、list、set、map 及 props 元素作为子元素进行处理。

对于 Map 类型的属性由于集合元素是以 key 和 value 对的形式出现的，所以在处理 Map 类型时还需要使用<entry…/>元素，<entry…/>能够接受 key、key-ref、value、value-ref 四个子元素。key 用来表示基本类型或字符串型的 Map key，key-ref 用来表示引用类型的 Map Key，即其他 Bean 实例的 id；value 用来表示基本类型或字符串型的 Map value，value-ref 用来表示引用类型的 Map value，即其他 Bean 实例的 id。

Properties 类型的属性的元素虽然也是以 key 和 value 对的形式存在的，但是由于它的 key 和 value 都是字符串型的，因此用来处理 Properties 类型的<props…/>只需要给出属性名和属性值，将属性名作为 key 的值，将属性值作为 value 的值。

```
    <bean id="student1" class="javaee.spring.Studen"/>
    <bean id="student2" class="javaee.spring.Studen"/>
    <bean id="patent" class="javaee.spring.Patent"/>
    <!-- 定义 Teacher Bean -->
    <bean id="Teacher" class="javaee.spring.Teacher">
        <property name="language">
            <!-- 为 List 属性配置属性值 -->
            <list>
                <!-- 使用 value、ref、bean 来配置 List 元素 -->
                <value>英语</value>
                <value>中文</value>
                <value>日语</value>
            </list>
        </property>
        <property name="course">
            <!-- 为 Map 属性配置属性值 -->
            <map>
                <!-- 每个 entry 配置一个 key-value 对 -->
                <entry key="Java" value="60"/>
                <entry key="J2EE" value="80"/>
                <entry key="C++" value="70"/>
            </map>
        </property>
        <property name="students">
            <!-- 为 Map 属性配置属性值 -->
            <map>
                <!-- 每个 entry 配置一个 key-value 对 -->
                <entry key="2013531001" value-ref="student1"/>
                <entry key="2013531002" value-ref="student2"/>
            </map>
        </property>
        <property name="incoming">
            <!-- 为 Properties 属性配置属性值 -->
```

```
                <!-- 每个prop元素配置一个属性项，
                    其中key指定属性名 -->
                <props>
                    <prop key="工资">1000</prop>
                    <prop key="奖金">2000</prop>
                </props >
            </property>
            <property name="archievement">
                <!-- 为Set属性配置属性值 -->
                <set>
                    <!-- 每个value、ref、bean都配置一个Set元素 -->
                    <value>一等奖</value>
                    <bean class="javaee.spring.Paper"/>
                    <ref local="patent"/>
                </set>
            </property>
            <property name="books">
                <!-- 为数组属性配置属性值 -->
                <list>
                    <!-- 使用value、ref、bean来配置数组元素 -->
                    <value>J2EE教程</value>
                    <value>C++讲义</value>
                    <value>Java语法</value>
                </list>
            </property>
        </bean>
```

2. 构造器注入

构造器注入也叫构造函数注入，它利用带有参数的构造函数完成依赖关系的注入。这种方式在构造实例时就完成了依赖关系的初始化。这样的方式能够保证一些必要的属性在 Bean 实例化时就得到设置，并且确保了 Bean 实例在实例化后就可以使用。这种方式相比属性注入的方式虽然失去了一些灵活性，但是能够对依赖注入的顺序进行控制。当两个 Bean 出现循环依赖时不能对两个 Bean 都使用构造器注入的方式完成依赖注入，需要将一方改成属性注入，否则 Spring 容器无法成功启动。

构造器注入的方式在配置文件中使用<constructor-arg…/>元素来对 Bean 类的依赖关系进行描述。每个 constructor-arg 指定一个构造器的参数。

```
        <!-- 配置javaCourse实例，其实现类是Course -->
        <bean id="javaCourse" class="javaee.spring.Course">
             <constructor-arg  index="0" type="java.lang.Integer"  value="531002"/>
             <constructor-arg  index="1" type="java.lang.String"  value="Java"/>
             <constructor-arg  index="2" type="java.util.Set" >
          <set>
               <ref  local=" student_1" />
          </set>
    </ constructor-arg >
        </bean>
```

<constructor-arg…/>元素还有一个 type 属性和一个 index 属性，type 属性为 Spring 容器提供了判断配置项和构造函数参数之间的对应关系。Spring 的配置文件采用和元素标签顺序无关的策略，因此当构造函数的参数中出现了两个以上相同类型的参数时，使用 type 属性就无法确定对应关系。

这就需要使用 index 属性，该属性表明了匹配项与构造函数中的第几个参数对应。有时候单独使用 type 属性和 index 属性都无法确定配置项与构造函数参数间的对应关系，例如下情况：Student 类具有两个构造函数，它们具有相同的参数个数，前两个参数的均为 String 型，最后一个参数一个为 int 型，一个为 double 型。如果单独使用 type 属性，将无法区分类型为 String 类型的配置型对应的是 name 还是 address；如果单独使用 index 属性，将无法区分配置型对应的是哪个构造函数中的参数。这种时候就需要联合使用 type 和 index 属性来确定配置项与构造函数参数的匹配。

```
public Student(String name,String address,int age)
{
    this.name = name;
    this. address= address;
    this.age = age;
}

public Student(String name,String address,double height)
{
    this.name = name;
    this. address= address;
    this.height = height;
}
<!-- 配置 student 实例，其实现类是 Course -->
<!--对应 Student(String name,String address,int age)构造函数-->
<bean id=" student3 " class="javaee.spring. Student ">
        <constructor-arg index="0" type="java.lang.String" value="Jack"/>
        <constructor-arg  index="1"  type="java.lang.String"   value="Qianjin
Street"/>
        <constructor-arg index="2" type="int " value=32 />
</bean>
```

当 Bean 的构造函数的参数类型是非数据类型并且每个参数类型各不相同时，容器能够通过 Java 的反射机制获得构造函数参数的类型，这样即使在构造函数的注入配置项中不指定 type 或 index，Spring 容器也能完成参数的匹配工作。

```
public Computer(String type, CPU cpu,HardDisk hd)
{
    this. type = type;
    this. cpu = cpu;
    this. hd = hd;
}
<!-- 配置 computer 实例，其实现类是 Computer -->
<!--对应 Student(String name,String address,int age)构造函数-->
<bean id=" dell3200 " class="javaee.spring.Computer ">
        <constructor-arg   value=" dell3200 "/>
        <constructor-arg   ref="intel_3G"/>
        <constructor-arg   ref="Western_1T" />
</bean>
<bean id=" intel_3G " class="javaee.spring.CPU "/>
<bean id=" Western_1T " class="javaee.spring.HardDisk "/>

<?xml version="1.0" encoding="GBK"?>
<!-- Spring 配置文件的根元素，使用 spring-beans-3.0.xsd 语义约束 -->
<beans xmlns:xsi="http://www.w3.org/2001/XMLSchema-instance"
    xmlns="http://www.springframework.org/schema/beans"
    xsi:schemaLocation="http://www.springframework.org/schema/beans
```

```
    http://www.springframework.org/schema/beans/spring-beans-3.0.xsd">

    <!-- 配置 student_1 实例，其实现类是 Student -->
    <bean id="student_1" class="javaee.spring. Student">
    <property name=" student Num" value=" 2013531001"/>
    <property name=" student Name" valude="周大"/>
    <property name="team" ref=" team_1"/>
    <property name=" courseNames " >
      <set>
         <value>Java</value>
         <value>C++</value>
         <value>J2EE</value>
      </set>
  </ property >
    </bean>

    <!-- 配置 team_1 实例，其实现类是 Team -->
    <bean id=" team_1" class="javaee.spring.Team">
        <property name=" teamNum " value="201301"/>
        <property name=" teamRoom " value="A303"/>
        <property name=" students " >
      <set>
          <ref  local=" student_1" />
      </set>
  </ property >
    </bean>

    <!-- 配置 javaCourse 实例，其实现类是 Course -->
    <bean id="javaCourse" class="javaee.spring.Course">
        <constructor-arg  index="0" type="java.lang.Integer"  value="531002"/>
        <constructor-arg  index="1" type="java.lang.String"  value="Java"/>
        <constructor-arg  index="2" type="java.util.Set"  >
      <set>
          <ref  local=" student_1" />
      </set>
  </ constructor-arg >
    </bean>
  </beans>
```

14.4.4 Spring bean 的作用域

在配置文件中对 Bean 进行表述时，还能够指定其有效范围，即 Bean 的作用域。在配置文件中使用<bean>…</bean>元素的 scope 属性对 Bean 实例的作用域进行指定。Spring 支持 5 种作用域：singleton、prototype、request、session 和 global session。

```
<bean id="objName" class="className"
     scope="singleton|prototype|request|session|global session">
```

比较常用的是 singleton 和 prototype 两种作用域，后三种只有在 Web 应用中才会生效，并且必须在 Web 应用中增加额外的配置。

singleton：容器以单例模式创建 Bean 实例，使用 singleton 定义的 Bean 在整个容器中只会产生一个实例对象，该对象的作用域是整个应用。如果不指定 Bean 的作用域，默认使用 singleton 作用域。

prototype：原型模式，使用 singleton 定义的 Bean 类，在每次使用 getBean 方法获取 Bean 实

例时，容器都生成一个新的实例对象。在这种情况下容器不会维护 Bean 实例的状态，当该 Bean 实例的所有应用都失效时，将会被垃圾回收机制所回收。

request：针对每次 HTTP 请求，容器都会为使用 request 定义的 Bean 创建一个新实例，且该实例仅在当前 HTTP Request 内有效。当处理请求结束时，request 作用域的 Bean 实例将被销毁。实际上通常只会将 Web 应用的控制器 Bean 指定成 Request 作用域。

Session：针对每次 HTTP Session，容器都会为使用 session 定义的 Bean 创建一个新实例，即针对每个 HTTP 会话存在不同的 Bean 实例。

global session：每个全局的 HTTP Session 对应一个 Bean 实例。典型情况下，仅在使用 portlet context 的时候有效。

为了让 request、session 和 global session 三个作用域生效，必须将 HTTP 请求对象绑定到为该请求提供服务的线程上，这使得具有这三种作用域范围的 Bean 实例能够在后面的调用链中被访问到，可以采用 Listener 配置或 Filter 配置来实现这种绑定。

```
<listener>
  <listener-class>org.springframework.web.contex.request.RequestContextListener
</listener-class>
</listener>
<filter>
    <filter-name>requestContextFilter</ filter-name >
    <filter-class>       org.springframework.web.filter.RequestContextFilter</
filter-class >
</filter>
<filter-mapping>
    <filter-name>requestContextFilter</ filter-name >
    <url-pattern> /*</ filter-class >
</filter-mapping >
```

14.4.5 Spring 自动装配

Spring 能够自动装配 Bean 与 Bean 之间的依赖关系，即无需指定 ref/显示指定依赖的 Bean。而是由 BeanFactory 检查 XML 配置文件内容，根据某种规则自动识别判断 Bean 类之间的依赖关系完成依赖注入。Spring 会自动搜索容器中所有的 Bean，并对这些 Bean 进行判断，判断它们是否满足自动装配条件，如果满足，就会将该 Bean 实例注入到依赖属性中。自动装配可以减少配置文件的工作量，但是降低了依赖关系的透明性和清晰性。

Spring 中如果为<beans.../>元素指定了 default-autowire 属性，那么容器将为所有的 Bean 进行自动装配。也可以通过指定<bean.../>元素的 autowire 属性将自动装配指定到单独 Bean，Spring 通过这种方式使得，同一个 Spring 容器中可以让某些 Bean 使用自动装配，而另一些 Bean 不使用自动装配。

Spring 中可以为 default-autowire 属性和 autowire 属性指定为如下 5 个值，令容器采用不同的规则完成自动装配。

no：不采用自动装配。Bean 依赖必须通过 ref 元素定义。这是默认配置，通过显示的方式指明 Bean 类之间的依赖关系，使得依赖关系更清晰。在大型的应用中，Bean 之间的依赖关系是庞大复杂的，这种时候如果采用自动装配，虽然可以减少配置文件的工作量，但是会大大降低依赖关系的清晰和透明性，一旦发生错误或异常结果难于分析和查找。因此在大型的应用中一般都会采用这个默认配置。

byName：根据属性名自动装配。该规则通过名字自动识别依赖关系完成注入。BeanFactory 将查找容器中的全部 Bean，找出其中 id 属性与依赖属性同名的 Bean 来完成注入。如果没有找到匹配的，则 Spring 不会进行任何注入。如 Bean A 的类实现包含 setB()方法，而 Spring 的匹配文件恰好包含 id 为 B 的 Bean，则 Spring 容器会将 B 实例注入 Bean A 中。

byType：根据属性类型自动装配。BeanFactory 将查找容器中的全部 Bean，如果正好有一个与依赖属性类型相同的 Bean，就自动注入这个属性；如果有多个这样的 Bean，就抛出一个异常；如果没有匹配的 Bean，则什么都不会发生，依赖属性不会被设置。如果需要在容器无法自动完成装配是抛出异常，则设置 dependency-check= "objects"。

constructor：与 byType 方式类似，只是应用于构造器注入的方式。根据构造器的参数类型来进行匹配自动完成依赖注入。BeanFactory 将查找容器中的全部 Bean，如果正好有一个与构造器参数的类型相同，则使用这个 Bean 的实例作为构造器的参数进行注入。如果 BeanFactory 不是恰好找到一个 Bean 与构造器参数类型相同，则会抛出异常。

autodetect：BeanFactory 根据 Bean 内部结构，决定使用 constructor 或 byType。如果找到一个默认的构造函数，那么就会使用 byType。

默认情况下，容器在进行自动装配的过程中会自动搜索容器中所有的 Bean，将所有的 Bean 类都作为依赖属性注入的候选对象。如果想要某些 Bean 类不作为候选对象，可以通过设定<beans…/>元素的 default-autowire-canditates 来指定这些需要在 BeanFactory 进行搜索比较时排除的对象集合。也可以设置<bean…/>元素的 autowire-canditates 属性为 false 来指定该 Bean 不作为依赖关系匹配的候选对象。

14.4.6 AOP 概念

AOP（Aspect Oriented Programming，面向切面编程）是继 OOP 之后，编程设计思想的又一革新，是软件开发中的一个热点。AOP 实际是 GoF 设计模式的延续，设计模式力求调用者和被调用者之间的解耦，提高代码的灵活性和可扩展性，AOP 可以说也是这种目标的一种实现。

AOP 是进行横切逻辑编程的思想，它将那些常用但是分散到系统各处的功能代码提取出来进行统一的管理，然后通过编译方式和运行期动态代理实现在不修改源代码的情况下将这些功能加入到程序中。这样的处理方式使得业务逻辑各部分之间的耦合度降低，提高程序的可重用性，同时提高了开发的效率，并且更容易面对和处理需求的变化。

通常采用 AOP 实现的主要功能包括：日志记录、性能统计、安全控制、事务处理、异常处理等。

AOP 的基本术语包括如下几个。

连接点（Joinpoint）：连接点是程序运行过程中的一些具有边界性质的阶段点，如方法调用前、方法调用后、方法抛出异常时或者是异常的抛出。在连接点可以引入横切逻辑，从而为系统增加附加的功能。

切面（Aspect）：切面是对分散在系统中的某个横切功能/横切逻辑（如日志功能）进行横向抽取的结果。切面包含了横切逻辑的定义和连接点两方面的内容。这使得切面能够被还原到系统中。例如日志功能就是一个典型的切面，该切面中包含了如何记录日志、在何处、在何时记录日志信息的定义。

通知（Advice）：通知包含了横切逻辑的定义，它是被插入到系统中的代码段。Spring 中的 Advice 除了包含横切逻辑的定义之外还包含了连接点的一部分信息——方法调用前、调用后、抛出异常时，但是未包含具体的位置信息——针对哪个方法。Spring 提供了 Before、AfterReturning、Around、AfterThrowing、After 和 DeclareParents 六种类型的通知。

切入点（Pointcut）：切入点是需要插入横切逻辑的连接点。每一个方法调用都是连接点，当某个连接点由于满足了指定条件，从而被添加了横切逻辑功能，那么这个连接点就变成了切入点。

目标对象（Target）：目标对象就是被插入了横切逻辑功能的对象。目标对象可以只关注自身的业务逻辑。横切逻辑功能的插入是在程序运行时被自动处理的。

代理（Proxy）：代理是在将横切逻辑功能加入到目标对象之后创建的新的对象，该对象可以作为目标对象使用，它即拥有目标对象的全部功能也拥有被插入的横切逻辑功能。

织入（weaving）：织入就是将横切逻辑功能在连接点上插入到目标对象并产生代理的过程。

14.4.7 Spring AOP 编程

基于 AOP 的编程一般可以分为定义普通的业务组件和定义切面两部分工作。定义普通的业务组件主要是专注于业务逻辑的实现，和 OOP 编程没有区别。定义切面包括了定义切入点和定义横切逻辑两方面的工作。

Spring 提供了经典的基于代理的 AOP 切面、 @Aspect 标注驱动的切面、纯 POJO 切面（也称为基于 Schema 的方式）和注入式 Aspect 切面 4 种定义切面的方式。其中最为简单的是@Aspect 标注驱动的切面。下面就@Aspect 标注的方式为例说明 Spring 中切面的定义。

使用标注标注的切面描述：AttendanceManage.java。

```
package javaee.spring.aop;
import org.aspectj.lang.annotation.AfterReturning;
import org.aspectj.lang.annotation.Aspect;
import org.aspectj.lang.annotation.Before;
import org.aspectj.lang.annotation.Pointcut;
@Aspect
public class AttendanceManage {
    public AttendanceManage (){

    }
    //定义切入点
    @Pointcut("execution(*.work())")
public void workingPoint(){}
    //定义 Before Advice
@Before("workingPoint()")
    public void checkIn (){
        System.out.println("上班签到!");
    }
    //定义 AfterReturning Advice
    @AfterReturning("workingPoint()")
    public void checkOut(){
        System.out.println("下班打卡! ");
    }
}
```

业务组件的接口：Worker.java。

```
package javaee.spring.aop;
......
public interface Worker{
public void wrok (){
}
}
```

业务组件：Employee.java。

```
package javaee.spring.aop;
......
public class Employee implement Worker{
```

```
    public Employee (){
    }

  public void wrok (){
      System.out.println("工作，工作，工作！");
  }
  }
```

测试程序：Test.java。

```
  package javaee.spring.aop;
  ……
  public class Test {
      public static void main(String[] args){
          ApplicationContext appCtx =
                         new ClassPathXmlApplicationContext("applicationContext.xml");
          Worker worker = (Worker) appCtx.getBean("worker ");
          worker.work();
      }
  }
```

Spring 配置文件：applicationContext.xml。

```
  <?xml version="1.0" encoding="UTF-8"?>
  <beans xmlns="http://www.springframework.org/schema/beans"
      xmlns:xsi="http://www.w3.org/2001/XMLSchema-instance"
      xmlns:aop="http://www.springframework.org/schema/aop"
      xmlns:tx="http://www.springframework.org/schema/tx"
      xsi:schemaLocation="http://www.springframework.org/schema/beans
                          http://www.springframework.org/schema/beans/spring
                          - beans-2.0.xsd
                          http://www.springframework.org/schema/aop
                          http://www.springframework.org/schema/aop/spring-a
                          op-2.0.xsd
                          http://www.springframework.org/schema/tx
                          http://www.springframework.org/schema/tx/spring-tx
                          - 2.0.xsd" >

  <!-- 启用aop -->
  <aop:aspectj-autoproxy/>
  <!--配置aspect-->
  <bean id=" attendanceManage " class=" javaee.spring.aop.AttendanceManage " />
  <bean id="worker" class="javaee.spring.aop.Employee " />
  </beans>
```

14.5 Spring、Struts2、Hibernate 整合

Struts2 是一个基于 Web 的 MVC 架构的良好实现，能够便捷地处理视图、控制和模型的关系，完成了 Web 应用的基本构架。Hibernate 是优秀的持久化工具，负责了模型和数据库之间的关联工作。Spring 的长处则是它的 IoC 机制，提供了强大的对象管理和组织能力。因此将三者结合，根据各自的特点各司其职协同工作，能够搭建优美的开发平台。

将三者集成的方式有多种，本书采用的思路是将 Struts2 作为 Web 应用的基本框架，Hibernate 作为数据库操作的封装，Spring 作为装配协调工具。

（1）Struts2 的 Action 类和 Hibernate 的持久化类分开定义，使用 Spring 的依赖注入将持久化类注入到 Action 类当中。

（2）将 Struts2 的 Action 对象交由 Spring 来生成和管理，Struts2 不再管理 Action 对象，这样可以利用 Spring 的依赖注入机制动态生成 Action 对象，从而将系统的各种类、程序逻辑通过配置文件进行处理。

（3）由 Spring 生成管理 Hibernate 的会话，从而方便对数据库中的数据进行操作。

根据上述的集成思想，具体的集成方法如下。

14.5.1 Struts2 配置

（1）复制 Struts2 所需的 jar 包到\WEB-INFO\lib 中。

（2）为启动 Struts2 修改 web.xml 配置文件，在其中添加如下代码。

```
<filter>
   <filter-name>struts2</filter-name>
   <filter-class>org.apache.struts2.dispatcher.FilterDispatcher
</filter-class>
</filter>
<filter-mapping>
   <filter-name>struts2</filter-name>
   <url-pattern>/*</url-pattern>
</filter-mapping>
```

（3）在项目工程中添加 Struts 的配置文件，并配置 Struts 与 Spring 的集成，让 Spring 负责 Struts 的 Action 类的创建。在 WEB-INF/classes 目录下创建 struts.xml 文件并添加如下内容。

```
<?xml version="1.0" encoding="UTF-8" ?>
<!DOCTYPE struts PUBLIC
   "-//Apache Software Foundation//DTD Struts Configuration 2.0//EN"
   "http://struts.apache.org/dtds/struts-2.0.dtd">
<struts>
   <constant name= "struts.objectFactory" value="spring" />
</struts>
```

14.5.2 Spring 配置

（1）复制 Spring 所需的 jar 包到\WEB-INFO\lib 中。

（2）在 web.xml 中进行配置，使用 ContextLoaderListener 启动 Spring。在 web.xml 中加入如下内容。

```
<listener>
<listener-class>org.springframework.web.context.ContextLoaderListener</listener
-class>
</listener>
```

（3）在项目工程中添加 Spring 的配置文件，在 WEB-INF/classes 目录下创建 applicationContext.xml 文件并添加如下内容。

```
<?xml version="1.0" encoding="GBK"?>
<!DOCTYPE beans PUBLIC "-//SPRING/DTD BEAN/EN"
"http://www.springframework.org/dtd/spring-beans.dtd">
<beans>

</beans>
```

14.5.3 Hibernate 配置

（1）复制 Hibernate 所需的 jar 包到\WEB-INFO\lib 中。

（2）在项目工程中添加 Hibernate 的配置文件，在 WEB-INF 目录下创建 hibernate.cfg.xml 文

件并添加如下内容。

```
<?xml version='1.0' encoding='gb2312'?>
<!DOCTYPE hibernate-configuration PUBLIC
      "-//Hibernate/Hibernate Configuration DTD 3.0//EN"
      "http://hibernate.sourceforge.net/hibernate-configuration-3.0.dtd">
<hibernate-configuration>
    <session-factory>

        <property name="connection.url">

            jdbc:mysql://localhost:3306/hibernate

        </property>

        <property name="connection.username">root</property>

        <property name="connection.password">123456</property>

        <property name="connection.driver_class">

            com.mysql.jdbc.Driver

        </property>

        <property name="dialect">

            org.hibernate.dialect.MySQLDialect

        </property>

        <property name="show_sql">true</property>

        <mapping resource="team.hbm.xml" />

        <mapping resource="course.hbm.xml" />

        <mapping resource="student.hbm.xml" />

    </session-factory>

</hibernate-configuration>
```

通过上述步骤就完成了一个 SSH 集成开发环境的搭建，接下来的工作就是完成 Action 类、持久化类和 Spring Bean 配置。

14.6　小结

本章分别对 Struts2、Hibernate、Spring 以及三者的整合开发进行了介绍。Struts2 是实现 MVC 模式的 Web 层框架，主要实现的是控制器部分的功能，可以和多种页面技术（完成视图功能）配合使用。Hibernate 是一个面向对象的数据持久化工具，帮助开发人员完成数据库存储、读取等持久化工作。它是一个开源的对象关系映射框架，它对 JDBC 进行了非常轻量级的对象封装，使得

Java 程序员可以方便地使用面向对象编程思维来操纵数据库。Spring Framework（简称 Spring）是一个层次化的轻量级开源 Java SE/EE 应用框架，以反转控制（Inverse of Control，IoC）和面向切面编程（Aspect Oriented Programming，AOP）为内核，在展现层、持久层以及业务层上提供了众多的企业级应用技术。Spring Framework 使得 Java EE 的开发应该更容易、更简单。

Struts2、Hibernate、Spring 三者各有所长，将三者有机地结合起来根据各自的特点各司其职协同工作，能够搭建优美的开发平台。将三者集成的方式有多种，本书采用的思路是将 Struts2 作为 Web 应用的基本框架，Hibernate 作为数据库操作的封装，Spring 作为装配协调工具，以此搭建一个 Web 开发平台。

习　题

1. Struts 是如何启动的?
2. 在应用程序中使用 Hibernate 进行持久化的几个步骤是什么?
3. Spring 中依赖注入的方法有哪两种?
4. 在 SSH 集成框架中 Struts、Hibernate、Spring 分别都承担什么角色?